科学出版社普通高等教育案例版医学规划教材

供药学、药物制剂、临床药学、中药学、制药工程、医药营销等专业使用

案例版

# 药用植物学

第 2 版

主　编　曾令杰　张东方

副主编　张　磊　朱　丹　唐晓敏

编　者（按姓氏笔画排序）

朱　丹（广西医科大学）　　刘　芳（长治医学院）

闫　冲（广东医科大学）　　李　骁（内蒙古医科大学）

张　磊（海军军医大学）　　张东方（中国医科大学）

张新慧（宁夏医科大学）　　林　莺（滨州医学院）

周　群（湖南医药学院）　　钱　平（中国医科大学）

唐晓敏（广东药科大学）　　曾令杰（广东药科大学）

褚晨亮（肇庆学院）

科学出版社

北　京

## 郑 重 声 明

为顺应教学改革潮流和改进现有的教学模式，适应目前高等医学院校的教育现状，提高医学教育质量，培养具有创新精神和创新能力的医学人才，科学出版社在充分调研的基础上，首创案例与教学内容相结合的编写形式，组织编写了案例版系列教材。案例教学在医学教育中，是培养高素质、创新型和实用型医学人才的有效途径。

案例版教材版权所有，其内容和引用案例的编写模式受法律保护，一切抄袭、模仿和盗版等侵权行为及不正当竞争行为，将被追究法律责任。

---

**图书在版编目（CIP）数据**

药用植物学 / 曾令杰，张东方主编. -- 2版. -- 北京：科学出版社，2024.12. --（科学出版社普通高等教育案例版医学规划教材）. -- ISBN 978-7-03-079797-1

I. Q949.95

中国国家版本馆 CIP 数据核字第 2024WU4136 号

责任编辑：周　园／责任校对：宁辉彩
责任印制：张　伟／封面设计：陈　敬

科学出版社 出版
北京东黄城根北街 16 号
邮政编码：100717
http://www.sciencep.com

天津市新科印刷有限公司印刷
科学出版社发行　各地新华书店经销

\*

2016 年 8 月第 一 版　　开本：787×1092　1/16
2024 年 12 月第 二 版　　印张：15 1/2
2024 年 12 月第四次印刷　字数：447 000

**定价：65.00 元**
（如有印装质量问题，我社负责调换）

# 前 言

根据专业人才培养目标和本学科教学特点，《药用植物学》（案例版，第2版）教材采用创新案例与教学内容相结合的编写模式，以问题和案例为主导开启本学科的启发式教学，以培养创新型、实用型的高素质医药学人才。

本教材由七章组成，第一章至第四章为绪论和植物的形态构造部分，重点介绍植物的细胞、组织和器官的形态结构特征；第五章至第七章为植物分类学部分，主要介绍植物的分类原则和各药用植物类群及其重要药用植物的主要特征。本教材对上一版进行了系统的修订和完善，重新优化编排了案例内容，将具体的案例融合于每一章的相关知识点之中，以增加趣味性和可读性，提高学习效率，加深学生对专业知识的理解；以《中国植物志》为主要参考，本教材修订和更新了药用植物种（或科）的拉丁名或中文名，不再采纳俗名或异名。

本教材由各医药院校从事药用植物学课程教学的一线教师共同编写，编写分工如下：曾令杰负责第一章、第六章第五节、附录一和附录二的编写；张东方负责第七章单子叶植物纲的编写；张磊负责第二章及第七章第一节的编写；朱丹负责第三章的编写；唐晓敏负责第四章第五节及第六章第一节至第四节的编写；第四章的第一节至第四节分别由张新慧、周群、闫冲和林莺负责编写。第五章由刘芳负责编写；第七章第二节的概述、合瓣花亚纲和离瓣花亚纲分别由褚晨亮、钱平和李骁负责编写。初稿经副主编、主编审稿后，由曾令杰统稿并对全书进行终审。

本教材在编写过程中，得到了各编写单位和科学出版社的大力支持，编写内容参考了大量的同类书籍并借鉴了同行们的经验，在此致以诚挚的感谢。由于编者水平所限，教材中难免会存在一些不足之处，恳请兄弟院校师生和广大读者在使用过程中提出宝贵意见，以便本教材再版时修订完善。

编 者

2023年5月

# 目　　录

- 第一章　绪论 ............................................................................................................. 1
- 第二章　植物的细胞 ................................................................................................. 4
  - 第一节　植物细胞的形状和大小 ......................................................................... 4
  - 第二节　植物细胞的基本结构 ............................................................................. 4
  - 第三节　细胞后含物与生理活性物质 ................................................................. 11
  - 第四节　植物细胞的生长、分裂与分化 ............................................................. 14
- 第三章　植物的组织 ................................................................................................. 16
  - 第一节　植物组织的类型 ..................................................................................... 16
  - 第二节　维管束及其类型 ..................................................................................... 27
- 第四章　植物的器官 ................................................................................................. 29
  - 第一节　根 ............................................................................................................. 29
  - 第二节　茎 ............................................................................................................. 39
  - 第三节　叶 ............................................................................................................. 48
  - 第四节　花 ............................................................................................................. 58
  - 第五节　果实和种子 ............................................................................................. 70
- 第五章　植物分类概述 ............................................................................................. 76
  - 第一节　植物分类学的目的和任务 ..................................................................... 76
  - 第二节　植物的分类等级 ..................................................................................... 76
  - 第三节　植物的学名 ............................................................................................. 77
  - 第四节　植物分类方法简介 ................................................................................. 78
  - 第五节　植物分类检索表 ..................................................................................... 80
  - 第六节　植物的分门别类 ..................................................................................... 82
- 第六章　孢子植物 ..................................................................................................... 83
  - 第一节　藻类植物 ................................................................................................. 83
  - 第二节　菌类植物 ................................................................................................. 86
  - 第三节　地衣植物 ................................................................................................. 91
  - 第四节　苔藓植物门 ............................................................................................. 93
  - 第五节　蕨类植物门 ............................................................................................. 96
- 第七章　种子植物 ..................................................................................................... 107
  - 第一节　裸子植物门 ............................................................................................. 107
  - 第二节　被子植物门 ............................................................................................. 115
- 主要参考文献 ............................................................................................................. 190
- 附录一　被子植物门分科检索表 ............................................................................. 191
- 附录二　药用植物拉丁学名索引及种加词释义 ..................................................... 229

# 第一章　绪　论

我国药用植物种类繁多，分布区域广，药用价值高。据统计，我国目前有药用植物 11 000 余种，天然药物和中药绝大部分来源于药用植物，我国是世界上利用药用植物历史最悠久的国家之一，历代本草收录了大量的药用植物。学习药用植物学的基础知识，有利于准确辨别药用植物，对药用植物资源的开发利用具有重要的意义。

## 一、药用植物学的研究内容与任务

药用植物学（pharmaceutical botany）是应用植物学的知识研究药用植物的细胞组织、形态结构、分类鉴定等，以达到对药用植物资源合理利用和开发的一门学科。它是药学类、中药学及其相关学科学生必修的一门专业基础课程。学习药用植物学的主要目的和任务如下所述。

### （一）准确鉴定生药的原植物来源，澄清混乱品种，确保临床用药的安全有效

有些植物形态相似，不易分辨，再加之各地用药习惯不同，不同地区同一种植物名称各异，历代本草对药用植物的描述又不尽相同，或者是同一药用植物，由于不同地域文化的差异，许多药用植物常常有多个名称，即"同物异名"现象，如爵床科植物穿心莲，就有一见喜、榄核莲、苦胆草、斩蛇剑、日行千里、四方莲、金香草、金耳钩、春莲夏柳、印度草等多个名字。有的植物异名竟多达百余个，让人闻其名，难以知其物，这种现象阻碍了地区间医药文化的交流与药用植物资源的开发利用；另外，许多植物往往具有某些共同的且易识别的形态特征，人们习惯于把这些具有共同特征的植物都叫同一名字，这难免会造成"同名异物"的混乱现象。例如，白头翁药材来源于毛茛科的植物白头翁 *Pulsatilla chinensis* (Bunge) Regel，除此之外，蔷薇科的委陵菜 *Potentilla chinensis* Ser.、菊科的兔耳一支箭 *Gerbera piloselloides* (L.) Cass.、唇形科的紫背金盘 *Ajuga nipponensis* Makino 等，其功效各不相同，但它们的别名都叫白头翁，由此造成混淆品、误用品屡见不鲜，这严重地影响了药物的疗效和用药安全，因而，学习药用植物学，应用植物学的知识准确描述和鉴别药用植物、澄清混乱品种，对于保证临床用药的安全有效至关重要。

### （二）应用植物学知识及植物间的亲缘关系，寻找药物新资源

同一科属或亲缘关系相近的药用植物，常常含有相同或相似的活性成分，如木兰科及其相近的樟科植物多含挥发油；十字花科植物多数含有芥子苷类化合物；茄科植物多含生物碱等。药用植物亲缘关系越近，其体内所含的化学成分越近似甚至有相同的活性成分。应用植物学知识，能够有效地从药用植物中寻找目标化学成分及开发利用新的药源植物。例如，产于印度的夹竹桃科植物蛇根木 *Rauvolfia serpentine* (L.) Benth. ex Kurz 中具有降血压的活性成分利血平，20 世纪 50 年代我国从印度进口蛇根木及其制品，用于治疗高血压。为了扩大药源，我国植物学家在云南、广西等地找到了提取利血平的新资源——同属于夹竹桃科的植物萝芙木 *Rauvolfia verticillata* (Lour.) Baill.。目前，我国科技工作者以活性成分为指标，从近缘科、属中寻找或扩大药源，开展了大量的研究工作，所涉及的种类有三尖杉科、马兜铃科、蓼科、毛茛科、小檗科、木兰科、豆科、五加科、伞形科、杜鹃花科、唇形科、紫草科、百合科、薯蓣科等。

> **案例 1-1**
> 
> 蔡希陶先生是我国著名的植物学家，他为云南的植物学研究做出了卓越的贡献。1958 年他率领年轻的科技人员克服了诸多困难，从野生植物资源中发现或从国外引种了众多的药用植

物和香料植物,在西双版纳创建了我国第一个热带植物园,为我国热带地区植物资源的开发利用奠定了坚实的技术基础。为了寻找血竭资源植物,年过六旬的蔡希陶先生不畏艰辛,在陡峭险恶的崇山峻岭中工作,终于在云南的思茅地区发现了大量的血竭资源植物——龙血树,结束了"中国不产血竭植物"的历史,他以丰富的植物学知识在祖国的大地上写下了一篇充满恢宏气势的"大地论文"。

问题:
1. 如何寻找和发现药用植物资源?
2. 寻找药用植物新资源需要具备哪些植物学知识?

### (三) 准确辨别植物,有利于药用植物资源的开发利用

同种植物的不同个体或群体,生存在不同的自然生态条件或人为培育条件下,其形态特征和生理特性常常会发生分化,如果不具备药用植物形态学和分类鉴定方面的知识,则难以准确地识别这些植物;同样,不同物种的植物,由于长期生存在相同的自然生态条件和人为培育条件下,由于适应环境的需要,常具有类似的形态和生理生态特性,如生活在沙漠干旱区的仙人掌(仙人掌科)与生活在相同条件下的霸王花(大戟科)、仙人笔(菊科)等植物,它们的叶均退化、茎均有发达的贮水组织及含有叶绿体等相似的外部形态特征或生理特性,但从植物学的角度来看,它们还分别具有相应科属的形态特征,应用植物学知识很容易鉴别它们。因而,学好药用植物学,能够准确辨别药用植物,为从事天然药物的生产及研究开发奠定基础。

**案例 1-2**

五指毛桃为广东地区煲汤用药材,具有补气健脾之功效,素有"土黄芪"之称,因其叶片有5深裂、果实成熟时像毛桃而得名。但野外实地考察发现,五指毛桃的叶片有5深裂的,也有全缘的,还有3深裂的。有时,在同一植株上可发现这三种类型的叶片。

问题:
1. 仅凭"叶子长得像五指,果实成熟时像毛桃"这个特征,在野外能准确辨别五指毛桃吗?
2. 五指毛桃属于哪个科?如何准确识别它?

## 二、药用植物学科的发展历史与趋势

我国是药用植物资源最丰富的国家之一,药用植物的应用历史悠久。早在两三千年前的《诗经》和《尔雅》中,就有许多药用植物的记载。我国古代劳动人民在生活和实践过程中,发现了植物在增进身体健康和防治疾病等方面的作用,并经过医药学家反复实践整理,逐渐形成了一系列的本草著作。我国现存最早的本草著作《神农本草经》记载了药用植物252种,为后人用药及编写本草著作打下了基础;梁代陶弘景所著的《本草经集注》载药730种,多数为植物。唐代官方发布的《新修本草》载药850种,被认为是世界上最早的一部药典,并收录了许多外来的药用植物如郁金、胡椒、诃子等。宋代唐慎微编著的《证类本草》载药1746种,其内容丰富,图文并茂,是现存最早、最完整的一部本草著作,为研究古代的本草著作提供了重要的参考;明朝李时珍于1578年完成的《本草纲目》载药1892种,详细记载的药用植物1100余种,该书全面总结了16世纪以前我国劳动人民认、采、种、制、用药的经验,该书以药物的自然属性为分类基础,被誉为自然分类的先驱,是世界医药学的一部经典巨著,有拉丁、日、法、德、英、俄文等多种译本,对世界药用植物的开发利用产生了巨大的影响。清代著名植物学家吴其濬编写的《植物名实图考》收载植物1714种,该书对每种植物生物形态、产地、性味、用途等方面均有详细的记述,重视同名异物的考证,并附有精美插图,为近代研究和鉴定药用植物提供了宝贵的史料。

中华人民共和国成立后，党和政府十分重视中医药及天然产物的研究和开发工作，在全国各地设立了天然药物或药用植物学专业，成立了相关教学和研究机构，培养了大批药用植物学和生药学等方面的专业人才。开展了多次全国性药用植物资源普查工作，编写了《中国药用植物志》《中药志》《中药大辞典》《全国中草药汇编》《中国药用植物图鉴》《中华本草》等举世瞩目的重要专著。并创建了刊登药用植物和天然药物研究论文的期刊，如《中国中药杂志》《中草药》《中药材》《天然产物研究与开发》《现代中药研究与实践》等，为药用植物的研究、开发、应用打下了坚实的基础。

随着植物资源生态学、分子生物学、化学生态学的发展和数理统计学、分析化学等学科的渗透，以及新技术、新方法的不断融合，药用植物学科的发展有了新的内涵，特别是现代生物技术方法与经典的药用植物学研究方法的紧密结合，促进了药用植物分类鉴定、种质资源评价和优良品种评价技术等方面的创新与发展，极大丰富了药用植物学科的研究范畴，促进了药用植物学科的深入发展。

## 三、药用植物学的学习方法

药用植物学是药学、药物制剂、中药学及其相关专业的专业基础课，是学习其他专业课程的必备课程之一。它与生药学、天然药物化学、中药鉴定学、中药商品学、中药资源学、中药栽培学等课程有密切的关系，是一门实践性和应用性很强的学科，学习时一定要理论联系实际。

学习药用植物学，首先应该遵循循序渐进的学习方法，按照从部分到整体、从微观到宏观这条主线学习，充分认识和把握细胞、组织、器官与个体之间以及个体与群体间的相互关系，树立相互联系和动态发展的思维观念；其次是夯实基础，准确掌握植物形态学部分的名词术语，能准确描述植物的形态特征，并能独立检索及识别药用植物，以提高自己对药用植物的鉴别能力；最后，在学习过程中须重视实践技能操作，并从日常生活入手，开展各种形式的课外活动，培养学习药用植物学的兴趣。

# 第二章 植物的细胞

植物细胞（cell）是构成植物体形态结构和生命活动的基本单位，也是植物个体发育和系统发育的基础。单细胞藻类植物和细菌均由一个细胞构成，细胞的形态和功能没有分化，所有的生命活动均在一个细胞中完成。高等植物由许多形态和功能不同的细胞组成一个有机的整体，细胞间彼此联系，分工协作，共同完成复杂的生命活动。

> **案例 2-1**
> 1665 年，列文虎克从一小块清洁的软木上切下光滑的薄片，把它放到显微镜下观察时，发现了很多的小孔或小室，这些小孔或小室就像一个个的蜂窝，列文虎克把这些小孔称为细胞。细胞这个名词一直沿用至今。
> **问题：**
> 列文虎克在显微镜下看到的小孔或小室是植物的生活细胞吗？它们是彼此分离的还是连接在一起的？

## 第一节 植物细胞的形状和大小

### 一、植物细胞的形状

植物细胞形状多样，因种类、功能及所处部位的不同而异，有球形、类球形、纺锤形、多面体状和圆柱状等多种。单细胞藻类植物和细菌，其细胞处于游离状态，故常为球形或椭球形。高等植物由多细胞组成，因细胞所处部位和功能分工不同，其形状和大小随之而异。例如，输送水分和养料的导管细胞和筛管细胞呈长筒状，彼此连接成相通的"管道"，以执行输导功能；起支持作用的纤维细胞和石细胞一般呈纺锤形、多面体状或不规则形，其细胞壁增厚，以加强机械支持功能；具吸收功能的根毛细胞，常向外延伸出细管状突起，以扩大吸收表面。

### 二、植物细胞的大小

多数植物细胞直径在 10～100μm，体积极小，肉眼难以辨别；有些植物的贮藏组织细胞直径可达 1mm，如西瓜果肉细胞；最长的细胞是无节乳汁管，长达数米至数十米不等。细胞体积大小受细胞核的控制，细胞体积越小，其相对表面积越大，有利于细胞与外界进行物质交换。不同种类、不同部位的细胞大小悬殊。

观察微小的植物细胞常借助显微镜。光学显微镜的分辨极限不小于 0.2μm，有效放大倍数不超过 1600 倍，在光学显微镜下看到的细胞结构称为显微结构（microscopic structure）。电子显微镜可以观察更细微的结构，有效放大倍数超过 100 万倍，在电子显微镜下观察到的细胞结构称为超微结构（ultrastructure）或亚显微结构（submicroscopic structure）。

## 第二节 植物细胞的基本结构

植物细胞虽然大小不一、形状多样，但其结构基本相同，由细胞壁和原生质体两部分组成。细胞壁包被在原生质体外面，起保护作用。原生质体主要包括细胞质、细胞核及细胞器等有生命的物质，以及细胞的代谢产物和一些生理活性物质。为了便于学习和掌握植物细胞的基本结构，将各种植物细胞的主要构造集中在一个细胞中进行解说，这个细胞称为典型的植物细胞或模式植物细胞，如图 2-1 所示。

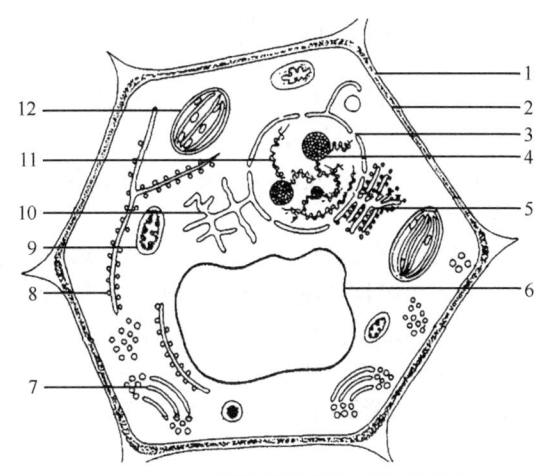

图 2-1　电子显微镜下植物细胞的结构
1. 细胞壁；2. 细胞膜；3. 细胞核；4. 核仁；5. 内质网（粗面型）；6. 液泡；7. 高尔基体；
8. 核糖体；9. 线粒体；10. 内质网（光面型）；11. 染色体；12. 叶绿体

## 一、原生质体

原生质体（protoplast）是细胞内有生命物质的总称，包括细胞质、细胞核、质体、线粒体及高尔基体等，是细胞的主要组成部分，细胞的一切生命活动都在这里进行。原生质体是细胞结构和生命物质的基础，由糖类、蛋白质、核酸、类脂等化学成分组成，并随代谢活动而变化，其中，最主要的成分是蛋白质和核酸。核酸有两类，一类是脱氧核糖核酸（deoxyribonucleic acid, DNA），它是由一系列脱氧核苷酸链构成的高分子化合物；另一类是核糖核酸（ribonucleic acid, RNA），它是由核糖核苷酸组成的长链状分子。DNA 是遗传物质，决定生物的遗传和变异；RNA 负责将细胞核中的遗传信息传递到细胞质中，在细胞质中指导蛋白质合成。

根据原生质体内物质的形态组成和功能上的差异，真核植物细胞的原生质体又分为细胞膜、细胞质和细胞核三部分。原核植物细胞的原生质体，没有明显的细胞质和细胞核的分化。

### （一）细胞膜

细胞膜（cell membrane）又称质膜（plasmalemma），是位于原生质体外围、紧贴细胞壁的一层薄膜。组成细胞膜的主要物质是蛋白质和脂类。在电子显微镜下观察，细胞膜具有明显的"暗-明-暗"三层结构，其内、外两层暗带由蛋白质分子组成，中间一层明带由双层脂类分子组成，三者的厚度分别约为 2.5nm、3.5nm 和 2.5nm。

细胞膜对各种物质的通过具有选择性，能调节和选择物质进出细胞。膜的选择通透性主要与膜上的蛋白质有关，在一定的条件下，它们具有"识别"、"捕捉"和"释放"某些物质的能力，从而对物质的透过起主要的控制作用。细胞膜的生理功能主要为控制细胞与外界环境的物质交换、物质主动运输、接收和传递外界信息，通过胞饮作用（pinocytosis）、吞噬作用（phagocytosis）或胞吐作用（exocytosis）吸收、消化膜内外的物质。同时，细胞膜在细胞识别、信号传递、纤维素合成和微纤丝的组装等方面发挥着重要作用。

### （二）细胞质

细胞膜以内、细胞核以外的半透明、半流动的基质称为细胞质（cytoplasm），是原生质体的基本组成部分。幼嫩的植物细胞，细胞质充满整个细胞，随着细胞的发育和成熟，液泡逐渐扩大，将细胞质挤到细胞的周围，紧贴着细胞壁。细胞质可进一步分为胞质溶胶和细胞器。

**1. 胞质溶胶**（cytosol）　又称细胞基质（cytoplasmic matrix），是除细胞器和后含物以外呈均质、半透明、胶状的液态物质，由水、无机盐、类脂、糖类、氨基酸、核苷酸等组成，是活细胞进行新陈代谢的主要场所，糖类、脂肪酸、核苷酸和氨基酸的合成以及大多数代谢反应如糖酵解等都是在胞质溶胶中进行的。

**2. 细胞器**（organelle） 是细胞质内一类具有特定形态、组成和功能的微器官结构，又称为拟器官。活细胞的细胞质内有多种细胞器，包括液泡、质体、线粒体、内质网、核糖体、高尔基体、溶酶体、圆球体和微体等，有时还可见微管及微丝，前三种细胞器可在光学显微镜下看到，其他细胞器需在电子显微镜下才能看到。

（1）液泡（vacuole）：是植物细胞所特有的结构，它是由具选择通透性的液泡膜和细胞液组成的细胞器。在不同类型或不同发育时期的细胞中，液泡的数目、大小、形状、成分都有差别。幼小的植物细胞，液泡小、数量多、分散或不明显。随着细胞的长大和分化，小液泡增大，并逐渐合并为几个大液泡，有的合并为一个位于细胞中央的大液泡，占据整个细胞体积的90%以上，细胞质及细胞核则被推挤到细胞的边缘紧贴着细胞壁（图2-2）。

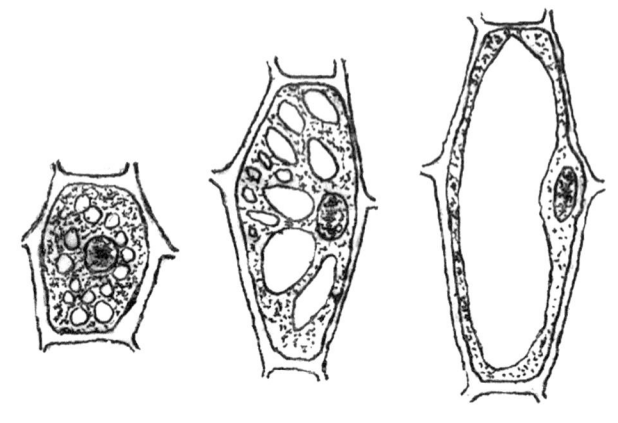

图2-2 液泡的形成

液泡外被液泡膜，膜内充满细胞液。细胞液成分复杂，不同植物、不同器官、不同组织的细胞中成分组成差异较大。其主要成分除水外，还有糖类、生物碱类、萜类、苷类、无机盐、有机酸、鞣质、色素、树脂、晶体等，其中不少化学成分具有很强的生理活性，为药用植物的有效成分。液泡膜具有选择透性，可调节细胞的渗透压，维持细胞的膨压，调节细胞的代谢，参与细胞内物质的积累、储藏与转化，对维持细胞质内环境的稳定起着重要作用。

（2）质体（plastid）：是植物细胞特有的细胞器，最大可达10μm以上，它与糖类的合成与贮藏密切相关。根据质体内所含的色素和功能不同，可分为叶绿体、白色体和有色体三种类型（图2-3）。

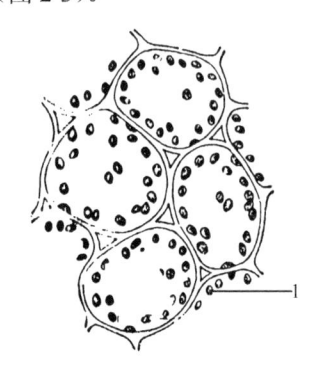

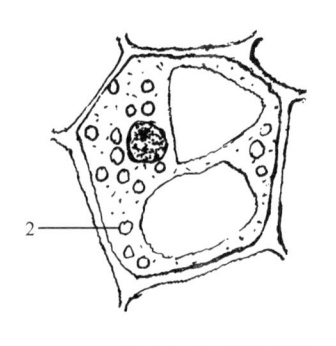

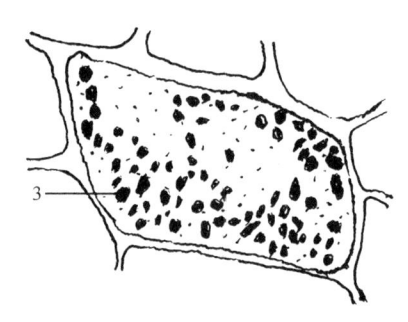

图2-3 质体的种类
1. 叶绿体；2. 白色体；3. 有色体

1）叶绿体（chloroplast）：高等植物的叶绿体主要存在于叶肉细胞及茎、花萼、果实的绿色细胞中，呈球形或扁球形，长径3～10μm，短径2～4μm，含有叶绿素a、叶绿素b、胡萝卜素和叶黄素及光合作用的多种酶，是植物光合作用（photosynthesis）合成有机物的场所。

2）有色体（chromoplast）：是一类含有叶黄素（xanthophyll）和胡萝卜素（carotene）的质体，呈杆状、针状、圆形、多角形或不规则形，常存在于植物的花瓣、成熟的果实、贮藏根以及衰老的叶片中，由于这两种色素的含量和比例不同，使植物的花和果实等器官常常呈现红、黄色之间的多种色彩。在胡萝卜的贮藏根，黄水仙的花瓣，柑橘、番茄、辣椒的成熟果实中，都可找到有色体。有色体赋予花、果实等器官鲜艳的色彩，可吸引昆虫等动物传粉或传播种子。

3）白色体（leucoplast）：是不含色素的质体，呈球形、扁球形或纺锤形，常见于药用植物的块根、块茎等地下贮藏器官，胚及少数植物叶的表皮细胞中。白色体与物质的贮藏和积累有关，包括贮存淀粉的造粉体、贮存蛋白质的造蛋白体和贮存脂类物质的造油体。

以上三种质体均由前质体（proplastid）衍生而来，在一定的条件下可以互相转化。例如，刚成形的番茄近白色（主要含白色体），见光后幼果呈绿色（白色体转化为叶绿体），果实成熟时由绿变红（叶绿体转变成有色体）；胡萝卜根暴露在地面的部分，光照后变绿（有色体转化为叶绿体）。

（3）线粒体（mitochondrion）：常呈球状、杆状、分枝状等，其大小一般为长1～2μm、宽0.5～1μm，在电子显微镜下，线粒体由双层膜组成，内膜向中心腔内折叠形成许多管状或隔板状的嵴（cristae），嵴上附着许多酶，嵴的形成增大了线粒体内膜的表面积，承担着复杂的生化反应。细胞的种类或细胞的生理活性不同，线粒体的数目亦有差异。一般代谢旺盛的细胞中线粒体数目多，需要较多能量的细胞，线粒体嵴的数目一般也较多。

线粒体是细胞进行氧化代谢的细胞器，是糖类、脂肪和氨基酸最终氧化（呼吸作用）释放能量的场所。在氧化过程中，将有机物中的化学能转变成生命活动所需的生物能，因此，线粒体被称为细胞的"动力工厂"。

（4）核糖体（ribosome）：又称为核糖核蛋白体、核蛋白体，核糖体为直径17～23nm的小椭圆形颗粒，核糖体主要存在于胞质溶胶中，但在细胞核、内质网外表面及质体和线粒体的基质中也有分布，由两个近于半球形、大小不等的亚基结合而成，含有大约60%核糖核酸和40%蛋白质。核糖体是合成蛋白质的场所，常几个到几十个与信使RNA分子结合成多聚核糖体（polyribosome或polysome）。

（5）内质网（endoplasmic reticulum，ER）：是由单层膜围成的扁平的囊状、槽状、管状或片状结构，膜厚约为5nm，膜间距40～70nm（图2-4）。内质网膜可和核膜的外层膜相连，也可经过胞间连丝和相邻细胞的内质网相连，但是不与质膜相连。内质网可分为两种类型，一种是膜的外表面附着许多核糖体，称为粗面内质网（rough endoplasmic reticulum，rER），另一种是膜的表面没有核糖体，称为光面内质网（smooth endoplasmic reticulum，sER）。内质网具有合成、包装与运输蛋白质、酶类、类脂、糖类等代谢产物的作用，同时分隔细胞质使之区域化。两种内质网可以相互转化，也可同时存在于一个细胞内。

图2-4 内质网的空间结构图
1. 膜；2. 核糖体

除此之外，植物细胞中的细胞器还有：合成运输多糖及参与细胞壁形成的高尔基体（Golgi body）；分解蛋白质、核酸、多糖等生物大分子的溶酶体（lysosome）；以及含有脂肪酶、能积累脂肪、与植物细胞的脂肪代谢有关的圆球体（spherosome）等。

**3. 细胞核**（nucleus） 位于细胞质中，是细胞生命活动的控制中心，能够储存、复制及传递遗传信息，控制细胞中蛋白质的合成，具有调节、控制细胞内的各项生理活动的功能。细胞核的大小、形状和在细胞内所处的位置随着细胞的生长而发生变化。在幼期细胞中，细胞核常位于细胞中央。细胞生长时，由于液泡的增大形成中央大液泡，细胞核常被挤至细胞的一侧。

除细菌和蓝藻之外，通常一个植物细胞仅具一个细胞核，但花药绒毡层细胞、乳汁管以及许多真菌和藻类植物的细胞中常含有两个或更多个细胞核。分化成熟的筛管分子，其细胞核解体，因而不具细胞核。一般说来没有细胞核的细胞不能长期正常生活。

细胞核呈圆球形、椭球形或圆饼形，其直径在 10～20μm，尺寸相差较大。细胞核经过固定和染色后，可以看到其复杂的内部构造，包括核膜、核液、核仁和染色质四部分。

（1）核膜（nuclear membrane）：是细胞核外的选择性渗透膜，由内外两层膜组成，膜上具核孔（nuclear pore），核孔是物质进出细胞核的门户，起着控制核与细胞质之间物质交换的作用。小分子物质能选择性透过核膜，而大分子物质如 RNA 或核糖体颗粒等则通过核孔的启闭出入。

（2）核液（nuclear sap）：是细胞核内透明且黏滞的基质，其中分散着核仁和染色质。核液的主要成分是蛋白质、RNA 和多种酶。

（3）核仁（nucleolus）：是细胞核中一至数个折光率强的球状小体，主要由蛋白质和 RNA 组成。它的大小随细胞生理状态而变化，如代谢旺盛的分生区细胞，往往有较大的核仁；而代谢较慢的细胞，则核仁较小。核仁是核内 RNA 合成的场所。

（4）染色质（chromatin）：是细胞核中易被碱性染料着色的物质，主要由 DNA 和蛋白质组成。在电子显微镜下观察，染色质通常呈现为交织成网状的细丝；当细胞进行有丝分裂时，这些染色质丝便转化成粗短的染色体。每种植物的染色体数目、形状和大小是不同的。染色体的核型和组型分析是植物分类和亲缘关系研究的重要依据。

## 二、细 胞 壁

细胞壁（cell wall）是植物细胞包围在原生质体外面的具有一定硬度和弹性的结构，由原生质体分泌的纤维素、果胶质和半纤维素形成，结构疏松，具有全透性。细胞壁对原生质体起支撑和保护作用，使植物细胞保持一定的形状和大小，维持原生质体的膨压，与植物组织的吸收、蒸腾、运输和分泌等生理活动密切相关。细胞壁的厚薄随植物种类、细胞年龄和执行功能的不同而异。细胞壁为植物细胞所特有的结构，与液泡、质体一起构成了植物细胞区别于动物细胞的三大结构特征。

### （一）细胞壁的分层

根据所分泌物质的部位、种类、数量、比例及组成上的差异，细胞壁结构可区分为胞间层、初生壁和次生壁（图2-5）。

**1. 胞间层**（intercellular layer） 又称中胶层（middle lamella），胞间层是植物细胞分裂时最早形成的分隔层，由一类黏黏而柔软的多糖类物质（果胶质）组成，可将相邻的细胞粘连在一起。果胶质的可塑性可通过缓冲细胞间挤压，来帮助初生壁生长和扩大表面积。胞间层在一些酶（如果胶酶）或酸、碱的作用下会发生分解，使相邻细胞失去连接而彼此分离。实验室常用解离剂（如氢氧化钾、碳酸钠溶液等）让植物细胞彼此分离，制成解离组织片就是利用这个原理。

**2. 初生壁**（primary wall） 是植物细胞分裂后，原生质体分泌的纤维素、半纤维素和果胶类物质沉淀在胞间层两侧的最初壁层。初生壁一般较薄，厚 1～3μm，富

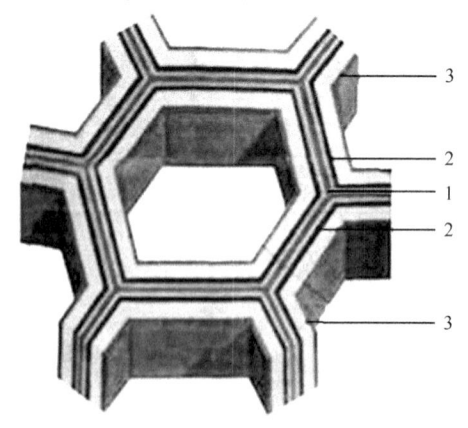

图 2-5 细胞壁的结构
1. 胞间层；2. 初生壁；3. 次生壁

有弹性，可随细胞生长而不断延伸。在延伸过程中，原生质分泌的物质不断地填充到随细胞生长的初生壁中去，这称为填充生长；同时，原生质体的分泌物还可以增加到已形成的初生壁的内侧，这称为附加生长。

**3. 次生壁**（secondary wall） 是部分细胞分化成熟、停止生长后，在初生壁内侧继续形成的壁层，由原生质体分泌的纤维素、半纤维、木质素（lignin）和其他物质层层堆积而成。次生壁与初生壁相比，厚而坚韧，厚 5~10μm，较厚的次生壁还可以分为内、中、外三层，并以中层较厚。次生壁可增加植物细胞壁的机械强度。例如，纤维细胞、导管、管胞、石细胞等都有次生壁，但并不是所有的细胞都有次生壁，大部分具次生壁的细胞成熟时，原生质体已死亡。

### （二）纹孔和胞间连丝

**1. 纹孔**（pit） 次生壁的增厚并不是均匀的，初生壁上一些没有增厚呈孔状凹陷的结构，称为纹孔（pit）（图 2-6）。这些区域细胞壁薄，其内有许多胞间连丝通过，称为初生纹孔场（primary pit field）。相邻两细胞的纹孔常成对存在，合称纹孔对（pit-pair）。纹孔对中的胞间层和两边的初生壁，合称纹孔膜（pit membrane）。纹孔膜两侧没有次生壁的空腔，称为纹孔腔（pit cavity），常呈圆球形或半球形。纹孔腔通往细胞壁的开口，称为纹孔口（pit aperture）。纹孔的形成有利于细胞间水分和物质的运输。

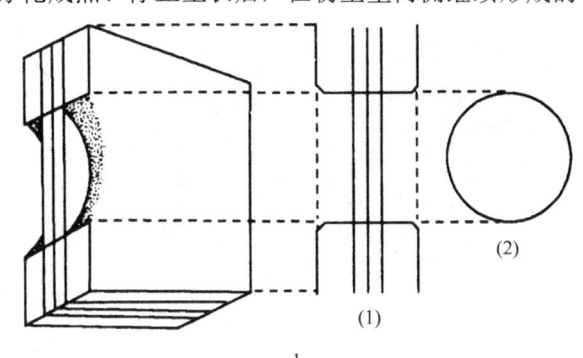

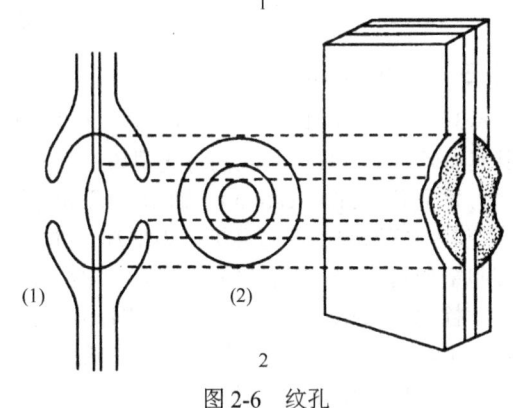

图 2-6 纹孔
1. 单纹孔；2. 具缘纹孔
（1）切面观；（2）表面观

> **案例 2-2**
> 1960 年，英国学者科金（Cocking）用酶解法将番茄根尖细胞的细胞壁去掉，分离出了大量具有活性的原生质体，这些具有活性的原生质体经过培养后，又长出了细胞壁。1971 年，塔克贝尔（Takebe）等分离出了原生质体，经过培养后，长成了完整的植株。
> 问题：
> 1. 酶解法为什么可以去掉细胞壁？
> 2. 原生质体和细胞壁有何关系？

纹孔具有一定的形状和结构，常见的纹孔类型有以下三种。

（1）单纹孔（simple pit）：次生壁加厚处呈孔道或沟，未加厚处呈圆筒形，纹孔口和底同大，纹孔腔为上下等径，这样的纹孔很简单，称单纹孔。单纹孔常存在于薄壁组织、韧皮纤维和石细胞中。

（2）具缘纹孔（bordered pit）：纹孔周围的次生壁，在纹孔腔周围向细胞内延伸呈架拱状隆起，形成拱形的边缘，称为具缘纹孔。它与单纹孔的主要区别是具缘纹孔的次生壁向细胞腔内隆起形成一个弯形的边缘，而单纹孔的次生壁边缘与初生壁近乎垂直。松柏类裸子植物管胞上的具缘纹孔，在其纹孔膜的中央形成了一个圆盘状加厚的结构，称为纹孔塞（pit plug）。纹孔塞具有活塞

图 2-7　胞间连丝（柿核）

的作用，当液流很快时，可以把纹孔塞推向压力小的一面而堵住纹孔口，因此纹孔塞可以调节细胞间的液流。

（3）半具缘纹孔（half bordered pit）：是薄壁细胞与管胞或导管间形成的纹孔，即一边形似单纹孔，另一边有架拱状隆起的纹孔缘。

**2. 胞间连丝**（plasmodesma）　穿过纹孔将相邻两个植物细胞的原生质体彼此相连的原生质细丝，称为胞间连丝（图2-7）。胞间连丝一般都很细，直径小于 0.1μm，它是细胞间物质、信息和能量交换的直接通道。高等植物的生活细胞之间，一般都有胞间连丝相连，其数量、分布位置不一。柿、黑枣、马钱子等种子的胚乳细胞，胞间连丝较为显著，经染色处理后可在显微镜下观察到。

## （三）细胞壁的特化

受环境的影响和生理分工的不同，植物细胞壁会沉积一些物质，产生一些理化性质的特化，使其具备特定的功能。常见的特化现象有木质化、栓化、角质化、黏液质化和矿质化。

**1. 木质化**（lignification）　细胞在代谢过程中，原生质体分泌了较多的木质素渗入到细胞壁中，使其硬度增强，细胞群机械力增加，如管胞、导管、木纤维、石细胞等细胞的细胞壁。木质化细胞壁加间苯三酚试液和浓盐酸后，即显红色或紫红色；加氯化锌碘试液则显黄色或棕色。

**2. 栓化**（suberization）　细胞壁内渗入脂溶性的木栓质从而形成了木栓细胞，这些细胞通常已死亡，不透气，不透水。木栓细胞常呈黄褐色，富有弹性，对植物内部组织具有保护作用。例如，树干外的褐色树皮即是由木栓细胞和其他死细胞组成。木栓细胞壁加苏丹Ⅲ试液后，显橘红色或红色。

**3. 角质化**（cutinization）　叶、幼茎、花瓣和果皮等器官的表皮细胞外常覆盖角质（脂类物质），并在细胞壁表面堆积形成角质层。角质化细胞壁透水性下降，可防止水分的过度蒸发。角质化细胞壁加苏丹Ⅲ试液显橘红色或红色。

**4. 黏液质化**（mucilagization）　细胞壁中果胶质和纤维素等成分变成黏液或树胶的一类变化，称为黏液质化，多见于果实或种子表面。黏液质化所形成的黏液在细胞表面常呈固体状，吸水膨胀呈黏滞状。车前、芥菜和亚麻等种子的表皮细胞中具有黏液质化细胞壁。黏液质化细胞壁加玫红酸钠乙醇溶液可染成玫瑰红色；加钌红试液可染成红色。

**5. 矿质化**（mineralization）　是细胞壁中渗入硅质（如二氧化硅、硅酸盐等）或钙质（如碳酸钙、草酸钙等）的一类特化现象。例如，薏苡的茎、叶以及木贼的茎均含大量硅酸盐。细胞壁的矿质化能增强茎、叶的机械强度，从而提高抗倒伏和抗虫害的能力。硅质化细胞壁能溶于氟化氢，但不溶于硫酸或乙酸，可区别于钙质化的细胞壁。

> **案例 2-3**
>
> 保温瓶的软木塞质轻而富有弹性，有许多疏松的小孔，其细胞的原生质体已经死亡，细胞壁发生了特化，有绝热、耐压等特点，能够阻隔热量的传递。
>
> **问题：**
> 1. 保温瓶软木塞的细胞壁发生了哪种特化现象？
> 2. 软木塞的细胞壁有何特点？如何鉴别？

## 第三节　细胞后含物与生理活性物质

### 一、细胞后含物

植物细胞生命活动中，原生质体代谢过程中产生的中间产物、营养贮藏物质及废弃物等，统称为后含物（ergastic substance）。后含物的种类多种多样，随植物的种类、组织和细胞的不同而异，是中药材显微鉴定和理化鉴定的重要依据之一。细胞中的后含物可分为淀粉、菊糖、蛋白质、脂肪和脂肪油、晶体等几大类。

#### （一）淀粉

根据结构特点，淀粉（starch）可分为直链淀粉和支链淀粉两大类。直链淀粉能溶于热水，遇碘显蓝色；支链淀粉不溶于水，但可在水中胀大润湿，与碘作用显紫红色。直链淀粉的含量与抗性淀粉的含量存在一定的相关性，直链淀粉含量低的样品不易形成高含量的抗性淀粉。抗性淀粉又称难消化淀粉，是一种特殊的膳食纤维，能有效地降低直肠癌的发生率，提高胰岛素的敏感性，从而控制血糖稳定，预防和避免肥胖症、高血压、高血脂及肠道炎症等疾病的发生。

淀粉是植物细胞中最普遍的储藏物质，由多分子葡萄糖分子聚合而成，常以颗粒状储藏在植物的根、块茎和种子等薄壁细胞中，称为淀粉粒（starch grain）（图2-8）。例如，山药根茎、贝母鳞茎等器官的薄壁细胞中含有大量的淀粉粒。淀粉积累时，先从中心开始，形成淀粉的核心，称为脐（hilum），脐有点状、裂隙状、星状、线状等形状。沿着脐，直链淀粉和支链淀粉相互交替分层积累，形成许多同心层次的轮纹，称为层纹（annular striation lamellae），层纹的明显程度因植物而异。不同植物的淀粉粒在大小、形状、层纹和脐等方面各有其特点，可作为检验、鉴定中药材的依据之一。

图 2-8　淀粉粒

1. 马铃薯（a. 单粒、b. 复粒、c. 半复粒）；2. 姜；3. 川贝母；4. 半夏

淀粉粒可分为 3 种类型：①单粒淀粉（simple starch grain），仅有 1 个脐，周围有许多层纹围绕。②复粒淀粉粒（compound starch grain），具有 2 个及以上脐，各脐均有独立的层纹围绕。③半复粒淀粉粒（half compound starch grain），具有 2 个及以上脐，各脐除自身的层纹环绕外，外围还有共同的层纹。

#### （二）菊糖

菊糖（inulin）是由果糖分子聚合而成的多糖，在显微镜下观察，常呈扇形、半圆形或圆形的结晶（图2-9），多分布于菊科、桔梗科和龙胆科部分植物根的薄壁细胞中，山茱萸果皮细胞中亦有。菊糖能溶于水，不溶于乙醇，可用无水乙醇装片，加 10% α-萘酚的乙醇溶液后再加 80% 硫酸显紫红色，并很快溶解；加麝香草酚的乙醇溶液后再加 80% 硫酸显红色，也很快溶解。

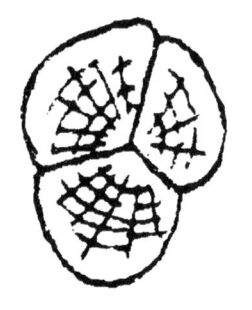

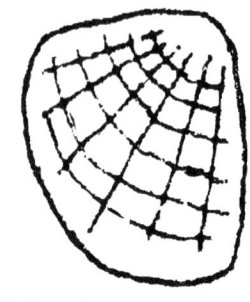

图 2-9　苍术的菊糖

### （三）蛋白质

植物细胞中的贮藏蛋白质与原生质体中有生命而呈胶体状的蛋白质形态不同，是化学性质稳定的无生命物质，常呈固体状，以结晶体或无定形小颗粒等形式存在于细胞质中。无定形的蛋白质常被一层膜包裹成圆球状的颗粒，称为糊粉粒（aleurone grain），广泛分布于植物种子的胚乳细胞和子叶细胞中，有些植物胚乳的最外层细胞常含有大量的糊粉粒，特称为糊粉层（aleurone layer）。结晶体蛋白质具有晶体和胶体的二重性，称拟晶体（crystalloid）。在蓖麻、油桐胚乳细胞的糊粉粒内，除了无定形的蛋白质外，还含有蛋白质的拟晶体和非蛋白质的球状体（脂肪油），成为复杂的形式。将蛋白质溶液放在试管中，加入浓硝酸数滴并加热，可见黄色沉淀析出；冷却后加入过量氨液，沉淀变成橙黄色。蛋白质遇碘试液显棕色或黄棕色；加硫酸铜和苛性碱的水溶液显紫红色；加硝酸汞试液显砖红色。

### （四）脂肪和脂肪油

脂肪（fat）和脂肪油（fat oil）是由脂肪酸和甘油结合而成的酯，是植物贮藏的一类营养物质，常温下呈固体或半固体的称为脂肪，呈液态的称为脂肪油。脂肪和脂肪油通常呈小滴状分散在细胞质中，不溶于水，易溶于有机溶剂，相对密度小，折光率强，多存在于植物种子中（图 2-10），如蓖麻子、芝麻、油菜籽等。脂肪油和脂肪遇苏丹Ⅲ试液显橘红色、红色或紫色；遇紫草试液显紫红色；遇四氧化锇试液显黑色。

### （五）晶体

晶体（crystal）存在于植物细胞的液泡中，有草酸钙结晶和碳酸钙结晶两种常见类型。

**1. 草酸钙结晶**（calcium oxalate crystal）　常为无色半透明的结晶，以不同的形态分布在细胞液中，一般一种植物只能见到一种形态，但少数植物也可见两种至多种，如番泻叶中可见簇晶和方晶，曼陀罗叶中含有簇晶、方晶和砂晶。草酸钙结晶在植物体内分布普遍，但不是所有植物细胞中都含有草酸钙结晶。草酸钙结晶的有无、种类、形状和大小因植物种类及部位的不同而异。随着植物组织器官衰老，草酸钙结晶也逐渐增多，这些特征可作为中药材鉴定的依据之一。

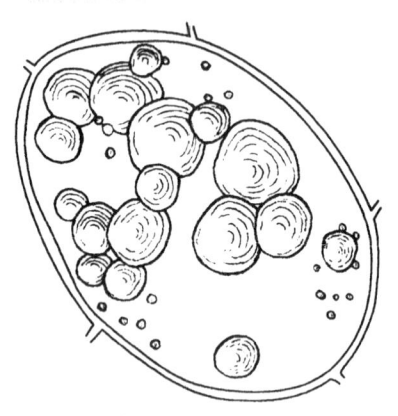

图 2-10　椰子胚乳细胞中的脂肪油

常见的草酸钙结晶可分为以下几种类型（图 2-11）。

（1）单晶（solitary crystal）：又称方晶或块晶，通常呈正方形、长方形、斜方形、菱形等形状，一般单独存在，如甘草的根及根茎、黄柏树皮等；有时单晶交叉而形成双晶，如莨菪叶等。

（2）针晶（acicular crystal）：晶体呈两端尖锐的针状，在细胞中多成束存在，称针晶束，多存在于黏液细胞中，如半夏块茎、黄精及玉竹根状茎等；有的不规则地分散在细胞中，如苍术根状茎。

（3）簇晶（cluster crystal）：晶体由许多八面体、三棱形单晶聚集而成，通常呈多角星状，如人参根、大黄根状茎、椴树茎及天竺葵叶等。

（4）砂晶（sand crystal）：晶体呈细小的三角形、箭头状或不规则状，密集于细胞腔中。聚集砂晶的细胞颜色较暗，易与其他细胞区别，如颠茄叶、牛膝根及枸杞根皮等。

（5）柱晶（columnar crystal；styloid）：晶体呈长柱形，长度为直径的四倍以上，形如柱状，如射干、淫羊藿等。

草酸钙结晶不溶于稀乙酸；溶于稀盐酸而无气泡产生；溶于10%～20%硫酸溶液并形成针状的硫酸钙结晶析出。

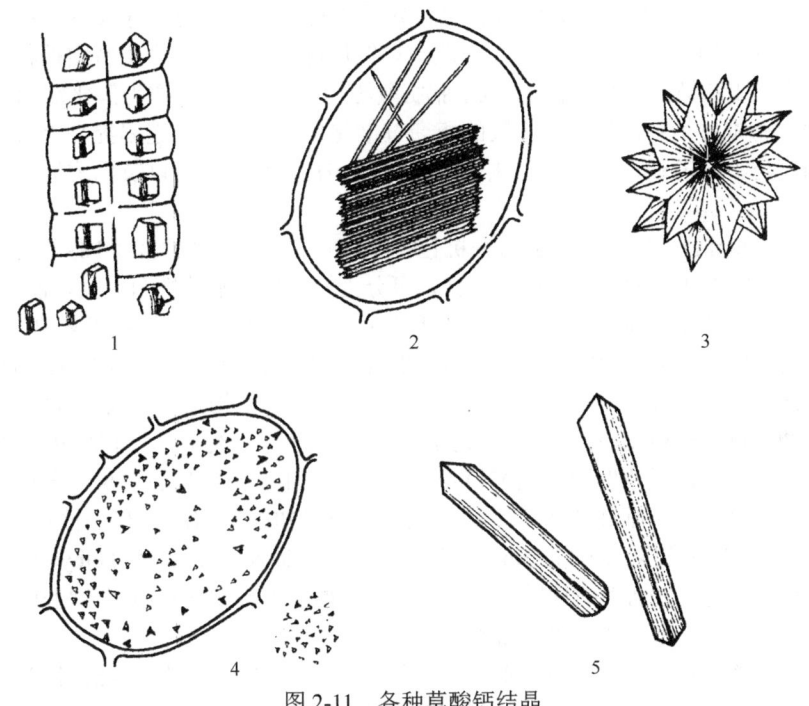

图 2-11　各种草酸钙结晶
1. 单晶；2. 针晶；3. 簇晶；4. 砂晶；5. 柱晶

**2. 碳酸钙结晶**（calcium carbonate crystal）　多存在于桑科、爵床科、荨麻科植物叶表皮细胞中，如穿心莲、无花果、大麻等。碳酸钙结晶是由细胞壁的特殊瘤状突起上聚集的大量碳酸钙或少量的硅酸钙形成的。一端与细胞壁相连，另一端悬于细胞腔内，通常呈钟乳状，又称钟乳体（cystolith）（图2-12）。

碳酸钙结晶加乙酸或稀盐酸溶解，并伴有二氧化碳气泡产生，可区别于草酸钙结晶。

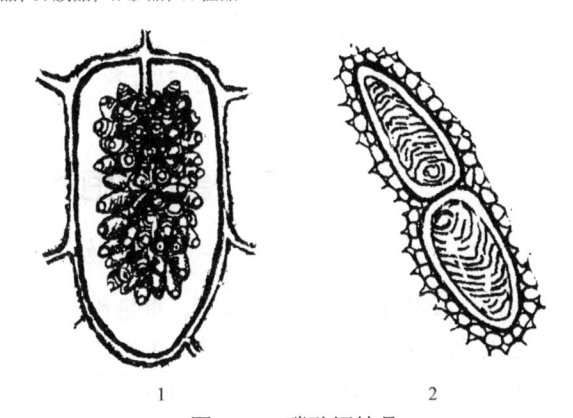

图 2-12　碳酸钙结晶
1. 无花果叶细胞中的钟乳体；2. 穿心莲叶细胞中的钟乳体

> **案例 2-4**
> 中国药科大学徐国钧院士基于植物组织和后含物特征，开发了中药材和中成药的显微鉴别技术，用于解决"丸散膏丹，神仙难辨"的难题。
> **问题：**
> 为什么植物细胞后含物特征可作为中药"丸散膏丹"的鉴别依据？

## 二、生理活性物质

生理活性物质是一类在植物细胞内对生化反应和生理活动起调节作用的物质的总称。包括酶、维生素、植物激素和次生代谢产物等。

**1. 酶**（enzyme） 是具有生物催化功能的高分子物质，在生物的新陈代谢、营养和能量转换等过程中起着催化作用。酶具有高度的专一性，只催化特定的反应或产生特定的构型，如淀粉酶只能催化淀粉变为麦芽糖，不能催化蛋白质、脂肪酸等物质的降解。酶作为催化剂，催化效率极高，且在反应过程中酶本身不被消耗，大多数的酶通过催化作用可将反应速率提高上百万倍。酶在医药工业上应用广泛，酶的活性受温度、化学环境（如pH）、底物浓度以及电磁波（如微波）等许多因素的影响。

**2. 维生素**（vitamin） 是一类复杂的有机化合物，在植物的生长发育和物质代谢中发挥着重要的调节作用。现阶段所知的维生素有几十种，可分为脂溶性和水溶性两大类，前者能溶于脂肪，包括维生素A、维生素D、维生素E、维生素K等；后者能溶于水，如维生素B、维生素C等。维生素分布于植物体各部位，如酸枣、山楂中维生素C含量高，柑橘、红花籽油中富含维生素E。维生素对人类某些疾病的治疗和预防起着重要的作用，可通过植物提取或人工合成获得。

**3. 植物激素**（phytohormone） 是指植物细胞自身产生的一类小分子有机化合物，能够从合成部位移动到作用部位，低浓度即可调节植物生理反应，如调控植物的生长、发育，影响植物发芽、生根、开花、结实、休眠和脱落等生命活动。目前已知的植物激素有生长素（auxin）、赤霉素（gibberellin）、细胞分裂素（cytokinin）、脱落酸（abscisic acid）、乙烯（ethylene）等。目前人工合成的一些具有植物激素活性的物质，称为植物生长调节剂，如吲哚丙酸、吲哚丁酸、萘乙酸，可用于防止落花落果，促进单性结实、插条生根等。

**4. 次生代谢产物**（secondary metabolite） 是植物对环境的一种适应，是在长期进化过程中植物与生物和非生物因素相互作用的结果。许多植物在受到病原微生物侵染后，会产生大量的次生代谢产物，以增强自身免疫力和抵抗力。植物次生代谢物的种类极多，常分为苯丙素类、醌类、黄酮类、生物碱类、香豆素类、萜类、甾体类等类别，其产生和分布具有种属、器官、组织及生长发育阶段的特异性。许多植物药的活性成分来源于其所产生的次生代谢产物，与药材质量的优劣密切相关。

# 第四节　植物细胞的生长、分裂与分化

## 一、植物细胞的生长

细胞的生长是细胞体积不断增大、重量相应增加的过程，包括原生质体的生长和细胞壁的生长。细胞生长过程中合成了大量新的原生质，同时也产生了许多中间产物和代谢废弃物，从而导致了细胞体积和重量的增加。在植物细胞分裂区域可以明显地观察到，子代细胞非常小，其体积仅占母细胞体积的近一半。但细胞成熟后，其体积可增加至几倍、几十倍，甚至更大。例如，纵向伸长的纤维细胞，其体积可增大几百倍至几千倍。在生长过程中，原生质体的明显变化是由原生质中多而分散的多个液泡逐渐形成一个中央大液泡，同时细胞核被挤至细胞的边缘。

植物细胞的生长都有一定限度，当其体积达到一定大小后，则会停止生长，其生长过程受细胞本身遗传因子的控制和环境因素的影响。

## 二、植物细胞的分裂

细胞分裂是植物个体生长、发育和繁殖的基础，植物通过细胞分裂来增加细胞的数量及形成生殖细胞，从而繁衍后代。植物细胞常见的分裂方式有无丝分裂、有丝分裂和减数分裂。

**1. 无丝分裂**（amitosis） 又称直接分裂，是最早发现的一种细胞分裂方式，其分裂过程简单而快速，没有染色体和纺锤体的出现，直接形成两个或多个近乎相等或不等的子细胞。无丝分裂在低等植物中普遍存在，在高等植物的根、茎、叶、花、果实和种子生长发育的某个时期或某些部位可见到细胞的无丝分裂，如块根、块茎的发育，居间分生组织的活动等。

**2. 有丝分裂**（mitosis） 又称间接分裂，是一种最普遍而常见的植物营养细胞的分裂方式。有丝分裂过程包括细胞核的分裂和细胞质的分裂。细胞核分裂是细胞核周期性变化与再生的过程，每次核分裂前期必须进行一次染色体的复制，分裂时，每条染色体的两条染色单体分开，形成两条子染色体，平均地分配给两个子细胞，保证了每个子细胞具有与母细胞相同的遗传物质，维持了细胞遗传的稳定性。根据其形态学特征可将其划分为前期、中期、后期和末期4个时期。细胞质分裂出现在细胞分裂的末期，是细胞质一分为二的过程。

**3. 减数分裂**（meiosis） 是指有性生殖的个体在形成生殖细胞过程中发生的一种特殊分裂方式。性细胞分裂时，染色体只复制一次，细胞连续分裂两次。分裂的结果，使得每个子细胞染色体数目只有母细胞的一半，成为单倍体，故称减数分裂。

**案例 2-5**

将离体的植物细胞接种于营养培养基上进行无菌培养，细胞能够不断分裂增殖，获得大量的细胞群体，这种生物技术称为植物细胞培养，包括悬浮细胞培养。细胞悬浮培养可以形成许多代谢产物，自从1956年尼克尔（Nickell）和鲁坦（Routin）申请了第一个应用组织细胞培养生产次生代谢产物的专利后，应用细胞培养技术生产药用活性成分取得了很大的进展，迄今为止，许多药用植物的细胞培养取得了成功，有的实现了工业化生产，如黄花蒿、人参、三七、紫草、长春花、红豆杉、雷公藤等。

**问题：**

1. 离体植物细胞培养中，细胞以哪种分裂方式增殖？
2. 细胞培养可生产药用活性成分，这些活性成分主要积累在细胞的哪个部位？

## 三、植物细胞的分化

多细胞植物体由执行不同功能的细胞所构成，而这些细胞最初都是由受精卵分裂增殖而来。在个体的发育过程中，细胞在形态、结构和生理功能上向着不同方向稳定特化，称为细胞分化（cell differentiation）。例如，表皮细胞在其细胞壁的表面形成明显的角质层以执行保护功能；叶肉细胞中形成了大量的叶绿体以适应光合作用的生理功能。植物进化的程度越高，细胞分化的程度也越高，分化的实质是基因选择性表达，调控合成特定的酶和蛋白质，使细胞出现生理生化的差异，进一步表现为细胞形态、结构和功能上的差异。

植物体内所有细胞都与合子一样，具有再生成完整植物体的潜在遗传能力，植物细胞的这种能力称为全能性（totipotency）。已分化的细胞在一定因素作用下可重新恢复分生组织细胞的分裂能力，这个过程称为去分化（dedifferentiation）。植物体内的表皮、皮层、韧皮部和厚角组织等都可在一定条件下发生去分化。去分化后产生的新细胞可以继续保持分裂能力，使细胞的数量增加，或者为了适应某项生理活动而再分化（redifferentiation）成某种特定的组织。在植物形态建成过程中，不定根、不定芽和周皮等都是通过去分化后再分化形成的。

# 第三章 植物的组织

植物在长期进化过程中，根据功能的需要，其细胞逐渐分化成不同的细胞群。这些来源、功能相同，形态结构相似，而且彼此密切联系的细胞群，称为组织（tissue）。

## 第一节 植物组织的类型

根据形态与功能的不同，植物的组织一般可分为分生组织、薄壁组织、保护组织、分泌组织、机械组织和输导组织六大类。后五类组织均是由分生组织分生、分化而成，所以又统称为成熟组织（mature tissue）或永久组织（permanent tissue）。

### 一、分生组织

分生组织（meristem）是由代谢活动旺盛、具备强烈分生能力的细胞群构成，能持续地进行细胞分裂、分化，增加细胞的数目和种类，使植物体得以不断地生长。其特征为细胞体积小而壁薄，具较大的细胞核，较浓的细胞质，排列紧密而无间隙，液泡小而分散，缺少后含物。分生组织所产生的细胞，一部分仍保持分生组织状态，另一部分则逐渐分化构成其他成熟组织，参与到植物体的生长与构建过程中。

> **案例 3-1**
> 韭菜的叶子被反复多次割取后，仍可较快地长出；水稻、小麦、玉米等禾本科植物的茎在生长期可以急剧地长高。
> **问题：**
> 水稻、小麦、玉米等禾本科植物茎急剧长高及韭菜被割后快速生长是哪类植物组织活动的结果？其细胞有何特点？

按其分布位置和功能的不同，分生组织又可分为原分生组织、初生分生组织、次生分生组织。

#### （一）原分生组织

原分生组织（promeristem）：直接来源于种子的胚，由胚遗留下来的终生保持分裂能力的胚性细胞组成，通常位于植物根、茎的顶端，又称顶端分生组织（apical meristem）。其分裂活动的结果，使根、茎不断地伸长和长高（图3-1）。原分生组织的细胞一部分保持着原分生组织的结构和功能，另一部分分化为其他组织。

#### （二）初生分生组织

初生分生组织（primary meristem）：由原分生组织分化出来的仍具有分生能力的细胞组成，位于植物根、茎尖端处，为介于原分生组织和成熟组织之间的过渡组织类型。按照初生分生组织在根、茎所处的位置不同，可分为三个主要的细胞群，即原表皮层、基本分生组织和原形成层。原表皮层日后将发育成表皮；基本分生组织将发育成皮层和髓部；而原形成层将发育成初生维管组织。初生分生组织的活动即产生根、茎的初生结构。

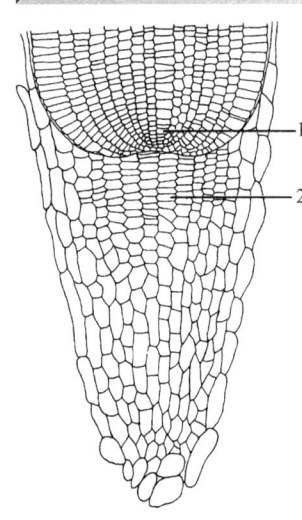

图 3-1 根尖生长点及根冠
1. 生长点；2. 根冠分生组织

## （三）次生分生组织

次生分生组织（secondary meristem）：由成熟组织中的某些薄壁细胞去分化重新恢复分生能力而形成，如木栓形成层和维管形成层等，它分生的结果，可产生次生结构，使根、茎不断加粗生长。次生分生组织分布于裸子植物及木本双子叶植物的根和茎中，一般呈环状排列，与轴向平行，故又称侧生分生组织（lateral meristem）。

# 二、薄壁组织

**案例 3-2**

仙人掌为仙人掌科植物的统称，有2000多个品种。除掌形外，另有球形、柱形等多种形态，为适应干旱环境，仙人掌的叶子退化成针状以减少水分蒸腾，其茎肥厚多汁可以贮藏大量水分，庞大的根系可以摄取更多的地下水分。

**问题：**

仙人掌茎中肥厚多汁可贮藏水分的组织属于哪一类组织？它有哪些特点与其贮藏水分的功能相适应？

薄壁组织（parenchyma）是植物体内分布最广泛的组织，并占有相当大的体积，是构成植物体的基础。通常由具有原生质体的薄壁细胞组成，又称基本组织（ground tissue），其细胞多呈球形、椭圆形、多面体形等，细胞质较稀，液泡较大，细胞壁薄，主要由纤维素和果胶构成，富有细胞间隙。植物体内的水盐运输，代谢产物的合成、转运、贮存和各种代谢活动的进行均依靠薄壁组织完成。

根据基本组织结构和功能的不同，薄壁组织可分为以下几种类型（图3-2）。

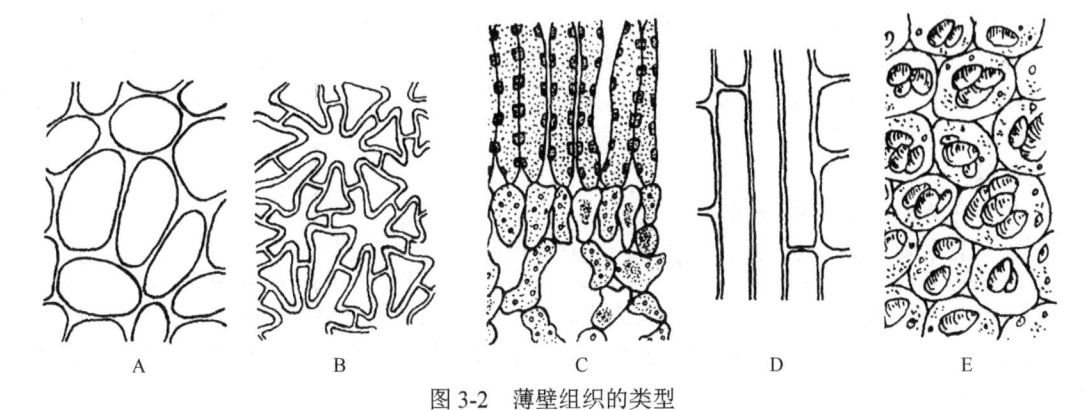

图3-2 薄壁组织的类型
A. 基本薄壁组织；B. 通气薄壁组织；C. 同化薄壁组织；D. 输导薄壁组织；E. 储藏薄壁组织

## （一）基本薄壁组织

基本薄壁组织（ordinary parenchyma）通常存在于植物根、茎的皮层、射线及髓部，主要起填充和联系其他组织的作用。此类薄壁组织是分化程度较低的一类成熟组织，仍具有潜在的分生能力，可转化为次生分生组织。

## （二）同化薄壁组织

同化薄壁组织（assimilating parenchyma）细胞中含有大量叶绿体，又称绿色薄壁组织（chlorenchyma），分布于植物体的所有绿色部分，如叶肉细胞、幼茎、幼果等，是光合作用和有机营养物质制造的主要场所。

## （三）输导薄壁组织

输导薄壁组织（conducting parenchyma）多分布于植物的木质部及髓部。细胞较长，有输导水分、无机盐和营养物质的作用，如髓射线等。

## （四）吸收薄壁组织

吸收薄壁组织（absorptive parenchyma）分布于植物根尖的成熟区，细胞壁薄，表皮细胞外壁向外突起，形成根毛。主要功能为从外界吸收水分、无机盐和营养物质等，并将它们运送到输导组织中。

## （五）储藏薄壁组织

储藏薄壁组织（storage parenchyma）为养料储存的场所，多分布于植物的根、茎、果实及种子中。储存的营养物质主要包括蛋白质、糖类、脂肪等。有些耐旱植物中有巨大的薄壁细胞，内部富含水分，称储水薄壁组织，如仙人掌、龙舌兰、景天、芦荟等。

## （六）通气薄壁组织

通气薄壁组织（aerenchyma）存在于水生植物和沼泽植物中，如莲、水稻等植物的根、茎、叶处。其特征是细胞间隙特别发达，常在植物体内形成相互贯通的通道，为气体储存和交换的场所，并对植物起漂浮与支持作用。

## 三、保护组织

**案例 3-3**

荨麻，俗称蕁麻，古称毛蕁或荨草。陕南山民称之为"蜇人草"，草原牧民则叫它"咬人草"。荨麻茎叶表皮生有螯毛，其毛端尖锐如刺，上半部分中间是空腔，基部是由许多细胞组成的腺体，基部腺体分泌的蚁酸等对人和动物有较强的刺激作用，人或牲畜一旦碰上，螯毛尖端便会断裂，放出蚁酸，刺激皮肤产生痛痒，如蜂蜇般疼痛难忍，其毒性可立刻引起皮肤刺激性皮炎，发生瘙痒、严重烧伤、红肿等。

问题：
1. 荨麻的螯毛由哪些植物组织组成？
2. 根据本案例提供的信息，荨麻蜇手后应如何处理？

保护组织（protective tissue）覆盖于植物体的表面，由外壁或整个细胞壁增厚的细胞组成，对植物起保护作用，可防止植物遭受病虫的侵袭和机械损伤，并有控制植物气体交换、水分蒸腾和营养摄入的功能。

根据其来源和结构的不同，保护组织又可分为初生保护组织（表皮）与次生保护组织（周皮）。

## （一）表皮

表皮（epidermis）覆盖于幼嫩的根、茎、叶、花、果实和种子的表面。其起源于初生分生组织的原表皮层，通常由单层径向扁平的生活细胞构成，少数植物的表皮可达2～3层细胞，称复表皮，如夹竹桃、印度橡皮树等。表皮细胞通常呈长方形、长柱形、多边形或不规则波纹形，彼此牢固嵌合，排列紧密，没有细胞间隙；细胞内有大型液泡，一般不含叶绿体；外壁常角质化，并在表面覆盖有明显的角质层（cuticle），角质层的成分为疏水性的脂肪类物质，能有效防止水分散失，有的角质层上还有各种形态的蜡被，如甘蔗、蓖麻的茎和葡萄、冬瓜果实上的白霜。还有的表皮细胞壁发生硅质化，使器官外表粗糙而坚硬，如禾本科植物。此外，表皮细胞常特化形成气孔、毛茸等附属物。

**1. 气孔**（stoma） 为散布在植物叶和幼嫩茎、枝表皮上的孔隙，特别是在叶的下表皮最为丰富，每个孔隙外都围绕有两个半月形的保卫细胞（guard cell）。狭义的气孔即指这个孔隙，而把两个保卫细胞和中间的孔隙合称为气孔器（stomatal apparatus）。保卫细胞比其周围的表皮细胞小，细胞质浓，细胞核明显，并含有叶绿体。保卫细胞不仅形态与表皮细胞有差异，而且细胞壁的增厚也很特殊，为一种不均匀增厚，即与表皮细胞相邻的细胞壁较薄，而半月形内凹处的细胞壁较厚。因此，当保卫细胞吸水膨胀时，气孔便被拉开，当保卫细胞失水萎缩时，气孔便恢复原状，变小或闭合，通过气孔的开闭可控制气体交换和调节水分蒸发。另外，气孔的开闭还受到光线、温度、湿度和二氧化碳等环境因素的影响。

有些植物气孔的保卫细胞周围有二至多个细胞，常与表皮细胞形态不同，称为副卫细胞（subsidiary cell）。保卫细胞与副卫细胞的排列方式，称为气孔的轴式。气孔的轴式随植物种类而异，可作为叶类、全草类中药材鉴定的依据。双子叶植物常见的气孔轴式如下（图3-3）。

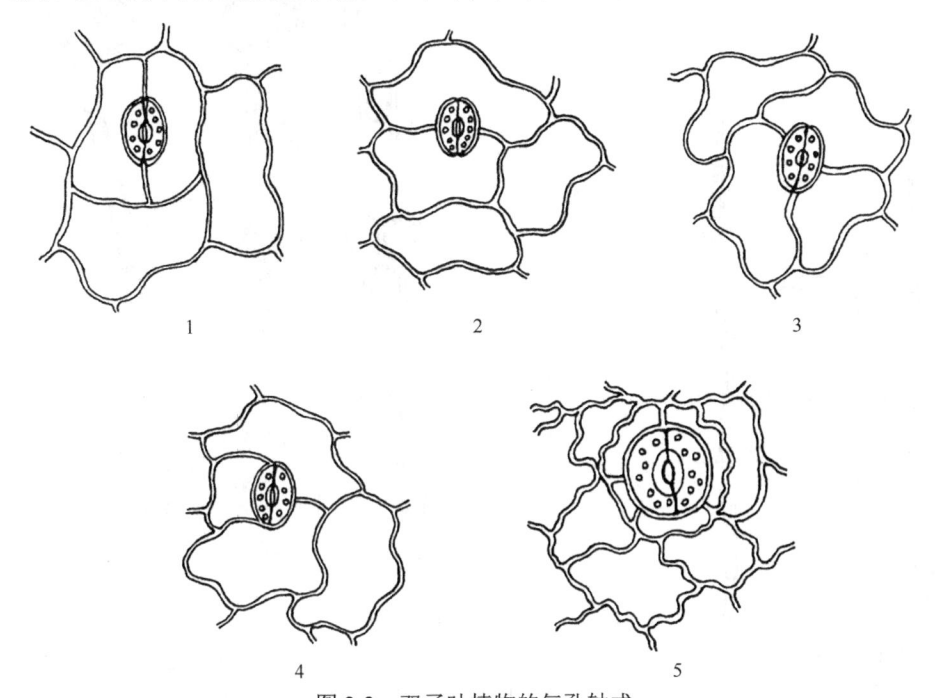

图3-3 双子叶植物的气孔轴式
1. 平列型；2. 横列型；3. 无规则型；4. 不等细胞型；5. 辐射型

（1）平列型（paracytic type）：副卫细胞为2个，其长轴与保卫细胞和气孔的长轴平行。常见于茜草叶、番泻叶、常山叶、补骨脂叶、马齿苋叶等。

（2）横列型（diacytic type）：副卫细胞为2个，其长轴与保卫细胞和气孔的长轴垂直。常见于石竹叶、穿心莲叶、薄荷叶等。

（3）无规则型（anomocytic type）：副卫细胞数目不定，大小基本相等，形状与其他表皮细胞相似。常见于艾叶、桑叶、玄参叶、地黄叶、洋地黄叶等。

（4）不等细胞型（anisocytic type）：副卫细胞为3～4个，大小不等，其中1个明显小。常见于荠菜叶、菘蓝叶、曼陀罗叶、烟草叶等。

（5）辐射型（actinocytic type）：副卫细胞数目不定，形状、大小基本相同，呈环状排列在保卫细胞周围。常见于茶叶、桉叶等。

单子叶植物气孔的类型也有很多种，以禾本科植物的气孔为例，其保卫细胞呈狭长哑铃形，两端的球形部分细胞壁较薄，中间狭长部分细胞壁较厚，当保卫细胞两端充水膨胀时，气孔缝隙张开；而当保卫细胞两端失水萎缩时，气孔缝隙关闭或缩小。在保卫细胞的两侧各有一个略呈三角形的副卫细胞，其长轴与气孔的长轴平行，对气孔的开闭有辅助作用，又称辅助细胞，常见于玉米叶、薏苡叶、淡竹叶等禾本科植物的叶（图3-4）。

不同植物气孔轴式类型多种多样，同一种植物的同一器官中也可同时存在多种类型的气孔。气孔轴式和分布情况可作为叶类中药材鉴定的依据。

**2. 毛茸**（trichome，hair） 是由表皮细胞向外分化形成的突起物，具有分泌功能，可减少水分蒸发，防止昆虫侵袭和降低叶片温度。毛茸分腺毛和非腺毛两种类型。

（1）腺毛（glandular hair）：为能分泌挥发油、黏液、树脂等物质的毛茸，由腺头与腺柄两部分组成，腺头位于顶端，膨大呈球状，由一个或数个分泌细胞组成；腺柄也有单细胞与多细胞之分。腺毛的类型由组成头、柄细胞的数目来决定。此外，还有一种腺毛，具短柄或无柄，头部呈扁球形，常由6～8个细胞组成，排列在一个平面上，称腺鳞，常见于紫苏、薄荷等唇形科植物（图3-5）。

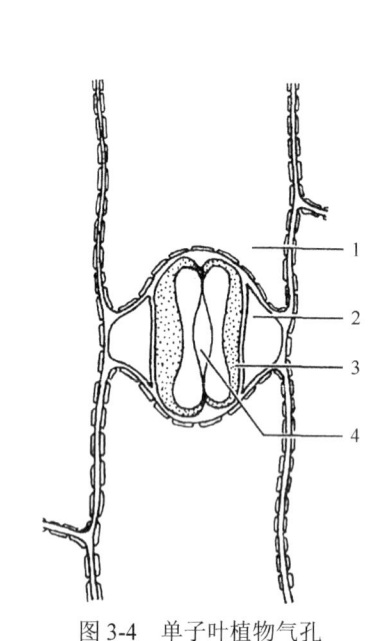

图3-4 单子叶植物气孔
1. 表皮细胞；2. 辅助细胞；3. 保卫细胞；4. 气孔

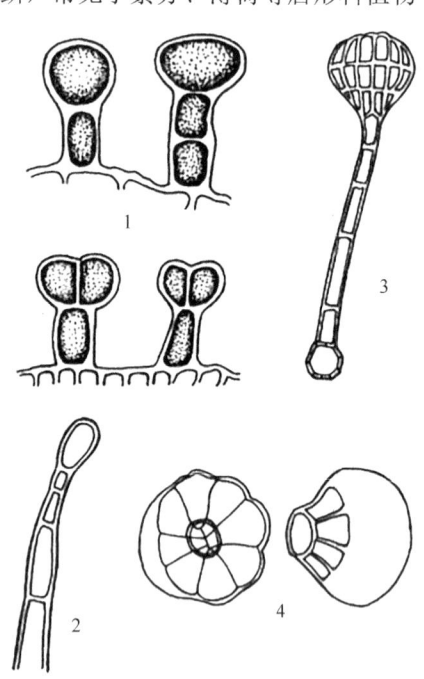

图3-5 各种腺毛
1. 洋地黄的腺毛；2. 曼陀罗叶的腺毛；3. 金银花的腺毛；4. 薄荷叶的腺鳞

（2）非腺毛（nonglandular hair）：为无分泌能力的毛茸，仅起保护作用，由单细胞或多细胞组成，无头、柄之分，顶端常狭尖，形态多样，如线状毛、棘毛、分枝毛、丁字毛、星状毛、鳞毛等（图3-6）。

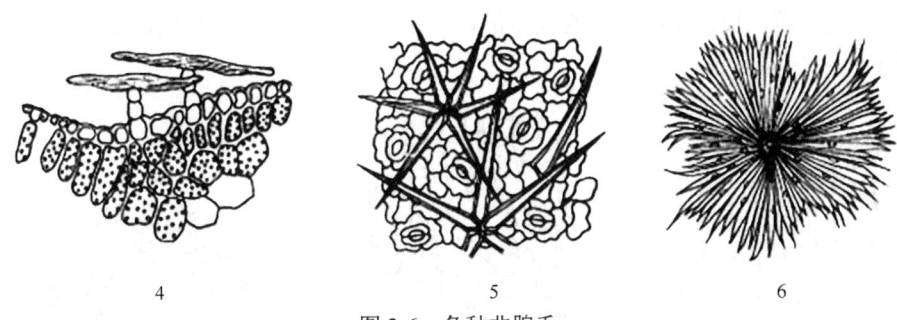

图 3-6 各种非腺毛

1.单细胞非腺毛；2.多细胞非腺毛；3.分枝腺毛；4.丁字腺毛；5.星状毛；6.鳞毛

### （二）周皮

大多数草本植物缺少或仅具有限的次生生长，因此终生只具有表皮。而木本植物的茎、根则具典型的次生生长，这些部位的表皮，在日后不断加粗生长过程中遭到破坏，被次生保护组织周皮（periderm）所代替。

周皮为一种复合组织，由木栓层（phellem）、木栓形成层（phellogen）、栓内层（phelloderm）三部分组成。木栓形成层多起源于表皮、皮层和韧皮部的成熟薄壁细胞，由这些薄壁细胞恢复分生能力转变成次生分生组织。木栓形成层向外分生出多层形状扁平、排列整齐而紧密、细胞壁高度栓质化的木栓细胞，向内分生出1~2层具叶绿体且壁薄的栓内层细胞，故栓内层又称为绿皮层（图3-7）。

皮孔（lenticel）为分布在周皮上的气体交换的通道。周皮形成时，位于气孔下面的木栓形成层向外分生出许多非木栓化的填充细胞（complementary cell），这些填充细胞不断增多，最后将表皮突破，形成圆形或椭圆形的裂口，即皮孔。皮孔的形状、类型和密度可作为皮类药材鉴定的重要依据（图3-8）。

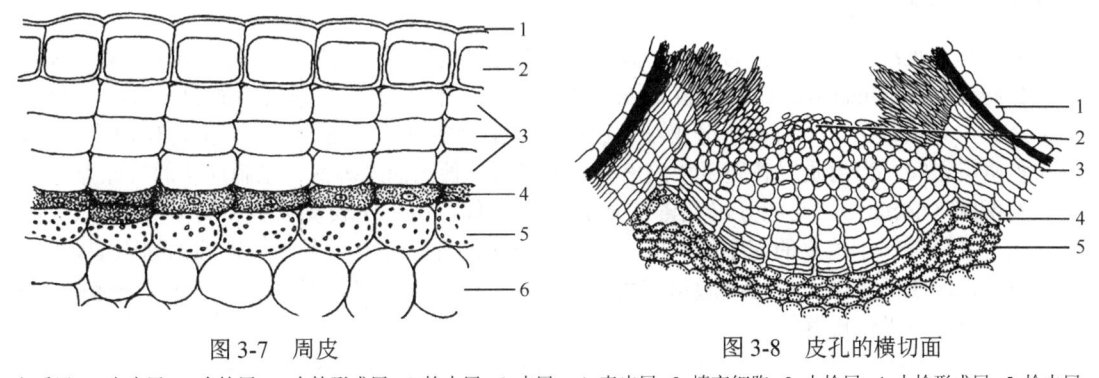

图 3-7 周皮　　　　　　图 3-8 皮孔的横切面

1.角质层；2.表皮层；3.木栓层；4.木栓形成层；5.栓内层；6.皮层　　1.表皮层；2.填充细胞；3.木栓层；4.木栓形成层；5.栓内层

## 四、分泌组织

### 案例 3-4

薄荷为多年生草本，茎直立，高30~60cm，锐四棱形，上部被倒向微柔毛，沿棱被微柔毛，多分支。叶片长圆状披针形、椭圆形，先端锐尖，基部楔形至近圆形，表面稀疏生微柔毛……

**问题：**
薄荷茎、叶表面的微柔毛分别属于哪类植物组织？其细胞有何特点？

分泌组织（secretory tissue）为具有分泌功能的薄壁细胞组成的组织，分泌的物质有挥发油、树脂、花蜜、乳汁等。根据在植物体的分布位置，分泌组织可分为外部分泌组织和内部分泌组织两大类（图3-9）。

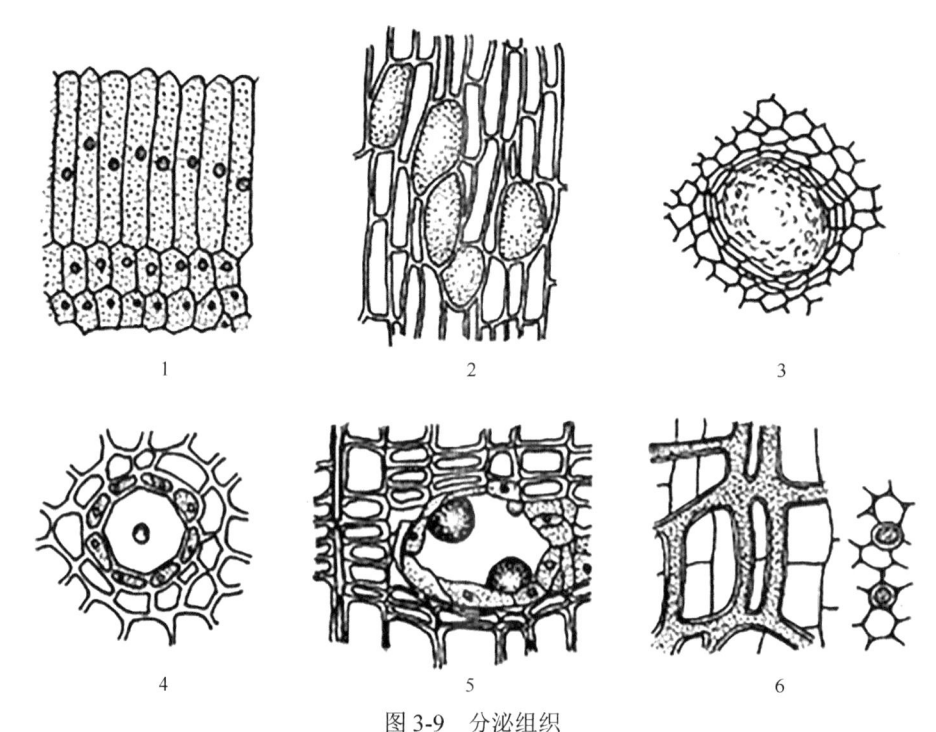

图 3-9 分泌组织

1. 蜜腺（大戟属）；2. 分泌细胞；3. 溶生式分泌腔（橘果皮）；4. 离生式分泌腔（当归根）；
5. 树脂道（松属木材）；6. 乳汁管（蒲公英根）

## （一）外部分泌组织

外部分泌组织分布于植物的体表，其分泌物直接排出体外，主要有腺毛、腺鳞和蜜腺等。

**1. 腺毛（glandular hair）和腺鳞（glandular scale）** 腺毛是具有分泌功能的毛茸，一般有头、柄部之分，其头部由一个或数个分泌细胞组成，分泌物多以芳香油为主，分泌物最初渗透于细胞壁与角质层之间，当角质层破裂后释放出来。腺鳞为一种无柄或短柄、呈扁球状的特殊腺毛。

**2. 蜜腺（nectary）** 是能分泌花蜜（nectar）的腺体，由单层表皮细胞和其下数层薄壁细胞特化而成，主要存在于植物的花中，有时亦存在于植物的叶、托叶、茎中。蜜腺的细胞壁较薄，细胞质较浓，产生的花蜜可透过细胞壁和角质层向外扩散，或经腺体表皮上的气孔排出体外。蜜腺的产生主要与虫媒传粉有关。

### 案例 3-5

《本草纲目》记载了采收生鸦片的方法："阿芙蓉（即鸦片）前代罕闻，近方有用者。云是罂粟花之津液也。罂粟结青苞时，午后以大针刺其外面青皮，勿损里面硬皮，或三五处，次晨津出，以竹刀刮，收入瓷器，阴干用之。"在罂粟开花结实时，在果实的两侧割开5cm、15°的口子，收集慢慢流出的罂粟汁。罂粟汁液经过加热，水分蒸发后形成罂粟膏，进一步提纯得到粉质鸦片。鸦片是毒品的一种，具有镇痛功效，有成瘾性，长期食用或者吸食，会严重损伤中枢神经和骨骼，并且很难戒除。许多国家严禁种植和加工罂粟。

问题：
罂粟中分泌罂粟汁的组织为何种分泌组织？为什么要割开其外面的青皮才可以流出罂粟汁？

## (二)内部分泌组织

内部分泌组织分布于植物的体内,其分泌物储藏在细胞内或细胞间隙中,根据其组成、形状和分泌物的不同,分为分泌细胞、分泌腔、分泌道、乳汁管四种。

**1. 分泌细胞**(secretory cell) 是分布于植物体内,具有分泌能力的细胞,比正常细胞大,单个存在而不形成组织。其细胞腔内具有特殊的分泌物,当分泌物充满整个细胞时,即成为死亡的储存细胞。根据腔内分泌物的类型,分泌细胞可分为油细胞,如肉桂、厚朴、姜、菖蒲;黏液细胞,如白及、知母;此外,还有鞣质细胞、树脂细胞、芥子酶细胞等。

**2. 分泌腔**(secretory cavity) 由多数分泌细胞所构成的空心球形腔室,分泌物多为挥发油,故又称油室。分泌腔的起源有两种,一种是通过细胞分离的方式形成分泌腔,分泌物由腔室周围细胞分泌而来,腔室四周的分泌细胞较完整,称裂生分泌腔,如当归;另一种是通过许多聚集的分泌细胞破裂溶解而形成分泌腔,分泌物来自于溶解破碎的细胞,腔室四周的分泌细胞常破碎不完整,称溶生分泌腔,如陈皮。

**3. 分泌道**(secretory canal) 是植物中纵向分布的具有分泌能力的管状结构。其形成与离生式分泌腔相似,起初为一束长柱状分泌细胞,后来细胞中层逐渐消失,细胞彼此分离形成一条裂生的腔道,腔道周围的分泌细胞称为上皮细胞(epithelial cell),上皮细胞产生的分泌物储存在腔道中。若分泌道中含油树脂,则称树脂道(resin canal),如松柏类植物;若含挥发油,则称油管(vittae),如小茴香的果实;若含黏液,则称黏液道(mucilage canal),如美人蕉、椴树等。

**4. 乳汁管**(laticifer) 由单个或多个细长管状的乳细胞构成,乳细胞具有分泌和贮藏乳汁的功能。乳汁管通常有两种。

(1)无节乳汁管(non-articulate laticifer):由单个乳细胞构成,可随植物器官生长而伸长,管壁上无节且不形成分枝,常贯穿于整个植物中。无节乳汁管在发育成熟的过程中,细胞质不分裂,但细胞核常经过多次分裂,而形成多核细胞。常见于大戟科、夹竹桃科、桑科的一些植物。

(2)有节乳汁管(articulate laticifer):是由许多管状乳细胞彼此连接且端壁消失贯通而成的网状系统,如蒲公英、桔梗、罂粟、橡胶树等植物。

乳汁具黏滞性,多为白色,但也有黄色或橙色,如白屈菜、博落回。乳汁的成分复杂,但最常见的为萜烯类化合物,大多数植物的乳汁可供药用,如罂粟、蒲公英、番木瓜等。

## 五、机 械 组 织

> **案例 3-6**
> 早在公元前14～公元前12世纪,殷墟出土的卜辞中就有丝麻的象形文字。《诗经》陈风中有"东门之池,可以沤麻"之句。战国后期的古籍中也有苎麻的记载。目前,我国秦岭以南各地大量栽培苎麻,其产量达世界总产量的80%。苎麻纤维长、强度大、延伸性小、轻,不怕虫蛀、霉菌侵蚀,经脱胶加工处理后光泽良好、洁白、透气、凉爽。
> **问题:**
> 苎麻纤维属于植物的哪类组织?为什么苎麻纤维不易虫蛀和长霉?

机械组织(mechanical tissue)由一群细胞壁局部或全部增厚的细胞组成,具有增加植物体机械强度的作用。在植物生长初期,植物中缺少或仅具不发达的机械组织,细胞依靠自身的渗透压保持植物形态,随着植物的不断生长,才逐渐分化出机械组织。根据细胞壁增厚的部位、方式、程度和细胞形状的不同,机械组织可分为厚角组织和厚壁组织两大类。

### (一)厚角组织

厚角组织(collenchyma)为生活细胞,通常聚集于双子叶植物幼嫩茎、叶柄和花梗的外侧部分,呈连续环状或不连续束状分布。厚角组织细胞纵切面细长,两端略尖;横切面呈多角形或不规则形；厚角组织细胞常含有叶绿素，可进行光合作用，并具不均匀增厚的次生壁，增厚一般发生在细胞的角隅处，也有的增厚发生在切向壁或靠近细胞间隙处（图3-10）。细胞壁主要由纤维素和果胶质组成，非木质化，柔软而富有延展性，使得厚角组织不仅具有机械支撑作用，同时还可随植物一起生长。厚角组织具有潜在的分生能力，在特定的条件下能够转化成次生分生组织，如植物伤口愈合时。

### （二）厚壁组织

厚壁组织（sclerenchyma）细胞具有全面木质化增厚的次生壁，常有层纹和纹孔，细胞腔小，成熟后原生质体消失，成为死细胞。厚壁组织常有两种类型，即纤维和石细胞。

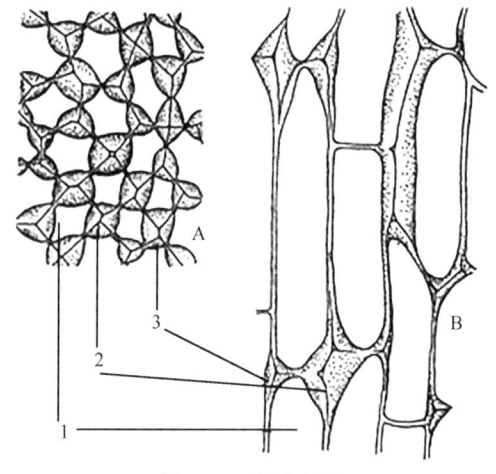

图3-10 厚角组织
A. 横切面；B. 纵切面；1. 细胞腔；2. 胞间层；3. 增厚的壁

**1. 纤维（fiber）** 一般为两端斜尖的细长细胞，具明显增厚的次生壁，增厚的物质主要为纤维素或木质素。纤维细胞的尖端彼此紧密嵌插，形成纤维束，纤维束一般分布于维管组织中，薄壁组织中也偶有出现。分布于植物韧皮部的纤维，称韧皮纤维，其次生壁纤维素成分较多，一般长而柔软，韧性大，拉力强，如制作绳索的大麻、纺织用的亚麻。分布于植物木质部的纤维，称木纤维，其次生壁木质素成分较多，一般短而坚硬，刚性大，易折断，主要起支撑作用。

此外，纤维还有几种特殊类型：有些纤维的细胞腔具有菲薄的横隔膜，称分隔纤维（septate fiber），如姜、葡萄；有些纤维次生壁外层密嵌细小的草酸钙砂晶和方晶，称为嵌晶纤维（intercalary crystal fiber），如草麻黄茎、紫荆皮、南五味子根；有些纤维在其纤维束的外围包围着许多含草酸钙结晶的薄壁细胞，组成复合体，称为含晶纤维（crystal fiber），这些草酸钙结晶中，有的为方晶，如甘草、黄柏、葛根等；有的为簇晶，如石竹等（图3-11）。

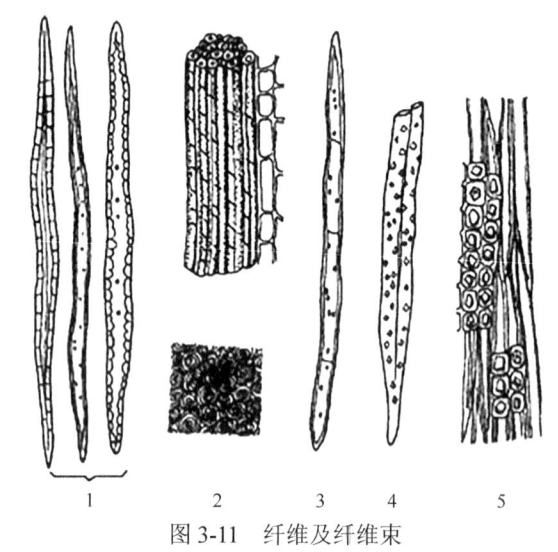

图3-11 纤维及纤维束
1. 纤维；2. 纤维束；3. 姜的分隔纤维；4. 南五味子根的嵌晶纤维；5. 甘草的含晶纤维

**2. 石细胞（stone cell）** 为植物体中特别硬化的厚壁细胞，一般由薄壁细胞的细胞壁强烈木质化增厚形成。石细胞的横切面可见细胞壁上未增厚的部分呈分枝状，向四周辐射，称为纹孔沟；细胞壁上渐次增厚的部分具多层的纹理，称层纹。石细胞的种类较多，大小不等，形状不一，多呈球形、椭圆形、星形、柱形，也有的呈不规则分枝状，其大小也不一致。石细胞常单个或数个成群存在，广泛分布于植物的根、茎、果实及种子的基本组织中，如梨的果肉、椰子的种皮、黄连的髓部、黄柏的皮层等；有些植物的叶或花中也存在石细胞，如茶叶、桂花叶中具单个分枝状石细胞，称异细胞（idioblast）。石细胞的形状变化很大，因植物种类而异，为中药材鉴定的重要依据（图3-12）。

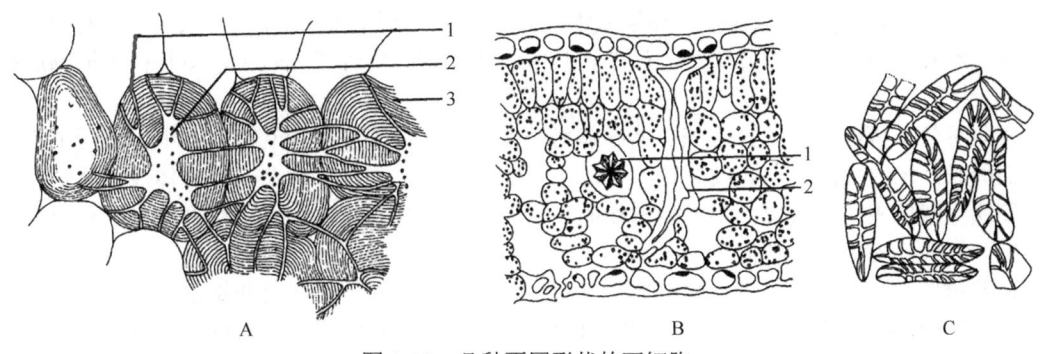

图 3-12　几种不同形状的石细胞

A. 梨的石细胞（1. 纹孔；2. 细胞腔；3. 层纹）；B. 茶叶横切面（1. 草酸钙结晶；2. 异细胞）；C. 椰子果皮内的石细胞

## 六、输 导 组 织

输导组织（conducting tissue）为植物体内输送水分、无机盐和营养物质的组织。输导组织的细胞呈管状，常上下衔接，贯穿于整个植物体内，形成运输的管道。输导组织根据构造、运输物质和所处位置的不同，可分为下列两类。

### （一）管胞和导管

管胞和导管为存在于木质部中的输导组织，其主要作用是将根吸收的水分和无机盐自下而上地输送到地上部分。

**1. 导管**（vessel）　是被子植物中最主要的输导组织，少数科属的裸子植物中也有导管，如麻黄科。导管由一系列的长管状死细胞连接而成，每个管状细胞称为导管分子（vessel member）。导管分子相连处的横壁常溶解形成大的穿孔，使导管首尾相接形成一个贯通的管道。也有的植物导管分子之间的横壁并不完全消失，这种具穿孔的横壁，称穿孔板（perforation plate），其形式因植物种类而异，如梯状穿孔板、网状穿孔板等。导管分子具不均匀木质化增厚的次生壁，次生壁具纹孔和多种增厚纹理，使次生壁呈现出环纹、螺纹、梯纹、网纹等式样。导管输送水分的效率极高，有两方面的原因，其一是导管分子两端开放，对水的阻力相对较小；其二是导管侧壁上具有纹孔，可依靠纹孔进行水分的运输（图3-13）。

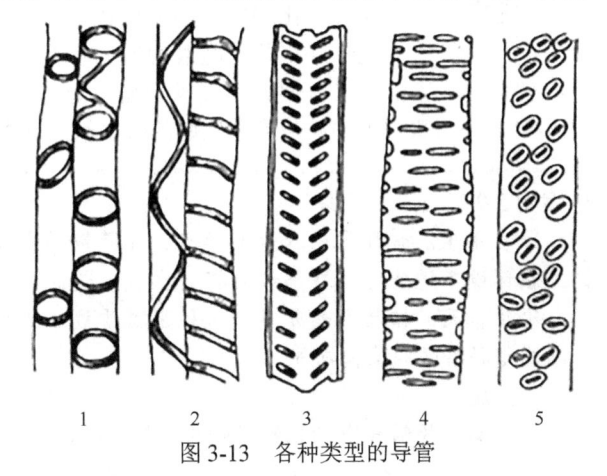

图 3-13　各种类型的导管

1. 环纹导管；2. 螺纹导管；3. 梯纹导管；4. 网纹导管；5. 孔纹导管

（1）环纹导管（ringed vessel）：导管壁呈环状木质化增厚，导管的直径较小，多存在于植物幼嫩器官中。

（2）螺纹导管（spiral vessel）：导管壁呈螺旋状木质化增厚，导管直径较小，多存在于植物幼嫩器官中。

（3）梯纹导管（scalariform vessel）：导管壁上既有横向增厚，亦有纵向增厚，增厚的次生壁和未增厚的初生壁交织构成梯形，导管的直径较大，多存在于植物成熟器官中。

（4）网纹导管（reticulate vessel）：导管壁上木质化增厚的次生壁交织呈网状，网孔为未增厚的初生壁，导管的直径较大，存在于植物成熟器官中。

(5) 孔纹导管（pitted vessel）：导管壁绝大部分为木质化增厚的次生壁，其上仅留有一些单纹孔或具缘纹孔，前者称单纹孔导管，后者称具缘纹孔导管，导管直径较大，多存在于植物成熟器官中。

环纹导管、螺纹导管直径较细，输导能力较差，多存在于植物体幼嫩器官中，可随植物体的生长而伸长；梯纹、网纹、孔纹导管直径较粗，输导能力较强，多存在于植物体成熟器官中，这些导管次生壁所占比例较大，不易随植物的生长而伸长，且导管壁木质化程度较高，有很强的机械强度，能抵抗周围组织的压力。

在药材鉴定过程中，可发现同一导管上有不同的增厚方式，如环纹和螺纹可在同时出现于同一导管的不同部位，梯纹和网纹也可同时出现于同一导管的不同部位，所以就形成了诸多中间类型的导管。

此外，老化的导管中还可见到侵填体（tylosis），侵填体是由于导管相邻的薄壁细胞透过导管壁上的纹孔，侵入导管腔内所形成的囊状结构，其内含有鞣质、树脂、挥发油、色素等物质。侵填体的产生可在一定程度上防范病菌对植物体的侵害，另外，侵填体中有些物质还是中药的有效成分。

**2. 管胞**（tracheid） 为苔藓植物、蕨类植物和绝大多数裸子植物中的输导组织，同时也兼有支持作用。有些被子植物叶脉和叶柄的木质部中也有管胞，但其所占比例极小。

管胞细胞亦为死细胞，呈长管状，末端楔形，与导管分子最大的不同之处是管胞分子两端壁上均无穿孔。管胞细胞壁的次生壁也发生木质化增厚并形成纹孔，有环纹、螺纹、梯纹和孔纹等管胞类型，并以具缘纹孔管胞最为多见。管胞细胞互相连接并集合成群，通过侧壁上的纹孔彼此连接以运输水分，但其液流受到的阻力较大，输送效率较导管低，故为较原始的输导组织（图3-14）。

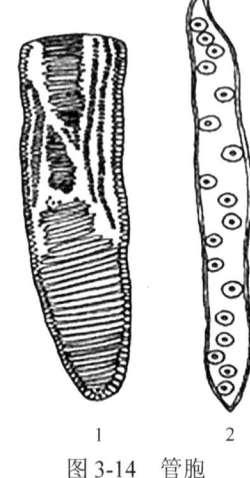

图3-14 管胞
1. 梯纹管胞；2. 孔纹管胞

> **案例 3-7**
> 多年生温带树木进入生长季时，在筛板的表面或筛孔周围只有少量的胼胝质沉积。冬季或在环境不适宜时，在筛板处将会生成大量的胼胝质堵塞筛孔，使其暂时失去输导功能。直至次年春天，植物开始复苏，这种胼胝质被细胞质中的葡聚糖水解酶降解，使其部分溶解从而恢复联络索的运输功能。
> **问题：**
> 木本植物筛管中沉积的胼胝质对筛管功能有何影响？

## （二）筛管、伴胞和筛胞

筛管、伴胞和筛胞为存在于韧皮部中的输导组织，其主要作用是将光合作用制造的有机养料输送到贮藏薄壁细胞中。

**1. 筛管**（sieve tube） 由一系列纵向的长管状细胞构成，每一个细胞称筛管分子（sieve element）。相邻两个细胞呈不均匀增厚的横壁称筛板（sieve plate），筛板上有许多小孔，称为筛孔（sieve pore）。相邻两个筛管分子中的原生质丝，通过筛板上的筛孔彼此相连，与胞间连丝的情况极为相似，这些原生质丝特称联络索（connecting strand）。联络索通过筛孔使相邻筛管细胞中的原生质体彼此相连成一个整体（图3-15）。

筛管存在于被子植物的韧皮部中，筛管分子为仅具初生壁的生活细胞，但与其他生活细胞不同的是，筛管分子在成熟后，细胞核和液泡消失，剩下的原生质体均沿着细胞壁分布。筛管分子生活年限较短，多为一至两年，并且筛管壁的机械强度较低，所以在植物增粗生长过程中，衰老的筛管被挤压成颓废组织，并被新的筛管所取代。多年生单子叶植物终生只有初生结构，筛管可长期行使其功能。

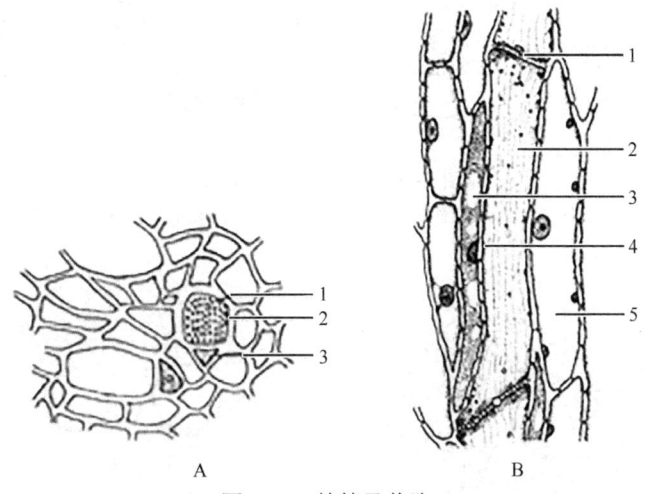

图 3-15 筛管及伴胞
A. 横切面；B. 纵切面
1. 筛板；2. 筛管；3. 伴胞；4. 白色体；5. 韧皮薄壁细胞

在冬季，植物的筛板上往往沉积有黏稠的多糖类化合物，称胼胝体（callus），这种胼胝体阻断了筛管分子间的联系，在来年春天，这种胼胝体又可被酶溶解，筛管又能恢复输导能力。

**2. 伴胞**（companion cell） 在筛管分子侧面，常伴生有一个或多个长度相等、两端斜尖的小型薄壁细胞，称伴胞，为被子植物所特有。伴胞分子与筛管分子由同一个母细胞发育而来，具有较稠的细胞质、较大的细胞核，并含有多种酶类，通过胞间连丝与筛管分子相连，为筛管提供信号分子、蛋白质、ATP 等重要物质。当筛管死亡时，伴胞亦随之死亡。

**3. 筛胞**（sieve cell） 存在于蕨类植物和裸子植物的韧皮部中，为较原始的输导组织。筛胞与筛管不同点为：筛胞为单分子的狭长细胞，相互重叠排列；直径较小，两端略尖；不具伴胞，没有特化成筛板，只是在侧壁或壁端上分布有一些小孔，称为筛域（sieve area）。

## 第二节 维管束及其类型

维管束（vascular bundle）为植物适应陆地生活的产物，当植物进化到较高级的阶段时才会出现，即蕨类植物、裸子植物、被子植物中才具有维管束，具有维管组织的植物称维管植物。维管束为植物体内的输导系统，并对植物体起支持作用。维管束主要由韧皮部（phloem）和木质部（xylem）两种输导组织构成。韧皮部的质地较柔韧，主要由筛管（或筛胞）、伴胞、韧皮薄壁细胞与韧皮纤维构成；木质部的质地较坚硬，主要由导管（或管胞）、木薄壁细胞和木纤维构成。在裸子植物和双子叶植物中，维管束的韧皮部和木质部之间有形成层（cambium），可不断分生生长，故称为无限维管束或开放维管束（open bundle）。而单子叶植物的维管束中，没有形成层，不能分生生长，故称为有限维管束或封闭维管束（closed bundle）。根据维管束中木质部和韧皮部排列方式的不同，以及形成层的有无，可将维管束分为下列几种类型（图 3-16，图 3-17）。

**1. 有限外韧维管束**（closed collateral bundle） 韧皮部位于外侧，木质部位于内侧，两者之间无形成层，如单子叶植物茎的维管束。

**2. 无限外韧维管束**（unclosed collateral bundle） 韧皮部位于外侧，木质部位于内侧，两者之间有形成层，如裸子植物和双子叶植物茎中的维管束。

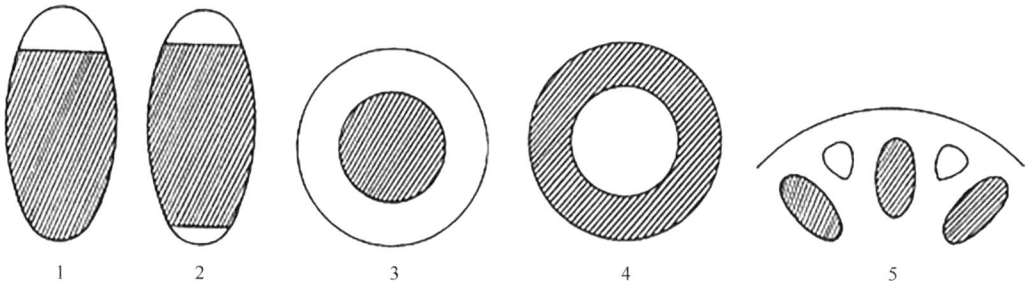

图 3-16 维管束类型模式图

1.外韧维管束；2.双韧维管束；3.周韧维管束；4.周木维管束；5.辐射维管束

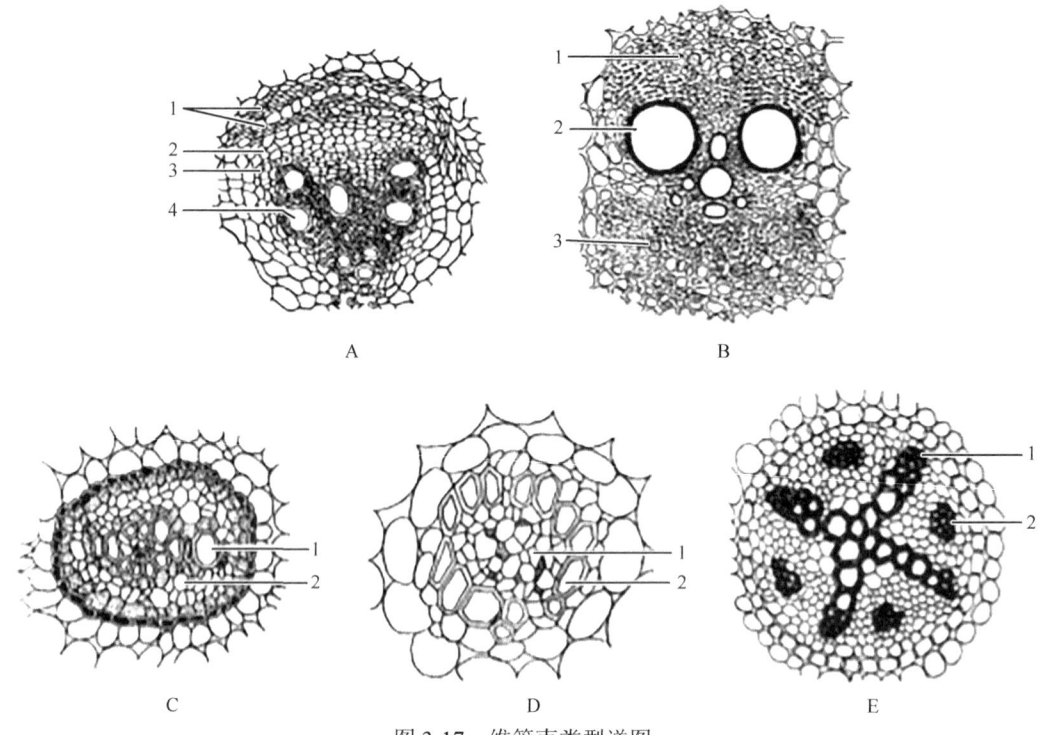

图 3-17 维管束类型详图

A.外韧维管束（马铃薯）（1.压扁的韧皮部；2.韧皮部；3.形成层；4.木质部）；
B.双韧维管束（南瓜茎）（1，3.韧皮部；2.木质部）；
C.周韧维管束（真蕨的根茎）（1.木质部；2.韧皮部）；
D.周木维管束（菖蒲根茎）（1.韧皮部；2.木质部）；
E.辐射维管束（毛茛根）（1.木质部；2.韧皮部）

**3. 双韧维管束**（bicollateral bundle） 木质部分布于韧皮部的内外两侧。常见于茄科、葫芦科、萝藦科、夹竹桃科、旋花科、桃金娘科等植物中。

**4. 周韧维管束**（amphicribral bundle） 木质部在中间，韧皮部围绕在木质部的四周。常见于蕨类植物及百合科、棕榈科、禾本科、蓼科植物中。

**5. 周木维管束**（amphivasal bundle） 韧皮部在中间，木质部围绕在韧皮部的四周。常见于百合科、鸢尾科、天南星科、莎草科、仙茅科等植物的根或根状茎中。

**6. 辐射维管束**（radial bundle） 韧皮部和木质部呈辐射相间状，排列在一个圆周上。常见于被子植物根的初生结构中。

# 第四章 植物的器官

自然界的植物种类繁多，由形态结构简单的低等植物（藻类、菌类和地衣）演化到较高等的植物就出现了器官。器官（organ）是由多种组织构成，具有一定的外部形态和内部结构，执行一定生理功能的植物体组成部分。

在高等植物中，种子植物一般由根、茎、叶、花、果实和种子六类器官组成。其中起吸收、合成、运输和贮藏等生理功能的根、茎、叶等器官，称为营养器官（vegetative organ）；而花、果实和种子起着繁衍后代、延续种族的作用，称为生殖器官（reproductive organ）。植物体各器官在形态结构和生理功能上有明显差异，但又彼此紧密联系、相互协调，在植物生命活动中是相互依存的统一整体。

## 第一节　根

根（root）是维管植物长期适应陆生生活逐渐进化出来的生长在土壤中的营养器官，有吸收、固着、输导、贮藏、合成和繁殖等生理功能。根从土壤中吸收水分、无机盐等，通过维管组织输送到植物体其他部分。根的顶端不断向下生长，形成庞大的根系，把植物体固着于土壤中。根能合成氨基酸、生物碱、植物激素等有机物质，对植物体生长发育具有重要作用。

根中储存有丰富的营养物质和次生代谢产物，许多中药和民族药均以植物的根入药。多数根类药材以植物的主根及侧根入药，如人参、当归、黄芪、甘草、柴胡、黄芩、党参、川乌、板蓝根等；有些以块根入药，如百部、麦冬、何首乌等；有些以根皮入药，如牡丹皮、五加皮、白鲜皮、地骨皮等。

### 一、根的形态和类型

#### （一）正常根

植物的根多呈圆柱形，向下逐渐变细，多级分枝，形成根系。由于在地下生长，根细胞中不含叶绿体，有无节与节间之分，通常不生芽、叶和花。

**1. 主根和侧根**　由种子的胚根直接发育而来的根称为主根（main root）。当主根生长到一定长度时，从其侧面生出许多支根，称为侧根（lateral root）。侧根上又能生出新一级的侧根，并可逐级发生，从而形成整株植物的根系。

**2. 定根和不定根**　凡直接或间接由胚根发育而来的主根及其各级侧根，有着固定的生长部位，称为定根（normal root）。有些植物受环境影响或主根生长受损，由胚轴、茎、叶或其他部位发生的根，没有固定生长部位，称为不定根（adventitious root）。

**3. 直根系和须根系**　一株植物地下部分所有根的总体称为根系（root system）。根据其形态及生长特性的不同，根系可分为直根系和须根系两类（图4-1）。

（1）直根系（taproot system）：主根发达，主根与侧根界限明显的根系称直根系。其外形上可见明显粗壮的主根和逐渐变细的各级侧根，入土较深，亦称深根系。裸子植物和大多数双子叶植物具有直根系，如人参、甘草、党参、蒲公英等。

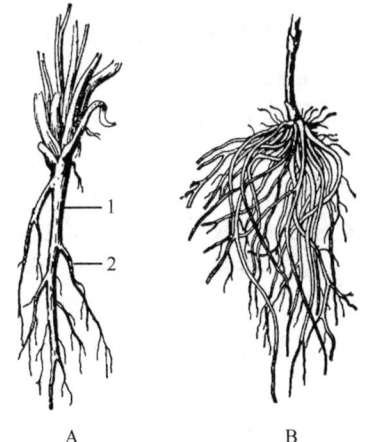

图4-1　直根系和须根系
A. 直根系；B. 须根系；1. 主根；2. 侧根

（2）须根系（fibrous root system）：主根不发达或早期死亡，在茎的基部节上生出许多长短、粗细相似的不定根，密集呈胡须状，没有主次之分的根系，称须根系。须根系入土较浅，亦称浅根系。单子叶植物多数具有须根系，如水稻、玉米、百合、蒜等。少数双子叶植物也具须根系，如龙胆、徐长卿等。

### （二）变态根

在长期的历史进化过程中，植物为了适应生存环境，其根的形态结构和生理功能发生了特化，称为变态根。常见的变态根有以下几种（图4-2、图4-3）。

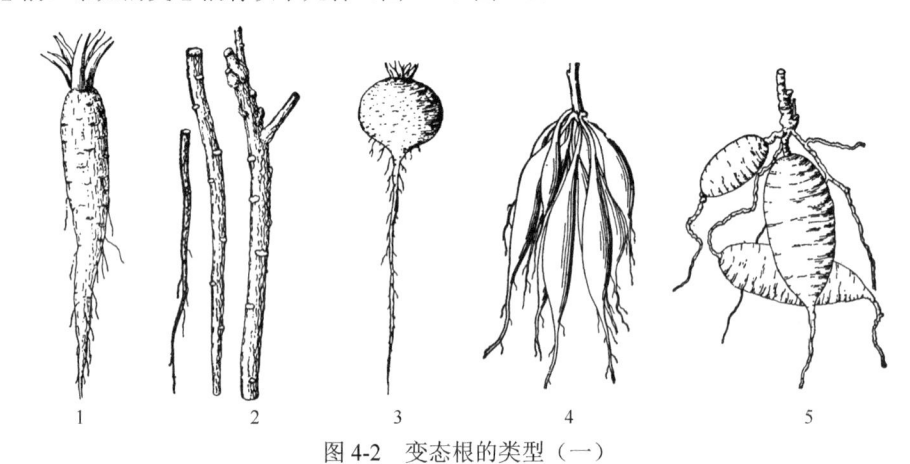

图4-2 变态根的类型（一）

1.圆锥根；2.圆柱根；3.圆球根；4.块根（纺锤状）；5.块根（块状）

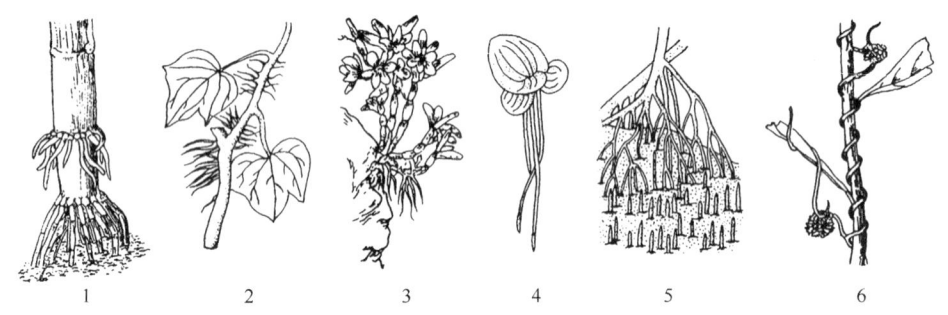

图4-3 变态根的类型（二）

1.支柱根（玉米）；2.攀缘根（常春藤）；3.气生根（石斛）；4.水生根（青萍）；5.呼吸根（红树）；6.寄生根（菟丝子）

**1. 贮藏根**（storage root） 根的一部分或全部因贮藏大量营养物质而呈肉质肥大状，称为贮藏根。依据其来源及形态不同可分为肉质直根（fleshy taproot）和块根（root tuber）。肉质直根由主根发育而成，其上部具有下胚轴和节间很短的茎。肉质直根的肉质部分可以是韧皮部，也可以是木质部，其形状各异，如白芷、胡萝卜、桔梗的圆锥根；甘草、丹参、萝卜的圆柱根；芜菁的圆球根等。块根主要由不定根或侧根膨大发育而成，在其膨大部分上没有茎和胚轴，其形状不规则，多为纺锤状或块状，一株植物上可形成多个块根，如何首乌、天门冬、麦冬、百部等。

**2. 支柱根**（prop root） 自靠近地面的茎节上长出而扎入土壤中的不定根，具有支撑植物体直立的作用，这种根称支柱根，如薏苡、玉米、甘蔗等。

**3. 攀缘根**（climbing root） 地上茎上产生的具攀附作用的不定根，使植物能攀附于石壁、墙垣、树干或其他物体上，称攀缘根，如爬山虎、薜荔、络石等。

**4. 气生根**（aerial root） 由茎上产生并暴露于空气中的不定根，能吸收和贮藏水分，称气生根。气生根多见于热带植物，如石斛、吊兰、榕树等。

**5. 水生根**（water root） 水生植物的根呈须状垂生于水中、纤细柔软并常带绿色，称水生根，如浮萍、睡莲、菱等。

**6. 呼吸根**（respiratory root） 生长在湖沼或热带海滩地带的植物，由于植株的一部分被淤泥淹没，生于泥中的根呼吸困难，因而有一部分具发达通气组织的根垂直向上生长，暴露于空气中进行呼吸，称呼吸根，如红树、水松等。

**7. 寄生根**（parasitic root） 由寄生植物产生的伸入寄主植物内部组织中吸取水分和营养物质的不定根，称寄生根，如菟丝子、列当等。

## （三）根瘤和菌根

植物的根系与土壤内的微生物（细菌、放线菌、真菌、原生藻类及原生动物等）有着密切的关系，彼此互相影响，互相制约，有些微生物存在于植物根的组织中，与植物形成共生（symbiosis）关系。高等植物与微生物的共生现象，通常有根瘤和菌根两类。

**1. 根瘤**（root nodule） 土壤中的根瘤细菌、放线菌和某些线虫能侵入植物根部，形成瘤状共生结构，称为根瘤。根瘤菌（root nodule bacteria）自根毛侵入根部皮层的薄壁组织中，并迅速分裂繁殖，皮层细胞受到刺激后也迅速分裂，增加大量新细胞，这样使得根的表面出现很多畸形小突起，即为根瘤。根瘤经切片和特殊染色后置显微镜下观察，可见有大量杆状或一端略呈叉状分支的根瘤菌存在于根的病态增生组织中。根瘤菌一方面自植物根中获取碳水化合物，同时亦发挥着固氮作用，它能将空气中不可被植物直接利用的游离氮（$N_2$）转变为可以吸收的氨（$NH_3$），以满足其本身的需要及为宿主植物提供可利用的含氮化合物。在自然界中，除豆科植物外，还有木麻黄科、胡颓子科、杨梅科、禾本科等的100多种植物中存在根瘤。

**2. 菌根**（mycorrhiza） 植物的根与土壤中的真菌结合形成的互惠共生体，称为菌根。根据菌丝在根中生长的位置不同，可将菌根分为三种类型：外生菌根（ectotrophic mycorrhiza）、内生菌根（endotrophic mycorrhiza）和内外生菌根（ectendotrophic mycorrhiza）。外生菌根是真菌的菌丝包被在植物幼根的表面而形成菌套，仅少数真菌菌丝侵入根的皮层细胞间隙中，但不侵入细胞之中，如松、榛、山毛榉的外生菌根。内生菌根是真菌菌丝通过细胞壁侵入到幼根皮层的活细胞内，呈盘旋状态，如兰科植物以及鸢尾、葱、胡桃、杜鹃、橡胶草等的内生菌根。内外生菌根是内生和外生菌根的混合型，在这种菌根中，真菌的菌丝不仅包被于根的表面，而且侵入皮层细胞间隙和细胞腔内，如草莓的菌根。

菌根与种子植物共生时，真菌一方面从宿主植物中获取营养物质，另一方面能将自身从土壤中所吸收的水分、无机盐类供给宿主植物；同时，它还能促进细胞内贮藏物质的分解，增强根部的输导和吸收作用，并能产生植物激素，促进根系的生长。某些具有菌根的植物（如松、栎等）在没有相应的真菌存在时就不能正常生长、生长缓慢甚至死亡。现已发现能形成菌根的高等植物有2000多种，如药用植物银杏、侧柏、松等（图4-4）。

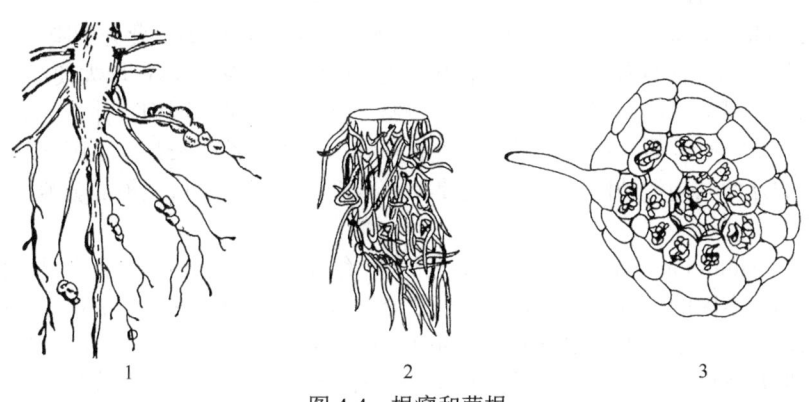

图4-4 根瘤和菌根

1. 豆科植物的根瘤；2. 外生菌根（栎）；3. 内生菌根（小麦）

## 二、根的构造

### (一) 根尖的构造

根尖 (root tip) 是指根的顶端到着生根毛的部分,不论主根、侧根或不定根都具有根尖,它是根中生命活动最旺盛、最活跃的部分。根的伸长、对水分和养分的吸收、根内组织的形成等,主要是在根尖内进行的。因此,根尖的损伤会直接影响到根的继续生长和吸收作用。根据根尖外部形态特征及其内部组织分化的不同,可将根尖自下而上分为根冠、分生区、伸长区和成熟区四部分(图4-5)。

> **案例 4-1**
> 园林部门对树木进行移植时,为了提高成活率,需采取带土移栽、去除部分枝叶、适量浇水等措施,这种措施也常用于花卉盆栽及幼苗移栽过程中。
> **问题:**
> 1. 为什么在植物移植时要带土移栽?
> 2. 植物根的哪个部位起吸收水分和无机盐的作用?

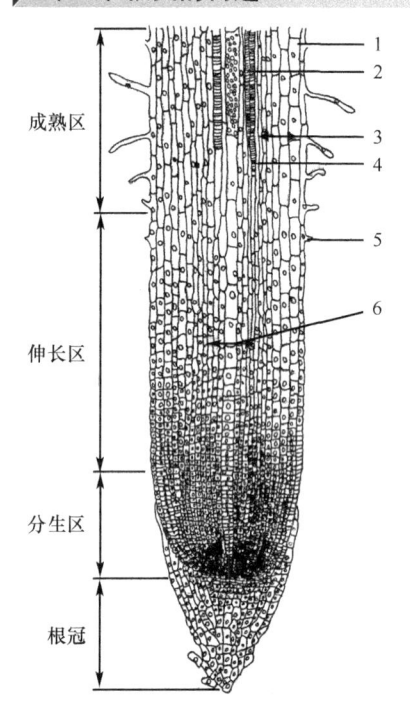

图4-5 根尖的纵切面(大麦)
1. 表皮;2. 导管;3. 皮层;4. 维管束鞘;5. 根毛;6. 原形成层

**1. 根冠**(root cap) 位于根的最顶端,是根所特有的组织。根冠由多层不规则排列的薄壁细胞组成,呈圆锥状,像帽子一样包被在生长锥的外围,起着保护根尖的作用。根在土壤中伸长时,根冠向前推进,与土壤颗粒发生摩擦而引起外层细胞受损、解体和脱落,但其内部不断由分生区细胞的分裂给予补充,使根冠始终保持一定的形状和厚度。受损后的根冠外层细胞能够产生并释放黏液,可减少根尖与土壤颗粒之间的摩擦。绝大多数植物的根尖都有根冠,但寄生根和菌根无根冠存在。根冠细胞内常含有淀粉粒。

**2. 分生区**(meristematic zone) 为位于根冠的上方或内方的顶端分生组织,呈圆锥状,具有很强的分生能力,又称生长锥。其最先端的一群细胞属于原分生组织。分生区不断地进行细胞分裂,产生新细胞,除一部分向先端发展,形成根冠细胞,以补偿根冠因受损伤而脱落的细胞外,大部分向后方的伸长区发展,经过细胞的生长、分化,逐渐形成根的各种结构。分生区在分裂过程中始终保持它原有的体积。

**3. 伸长区**(elongation zone) 位于分生区上方到出现根毛的区域,此处细胞分裂已逐渐停止,细胞沿根的长轴方向显著延伸,体积扩大,因此称为伸长区。细胞体积增大使细胞质变得稀薄,很多细胞出现了明显的液泡,因而外观上较为透明,易与分生区相区别。伸长区的细胞开始出现分化,细胞的形状已有差异,相继出现了导管和筛管。根的伸长生长是分生区细胞的分裂、增大和伸长区细胞的延伸共同活动的结果,特别是伸长区细胞的延伸,可使根显著地伸长,在土壤中不断地向前推进。

**4. 成熟区**(maturation zone) 位于伸长区上方,细胞已停止伸长,并且多已分化成熟,形成了各种初生组织。本区的显著特点是表皮中一部分细胞的外壁向外突出形成根毛,所以又称根毛区(root-hair zone)。根毛的生活期很短,老的根毛陆续死亡,从伸长区上部又陆续生出新的根毛。根毛虽细小,但数量极多,大大增加了根的吸收面积。根尖的成熟区是水分与矿物质吸收的主要部位。水生植物的根尖中常无根毛。

### (二)根的初生结构

根的初生生长（primary growth）是指根尖顶端分生组织细胞经分裂、生长、分化形成根毛区各种成熟组织，使根延长生长的过程。由初生生长过程中所形成的各种成熟组织，称初生组织（primary tissue），由初生组织所组成的结构称初生结构（primary structure）。在根尖的成熟区作一横切面，就能观察到根的初生结构，从外到内依次为表皮、皮层和中柱三部分（图4-6）。

**1. 表皮**（epidermis） 位于根的成熟区的最外围，由初生分生组织中的原表皮层发育而来，一般为单层薄壁细胞。表皮细胞近长方柱形，排列整齐紧密，无细胞间隙，细胞壁薄，非角质化，不具气孔。部分表皮细胞的外壁向外突出，延伸而形成根毛。这些特征与植物其他器官的表皮不同，与根的吸收功能密切相适应，故有吸收表皮之称。

**2. 皮层**（cortex） 位于表皮与维管束之间，由初生分生组织中的基本分生组织发育而成，为多层薄壁细胞组成。皮层细胞排列疏松，常有明显的细胞间隙，占根中相当大的部分。通常可分为外皮层、皮层薄壁细胞（中皮层）和内皮层。

（1）外皮层（exodermis）：是多数植物根的皮层最外层紧邻表皮的一层细胞，细胞较小，排列整齐、紧密，无细胞间隙。当根毛枯死、表皮破坏后，外皮层细胞壁常发生木栓化增厚，代替表皮起保护作用。

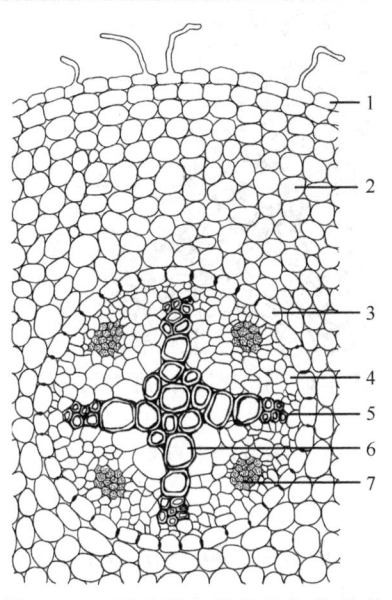

图4-6 双子叶植物幼根的初生结构（毛茛）
1. 表皮；2. 皮层；3. 内皮层；4. 中柱鞘；5. 原生木质部；6. 后生木质部；7. 初生韧皮部

（2）皮层薄壁组织（cortex parenchyma）：位于外皮层和内皮层之间，细胞层数较多，细胞壁薄，排列疏松，有明显的细胞间隙，又称中皮层。皮层薄壁细胞可将根毛吸收的物质转送到根内中柱中，又可将中柱内的有机养料转送出来；有的皮层薄壁细胞还具有贮藏功能，常贮存有淀粉等后含物。所以皮层为兼有吸收、运输和贮藏作用的基本组织。

（3）内皮层（endodermis）：为皮层最内的一层细胞，细胞排列整齐、紧密，无细胞间隙。内皮层细胞壁常增厚，可分为两种类型。在绝大多数双子叶植物和裸子植物中，内皮层细胞的径向壁（侧壁）和上下壁（横壁）局部木质化或木栓化增厚，增厚部分呈带状，环绕径向壁和上下壁而成一整圈，称为凯氏带（Casparian strip）。凯氏带的宽度不一，但常远比其所在的细胞壁狭窄，从横切面观，径向壁增厚的部分呈点状，故又叫凯氏点（Casparian dots）（图4-7）。

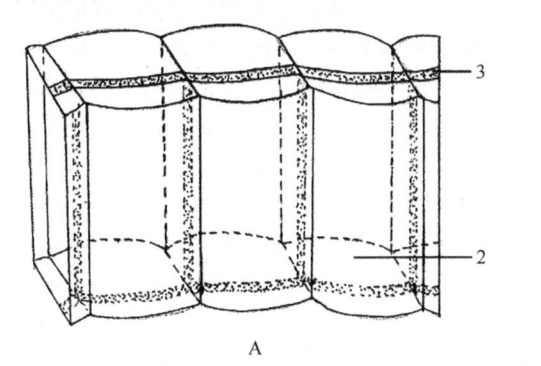

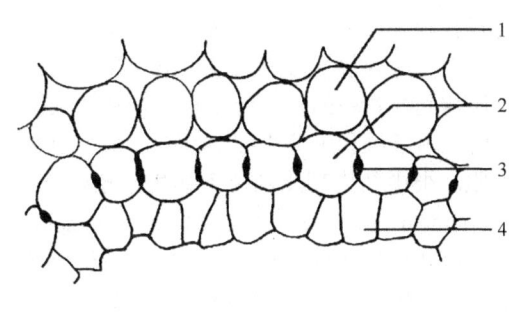

图4-7 内皮层及凯氏带
A. 内皮层细胞立体观，示凯氏带；B. 内皮层细胞横切面观，示凯氏点
1. 皮层细胞；2. 内皮层；3. 凯氏带（点）；4. 中柱鞘

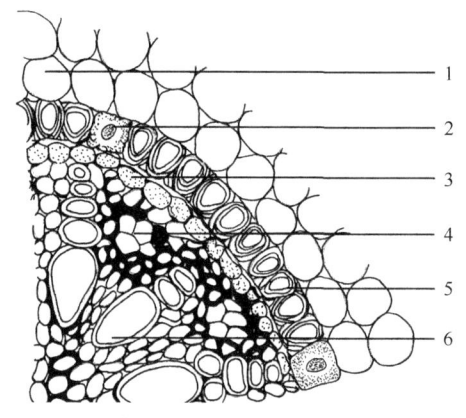

图 4-8 鸢尾属植物幼根横切面的一部分
1. 皮层薄壁组织；2. 通道细胞；3. 中柱鞘；
4. 韧皮部；5. 内皮层；6. 木质部

在单子叶植物和极少数双子叶植物（如茶）中，内皮层细胞进一步发育，其径向壁、上下壁及内切向壁（内壁）均显著增厚，只有外切向壁（外壁）比较薄，因此横切面观时，内皮层细胞壁增厚部分呈马蹄形；也有的内皮层细胞壁全部木栓化加厚。在内皮层细胞壁增厚的过程中，有少数正对初生木质部束的内皮层细胞的细胞壁不增厚，仍保持着初期发育阶段的结构，这些细胞称为通道细胞（passage cell），起着皮层与维管束间水分和养料内外流通的作用（如鸢尾）（图 4-8）。

**3. 中柱**（stele, vascular cylinder） 根的内皮层以内的所有组织构造统称为中柱，由初生分生组织中的原形成层（或称维管束原组织）所衍生，在根的中央形成一圆柱状结构，在横切面上占有较小的面积。中柱通常由中柱鞘和初生维管束两部分组成，单子叶植物和少数双子叶植物的根还具有髓部。

（1）中柱鞘（pericycle）：位于中柱的最外方，向外紧贴着内皮层。通常大多数双子叶植物的中柱鞘由一层薄壁细胞构成；少数双子叶植物（如桃、桑、柳）及裸子植物的中柱鞘由两层至多层薄壁细胞构成。中柱鞘细胞一般排列紧密，分化程度较低，保持着潜在的分生能力，在一定时期可以产生侧根、不定根、不定芽及木栓形成层和一部分维管形成层等。在单子叶植物的老根中，中柱鞘常由厚壁细胞组成，如菝葜等。

（2）初生维管束（primary vascular bundle）：位于中柱鞘的内方，是根的输导系统，包括初生木质部（primary xylem）和初生韧皮部（primary phloem）。初生木质部一般分为几束，呈星角状和初生韧皮部相间排列形成辐射维管束。

根中初生木质部束在横切面上呈星角状，其束（星角）的数目随植物种类而异，双子叶植物通常为 2～5 束，单子叶植物常达 8～30 束或更多。每种植物根中初生木质部束的数目是相对稳定的，如十字花科、伞形科的一些植物和多数裸子植物的根中，只有 2 束初生木质部，称二原型（diarch）；毛茛科的唐松草属有 3 束，称三原型（triarch）；葫芦科、杨柳科及毛茛科毛茛属的一些植物有 4 束，称四原型（tetrarch）；棉花和向日葵有 4～5 束，蚕豆有 4～6 束，白菖蒲有 8～9 束，有的棕榈科植物可达数百个之多。如果束数多，则称为多原型（polyarch）。

根中初生木质部分化成熟的顺序是由外向内逐渐进行的，这种发育成熟方式称为外始式（exarch）。初生木质部的外方，即最先分化成熟的木质部，称原生木质部（protoxylem），其导管直径较小，多为环纹或螺纹导管；后分化成熟的木质部在内方，称后生木质部（metaxylem），其导管直径较大，多为梯纹、网纹或孔纹导管。这种分化成熟的顺序，表现了形态构造和生理功能的统一性，因为最初形成的导管出现在木质部的外方，由根毛吸收的水分和无机盐类等物质，通过皮层传到导管中的距离就短些，有利于水分等物质的迅速运输。被子植物根的初生木质部一般由导管、木纤维和木薄壁细胞组成；裸子植物根的初生木质部的主要组成为管胞、木纤维和木薄壁细胞。根中初生韧皮部位于初生木质部之间，其分化成熟的方式也是外始式，即原生韧皮部（protophloem）在外方，后生韧皮部（metaphloem）在内方。在同一根内，初生韧皮部束的数目和初生木质部束的数目相同。被子植物的初生韧皮部一般由筛管和伴胞、韧皮薄壁细胞组成，偶有韧皮纤维；裸子植物的初生韧皮部主要组成为筛胞。

初生木质部和初生韧皮部之间由一至数层薄壁细胞组成。在双子叶植物根中，这些细胞以后可以进一步转化为形成层的一部分，由此产生根的次生结构。多数双子叶植物根中，中央部分往往由初生木质部中的后生木质部占据，因此不具有髓部。多数单子叶植物和双子叶植物中少数种类，根的中央部分未分化形成木质部，则由未分化的薄壁细胞（如乌头、龙胆等）或厚壁细胞（如鸢尾）组成髓部。

### （三）根的次生生长和次生结构

由于根中形成层细胞的分裂、分化，不断产生新的组织，使得根逐渐加粗。这种使根增粗的生长称为次生生长（secondary growth），由次生生长所产生的各种组织称为次生组织（secondary tissue），由这些组织所形成的结构称为次生结构（secondary structure）。绝大多数蕨类植物、单子叶植物的根，在整个生活期中，不发生次生生长，一直保持着初生结构。而多数双子叶植物和裸子植物的根，可发生次生增粗生长，形成次生结构。次生结构是由维管形成层和木栓形成层细胞的分裂、分化产生的。

**1. 维管形成层的产生及其活动** 维管形成层（vascular cambium）常简称形成层（cambium），当根进行次生生长时，在初生木质部与初生韧皮部之间的一些薄壁细胞恢复分裂能力，转变为条状形成层带，并逐渐向两侧扩展至初生木质部束外方的中柱鞘部位，使相连接的中柱鞘细胞也开始分化成为形成层的一部分，这样就与条状形成层带彼此连接成为完整的形成层环（维管形成层），横切面上呈凹凸相间的波状环（图4-9、图4-10）。

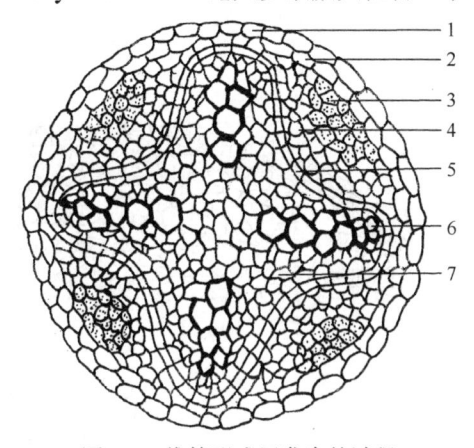

图4-9 维管形成层发生的过程
1. 内皮层；2. 中柱鞘；3. 初生韧皮部；4. 次生韧皮部；
5. 形成层；6. 初生木质部；7. 次生木质部

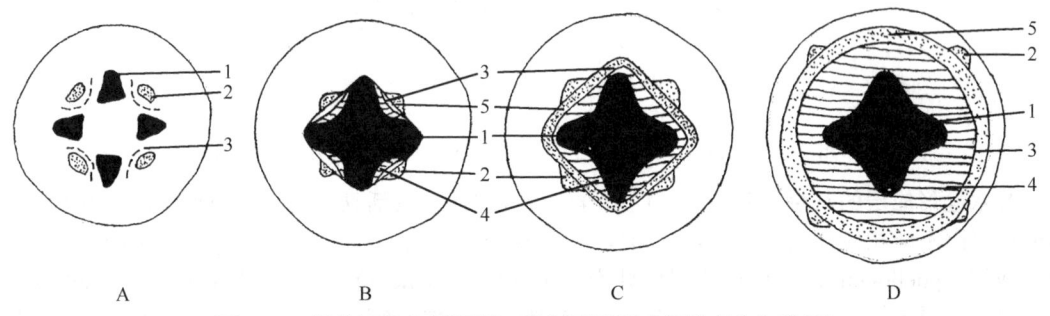

图4-10 根的次生生长图解（横剖面示形成层的产生与发展）
A. 幼根的情况。初生木质部在成熟中，虚线表示形成层起始的地方；B. 形成层已成连续组织，初生的部分已产生次生结构，初生韧皮部已受挤压；C. 形成层全部产生次生结构，但仍凹凸不齐，初生韧皮部被挤压更甚；D. 形成层已呈完整的圆环
1. 初生木质部；2. 初生韧皮部；3. 形成层；4. 次生木质部；5. 次生韧皮部

维管形成层细胞主要进行切向分裂（平周分裂），向内产生新的木质部，加于初生木质部的外方，称次生木质部（secondary xylem），包括导管、管胞、木薄壁细胞和木纤维；向外产生新的韧皮部，加于初生韧皮部的内方，称次生韧皮部（secondary phloem），包括筛管、伴胞、韧皮薄壁细胞和韧皮纤维。由于位于韧皮部内方的形成层分裂速度较快，次生木质部产生的量比较多，因此，形成层凹入的部分大量向外推移，致使凹凸相间的形成层环逐渐变成圆环状，此时的维管束便由初生结构的木质部与韧皮部相间排列的辐射维管束转变为木质部在内方、韧皮部在外方的外韧型维管束。次生木质部和次生韧皮部合称为次生维管组织（secondary vascular tissue），是次生结构的主要部分。在形成次生木质部和次生韧皮部的同时，维管形成层在一定部位也分生一些沿径向延长的薄壁细胞，这些薄壁细胞贯穿在次生维管组织中，呈辐射状排列，称次生射线（secondary ray），位于木质部的称木射线（xylem ray），位于韧皮部的称韧皮射线（phloem ray），两者合称维管射线（vascular ray），具有横向运输水分和营养物质的功能。

在根的次生结构中,原来的初生木质部仍保留在根的中心,而由于新生的次生维管组织总是添加在初生韧皮部的内方,初生韧皮部遭受挤压而被破坏,成为没有细胞形态的颓废组织(obliterated tissue)(即筛管、伴胞及其他薄壁细胞被挤压破坏,细胞间边界不清)(图4-11)。在根的次生维管组织中,常含有各种后含物,多数具有药用价值。

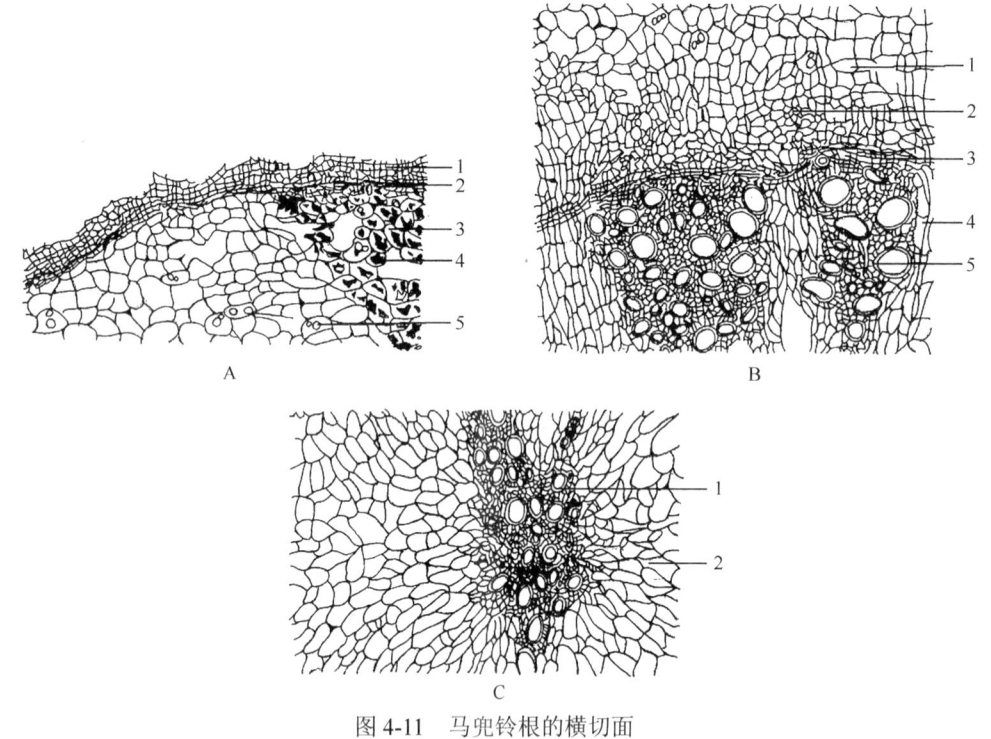

图4-11 马兜铃根的横切面
A: 1. 木栓层, 2. 木栓形成层, 3. 皮层, 4. 淀粉粒, 5. 分泌细胞;
B: 1. 韧皮部, 2. 筛管群, 3. 形成层, 4. 射线, 5. 木质部; C: 1. 木质部, 2. 射线

**2. 木栓形成层的产生及其活动** 由于维管形成层的分裂活动,根不断地加粗,外方的表皮及部分皮层因不能相应加粗而被破坏。当皮层组织被破坏之前,中柱鞘细胞恢复分生能力,形成木栓形成层(phellogen),木栓形成层向外产生木栓层(phellem),向内产生栓内层(phelloderm)。木栓层由多层木栓细胞组成,细胞整齐紧密地排列,成熟时细胞木栓化,呈黄褐色,细胞内原生质体解体而死亡。由于木栓细胞不透水、不透气,故可代替外皮层起保护作用。木栓形成后,其外部的组织由于营养断绝而死亡。栓内层为数层生活的薄壁细胞,一般不含叶绿体,排列较疏松。木栓层、木栓形成层、栓内层三者合称周皮(periderm)。部分植物的栓内层比较发达,称"次生皮层"(secondary cortex)。在周皮形成后,其外方的表皮和皮层因得不到水分和营养物质而逐渐枯死脱落,因此一般根的次生结构中没有表皮和皮层,而为周皮所代替。

随着根的进一步加粗,原木栓形成层失去分生能力,终止了活动。在其内方的部分薄壁细胞又恢复分生能力产生新的木栓形成层,而形成新的周皮。植物学上的根皮是指周皮这一部分,而根皮类药材(如牡丹皮、地骨皮、五加皮等)中的"根皮",则是指维管形成层以外的部分,主要包括次生韧皮部和周皮。

绝大多数单子叶植物和少数双子叶植物的根由于没有维管形成层和木栓形成层,不能进行加粗生长,也不能形成周皮,因此只具有初生结构,由表皮或外皮层行使保护功能。也有一些单子叶植物的表皮细胞分裂成多层细胞,细胞壁木栓化,起保护作用,称根被(velamen),如百部、麦冬等。

## （四）根的异常生长和异常结构

某些双子叶植物的根，在次生生长过程中除正常的次生结构外，部分成熟薄壁细胞去分化、恢复分裂能力，形成额外的维管形成层和木栓形成层，其活动结果往往产生了一些异常的结构，如异型维管束、附加维管柱、木间木栓等，称为根的异常结构（anomalous structure）或三生结构（tertiary structure）。常见的有以下几种类型（图4-12）。

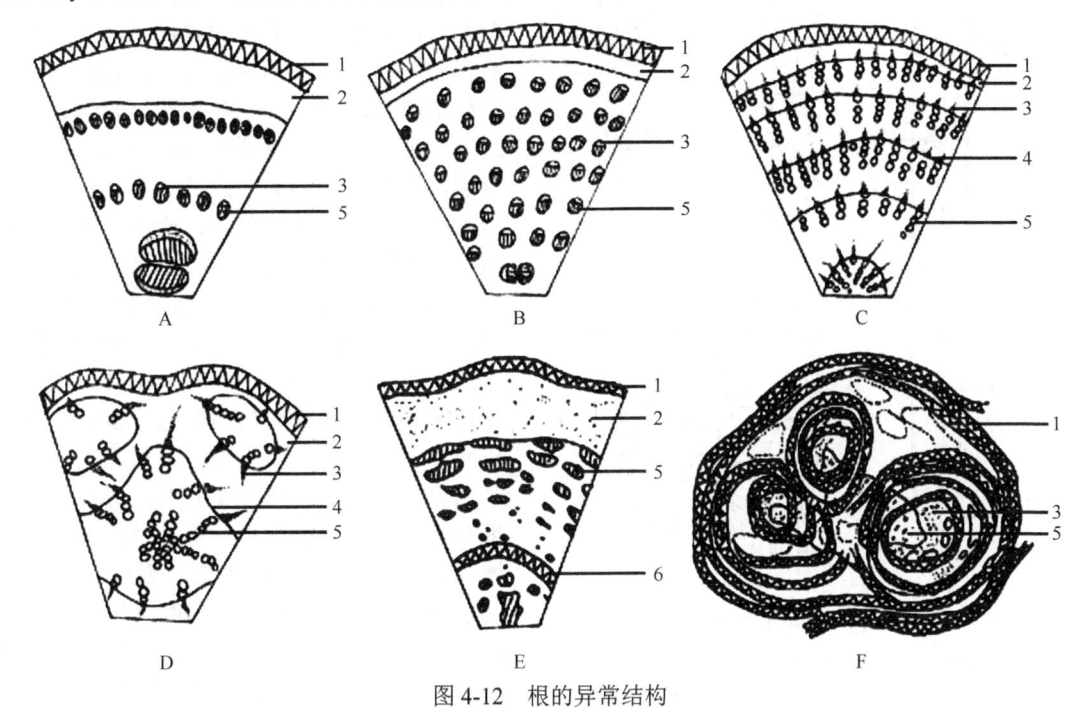

图4-12 根的异常结构
A. 牛膝；B. 川牛膝；C. 商陆；D. 何首乌；E. 黄芩；F. 甘松
1. 木栓层；2. 皮层；3. 韧皮部；4. 形成层；5. 木质部；6. 木栓细胞环

**1. 同心环状排列的异型维管束** 有些双子叶植物的根，当次生生长发育到一定阶段，正常的维管束形成不久，形成层失去分生能力，而位于维管束韧皮部外侧的薄壁细胞恢复分生能力，产生新的形成层，向外分裂产生大量薄壁细胞和一圈异型的维管束，如此反复多次，形成多圈异型维管束，其间有薄壁细胞相隔，一圈套住一圈，呈同心环状排列。这一类型又可分为如下两种情况。

（1）不断产生的新形成层环仅最外一层保持分生能力，而内层各同心性形成层环于异型维管束形成后即停止活动，如牛膝、川牛膝的根。在牛膝根中，异型维管束仅排列2~4轮，川牛膝根中的异型维管束排成3~8轮。

（2）不断产生的新形成层环始终保持分生能力，并使同心性排列的异型维管束不断增大，而呈年轮状，如商陆的根。在药材横切面上，商陆的异型维管束排列成多轮凹凸不平的同心性环纹，习称"罗盘纹"。

**2. 附加维管柱**（auxillary stele） 有些双子叶植物的根，在中柱外围的薄壁组织中能产生新的附加维管柱，形成异常构造。例如，何首乌的块根在正常的维管束形成之后，其皮层中部分薄壁细胞恢复分生能力，产生出许多大小不等、单独的和复合的异型维管束，其构造与中央维管柱很相似。故在药材横切面上呈现出一些大小不等的圆圈状花纹，习称"云锦花纹"。

**3. 木间木栓**（interxylary cork） 有些双子叶植物的根，次生木质部的薄壁细胞去分化、恢复分生能力，形成木栓形成层，在次生木质部内再形成木栓带，称为木间木栓或内涵周皮（included periderm）。例如，黄芩老根中央的木质部可见木栓环带。甘松根中的木间木栓环包围一部分韧皮部和木质部而把维管柱分隔成2~5束。在根的较老部分，这些束往往由于束间组织死亡裂开而相互脱离，成为单独的束，使根形成数个分枝。新疆紫草根中，分布于次生木质部与次生韧皮部的多轮木栓层排列成同心环状。

### （五）侧根的形成

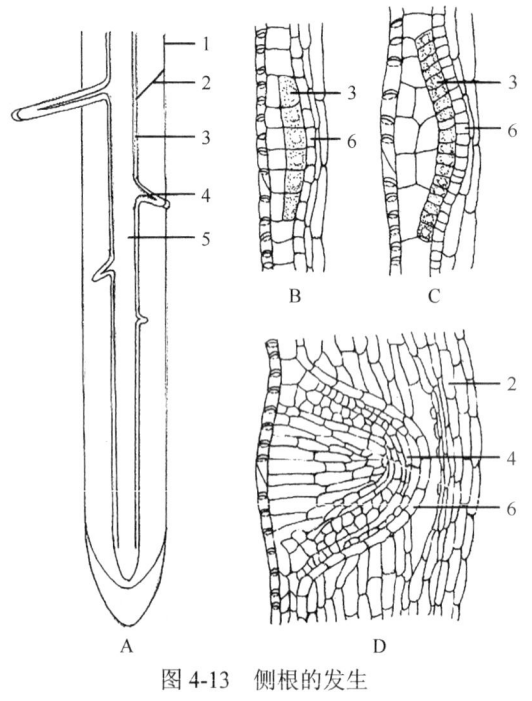

植物主根、侧根或不定根所产生的支根均统称为侧根。种子植物的侧根是从中柱鞘起源的，由于发生于根的内部组织，因此其起源被称为内起源（endogenous origin）。当侧根形成时，母根中柱鞘的某些细胞去分化，细胞质变浓，恢复分裂能力，经过几次平周分裂，细胞层数增加，向外突出，然后经过数次平周分裂和垂周分裂，产生一团新的细胞，形成侧根原基（lateral root primordium）。侧根原基细胞经分裂、分化形成生长锥和根冠，生长锥细胞继续进行分裂、生长和分化，以根冠为先导向外推进，并分泌含酶物质溶解皮层和表皮细胞，从而穿透皮层、突破表皮而伸出母根、进入土壤，形成侧根。在幼嫩的侧根穿越皮层向外生长时，各种组织相继分化成熟，侧根维管组织与母根维管组织连接形成连续的维管系统。侧根在根毛区（成熟区）就已开始发生，但突破表皮、伸出母根却在根毛区之后的部位，因而不会破坏母根成熟区的根毛而影响到根的吸收功能（图4-13）。

图4-13 侧根的发生
A.侧根发生的图解；B～D.侧根发生的各时期；
1.表皮；2.皮层；3.维管柱鞘；4.侧根；5.维管柱；6.内皮层

侧根在母根上发生的位置，在同一种植物中通常是固定的，与其初生木质部束数有一定关系。一般情况下，在二原型的根中，侧根发生于原生木质部和原生韧皮部之间的中柱鞘部分或正对着原生韧皮部的中柱鞘部分。在前一种情况下，侧根数为初生木质部辐射角的倍数，如胡萝卜为二原型木质部，侧根有四行；在后一种情况下，侧根只有两行，如萝卜。在三原型、四原型根中，侧根在正对原生木质部的中柱鞘处发生，初生木质部辐射角有几个，常产生几行侧根。在多原型根中，侧根常在正对着原生韧皮部的中柱鞘处形成。由于侧根的位置一定，因而在母根的表面上，侧根沿着母根长轴较规则地纵列成行，而且侧根在母根伸展的角度也是相对稳定的（图4-14）。

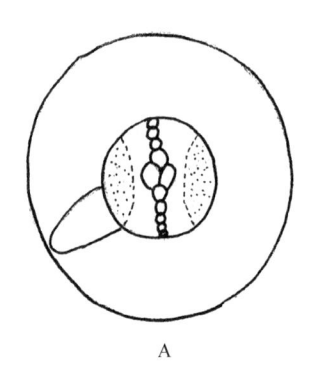

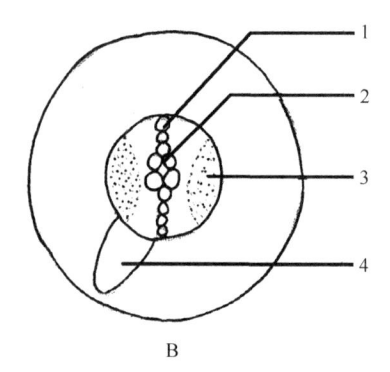

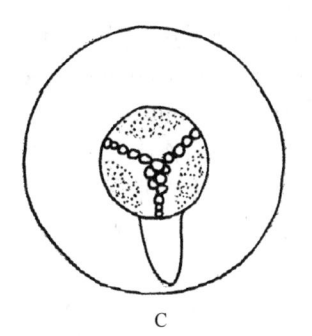

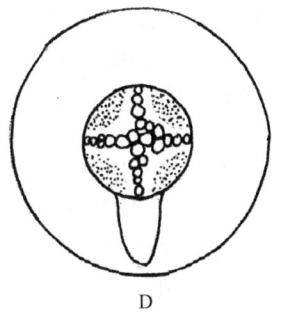

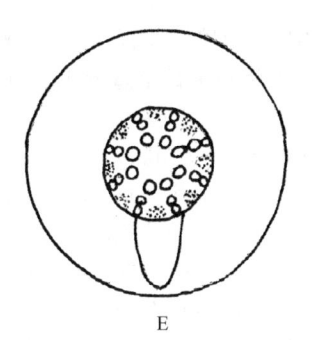

图 4-14　侧根发生的位置与不同类型根的关系
A，B. 二原型；C. 三原型；D. 四原型；E. 多原型
1. 原生木质部；2. 后生木质部；3. 韧皮部；4. 侧根

## 第二节　茎

### 一、茎的形态和类型

#### (一) 茎的外形

通常，茎是植物生长在地上部分呈轴状的营养器官。茎的外形常为圆柱形，也有的为方形、三棱形、多棱形。

> **案例 4-2**
> 唇形科植物的茎皆呈方形，四棱形的茎为其重要的鉴别特征之一；莎草科与禾本科植物均为单子叶植物，区别两者的一个显著特征是其茎的形态，莎草科植物的茎为三棱形，而禾本科植物的茎为圆柱形；伞形科植物茎的表面常有纵棱，从横切面上看，呈多棱形。可见，不同类群植物茎的形状常常不同。
> **问题：**
> 除了形状上的差别，不同植物的茎在外形上还有哪些差异性特征？

**1. 节（node）和节间（internode）**　茎上着生叶的部位称节，节与节之间的部分称节间。有节和节间是茎的本质特征，也是与根在外形上的主要区别。多数植物的节不明显，有些植物的节非常明显，如大黄（蓼科）、牛膝（苋科）、瞿麦（石竹科）、竹（禾本科）。各种植物节间的长短也很不一致，如罗汉果（葫芦科）植物的节间长可达数十厘米，使得叶之间的间距较大，而蒲公英（菊科）的节间仅 1mm 左右，使得叶簇生在极度缩短的茎上。

**2. 长枝（long shoot）和短枝（dwarf shoot）**　着生叶和芽的茎称为枝或枝条。节间显著伸长的枝条称为长枝；节间短缩、各个节紧密相接，甚至难于分辨的枝条称为短枝。短枝一般着生在长枝上，能生花结果，所以又称果枝。

**3. 叶痕（leaf scar）、托叶痕（stipule scar）、芽鳞痕（bud scale scar）和皮孔（lenticel）**　木本植物的茎上有叶痕、托叶痕、芽鳞痕和皮孔。叶痕是叶脱落后留下的痕迹；托叶痕是托叶脱落后留下的痕迹；芽鳞痕是包被芽的鳞片脱落后留下的痕迹，芽在每年春季萌动生长而将鳞片脱去，因此，可以根据芽鳞痕来辨别茎的生长量和生长年限；皮孔是茎表面隆起呈裂隙状的斑点状结构，是茎与外界气体交换的通道。各种植物的叶痕、托叶痕、芽鳞痕和皮孔都有一定的特征，可作为植物种类、年龄等的鉴别依据。

#### (二) 芽（bud）的类型

在茎的顶端和叶腋处都生有芽。芽是尚未发育的枝、花或花序，即是枝、花或花序的原始体。

根据芽的生长位置、发育性质、芽鳞有无、活动能力等特点，可从不同角度将芽分为以下类型。

**1. 根据芽的生长位置分类**　可分为定芽（normal bud）和不定芽（adventitious bud）。定芽是指芽在茎上有确定的生长位置，包括生于茎枝顶端的芽，称为顶芽（terminal bud）；生于叶腋处的芽，称为腋芽（axillary bud）或侧芽（lateral bud）；一些植物在顶芽和腋芽旁边又生出的一两个较小的芽，称为副芽（accessory bud）。副芽可替代发育停滞的顶芽和腋芽进一步生长发育。另外有的植物的腋芽生长位置较低，常常被覆盖于叶柄基部内，直到叶脱落后才显露出来，称为叶柄下芽。不定芽是指在植物体上没有确定生长位置的芽。

**2. 根据芽的性质分类**　分为叶芽（leaf bud）、花芽（flower bud）和混合芽（mixed bud）。叶芽发育出枝和叶，又称枝芽。花芽发育成花或花序。混合芽能同时发育成枝叶和花或花序。

**3. 根据芽鳞的有无分类**　分为鳞芽（scaly bud）和裸芽（naked bud）。鳞芽的外面有鳞片包被，如辛夷（木兰科）、女贞（木犀科）等多数多年生木本植物的越冬芽。裸芽的外面无鳞片包被，多见于草本植物和少数木本植物，如薄荷（唇形科）等。

**4. 根据芽的活动状态分类**　分为活动芽（active bud）和休眠芽（dormant bud）。正常发育且在生长季节活动的芽为活动芽，如一年生草本植物和一般木本植物的顶芽及距顶芽较近的芽。休眠芽又称潜伏芽，是在正常生长状态下保持休眠状态而不萌发的芽，如木本植物大部分茎或枝上靠近基部的腋芽。

## （三）茎的分枝

由于芽的性质和活动情况不同，因此会产生不同的分枝方式。常见的分枝方式有四种。

**1. 单轴分枝（monopodial branching）**　主茎的顶芽不断向上生长形成直立而粗壮的主干，且侧芽亦以同样方式形成各级分枝，但主干的伸长和加粗比侧枝显著。主要的特征为茎主干很明显，各级分枝由下向上逐渐细短，如裸子植物松、柏、银杏等。

**2. 合轴分枝（sympodial branching）**　主干的顶芽在生长季节生长迟缓或死亡，或顶芽为花芽，由邻近顶芽下面的腋芽代替顶芽发育形成粗壮的侧枝，使得主干继续生长。这种由许多腋芽发育而形成的侧枝联合，称为合轴，如蔷薇科的苹果、桃等大多数被子植物都属于此种分枝方式。

**3. 二叉分枝（dichotomous branching）**　顶端的分生组织平分为两个，各自形成一个分枝，在一定的时候，又进行同样的分枝，之后不断重复进行，从而形成二叉状分枝系统，如苔藓类植物地钱、蕨类植物石松等。

**4. 假二叉分枝（false dichotomous branching）**　顶芽停止生长或顶芽为花芽，顶芽下面的两侧腋芽同时发育成两个相同的分枝，从外表上看似二叉分枝，因此称为假二叉分枝。假二叉分枝存在于一些具对生叶序的植物，如桃金娘科的丁香、石竹科的石竹等。

## （四）茎的类型

**1. 根据茎的质地分类**

（1）木质茎（woody stem）：形成层活动强烈，木质部发达，木质化程度高，茎质地坚硬。具有木质茎的植物称木本植物。其中植株高大、主干明显、基部少分枝的称乔木（tree），如银杏（银杏科）、杜仲（杜仲科）、厚朴（木兰科）等；植株矮小、无明显主干、基部分枝发出多个丛生枝干的称灌木（shrub），如夹竹桃（夹竹桃科）、连翘（木犀科）等；介于木本和草本之间，仅在基部木质化的称亚灌木或半灌木（subshrub），如麻黄（麻黄科）、牡丹（芍药科）等；茎长而柔韧，常缠绕或攀附他物向上生长的称木质藤本（woody vine），如五味子（木兰科）、木通（木通科）等。

（2）草质茎（herbaceous stem）：形成层活动较弱，木质部不发达，木质化程度低，茎质地较柔软。具有草质茎的植物称草本植物。其中在一年内完成生命周期，开花结果后枯死的称一年生草本（annual herb），如穿心莲（爵床科）、红花（菊科）、马齿苋（马齿苋科）等；种子在第一年萌发，第二年开花结果，然后全株枯死的称二年生草本（biennial herb），如萝卜、菘蓝（十字花科）

等；生命周期在二年以上的称多年生草本（perennial herb），如人参（五加科）、桔梗（桔梗科）、薄荷（唇形科）等；植物体细长柔软，为缠绕或攀缘性的草本植物称草质藤本（herbaceous vine），如党参（桔梗科）、何首乌（蓼科）等。

（3）肉质茎（succulent stem）：质地柔软多汁、肉质肥厚的茎称肉质茎，如芦荟（百合科）、景天（景天科）等。

**2. 根据茎的生长习性分类**

（1）直立茎（erect stem）：茎直立地面生长，为常见的类型，如松（松科）、杉（杉科）、紫苏（唇形科）等。

（2）缠绕茎（twining stem）：茎细长不能直立，而依靠缠绕他物作螺旋状向上生长。有的呈顺时针方向缠绕，如忍冬（忍冬科）；有的呈逆时针方向缠绕，如牵牛（旋花科）、马兜铃（马兜铃科）；也有的无一定规律，如何首乌（蓼科）等。

（3）攀缘茎（climbing stem）：茎细长不能直立，而是靠卷须、不定根、吸盘或其他特有的附属结构攀附他物向上生长，如栝楼（葫芦科）等借助于茎或叶形成的卷须攀附他物；络石（夹竹桃科）等借助于不定根攀附他物；爬山虎（葡萄科）依靠短枝形成的吸盘攀附他物。

（4）匍匐茎（creeping stem）：茎平卧地面，沿水平方向蔓延生长。节上生出不定根，如连钱草（唇形科）；有的植物节上不生出不定根的则为平卧茎，如蒺藜（蒺藜科）、马齿苋（马齿苋科）等。

### （五）茎的变态类型

植物的进化过程同时也是对其所处环境的适应过程。由于长期适应不同的生活环境，茎的形态结构产生了不同的变化，形成不同的变态类型。茎的变态类型很多，可分为地下茎的变态和地上茎的变态两大类。地下茎和根类似，但保留着茎的本质特征，即有节和节间，并具有退化鳞叶及顶芽、侧芽等，可与根区别。

**1. 地下茎的变态**

（1）根状茎（rhizome）：简称根茎，常横卧地下，有明显的节和节间，节上有退化的鳞叶，先端有顶芽，节上有腋芽，向下常生不定根。有的细长，如白茅、芦苇（禾本科）；有的粗大肥厚肉质，如姜（姜科）、玉竹（百合科）；有的短而直立，如人参、三七（五加科）；有的呈团块状，如苍术（菊科）、川芎（伞形科）；有的具明显的茎痕，如黄精（百合科）。

（2）块茎（tuber）：短而膨大，形状呈不规则块状。节间短，叶退化成小的鳞片或早期枯萎脱落，如天南星（天南星科）、天麻（兰科）等。

（3）球茎（corm）：肉质肥大，球状或扁球状。节间明显且缩短，节上有膜质鳞叶，芽发达，腋芽常生于上半部，基部具不定根，如慈姑、荸荠（泽泻科）等。

（4）鳞茎（bulb）：球状或扁球状。茎极度缩短称鳞茎盘，盘上生有许多肉质肥厚的鳞片叶，顶端有顶芽，鳞片叶内生有腋芽，基部具不定根。鳞茎分为无被鳞茎和有被鳞茎，前者鳞片狭，呈覆瓦状排列，外面无被覆盖，如百合、贝母（百合科）等；后者鳞片阔，内层被外层完全覆盖，如洋葱、大蒜（百合科）等（图4-15）。

图4-15 地下茎的变态类型

1. 根状茎（姜）；2. 块茎（天麻）；3. 球茎（荸荠）；4. 鳞茎（洋葱）

**2. 地上茎的变态**

（1）叶状枝（phylloclade）：茎为绿色的扁平状或针叶状，可替代叶进行光合作用，叶退化为膜质鳞片状、线状或刺状，如天门冬（百合科）、仙人掌（仙人掌科）。

（2）刺状茎（枝刺、茎刺）（stem thorn）：茎枝变为刺状，粗短坚硬，分枝或不分枝，对植物有保护作用。山楂（蔷薇科）、酸橙（芸香科）的茎刺不分枝，皂荚（豆科）、枸橘（芸香科）的茎刺有分枝。茎刺生于叶腋，并且有维管组织与茎相连，可与叶刺和皮刺相区别。叶刺是由叶片或托叶变态形成的硬刺，如酸枣（鼠李科）；皮刺是由表皮细胞突起形成的特异性结构，容易脱落，如月季（蔷薇科）、花椒（芸香科）。

（3）钩状茎（hook-like stem）：位于叶腋，通常弯曲呈钩状，粗短坚硬，无分枝，如钩藤（茜草科）。

（4）茎卷须（stem tendril）：柔软卷曲，常有分枝，用以攀缘或缠绕他物，帮助植物向上生长，如葡萄（葡萄科）、栝楼（葫芦科）等。

（5）小块茎（tubercle）：由腋芽转变成小块茎，如山药（薯蓣科）的零余子（珠芽）。半夏（天南星科）叶柄上也具小块茎，是由不定芽形成的。小块茎具有繁殖作用。

（6）小鳞茎（bulblet）：有些植物在叶腋或花序处由腋芽或花芽形成小鳞茎，如卷丹（百合科）由腋芽形成小鳞茎；薤白、大蒜（百合科）由花芽形成小鳞茎。小鳞茎也具有繁殖作用（图4-16）。

图 4-16 地上茎的变态
1. 叶状枝（天门冬）；2. 叶状枝（仙人掌）；3. 刺状茎（皂荚）；4. 钩状茎（钩藤）；5. 茎卷须（罗汉果）

**案例 4-3**

大蒜的蒜头是鳞茎，大蒜的蒜瓣称鳞芽。蒜头和蒜瓣的基部都有一个扁平的盘状致密组织，称鳞茎盘。蒜头成熟以后，鳞茎盘木质化，有保护蒜瓣、减少水分散失的作用。

问题：
为什么大蒜的蒜头是鳞茎而不是小鳞茎？

## 二、茎 的 结 构

种子植物的主茎来源于种子的胚芽，各级侧枝则由主茎上的侧芽发育而来。不论主茎或侧枝，在其顶端都有顶芽，以保持顶端生长的能力，使植物体不断长高。

### （一）茎尖的结构

茎尖的结构与根尖相似，也分为分生区、伸长区和成熟区，但无类似根冠的结构（图4-17）。

分生区在茎尖的前端呈圆锥状，是顶端分生组织所在的部位，具有强烈的分生能力，又称生长锥（growth cone）。生长锥的侧面分化出叶和芽的原基，即叶原基（leaf primordium）和芽原基（bud primordium），以后分别发育为叶和腋芽。腋芽可进一步发育成枝条，或分化为花或花序。

茎尖成熟区的表面常有气孔和毛茸。茎的成熟区具备初生结构，在此基础上可衍生出次生结构。

## （二）双子叶植物茎的初生结构

通过茎的成熟区作一横切面，观察到的即为茎的初生结构，从外至内依次为表皮、皮层和中柱（图4-18）。

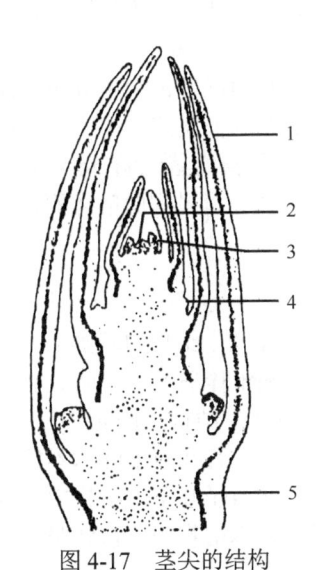

图 4-17　茎尖的结构
1. 幼叶；2. 生长点；3. 叶原基；
4. 腋芽原基；5. 原形成层

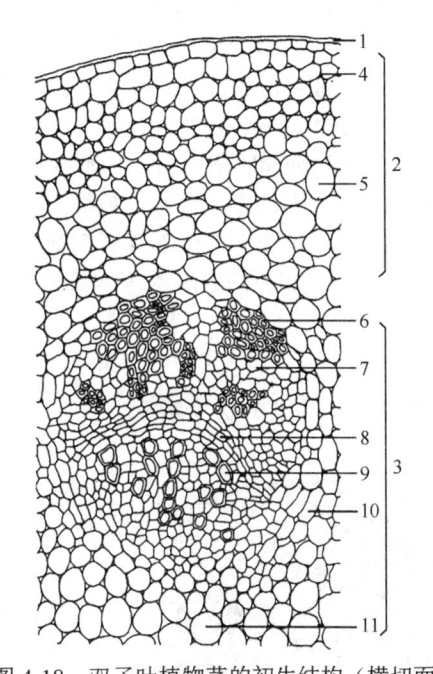

图 4-18　双子叶植物茎的初生结构（横切面）
1. 表皮；2. 皮层；3. 中柱；4. 厚角组织；5. 薄壁组织；6. 韧皮纤维；
7. 初生韧皮部；8. 束中形成层；9. 初生木质部；10. 髓射线；11. 髓

**1. 表皮**（epidermis）　由原表皮发展而来，为一层扁平、排列整齐而紧密的细胞构成。表皮细胞为生活细胞，外壁较厚，通常角质化或有蜡被，有的具有气孔、毛茸或其他附属物。

**2. 皮层**（cortex）　由基本分生组织发展而来，位于表皮内方，由多层生活细胞构成，一般不如根的皮层发达，仅占茎中较少部分。构成皮层的主体是薄壁组织，细胞壁薄而大，排列疏松，细胞间隙明显。靠近表皮部分的细胞中常含有叶绿体而使嫩茎呈绿色，能进行光合作用。有些植物的茎在紧靠表皮的皮层部位具厚角组织，用以加强茎的强度。这些厚角组织有的排列成环状（如葫芦科和菊科的一些植物），有的聚集在茎的棱角处（如薄荷）。有些植物的茎在皮层中有纤维、石细胞或分泌组织。

大多数双子叶植物茎皮层的最内一层细胞不像根中特化成形态特征明显的内皮层，而是仍为薄壁细胞，因此，茎的皮层与中柱之间无明显分界。而一些植物此层细胞中由于含有许多淀粉粒，被称为淀粉鞘（starch sheath），如马兜铃（马兜铃科）、蓖麻（大戟科）等。

**3. 中柱**（vascular cylinder）　位于皮层以内，占据茎的较大部分，包括呈环状排列的初生维管束、髓射线和髓。

（1）初生维管束：双子叶植物茎的初生维管束包括初生韧皮部、初生木质部和束中形成层（fascicular cambium）。

初生韧皮部位于维管束的外侧，由筛管、伴胞、韧皮薄壁细胞和韧皮纤维组成，其分化成熟的顺序和根相同，也是外始式，即原生韧皮部在外方，后生韧皮部在内方。韧皮纤维常成群地位于韧皮部的最外侧。

初生木质部位于维管束的内侧，由导管、木薄壁细胞和木纤维组成，其分化成熟的顺序和根完全相反，是由内向外的，称为内始式（endarch），即原生木质部居内方，由口径较小的环纹、螺纹导管组成；后生木质部居外方，由孔径较大的梯纹、网纹或孔纹导管组成。

束中形成层位于初生韧皮部与初生木质部之间，为原形成层所遗留下来，由1~2层具有分生能力的细胞组成，其持续的分裂活动能使茎不断加粗。

植物茎中维管束最常见的类型为外韧维管束（collateral vascular bundle），即韧皮部位于木质部的外方。但也有少数植物茎的维管束，在其木质部的内方还有韧皮部，称双韧维管束（bicollateral vascular bundle），如茄科的曼陀罗、颠茄、莨菪，桃金娘科的桉树等。

（2）髓射线（medullary ray）：为初生维管束之间的薄壁组织，外连皮层，内接髓部，在横切面上呈放射状，具横向运输和贮藏作用。一般草本植物的髓射线较宽，木本植物的髓射线较窄。

（3）髓（pith）：位于茎的中央部分，被维管束紧紧围绕，大多数情况下由基本分生组织所产生的薄壁细胞组成，有的植物茎的髓部具石细胞。通常草本植物的茎髓部宽广，木本植物的茎较窄，但玄参科的泡桐、五加科的通脱木等木质茎有宽广的髓部。有的植物茎的髓部呈局部破坏，形成一系列片状的横髓隔，如胡桃（胡桃科），还有些植物茎的髓部在发育过程中解体而形成中空的茎，如连翘（木犀科）、当归（伞形科）等。

### （三）双子叶植物木质茎的次生结构

双子叶植物的茎在初生结构的基础上，由次生分生组织——形成层和木栓形成层不断分裂，继续进行次生生长，形成次生结构（图4-19），使茎不断木质化和加粗。这一过程在双子叶木本植物中显著，可持续多年，而在双子叶草本植物中微弱或者缺乏。因此，双子叶木本植物的茎粗壮坚实，双子叶草本植物茎细小柔软。

**1. 形成层及其活动**　当茎进行次生生长时，髓射线邻接束中形成层的薄壁细胞恢复分生能力，形成束间形成层（interfascicular cambium）。束间形成层和各初生维管束中的束中形成层相连接，组成一个圆筒状结构（在横切面上呈现为一个完整的圆环）。

形成层细胞具有强烈的分生能力，向内分裂产生次生木质部，增添于初生木质部的外方；向外分裂产生次生韧皮部，增添于初生韧皮部的内方，并将初生韧皮部不断向外推。同时，形成层有一部分细胞也不断分裂形成薄壁细胞，即次生射线细胞，贯穿于次生木质部与次生韧皮部，形成横向的联系

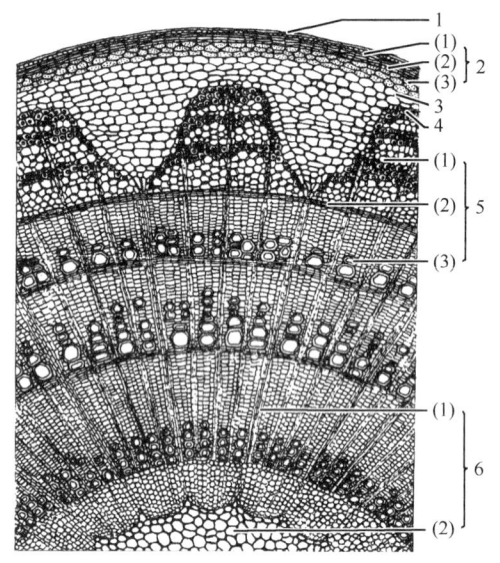

图4-19　双子叶植物木质茎的次生结构（横切面）
1.表皮；2.周皮［(1)木栓层；(2)木栓形成层；(3)栓内层］；3.皮层；4.韧皮纤维；5.维管束［(1)韧皮部；(2)形成层；(3)木质部］；6.髓及木射线［(1)木射线；(2)髓］

组织，称维管射线。形成层的束间部分，或产生维管组织，或继续产生薄壁组织，以增加髓射线的长度。以上活动的结果，使茎不断加粗。形成层细胞在不断地进行分裂，形成次生结构的同时，也进行径向或横向分裂，扩大本身的圆周，以适应内方木质部的增大，同时形成层的位置也逐渐向外推移。

**2. 次生木质部**　形成层活动时，向内形成次生木质部的量，远比向外形成次生韧皮部的量为多，就木本植物来说，茎的绝大部分是次生木质部，树木越大，次生木质部所占比例也越大。

次生木质部由导管、管胞、木薄壁细胞、木纤维和木射线组成。次生木质部中的导管为梯纹导管、网纹导管和孔纹导管。木薄壁细胞单个或成群散生于木质部中，或包围在导管的外方。导管、管胞、木薄壁细胞和木纤维，其细胞都是纵列的，是次生木质部中的纵向系统。由形成层中的射线原始细胞衍生的细胞，形成维管射线，位于次生木质部的部分称为木射线。木射线为一列或多

列细胞,为保持生活状态的薄壁细胞,有时细胞壁稍有木质化。木射线是次生木质部中的横向系统。

（1）年轮与早材（春材）/晚材（秋材）：木本植物茎的木质部或木材的横切面上常可见许多同心轮层,每一轮层都是由形成层在一年中所形成的木材组成,一年一轮地标志着树木的年龄,称为年轮（annual ring）。年轮的形成是由于形成层的分裂活动受季节影响所致。春季气候温暖,雨量充沛,形成层的分裂活动比较强烈,所产生的细胞体积大,细胞壁薄,导管直径大,数目多,木纤维较少,因此材质较疏松,颜色较淡,称早材（early wood）或春材（spring wood）；到了秋季,气温下降,雨量稀少,形成层的分裂活动减弱,所产生的细胞体积较小,细胞壁较厚,导管的直径小,数目少,木纤维多,因而材质较密,颜色较深,称晚材（late wood）或秋材（autumn wood）。在一年中早材和晚材是逐渐转变的,没有明显的界线,但当年的晚材与第二年的早材界限分明,因此可形成年轮。年轮的产生与环境条件有关,同样是在热带,如果终年气候变化不大,树木并不形成年轮；而旱季和湿季交替明显时,树木仍然会产生年轮。有些植物由于受特殊气候变化的影响或遭受害虫严重危害时,一年可以形成三轮的轮环,这些轮环称为假年轮,如柑橘（芸香科）,假年轮常呈不完整的轮环。

（2）边材和心材：在木材横切面上靠近形成层的部分颜色较浅,质地较松软,称边材（sapwood）,边材具有输导作用。横切面上近中心的部分颜色较深,质地较坚硬,称心材（heart-wood）。心材中常积累一些代谢产物,如单宁、树脂、树胶、色素等,其导管被堵塞,失去输导能力。心材比较坚固,不易腐烂。心材还常因含有特殊的成分而入药,如降香（豆科黄花梨的心材）、苏木（豆科苏木的心材）、檀香（檀香科檀香的心材）等。

（3）木材解剖结构的三种切面：在了解茎的次生结构和鉴定木类药材时,需从三种切面（即：横切面、径向切面和切向切面）进行比较观察（图4-20）。

1）横切面（transverse section）：是与茎的纵轴垂直的切面。在横切面上,年轮为同心轮环,射线呈辐射状排列,可见射线的长度和宽度。两射线间的导管、木纤维和木薄壁细胞等都呈大小不一、细胞壁厚薄不同的圆形或多角形。

2）径向切面（radial section）：茎的中心所作的纵切面,也称径切面。年轮呈垂直平行的带状,射线横向分布,与年轮呈直角,可见射线的高度和长度,可见导管、木纤维和木薄壁细胞等纵切面的长度、宽度、纹孔和细胞两端的形状。

3）切向切面（tangential section）：不经过茎的中心而垂直于茎的半径所作的切面,也称弦切面。在切向切面上,年轮呈U形的波纹；射线细胞群呈纺锤形,作不连续的纵向排列。可见射线的宽度、高度及细胞列数。导管、管胞、木纤维和木薄壁细胞等与径向切面相似。

在木材三切面中,射线的形状如何,可作为判断切面类型的重要依据。

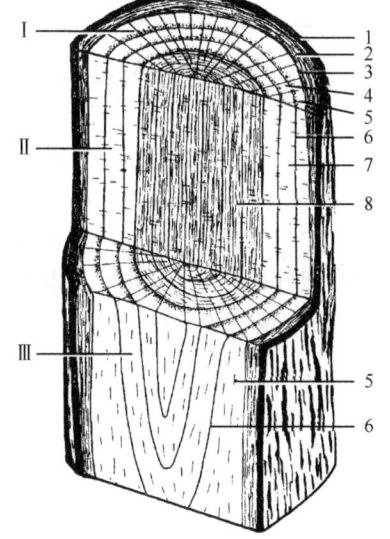

图4-20 木材所显示的年轮
Ⅰ.横切面；Ⅱ.径向切面；Ⅲ.切向切面；
1~2.树皮；3.形成层；4.次生木质部；
5.射线；6.年轮；7.边材；8.心材

**3. 次生韧皮部** 形成层向外分裂形成次生韧皮部。次生韧皮部形成时,初生韧皮部被推向外方并被挤压破裂,形成颓废组织。次生韧皮部一般由筛管、伴胞、韧皮薄壁细胞和韧皮纤维组成,有的还具有石细胞、乳汁管。

次生韧皮部的薄壁细胞中除含有糖类、油脂等营养物质外,有的还含有鞣质、橡胶、生物碱、苷类、挥发油等次生代谢产物,有一定的药用价值。

韧皮射线是次生韧皮部内的薄壁组织,是维管射线位于次生韧皮部的部分,与木射线相连,其长短宽窄因植物种类而异。

**4. 木栓形成层与周皮**　多数植物的茎可由表皮内侧的皮层薄壁组织细胞恢复分生能力，形成木栓形成层。木栓形成层向外分裂产生的细胞群，历经细胞壁的木质化增厚和逐渐凋亡，发展成为木栓层；木栓形成层向内分裂产生的细胞群，保持薄壁细胞状态，成为栓内层，它们共同组成周皮，代替表皮行使保护作用。一般木栓形成层的活动只能维持数月，之后在周皮的内方产生新的木栓形成层，形成新的周皮，依此方式，周皮产生的位置不断向里推进。老周皮内方的组织被新周皮隔离后，由于水分和营养供应的终止，相继死亡，这些周皮及其被隔离的颓废组织的综合体，因常剥落，故称为落皮层（rhytidome）。也有不少植物的周皮并不脱落，如杜仲（杜仲科）、黄皮树（芸香科）。

狭义的树皮称为落皮层，而广义的树皮是指形成层以外的所有组织，包括次生韧皮部。我们所说的皮类药材通常指的是广义的树皮，如杜仲（杜仲科）、黄柏（芸香科）、厚朴（木兰科）、肉桂（樟科）等。

### （四）双子叶植物草质茎的结构

双子叶植物草质茎生长期短，与木质茎相比较，没有或只有极少数的木质化组织。其主要结构特点如下：

（1）由于草质茎生长时间较短，组织中次生结构不发达，大部分或完全是初生结构。

（2）最外层为表皮，表皮上常有气孔、毛茸、角质层、蜡被等附属物。表皮细胞中有叶绿体，因此草质茎大多呈绿色，有光合作用的能力。

（3）中柱中维管束的数量占较小的比例。有些草本双子叶植物的茎，仅有束中形成层而不具有束间形成层，次生结构的量少。还有些草本双子叶植物的茎，不仅没有束间形成层，连束中形成层也不发达，因而次生结构的量极少，甚至不存在。

（4）髓部发达，髓射线一般较宽，有的髓部中央破裂呈空洞状。

### （五）单子叶植物茎的结构

与双子叶植物相比，单子叶植物茎的结构有如下特点。

（1）除少数热带、亚热带植物（如龙血树、芦荟）外，一般没有形成层和木栓形成层，只具有初生结构而没有次生结构。

（2）茎的最外层是一层表皮细胞，表皮以内为基本薄壁组织和散布在其中的维管束，维管束为有限外韧型，无皮层、髓和髓射线之分（图4-21）。有的植物茎中央部分萎缩破裂，形成中空的茎秆（如禾本科植物小麦、水稻）。

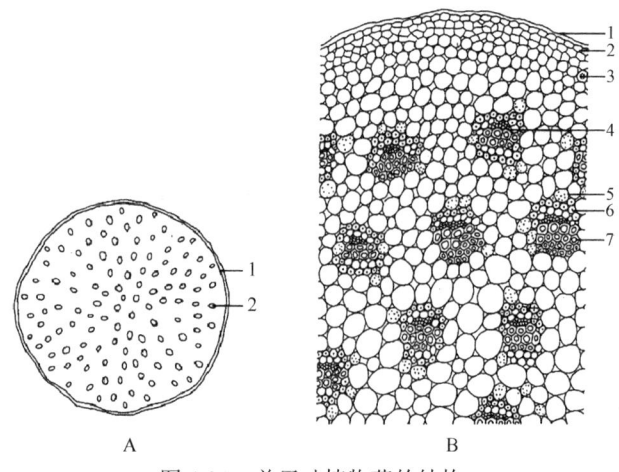

图4-21　单子叶植物茎的结构

A. 石斛茎的横切面简图：1. 表皮；2. 维管束。B. 石斛茎的横切面详图：1. 角质层；2. 表皮；3. 皮层；4. 韧皮部；5. 薄壁细胞；6. 纤维束；7. 木质部

## （六）裸子植物茎的结构

裸子植物茎的初生结构与双子叶植物茎的初生结构一样，由表皮、皮层和中柱组成，所不同的是，两者在木质部和韧皮部的构成上有差异，裸子植物木质部中起输导作用的细胞是管胞，而非导管，其中原生木质部由环纹或螺纹管胞组成，后生木质部主要由梯纹管胞组成；韧皮部中起输导作用的细胞是筛胞，而不是筛管。

裸子植物的茎均为木质茎。裸子植物的茎在初生结构形成后，就转入次生生长，形成次生结构，使茎逐年加粗，并产生显著的年轮。与木本双子叶植物茎的次生结构相比较，裸子植物茎的次生结构具有以下特点。

（1）除买麻藤科、麻黄科的木质部存在导管外，其他裸子植物茎的次生木质部均无导管，主要是由管胞、木薄壁细胞和木射线组成。管胞兼具输导组织和机械组织的双重功能。同时，由于缺乏导管，在木材的横切面上没有明显的孔隙，显得均匀整齐，称为无孔材。

（2）裸子植物茎的次生韧皮部的结构也相对简单，由筛胞、韧皮薄壁细胞和韧皮射线组成。一般无筛管、伴胞和韧皮纤维（少数松柏类植物茎的次生韧皮部中，可产生韧皮纤维和石细胞）。

（3）有些裸子植物（主要是松柏类）茎的皮层、中柱（韧皮部、木质部、髓及髓射线）中，常分布有分泌组织（树脂道）。松脂就是在松树的树脂道中产生的。

> **案例 4-4**
> 美国加利福尼亚州的红杉树国家公园中，巨树林立，高耸云天，这些巨树就是世界闻名的"世界爷"。它们属于裸子植物的巨杉属，其中最高的一棵可达115m，茎基部直径为11m，如果开一个洞，三辆卡车可以并排通过。它不仅树身巨大，寿命也长，它的寿命已达3500岁。
>
> **问题：**
> 高达115m的巨杉属植物"世界爷"是依靠什么输送水分和营养物质的？其结构与高大的木本双子叶植物茎的结构相比有何异同点？

## （七）茎的异常结构

有些双子叶植物的茎或根状茎中，除了形成正常的次生结构外，常有部分薄壁细胞恢复分生能力，转化为新的形成层，产生多数异型维管束，从而形成了异常结构，常见的有下列几种情况。

**1. 髓维管束** 位于双子叶植物茎或根状茎髓中的异型维管束，如胡椒科风藤茎（海风藤）（图4-22A）、苋科植物的茎、景天科大花红景天根状茎等，其髓部均有异型维管束；大黄根茎髓部有多个异型维管束环列或散在，其射线细胞内含棕色物质，呈星芒状射出，形成药材断面的"星点"。

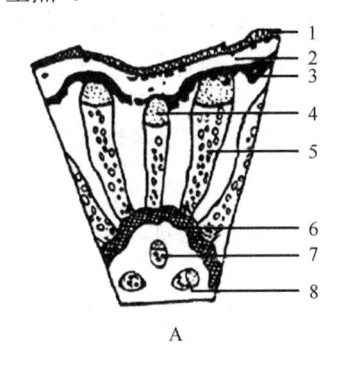

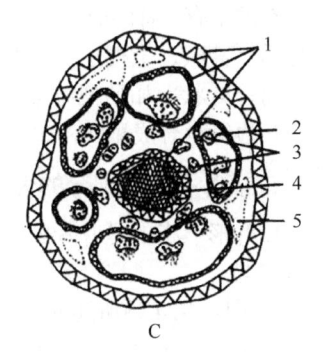

图4-22 茎异常结构

A.风藤茎横切面：1.木栓层；2.皮层；3.中柱鞘纤维；4.韧皮部；5.木质部；6.纤维束环；7.异型维管束；8.髓。
B.密花豆老茎横切面：1.木质部；2.韧皮部。C.甘松根茎横切面：1.木栓层；2.韧皮部；3.木质部；4.髓；5.裂隙

**2. 同心环状排列的异常维管组织**　某些双子叶植物茎内，初生生长和早期次生生长均正常，当次生生长发育到一定阶段，次生维管束的外围又形成多轮呈同心环状排列的异常维管组织，如密花豆（鸡血藤）老茎的横切面，韧皮部可见 2～8 个红棕色至暗棕色环带，与木质部相间排列，其最内一圈呈圆环状，其余为同心半圆环（图 4-22B）。

**3. 木间木栓**　一些植物茎的次生木质部内的薄壁细胞分化形成木栓带，如甘松根茎中的木间木栓环包围一部分韧皮部和木质部，把维管柱分隔成数个（图 4-22C）。

## 第三节　叶

### 一、叶的形态和类型

叶（leaf）是植物体重要的营养器官，通常含有大量叶绿体，可以进行光合作用制造有机养料。

#### （一）叶的组成及其特征

植物叶的形态多种多样，一般由叶片（blade）、叶柄（petiole）和托叶（stipule）三部分组成（图 4-23）。具有以上三部分的叶称完全叶（complete leaf），如月季、栀子、桃等。缺少其中一部分或两部分的叶称不完全叶（incomplete leaf），如女贞、丁香、紫苏等植物不具托叶，只有叶片和叶柄；石竹、龙胆等同时缺少托叶和叶柄，只有叶片。

**1. 叶片**　通常为绿色扁平体，是叶的主要组成部分。叶片有上表面（腹面）和下表面（背面）之分。叶片的全形称叶形，先端称叶端或叶尖（leaf apex），基部称叶基（leaf base），周边（边缘）称叶缘（leaf margin），叶片内的维管束为叶脉（vein）。

**2. 叶柄**　是叶片和茎枝相连接的部分，常为绿色，类圆柱形、半圆柱形或扁平形，具有支撑叶片的作用。有些植物叶柄基部有膨大的关节，称叶枕（pedestal），可调节叶片的位置和休眠运动，如含羞草、野葛等。有些植物叶柄上具膨胀的气囊（air sac），可支持叶片浮于水面，如水浮莲、菱等水生植物。有些植物叶柄能围绕其他物体螺旋状扭曲，起攀缘作用，如旱金莲。有些植物的叶柄基部或全部扩大成鞘状，称叶鞘（leaf sheath），如当归、白芷等伞形科植物的叶鞘，而淡竹叶、小麦等禾本科植物的叶鞘是由相当于叶柄部位的叶扩大形成的。还有些植物叶片退化，叶柄变态成叶片状以代替叶片的功能，如台湾相思树。

图 4-23　叶的组成
1. 叶片；2. 叶柄；3. 托叶

**3. 托叶**　通常成对着生于叶柄基部与茎枝相连的部位，是叶柄基部的附属物。托叶在叶片成熟后有的宿存，有的脱落，形状随植物种类不同而异。有的细小而呈线状，如桑、梨；有的呈翅状，如月季、蔷薇、金樱子；有的变成卷须，如菝葜属（Smilax）；有的呈刺状，如刺槐、三颗针；有的大而呈叶状，如贴梗海棠、豌豆；有的形状、大小和叶片几乎一样，如茜草、猪殃殃；有的两片托叶边缘愈合成鞘状，包围茎节的基部，称托叶鞘（ochrea），如何首乌、大黄等蓼科植物。

#### （二）叶各组成部分的形态

**1. 叶形**　指的是叶片的几何形状，通常根据叶片的长度和宽度的比例及最宽处的位置来确定（图 4-24）。

除了图 4-24 种所述的基本叶形外，其他常见的叶形（图 4-25）有：松树叶为针形，银杏叶为扇形，文殊兰叶为带形，紫荆叶为心形，连钱草叶为肾形，蝙蝠葛、莲叶为盾形，慈姑叶为箭形，旋花叶为戟形，车前叶为匙形，白英叶为提琴形，菱叶为菱形，蓝桉的老叶为镰形，侧柏叶为鳞形，葱叶为管形，秋海棠叶为偏斜形等。除此之外，还有一些植物的叶属于两种形状的综合，如卵状椭圆形、椭圆状披针形等。

第四章　植物的器官

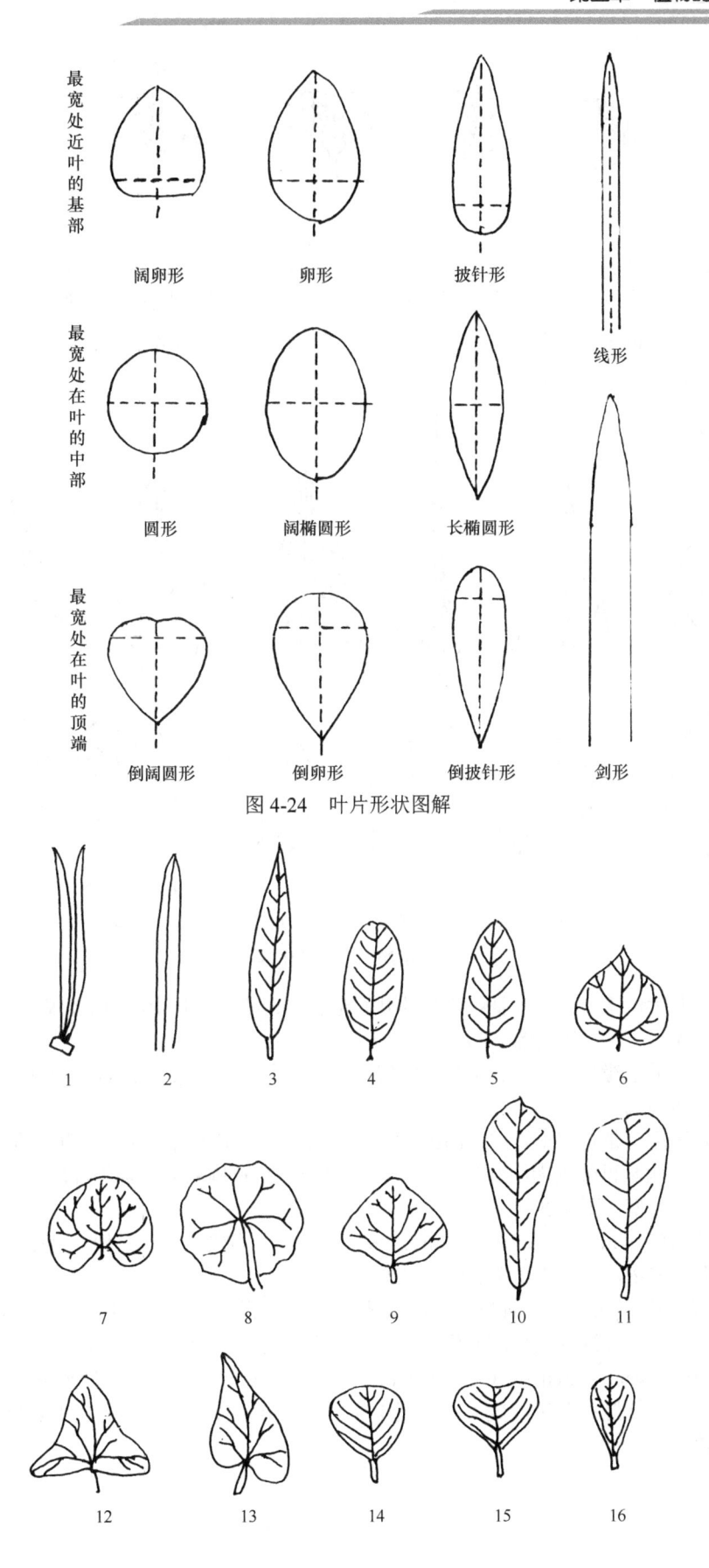

最宽处近叶的基部　阔卵形　卵形　披针形

最宽处在叶的中部　圆形　阔椭圆形　长椭圆形　线形

最宽处在叶的顶端　倒阔圆形　倒卵形　倒披针形　剑形

图 4-24　叶片形状图解

1　2　3　4　5　6

7　8　9　10　11

12　13　14　15　16

图 4-25 叶形

1. 针形；2. 线形；3. 披针形；4. 椭圆形；5. 卵形；6. 心形；7. 肾形；8. 盾形；9. 菱形；10. 匙形；11. 楔形；12. 三角形；13. 斜形；14. 倒卵形；15. 倒心形；16. 倒披针形；17. 镰形；18. 提琴形；19. 扇形；20. 鳞形

**2. 叶端** 叶片的尖端称叶端。常见形状有：尾状、渐狭、芒尖、渐尖、急尖、短尖、圆形、钝形、截形、微凹、微缺、倒心形等（图 4-26）。

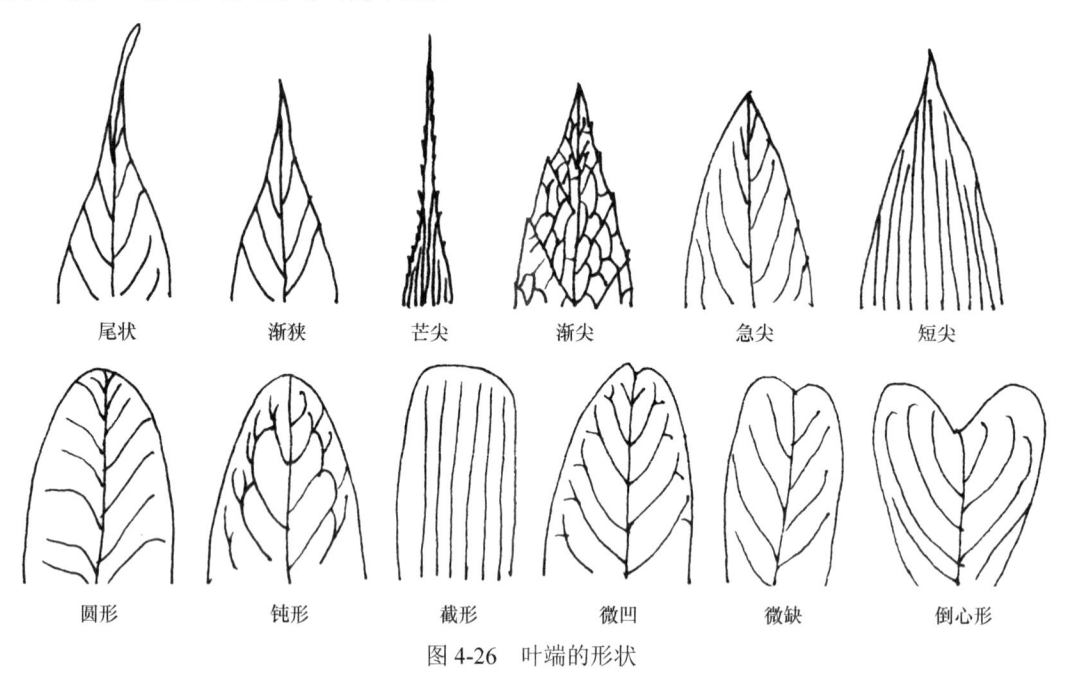

图 4-26 叶端的形状

**3. 叶基** 叶片的基部称为叶基。常见的叶基形状有：心形、耳形、箭形、戟形、盾形、截形、偏斜、渐狭、楔形、穿茎等（图 4-27）。

**4. 叶缘** 叶的边缘称为叶缘。常见的叶缘形状有：全缘、波状、锯齿状、重锯齿状、牙齿状、圆齿状等（图 4-28）。

**5. 叶脉及脉序** 是贯穿于叶肉内的维管束，有输导和支持作用。其中最粗大的叶脉称为主脉，分枝称为侧脉，侧脉再分支为细脉。叶脉在叶片中的分布及排列形式称为脉序（venation）。脉序主要有以下三种类型（图 4-29）。

（1）叉状脉序（dichotomous venation）：每条叶脉均呈多级二叉状分枝，是比较原始的脉序类型，常见于蕨类植物，裸子植物中的银杏也为叉状脉序。

（2）平行脉序（parallel venation）：各叶脉平行或近于平行，多数单子叶植物叶脉属于此种类型。按照侧脉形状或主脉分支位置，常分为直出平行脉（vertical parallel vein）、横出平行脉（horizontal parallel vein）、射出脉（radiate vein）、弧形脉（arcuate vein）四种类型。例如，淡竹叶、麦冬等属于直出平行脉；芭蕉、美人蕉等属于横出平行脉；棕榈、蒲葵等属于射出脉；黄精、玉竹属于弧形脉。

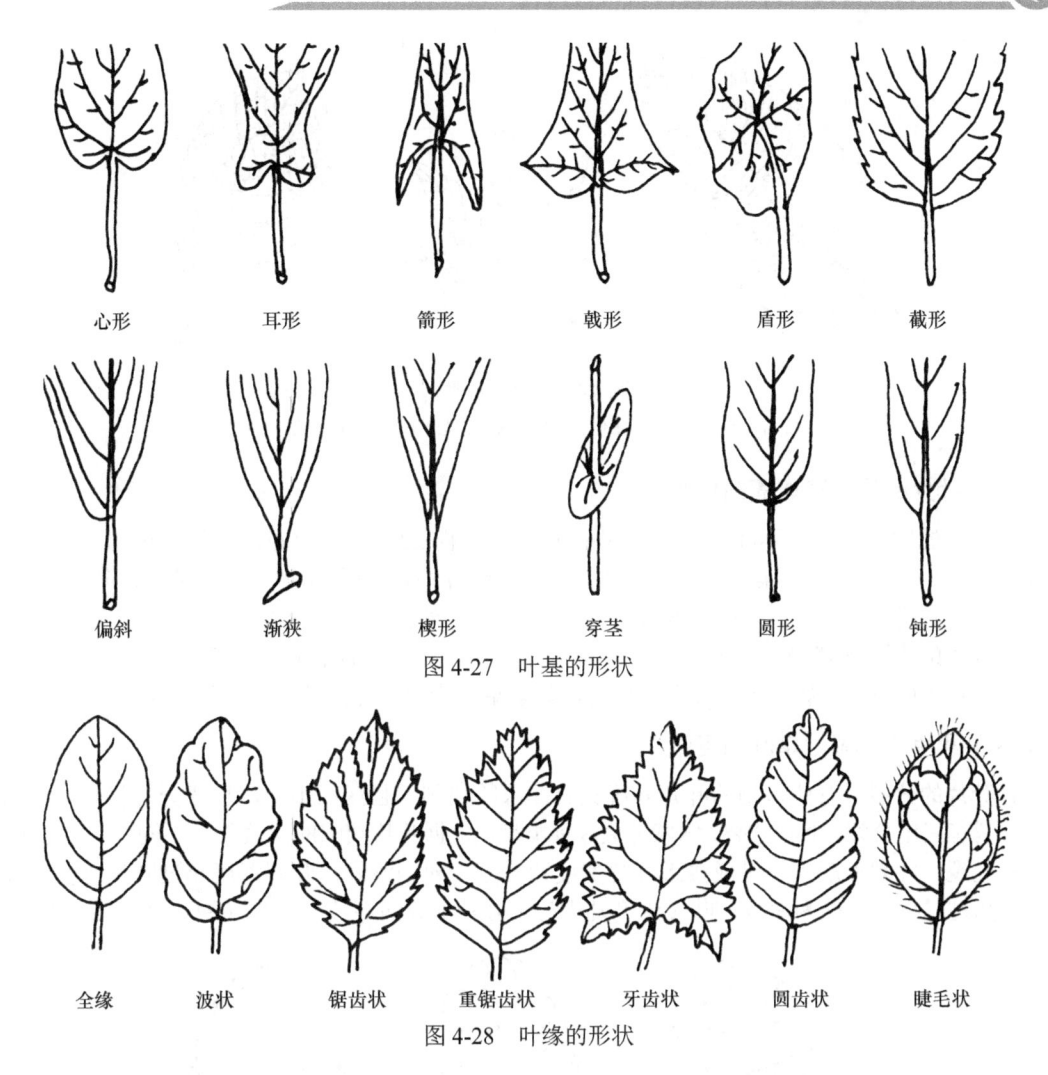

|  |  |  |  |  |  |
|---|---|---|---|---|---|
| 心形 | 耳形 | 箭形 | 戟形 | 盾形 | 截形 |
| 偏斜 | 渐狭 | 楔形 | 穿茎 | 圆形 | 钝形 |

图 4-27 叶基的形状

|  |  |  |  |  |  |  |
|---|---|---|---|---|---|---|
| 全缘 | 波状 | 锯齿状 | 重锯齿状 | 牙齿状 | 圆齿状 | 睫毛状 |

图 4-28 叶缘的形状

（3）网状脉序（netted venation）：主脉粗大，多级分支后，最小细脉彼此连接呈网状，是多数双子叶植物叶脉的特征。网状脉序又因主脉分出侧脉的不同而有两种形式。

1）羽状脉序（pinnate venation）：主脉 1 条，两侧分出许多羽状排列的侧脉，侧脉再分出细脉交织成网状，如枇杷、桂花等。

2）掌状脉序（palmate venation）：主脉数条，由叶基辐射状发出伸向叶缘，并由侧脉及细脉交织成网状，如南瓜、蓖麻等。

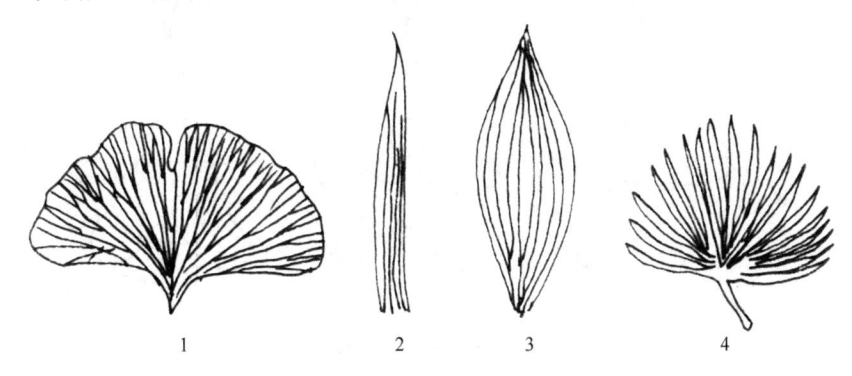

1　　　　　2　　　　　3　　　　　4

图 4-29　脉序的类型
1.叉状脉序；2.直出平行脉；3.弧形脉；4.射出脉；5.横出平行脉；6.掌状脉序；7.羽状脉序

## （三）叶片的质地和表面附属物

**1. 叶片的质地**　常分为叶片薄而透明的膜质（如半夏）；干薄而脆，不呈绿色的干膜质（如麻黄的鳞片叶）；叶片薄而柔韧的纸质（如紫苏）；叶片薄而柔软的草质（如薄荷、商陆）；叶片厚而坚韧，似皮革的革质（如枇杷、木樨）；叶片肥厚多汁的肉质（如芦荟、马齿苋）。

**2. 叶片的表面附属物**　叶表面常有附属物而表现出各种表面特征。常见的有：叶面光滑的，如女贞；叶面被粉的，如芸香；叶面粗糙的，如紫草、蜡梅；叶面被毛的，如薄荷、毛地黄等。

## （四）叶片的分裂、单叶和复叶

**1. 叶片的分裂**　有些植物的叶片叶缘具有凹入的缺刻，且深浅不一，形成分裂状态，常见叶片的分裂有三出分裂、羽状分裂、掌状分裂3种类型。依据叶片裂隙的深浅程度不同，又分为浅裂、深裂和全裂。叶裂深度不超过或接近叶片宽度四分之一的为浅裂；叶裂深度超过叶片宽度四分之一，不超过二分之一的为深裂；叶裂深度几乎达主脉基部或两侧的为全裂（图4-30、图4-31）。

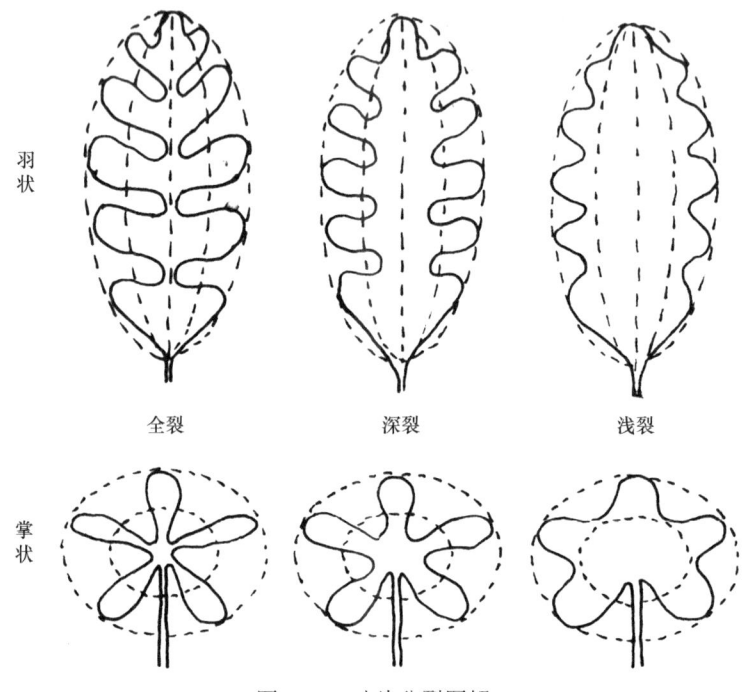

图 4-30　叶片分裂图解

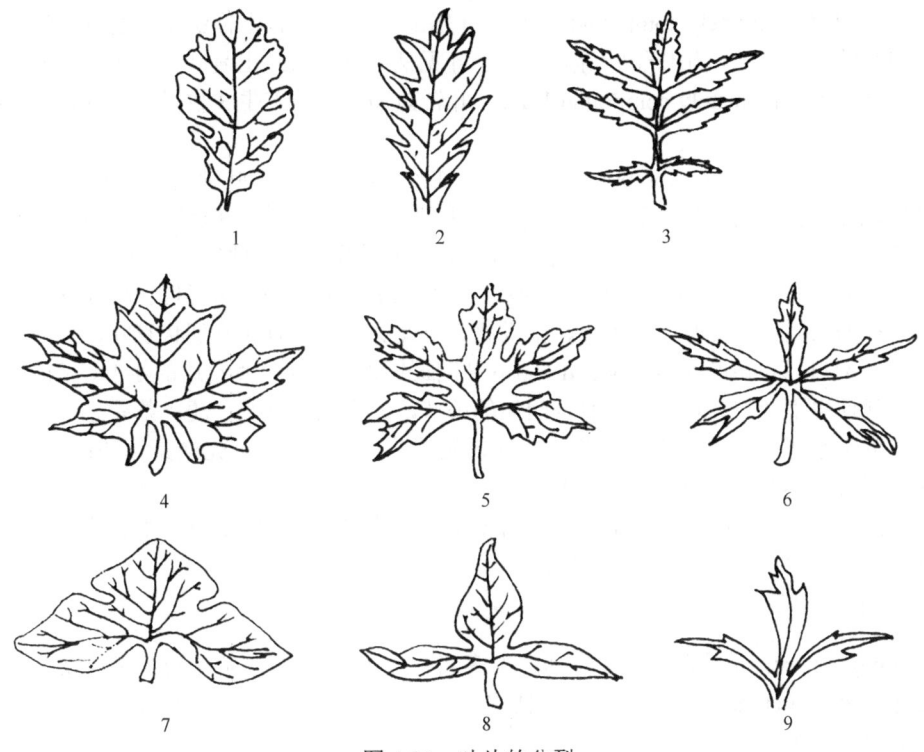

图 4-31　叶片的分裂

1. 羽状浅裂；2. 羽状深裂；3. 羽状全裂；4. 掌状浅裂；5. 掌状深裂；6. 掌状全裂；7. 三出浅裂；8. 三出深裂；9. 三出全裂

**2. 单叶**　一个叶柄上只着生一片叶片，称单叶（simple leaf），如厚朴、女贞等。

**3. 复叶**　一个叶柄上生有两个以上叶片的叶，称复叶（compound leaf）。复叶的叶柄称总叶柄（common petiole），总叶柄上着生叶片的轴状部分称叶轴（rachis），复叶上的每片叶子称小叶（leaflet），小叶的柄称小叶柄（petiolule）。根据小叶数目和在叶轴上排列方式的不同，复叶可分为以下四种类型（图 4-32）。

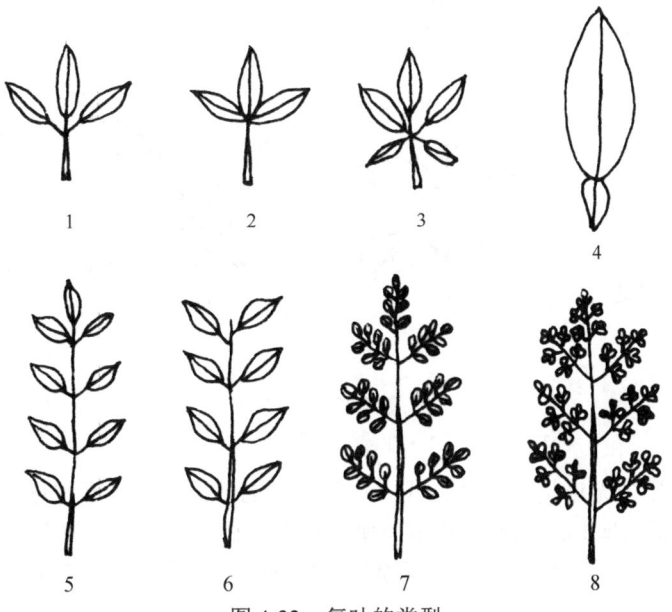

图 4-32　复叶的类型

1. 羽状三出复叶；2. 掌状三出复叶；3. 掌状复叶；4. 单身复叶；5. 奇数羽状复叶；6. 偶数羽状复叶；7. 二回羽状复叶；8. 三回羽状复叶

（1）三出复叶（ternately compound leaf）：叶轴上着生3枚小叶的复叶。顶生小叶具有柄的，称羽状三出复叶，如野葛、胡枝子叶等。顶生小叶无柄的称掌状三出复叶，如半夏、酢浆草等。

（2）掌状复叶（palmately compound leaf）：叶轴短缩，顶端着生3枚以上小叶，呈掌状排列，如五加、人参、三七等。

（3）羽状复叶（pinnately compound leaf）：叶轴较长，小叶片在叶轴两侧呈羽状排列。若羽状复叶的叶轴顶端只具一片小叶，称为单（奇）数羽状复叶，如苦参、槐等；羽状复叶的叶轴顶端具有两片小叶，称为双（偶）数羽状复叶，如决明、蚕豆等。若叶轴先作一次羽状分枝，每一分枝又为羽状复叶，称为二回羽状复叶，如合欢、云实等；若叶轴作两次羽状分枝，每一分枝又为羽状复叶，称为三回羽状复叶，如苦楝、南天竹等。以此类推，还有四回羽状复叶、五回羽状复叶。

（4）单身复叶（unifoliate compound leaf）：叶轴的顶端具有一片发达的小叶，两侧的小叶退化成翼状，其顶生小叶与叶轴连接处有一明显的关节，如柑橘、柠檬、葫芦茶等。

着生单叶的枝条和复叶区别为：第一，叶轴先端无顶芽，而小枝先端具顶芽；第二，小叶叶腋无腋芽，仅总叶柄基部有腋芽，而小枝上每一单叶叶腋均具腋芽；第三，复叶的小叶与叶轴常成一平面，而小枝上的单叶与小枝常成一定角度排列；第四，复叶脱落时整个脱落，或小叶先落，然后总叶柄脱落，而小枝不脱落，只有叶脱落。

### （五）叶序

叶序（phyllotaxy）是叶在茎枝上排列的次序或方式（图4-33）。常见的叶序有以下四种类型。

**1. 互生叶序**（alternate phyllotaxy） 茎枝的每一节上只生一片叶子，交互而生，在茎枝上螺旋状排列，如桑、桃等。

**2. 对生叶序**（opposite phyllotaxy） 茎枝的每一节上相对着生两片叶子，有的与相邻两叶呈十字形排列为交互对生，如忍冬、龙胆；有的对生叶排列于茎的两侧呈二列状对生，如女贞、醉鱼草等。

**3. 轮生叶序**（verticillate phyllotaxy） 茎枝的每一节上轮生三片或三片以上的叶子，如轮叶沙参、夹竹桃等。

**4. 簇生叶序**（fascicled phyllotaxy） 两片或两片以上的叶着生在节间极度缩短的短枝上，密集成簇，如银杏、落叶松等。有些植物的茎极为短缩，节间不明显，多枚叶从根上部极度缩短的茎生出而呈莲座状，称基生叶（basal leaf），如蒲公英、车前等。

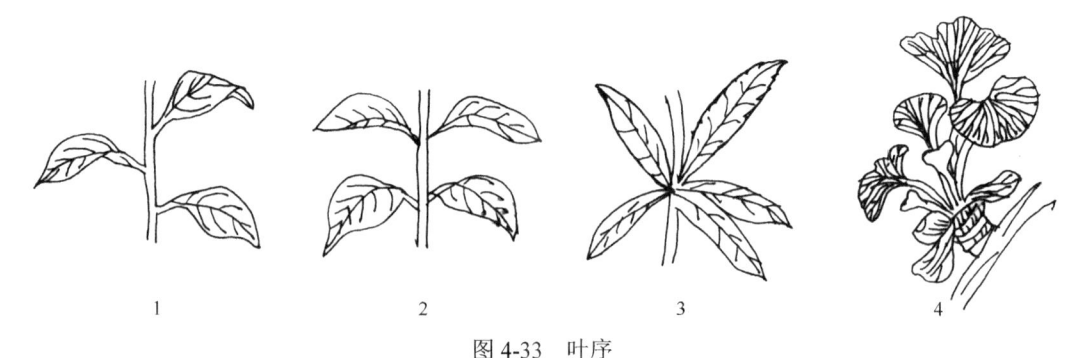

图4-33 叶序
1. 互生叶序；2. 对生叶序；3. 轮生叶序；4. 簇生叶序

叶在茎枝上的排列无论是哪一种方式，相邻两节的叶子往往互不重叠，彼此成相当的角度镶嵌着生，称叶镶嵌（leaf mosaic）。叶镶嵌使叶片不致相互遮盖，有利于充分接受阳光，另外，叶镶嵌也使茎的各侧受力均衡。叶镶嵌现象比较明显的有常春藤、牻牛儿苗、爬山虎、烟草等（图4-34）。

## 案例 4-5

宋代苏颂在《本草图经》中描述黄芪:"独茎,作丛生,枝秆去地二、三寸;其叶扶疏作羊齿状,又如蒺藜苗。"

**问题:**

这里的"叶扶疏作羊齿状"描述的是黄芪叶的类型,根据学到的知识,推断黄芪的叶属于哪种复叶类型?

图 4-34 叶镶嵌现象

### (六)异形叶性

通常每一种植物具有相对稳定的叶形,但也有一些植物在同一植株上具有不同形状的叶,这种现象称为异形叶性(heterophylly)。异形叶性有两种情况,一种是由于植株处于不同的发育阶段,所形成的叶形各异,如一年生人参具一枚三出复叶,二年生人参具一枚掌状复叶,三年生人参具两枚掌状复叶,四年生人参具三枚掌状复叶,五年生人参具四枚掌状复叶,最多可达六枚掌状复叶。蓝桉幼枝上的叶是对生无柄的椭圆形叶,而老枝上的叶则是互生有柄的镰形叶;还有一种异形叶性是受到外界环境的影响,引起叶形的变化,如慈姑在水中的叶是线形,而浮在水面的叶是肾形,露出水面的叶则呈箭形(图 4-35~图 4-37)。

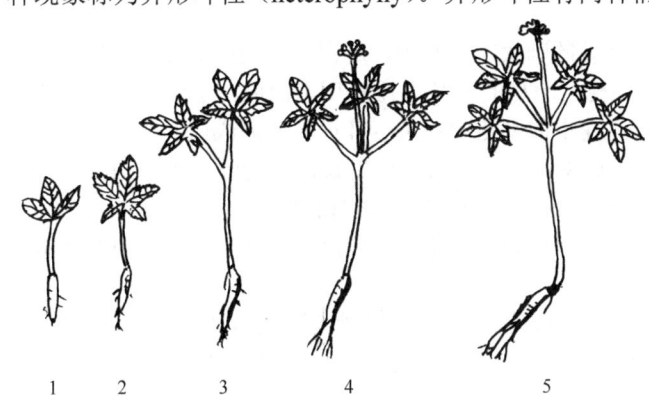

图 4-35 人参的异形叶
1.一年生;2.二年生;3.三年生;4.四年生;5.五年生

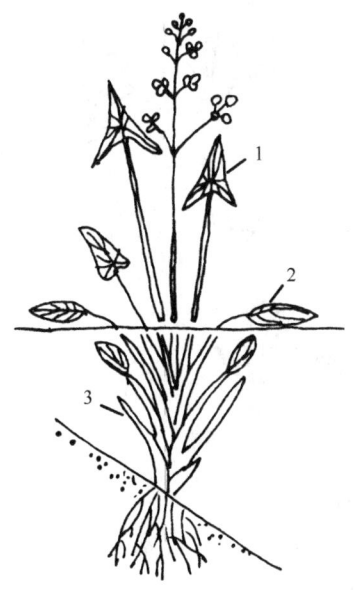

图 4-36 慈姑的异形叶
1.箭形叶;2.肾形叶;3.线形叶

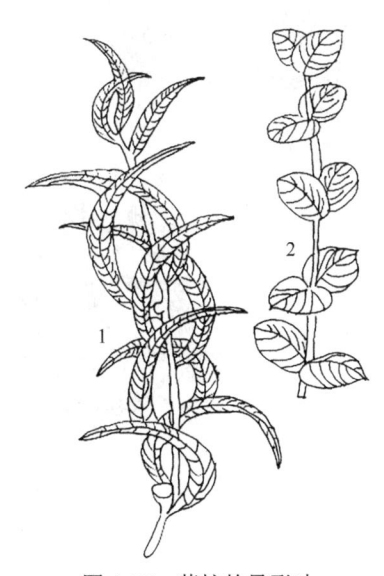

图 4-37 蓝桉的异形叶
1.镰形叶(老叶);2.椭圆形叶(幼叶)

### （七）叶的变态

叶受环境条件的影响以及生理功能的改变而有各种变态类型（图4-38）。常见的变态叶有以下几种。

**1. 苞片**（bract） 生于花或花序下面的一种变态叶，对花有保护作用，称苞片。其中生在花序外围或下面的苞片称总苞（involucre）；花序中每朵小花花柄上或花萼下的苞片称小苞片（bractlet）。苞片的形状、大小、质地、着生位置常变化较大。苞片一般较小，绿色，亦有形大而呈其他颜色的。例如，向日葵等菊科植物花序下的总苞是由多数绿色的总苞组成；鱼腥草花序下的总苞是由四片白色的花瓣状总苞组成；半夏、马蹄莲等天南星科植物的花序外面常有一片形大的总苞，称佛焰苞（spathe）。

**2. 鳞叶**（scale leaf） 叶特化或退化成鳞片状称鳞叶。鳞叶有肉质和膜质两类。肉质鳞叶肥厚，能贮藏营养物质，如百合、贝母、洋葱等鳞茎上的肥厚鳞叶；膜质鳞叶菲薄，常干脆而不呈绿色，如麻黄的叶，以及慈姑、荸荠球茎上的鳞叶等。木本植物的冬芽（鳞芽）外常有褐色膜质鳞叶，起保护作用。

**3. 叶刺**（leaf thorn） 叶片或托叶变成坚硬的刺状，称叶刺，起保护作用或适应干旱环境，如小檗、仙人掌类植物的刺是叶退化而成；刺槐、酸枣的刺是由托叶变态而成，小檗属的植物托叶常变态为三叉状的针刺，称为"三颗针"；红花上的刺是由叶尖、叶缘演变而成。

**4. 叶卷须**（leaf tendril） 叶全部或部分变成卷须，借以攀缘生长，称为叶卷须。例如，豌豆的卷须是由羽状复叶前端的小叶变态而来；菝葜的卷须是由托叶变态而来。

**5. 根状叶**（rhizomorphoid leaf） 某些水生植物如槐叶萍、金鱼藻等，其沉浸于水中的叶常细裂变态呈细须根状，有吸收养料、水分的作用。

**6. 捕虫叶**（insect-catching leaf） 叶片常变态成囊状、瓶状或盘状以利于捕食昆虫，称捕虫叶。捕虫叶上有许多能分泌消化液的腺毛或腺体，并有感应性，当昆虫触及时能立即自动闭合，将昆虫捕获，并分泌消化液将其消化，从中获得营养，如茅膏菜、猪笼草、捕蝇草等。

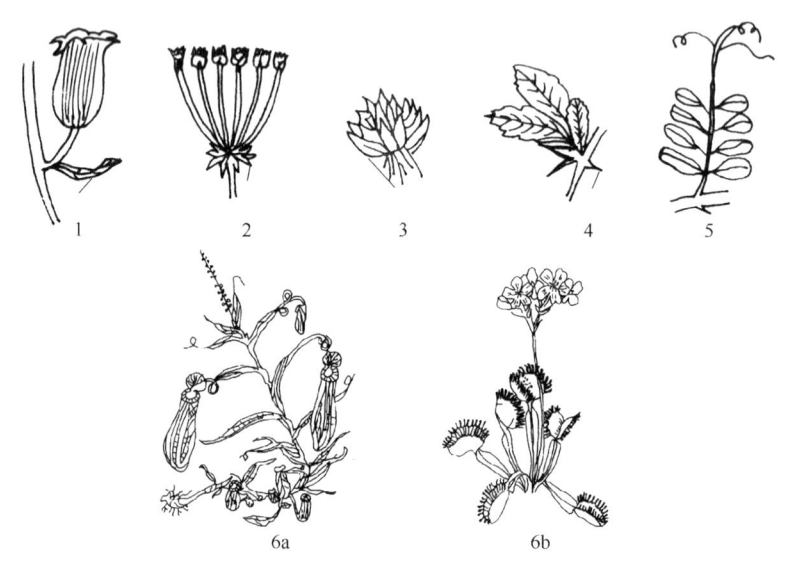

图 4-38 叶的变态
1.苞片；2.总苞；3.鳞叶；4.叶刺；5.叶卷须；6.捕虫叶（6a.猪笼草，6b.捕蝇草）

## 二、叶的结构

叶是由茎尖生长锥后方的叶原基（leaf primordium）发育而来，通过叶柄与茎相连，叶柄的结构与幼茎的结构相似，但叶片是一个较薄的扁平体，在构造上与茎亦有显著不同之处。

## （一）双子叶植物叶的结构

**1. 叶柄的结构**　叶柄横切面常呈半圆形或圆形等，腹面常平坦或凹下，背面凸出。叶柄的结构与幼茎的结构相似，由表皮、皮层和维管组织三部分组成。表皮位于最外层，之内为皮层（基本组织）。维管束常呈弧形、环形、平列形排列在薄壁组织中，木质部位于腹面，韧皮部位于背面（图4-39）。维管束外围常有厚壁组织或厚角组织包围。双子叶植物叶柄中的木质部与韧皮部之间常具短暂活动的形成层。

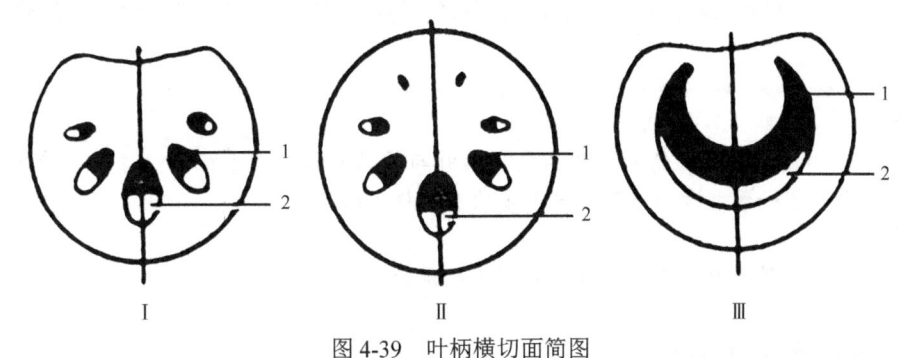

图4-39　叶柄横切面简图

维管束排列方式：Ⅰ.弧形；Ⅱ.环形；Ⅲ.平列形
1.木质部；2.韧皮部

**2. 叶片的结构**　叶片一般由表皮（epidermis）、叶肉（mesophyll）和叶脉（vein）三部分组成（图4-40）。

（1）表皮：覆盖着整个叶片，通常分为上表皮和下表皮。表皮通常由一层细胞组成，少数植物叶片的表皮是由多层细胞组成的，称为复表皮（multiple epidermis），如夹竹桃叶的复表皮为2~3层，印度橡胶树叶的复表皮为3~4层；表皮细胞表面观多呈不规则形，侧壁（垂周壁）多呈波浪状，细胞彼此紧密嵌合，无细胞间隙；横切面观呈长方形或方形，外壁较厚，并覆盖有角质层，有的还具有蜡被、毛茸等附属物。多数种类植物的上下表皮均有气孔分布，一般下表皮的气孔数量比上表皮多，有些植物的上表皮没有气孔分布。除气孔的保卫细胞外，表皮一般不具叶绿体。气孔的类型、数目及毛茸的形态与植物种类相关，具有鉴别意义。

（2）叶肉：分布在上下表皮之间，主要由含叶绿体的薄壁细胞组成，是绿色植物进行光合作用的主要场所。叶肉通常分为栅栏组织（palisade tissue）和海绵组织（spongy tissue）。

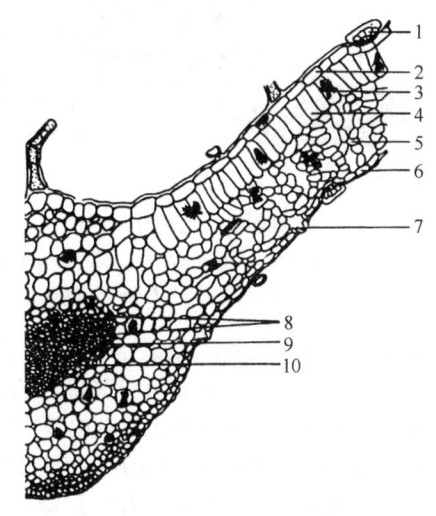

图4-40　薄荷叶横切面图

1.腺毛；2.上表皮；3.橙皮苷结晶；4.栅栏组织；
5.海绵组织；6.下表皮；7.气孔；8.木质部；
9.韧皮部；10.厚角组织

1）栅栏组织：通常位于上表皮之下，细胞为长圆柱形，其长轴垂直于表皮，排列整齐紧密，呈栅栏状，通常1层，也有2层或2层以上的，如冬青叶、枇杷叶等。细胞内含有叶绿体，光合作用效能强。

2）海绵组织：通常位于栅栏组织下方与下表皮之间的薄壁组织，细胞近圆形或不规则形状，有明显的细胞间隙，排列疏松如海绵状，所含叶绿体相对较少。

根据叶片上下两面在外部形态和内部结构的差异，可将叶分为异面叶（dorsiventral leaf；bifacial leaf）和等面叶（isobilateral leaf）。异面叶的外部形态与内部结构有较明显的区别，其栅栏组织一般分布于上表皮之下，海绵组织位于下表皮与栅栏组织之间，这种上下两面在外部形态和内部结构上都有明显区别的叶,称为异面叶。等面叶上下两面外部形态与内部结构基本相同,上下表皮内方均有栅栏组织或均无栅栏组织和海绵组织的分化。

(3) 叶脉:是叶片中的维管束,具有输导和支持叶片的作用。主脉和大的侧脉结构比较复杂,与茎内的维管束结构相似,包含有一至数个维管束,其维管束外由薄壁组织和厚壁组织组成的维管束鞘包围;木质部位于腹面,韧皮部位于背面,两者间常具有形成层,不过形成层活动有限,只产生少量的次生结构。中小型叶脉一般不具形成层,其维管束鞘为薄壁组织组成,并可以一直延伸到叶脉末端;叶脉末端木质部只有1~2个短的螺纹管胞,韧皮部只有短而窄的筛管分子和增大的伴胞。

**案例 4-6**

夹竹桃,为园林观赏植物和药用植物,其叶与枝的长轴几乎平行,叶片两面受光情况差异不大,色泽基本一致,叶的上下表皮下方均有栅栏组织。

**问题:**

夹竹桃的叶是等面叶还是异面叶?判断依据是什么?

### (二) 单子叶植物叶的结构

单子叶植物的叶无论在外部形态还是内部结构上,都有许多不同的类型,并且与双子叶植物有明显的区别。以禾本科植物的叶为例,其叶片同样是由表皮、叶肉和叶脉三部分组成,但各部分都有不同的特征(图4-41)。

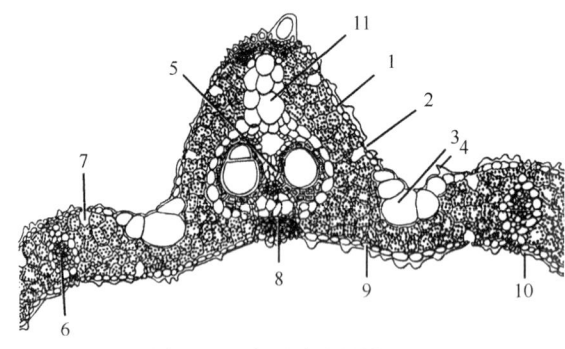

图4-41 水稻叶片的横切面
1. 上表皮;2. 气孔;3. 泡状细胞;4. 表皮毛;5~6. 维管束;7. 孔下室;8. 厚壁组织;9. 下表皮;10. 角质层;11. 薄壁细胞

**1. 表皮** 由一层细胞组成,形状比较规则,往往沿叶片的长轴平行排列。表皮通常由长细胞与短细胞组成,长细胞为长方形,其长径与叶的长轴方向一致。短细胞为正方形或稍扁,夹在长细胞之间,又分为硅质细胞和栓质细胞两种类型。长细胞和短细胞的形状、数量及分布情况因植物种类不同而异。表皮细胞外壁角质化,并含有硅质。表皮上常有乳头状突起、刺或毛茸,表面较粗糙。

在上表皮中还分布有一些特殊的大型薄壁细胞,称为泡状细胞(bulliform cell),这类细胞具有大型液泡,在横切面上排列略呈扇形,干旱时泡状细胞失水收缩,使叶子卷曲成筒,可减少水分蒸发,泡状细胞与叶片的卷曲和张开有关,因此也称运动细胞(motor cell)。

表皮上下两面均分布有气孔器,气孔器的保卫细胞呈哑铃形,每个保卫细胞的外侧具一个略呈三角形的副卫细胞。

**2. 叶肉** 禾本科植物的叶片多呈直立状态,叶片两面受光近似,叶肉组织由均一的薄壁细胞构成,没有栅栏组织和海绵组织的明显分化,属于等面叶类型。叶肉细胞排列紧密,细胞间隙小。

**3. 叶脉** 叶内的维管束一般平行排列,中脉明显粗大,与茎内的维管束结构相似。维管束为有限外韧型维管束,在维管束与上下表皮之间常有发达的厚壁组织,增加了机械支持力。维管束外围常有1~2层或多层薄壁组织或厚壁组织细胞,这一结构称维管束鞘。

## 第四节 花

花(flower)是种子植物特有的繁殖器官。通过开花、传粉、受精作用,产生果实和种子,繁衍后代。除了种子植物以外,其他植物不开花,所以种子植物又称有花植物或显花植物。被子植物的花高度进化，构造也较复杂，通常所述的花，即是指被子植物的花。

花由花芽发育而成，节间极度缩短，花枝是植物适应生殖的一种变态枝。花梗和花托是枝的一部分，萼片、花瓣、雄蕊、雌蕊均是变态叶。

虽然花的形态和结构随植物种类而异，但它的形态特征在植物进化过程中变异较小，较其他器官稳定，即使发生变化，也往往能从花的结构方面得到一些反映，因此掌握花的特征，对研究植物分类、鉴别植物及鉴定花类药材都有重要意义。

> **案例 4-7**
>
> 被子植物在花形态结构上的进化趋势：①花部各成员数目的减少、简化（退化）甚而消失。在较为进化的被子植物类群中，各轮花部的数目经常由多数（数目不定）减至少而有定数，有时花的某部会部分或整轮消失，从而使花缺少萼片、花瓣、雄蕊、雌蕊或形成这些缺失的多种组合。②彼此分离的花的各部渐趋聚集甚至融合。原始被子植物中普遍存在的各花部多数呈螺旋状排列的情况（如木兰科植物），在进化过程中最终演化成为各部轮状排列，原始类群的花托多为凸起甚或伸长呈柱状从而使各花部相对远离，在进化过程中许多花的花托缩短，从而使花的各部彼此靠近。花托的进一步进化趋势是趋向于向下凹陷，上位子房进化为下位子房。在某些进化路线上，一轮甚或多轮的同花部成员会彼此融合，有时会共同形成管状结构；在另一些有花植物中，不同的轮也会彼此融合。③辐射对称向两侧对称的演化。
>
> 就一朵花而言，各部分的演化趋势也不是一致的，这就使花的结构更为复杂而多样。如苹果的花萼、花冠离生，雄蕊多数，这些都是原始的性状，但凹陷的花托和下位子房，又提示了进化的影响。此外，在栽培植物中经常可以看到花的各部分相互转变的现象，如山茶，常常会看到花瓣与雄蕊之间的过渡类型，瓣化的雄蕊花丝呈扁平薄片状，先端残留花药。
>
> **问题：**
> 花的形态结构在进化过程中的变化对研究植物分类、鉴别植物有何启示？

花类中药材的种类很多，有的是已开放的花，如洋金花、木棉花；有的是花蕾，如辛夷、丁香、槐米；有的是花序，如菊花、旋覆花；有的只是花的某一部分，如莲须为雄蕊，玉米须为花柱，番红花是柱头，莲房则是花托；有的是花粉，如蒲黄、松花粉。

## 一、花的形态和类型

### （一）花的组成与形态

花一般由花梗、花托、花萼、花冠、雄蕊群、雌蕊群组成。其中雄蕊和雌蕊是最重要的两部分，具有生殖功能。花萼和花冠合称为花被，有保护和引诱昆虫传粉等作用。花梗和花托主要起支持作用（图 4-42）。

**1. 花梗（花柄）**（pedicel） 是茎与花的连接部分，常呈绿色，圆柱形，花梗的粗细、长短因植物种类而异，有的甚至无花梗。果实形成时，花柄成为果柄。

**2. 花托**（receptacle） 是花梗顶端膨大部分，为花萼、花冠、雄蕊群、雌蕊群着生的部位，常平坦或稍凸起呈圆弧状。花托随植物种类不同有很大差异，有的呈圆柱状，花被、雄蕊、雌蕊螺旋状排列在圆柱状花托周围，如木兰、五味子；

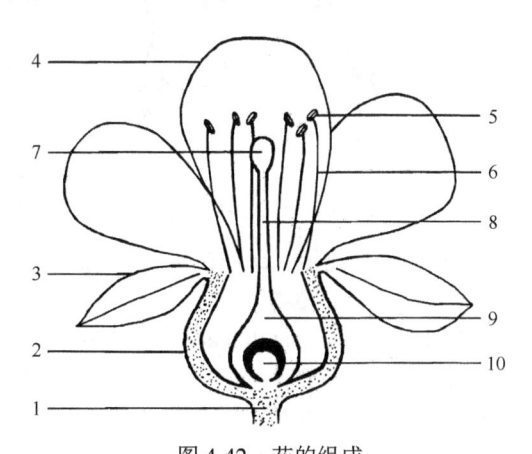

图 4-42 花的组成
1. 花梗；2. 花托；3. 花萼；4. 花冠；5. 花药；6. 花丝；7. 柱头；8. 花柱；9. 子房；10. 胚珠

有的呈圆锥状，如草莓；还有的呈倒圆锥形，如莲；也有的凹陷呈杯状，如金樱子、蔷薇；亦有些花托顶部肉质增厚，呈平坦状、杯状或裂瓣状，称花盘（floral disc），如枣、柑橘；还有的花托形成蜜腺。有的花托在雌蕊群基部向上延伸成一柱状体，称雌蕊柄，如黄连、花生。

**3. 花被**（perianth） 是花萼和花冠的总称，当花萼和花冠形态相似不易区分时，称为花被，如麦冬、黄精。

（1）花萼（calyx）：一朵花中所有萼片的总称。位于花的最外层，一般为绿色，叶片状。一朵花中彼此分离的萼片称离生萼，如毛茛、油菜；互相联合的萼片称合生萼，如曼陀罗、地黄，其联合部分称萼筒或萼管，分离部分称萼裂片或萼齿；有的萼筒一边向外凸起，形成一管状或囊状突起，称距，如凤仙花；在花开放之前就脱落的花萼，称早落萼，如白屈菜、虞美人；果实成熟后，花萼仍然存在，并且随果实一起增大，称宿存萼，如柿、辣椒；花萼下面还有一轮萼片称副萼，如棉花、草莓；萼片大而鲜艳呈花冠状，称瓣状萼，如乌头、铁线莲。此外，牛膝、青葙的花萼变成膜质半透明。菊科植物花萼可变态成毛状，称冠毛，如蒲公英。

（2）花冠（corolla）：是一朵花中所有花瓣（petal）的总称，位于花萼内侧。花瓣常具鲜艳美丽的颜色。花瓣彼此分离，称离瓣花冠。花瓣彼此联合，称合瓣花冠。有的花瓣全部联合，如牵牛花；有的花瓣下部联合，上部分离，联合部分称花冠筒，分离部分称花冠裂片；还有的花瓣基部延长成管状或囊状，称距，如紫花地丁、延胡索。

花冠的形态多种多样，不同类别植物花冠常常具有独特的形态特征。常见的有以下几种类型（图4-43）。

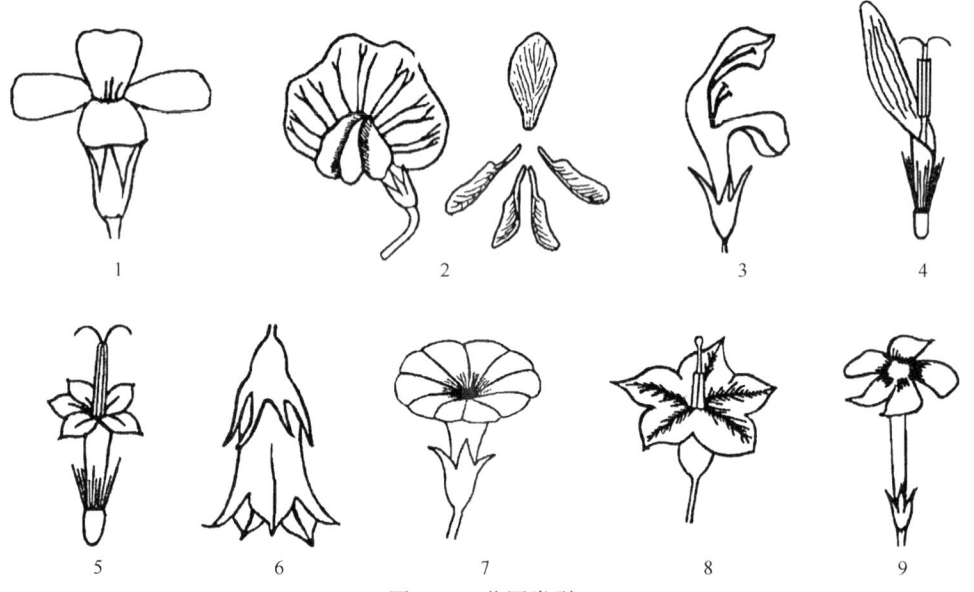

图4-43 花冠类型

1.十字形花冠；2.蝶形花冠；3.唇形花冠；4.舌状花冠；5.管状花冠；6.钟状花冠；7.漏斗状花冠；8.辐状花冠；9.高脚碟状花冠

1）十字形花冠（cruciferous corolla）：花瓣4枚，分离，上部向外伸展呈十字形，如菘蓝、葶苈子等十字花科植物。

2）蝶形花冠（papilionaceous corolla）：花瓣5枚，分离，排成蝶形，上面一枚最大，位于外方，称旗瓣，侧面两枚较小，称翼瓣，最下面两枚最小，先端稍有联合，并向上呈弯曲状，称龙骨瓣，如黄芪、甘草等豆科植物。

3）钟状花冠（campanulate corolla）：花冠下部宽而较短，上部裂片扩大形似古钟，如党参、桔梗等桔梗科植物。

4）辐状或轮状花冠（rotate corolla）：花冠筒短，裂片向四周扩展，形似车轮状，如龙葵、枸杞等茄科植物。

5）漏斗状（喇叭状）花冠（funnel-shaped corolla）：花冠筒较长，自基部向上逐渐扩大，上部外展呈漏斗状，如牵牛等旋花科植物。

6）管状花冠（tubular corolla）：花冠合生，花冠管细长，大部分呈管筒状，如红花、菊花等菊科植物。

7）唇形花冠（labiate corolla）：花冠下部筒状，上部二唇形，上唇由2枚裂片联合而成，下唇由3枚裂片联合而成（也有上唇3裂、下唇2裂的），如益母草、丹参等唇形科植物。

8）高脚碟状花冠（salverform corolla）：花冠下部细长管状，上部水平扩大呈碟状，整体像高脚碟，如水仙花、栀子等。

9）舌状花冠（ligulate corolla）：花冠基部呈一短筒，上部向一侧延伸成扁平舌状，如蒲公英、向日葵等菊科植物。

花冠的结构与叶相似，上下表面为表皮，中间为薄壁组织。花冠表皮细胞的垂周壁呈不同程度的波纹状弯曲，有些植物的花冠细胞常呈乳突状或绒毛状突起。薄壁细胞排列紧密或疏松，没有栅栏组织或海绵组织，有的可见分泌组织和贮藏物质，如丁香的花瓣中有油室；红花的花冠中有管状分泌组织；维管组织不发达，有时只有少数螺纹导管。

（3）花被排列方式：常见的花被排列方式有镊合状、旋转状、覆瓦状、重覆瓦状等（图4-44）。

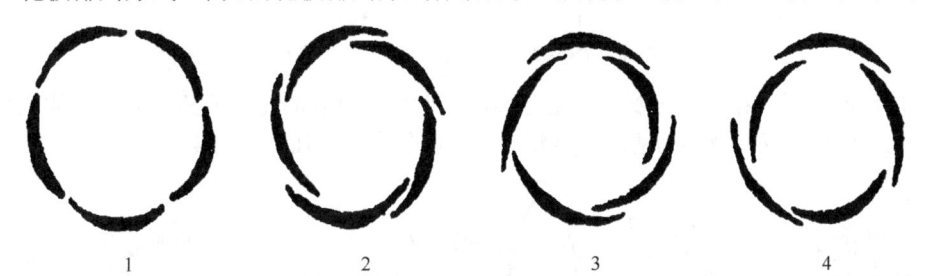

图4-44　花被排列方式
1. 镊合状；2. 旋转状；3. 覆瓦状；4. 重覆瓦状

1）镊合状（valvate）：花被各片的边缘互相接触而不覆盖，如桔梗的花冠。若各片的边缘微向内弯称内向镊合，如沙参；若各片的边缘微向外弯称外向镊合，如蜀葵。

2）旋转状（contorted）：花被各片边缘依次压覆成回旋状，如夹竹桃、黄栀子。

3）覆瓦状（imbricate）：花被片边缘彼此覆盖，但其中有1片完全在外面，1片完全在内面，如山茶、紫草。若在覆瓦状排列的花被中，2片全在内，2片全在外的，称重覆瓦状（quincuncial），如野蔷薇。

**4. 雄蕊群**（androecium）　是一朵花中所有雄蕊（stamen）的总称，位于花被内方。

（1）雄蕊的组成：典型的雄蕊由花丝和花药两部分组成，着生于花托或花冠筒上，各类植物雄蕊数目不同，多与花瓣同数或为其倍数，数目超过10枚称雄蕊多数，也有一朵花仅有1枚雄蕊的，如姜、白及。

1）花丝（filament）：位于雄蕊基部，细长柄状，大多着生在花托上或花被基部，上部着生花药。其形态因植物种类而异，如合欢的花丝很长，细辛的花丝短小。

2）花药（anther）：是花丝顶端膨大的囊状体，是雄蕊的主要组成部分。花药常由药室或花粉囊组成，药室分为2半，中间为药隔，常由四室组成，也有两室（如玉兰）或一室（如木槿）的。花粉囊中产生花粉，雄蕊成熟时，花粉囊裂开，散出花粉粒。花药开裂的方式各不相同，常见的有：①纵裂，即花粉囊沿纵轴开裂，花粉粒从缝中散出，如百合；②横裂，即花粉囊沿中部横向裂开，花粉粒从缝中散出，如木槿、蜀葵；③孔裂，即花粉囊顶端裂1小孔，花粉粒由小孔散出，如杜鹃；④瓣裂，花粉囊侧壁上裂成几个小瓣，花粉粒由瓣下的小孔散出，如淫羊藿。

花药着生在花丝上，常见的着生方式有下列几种类型：花药完全贴生在花丝上，称为全着药（adnate anther），如紫玉兰；花药基部着生在花丝顶端，称为基着药（basifixed anther），如樟、茄。花药背部着生于花丝上，称为背着药（dorsifixed anther），如杜鹃；花药背部中央一点着生于花丝上，与花丝呈丁字形，称为丁字着药（versatile anther），如百合、小麦等；花药顶部联合，着生于花丝上，下部分离，与花丝呈个字形，称为个字着药（divergent anther），如地黄、泡桐等；花药两个药室完全分离平展呈一条直线，与花丝垂直着生，称为广歧着药（divaricate anther），如薄荷、益母草等（图4-45）。

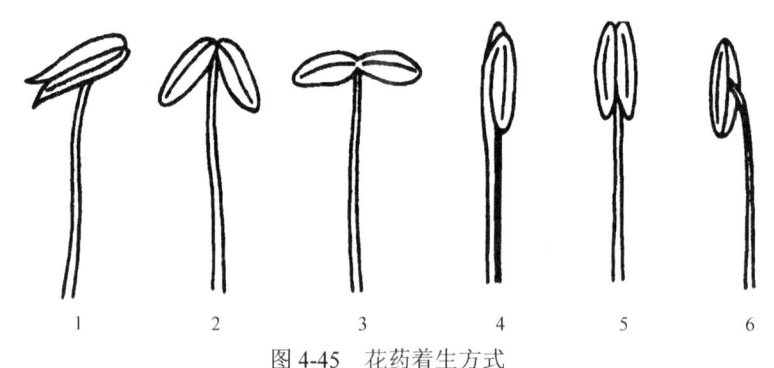

图4-45 花药着生方式

1.丁字着药；2.个字着药；3.广歧着药；4.全着药；5.基着药；6.背着药

（2）雄蕊的类型：花中各雄蕊一般是分离的，但也有雄蕊的花丝或药部分或全体联合。根据数目、长短、分离、联合及排列情况，雄蕊的类型可分为下列几种（图4-46）。

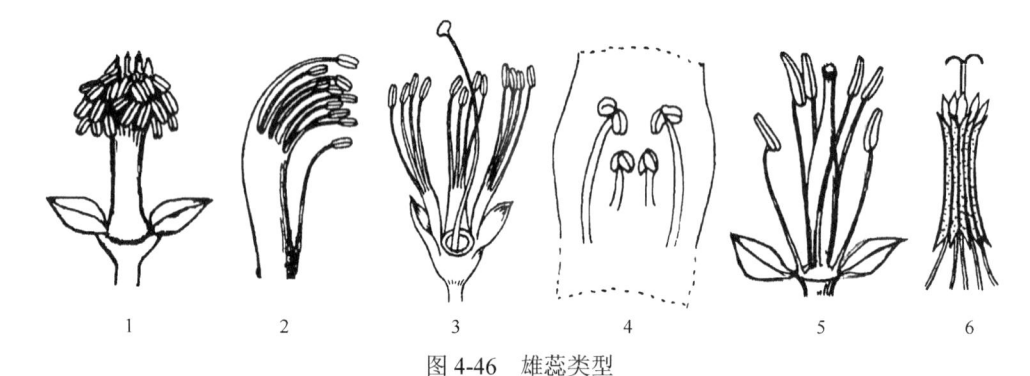

图4-46 雄蕊类型

1.单体雄蕊；2.二体雄蕊；3.多体雄蕊；4.二强雄蕊；5.四强雄蕊；6.聚药雄蕊

1）离生雄蕊（distinct stamen）：雄蕊彼此分离，长度大致相似，是大多数植物所具有的雄蕊类型。

2）二强雄蕊（didynamous stamen）：花中雄蕊4枚，其中2枚较长，2枚较短，如紫苏、地黄等。

3）四强雄蕊（tetradynamous stamen）：花中雄蕊6枚，外轮2枚较短，内轮4枚较长，为十字花科植物特征，如菘蓝、萝卜等。

4）单体雄蕊（monadelphous stamen）：所有雄蕊的花丝联合成1束，呈圆筒状，花药分离，如远志、木槿等。

5）二体雄蕊（diadelphous stamen）：雄蕊的花丝联合成2束，如蚕豆、甘草等许多豆科植物的雄蕊10枚，其中9枚联合，1枚分离，成2束；再如紫堇、延胡索等植物的雄蕊6枚，每3枚联合在一起，成2束。

6）多体雄蕊（polyadelphous stamen）：雄蕊多数，花丝分别联合成数束，如元宝草、酸橙等。

7）聚药雄蕊（synantherous stamen）：雄蕊的花药联合形成筒状，而花丝彼此分离，如红花、蒲公英等。

另外，有的雄蕊不具花药，称不育雄蕊、假雄蕊或退化雄蕊，如鸭跖草。还有的雄蕊发生变态，没有花药与花丝的区别，呈花瓣状，如姜、美人蕉等。

**5. 雌蕊群**（gynoecium） 一朵花中所有雌蕊（pistil）总称为雌蕊群，位于花中心部分。

（1）雌蕊的组成：雌蕊由子房（ovary）、花柱（style）、柱头（stigma）3部分组成。

1）子房：底部着生于花托上，是雌蕊膨大的部分，呈椭圆形、卵形或其他形状。子房外面是心皮围绕形成的子房壁，壁内的腔室称子房室。子房室的数目因植物种类而不同。子房壁的结构与叶片相似，横切面可见内、外两层表皮。内外表皮均由1列排列紧密的小型薄壁细胞组成，可见气孔和毛茸。两层表皮之间为多层薄壁细胞。

2）花柱：位于子房顶部，与柱头相连，粗细长短不一，随植物种类不同而异。例如，玉米的花柱细长丝状；莲的花柱很短；罂粟、木通几乎没有花柱；有的花柱生于纵向分裂的子房基部，称花柱基生，如黄芩、益母草；还有少数植物雄蕊与雌蕊花柱合生成一柱状体，称合蕊柱，如白及。花柱结构与子房壁相似。

3）柱头：位于花柱顶端，稍膨大，其形态变化较大，多圆盘状、羽毛状、星状、头状及分枝状。有的柱头有乳头状凸起，并能分泌黏液，有利于花粉的固着及萌发。

（2）雌蕊的类型：雌蕊由心皮构成，心皮（carpel）是为适应雌蕊生殖功能而变态的叶。心皮边缘部分内卷合生成囊状的雌蕊，将胚珠包在内面，这是被子植物的重要特征。当心皮卷合成雌蕊时，边缘的合缝线称腹缝线，胚珠常着生于腹缝线上，心皮的背部相当于叶片中脉部分称背缝线。根据组成的心皮数目和联合程度不同，雌蕊可分为下列几种类型（图4-47）。

图4-47 雌蕊的类型
1. 单雌蕊；2. 离生心皮雌蕊（三心皮）；3. 离生心皮雌蕊（多心皮）；4. 二心皮复雌蕊；5、6. 三心皮复雌蕊

1）单雌蕊（simple pistil）：是由1个心皮构成的雌蕊，一朵花中仅一个雌蕊，如杏、桃、黄芪等。

2）离生心皮雌蕊（apocarpous pistil）：指一朵花中多个单雌蕊，彼此分离，如八角茴香、五味子等。

3）复雌蕊（合生心皮雌蕊）（syncarpous pistil）：一朵花中，由两个或两个以上的心皮相互联合构成的雌蕊称复雌蕊，又称合生心皮雌蕊。例如，桑、连翘、向日葵（二心皮）；百合、南瓜（三心皮）；卫矛（四心皮）；马兜铃、柑（五心皮以上）。组成雌蕊的心皮数，可根据柱头或花柱的分裂数目、子房上主脉数目以及子房室数等来判断。

（3）子房着生的位置：子房着生于花托上，根据花托形状、子房与花托愈合程度、子房与花各部分相对位置不同，分为下列几种类型（图4-48）。

1）上位子房（superior ovary）：子房仅底部与花托相连，称上位子房。根据子房与花萼、花冠和雄蕊等花的其他部分的位置关系，可将具有上位子房的花分为下位花（hypogynous flower）和周位花（perigynous flower）两种类型。如果花托凸起或平坦，着生于花托上花的其他部分位置均低于子房，这种上位子房的花称为下位花，如油菜、百合等；如果花托下陷且不与子房愈合，花的其他部分着生于花托上端边缘，花的各部分所处位置均高于子房，这种上位子房的花称周位花，如桃、月季、杏等。

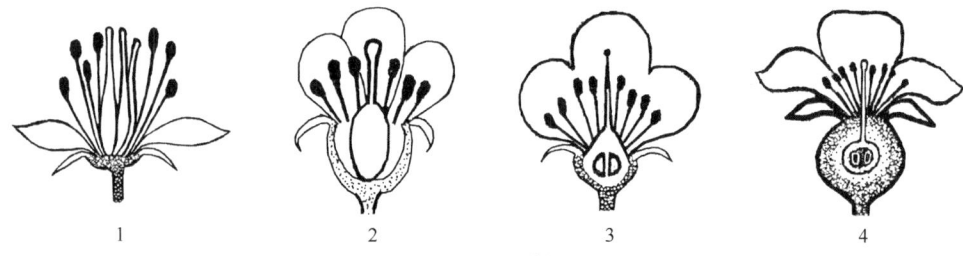

图 4-48　子房与花被相对位置

1. 上位子房（下位花）；2. 上位子房（周位花）；3. 半下位子房（周位花）；4. 下位子房（上位花）

2）下位子房（inferior ovary）：子房全部与凹陷的花托愈合，花的其他部分着生于子房的上方称下位子房。具有下位子房的花称为上位花（epigynous flower），如人参、当归等。

3）半下位子房（half-inferior ovary）：子房下半部与凹陷的花托愈合，花的其他部分着生于花托边缘称为半下位子房。具有半下位子房的花也称为周位花，如桔梗、党参等。

（4）子房室数：子房室数目由心皮数和结合状态决定。单雌蕊子房只有 1 室，称单子房。合生心皮雌蕊子房称复子房，有的是心皮边缘联合，形成的子房只有 1 室；但有的心皮内卷，在中心联合形成与心皮数相等的子房室，称复子房。也有的子房室被假隔膜完全或不完全隔开，如薄荷、曼陀罗。

（5）胎座（placenta）：胚珠在子房内的着生部位称为胎座。常见下列几种类型。

1）边缘胎座（marginal placenta）：单心皮雌蕊构成，子房 1 室，胚珠着生在腹缝线边缘，如白扁豆、甘草。

2）侧膜胎座（parietal placenta）：合生心皮雌蕊构成，子房 1 室，胚珠着生在相邻心皮的腹缝线上，如栝楼、紫花地丁。

3）中轴胎座（axile placenta）：合生心皮雌蕊构成，心皮边缘向内伸入将子房分隔成 2 至多室，并在中央汇集成中轴，胚珠着生其上，如百合、柑橘。

4）特立中央胎座（free-central placenta）：合生心皮雌蕊形成，初期多发育为中轴胎座，但子房室隔膜和中轴上部均消失，形成单室子房，胚珠着生于残留而独立的中轴上，如石竹、马齿苋。从来源上看，特立中央胎座是由中轴胎座衍生而来。

5）基生胎座（basal placenta）：1 至 3 心皮组成，子房 1 室，胚珠着生于子房室基部，如胡椒（1 心皮）、向日葵（2 心皮）、大黄（3 心皮）。

6）顶生胎座（apical placenta）：由 1 至 3 心皮组成，子房 1 室，胚珠着生于子房室顶部，如瑞香、桑（图 4-49）。

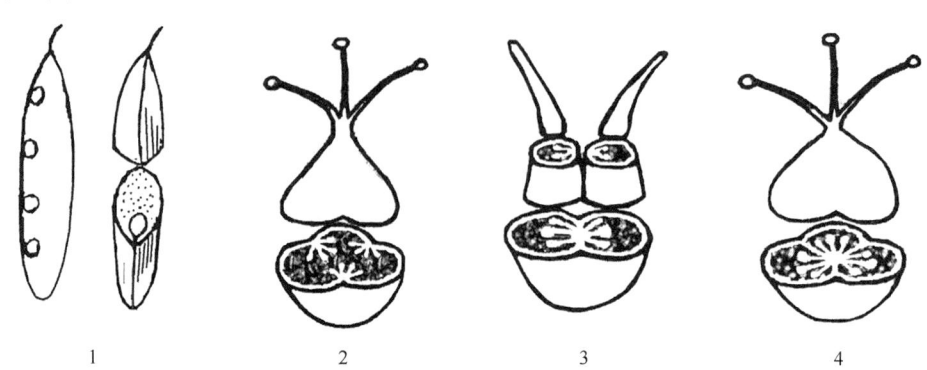

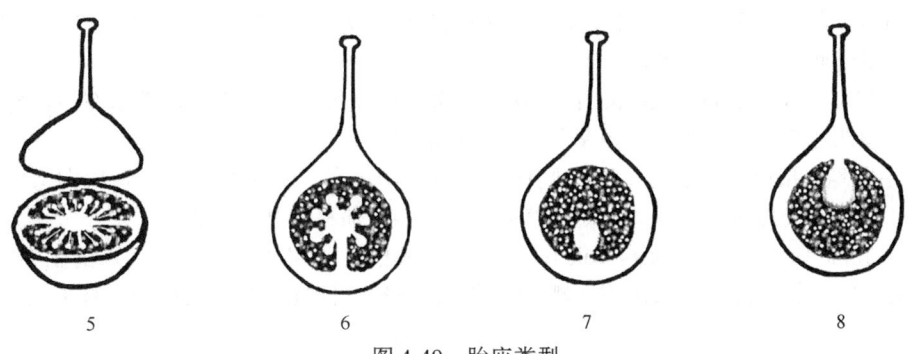

图 4-49 胎座类型

1.边缘胎座；2.侧膜胎座；3、4、5.中轴胎座；6.特立中央胎座；7.基生胎座；8.顶生胎座

（6）胚珠结构及其类型

1）胚珠的结构：胚珠（ovule）是种子的前身，着生在子房室内胎座上，其数目随植物种类不同而异。胚珠外观常为椭圆形或近球形，有珠柄（funicle）与胎座相连，维管束即从胎座通过珠柄进入胚珠。胚珠有珠被（integument）包裹，大多数被子植物有2层珠被，外层称外珠被，内层称内珠被。裸子植物仅具1层珠被，极少数植物不具珠被。珠被并不完全闭合，顶端有1小孔，称珠孔（micropyle），是花粉管进入珠心的通道。珠被以内称珠心（nucellus），由薄壁细胞组成，是胚珠的重要部分。珠心中央发育形成胚囊（embryo sac），成熟胚囊有8个细胞：近珠孔一端有3个细胞，中间较大的一个为卵细胞，两侧为2个助细胞，胚囊中央为2个极核细胞，与珠孔相反一端有3个反足细胞。珠被、珠心基部和珠柄汇合处称合点（chalaza），是维管束进入胚囊的通道（图4-50）。胚珠受精后发育成种子。

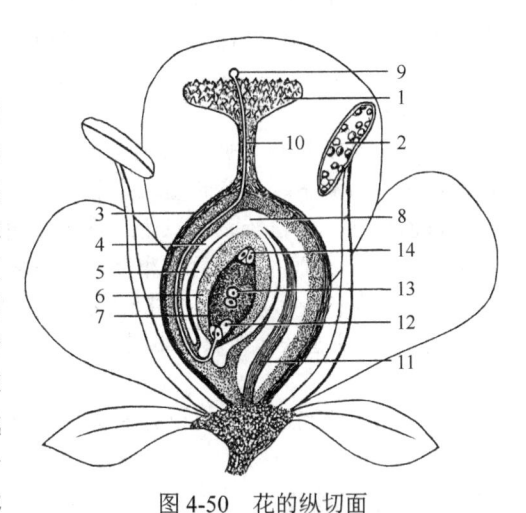

图 4-50 花的纵切面

1.柱头；2.雄蕊；3.子房壁；4.外珠被；5.内珠被；6.珠心；7.胚珠；8.合点；9.花粉粒；10.花粉管；11.珠柄；12.一个卵细胞和两个助细胞；13.两个极核细胞；14.三个反足细胞

成熟的花粉粒经传粉作用落在雌蕊柱头上，并被柱头分泌的黏液黏附在柱头上萌发，花粉内壁自萌发孔向外发出数条花粉管，并不断伸长，这一过程即为花粉粒的萌发。虽然花粉粒萌发出的花粉管很多，但只有一条花粉管能不断向下，穿过柱头并经花柱到达子房。同时，花粉粒中的两个细胞——营养细胞和生殖细胞进入花粉管，此时生殖细胞分裂成为两个精子。而花粉管继续伸长到达胚珠，并穿过珠孔或合点，进入胚囊。其中花粉管经过胚珠的珠孔（倒生胚珠或横生胚珠）进入胚囊，称为珠孔受精（porogamy），这种进入胚囊的方式最为普遍；而经过合点到达胚囊的称为合点受精（chalazogamy），这种方式较少见，如榆、胡桃等；还有的花粉管穿过珠被，由侧面弯折进入胚囊的，称为中部受精（mesogamy），这种方式极为少见，如南瓜。当花粉管进入胚囊后花粉管末端溶解，2个精子及花粉粒中内容物释放入胚囊，此时营养细胞大多已消失。2个精子进入胚囊后，其中一个精子与卵细胞结合成为合子，将来发育成种子的胚，另一个精子与两个极核细胞或一个次生极核结合发育成种子的胚乳。在受精过程中，助细胞和反足细胞均被破坏消失。

卵细胞和极核细胞同时与2个精子分别完成受精过程，称为双受精（double fertilization）。双受精现象是被子植物所特有的现象，它使后代融合了双亲的遗传特性，加强了后代个体的生活力和适应性，具有重要的意义，是植物有性生殖中最进化也是最高级的形式。

经过传粉和受精作用后，胚珠和子房分别发育成种子和果实。

2）胚珠的类型：胚珠在发生时，由于珠柄和其他部分生长速度不同，使珠孔、合点与珠柄的位置有所变化而形成下列类型。

A. 直生胚珠（orthotropous ovule）：胚珠各部分均匀生长，胚珠直立，珠柄在下，珠孔在上，珠柄、合点和珠孔在一条直线上，如蓼科、胡椒科植物。

B. 横生胚珠（hemitropous ovule）：胚珠一侧生长快，另一侧生长慢，胚珠横向弯曲，合点、珠心、珠孔成一直线与珠柄相垂直，如锦葵科、玄参科、茄科的某些植物。

C. 弯生胚珠（campylotropous ovule）：胚珠下半部的生长比较均匀，但胚珠的上半部一侧生长较快，另一侧生长较慢，生长快的一侧向慢的一侧弯曲，因此珠孔弯向珠柄，整个胚珠呈肾形，如十字花科、豆科中的某些植物。

D. 倒生胚珠（anatropous ovule）：胚珠一侧生长迅速，另一侧生长缓慢，使胚珠向生长慢的一侧弯转而使胚珠倒置，合点在上，珠孔靠近珠柄，珠柄很长并与珠被愈合，形成一条明显的纵行隆起称珠脊。倒生胚珠是大多数被子植物的胚珠类型。

### 案例 4-8

大王花属植物是世界上花朵最大的肉质寄生植物，以花朵巨大、气味恶臭著称，有"世界花王"的美誉。其花的直径一般在1m以上，最大者达1.4m，每朵花重6～8kg，花色橘红与白色杂陈。该植物无叶绿素，寄生于植物的根、茎或枝条上，叶退化成鳞片或无，花通常单生，辐射对称，单性，雌雄异株，花被合生。雄蕊多数至5枚，无花丝；雌蕊由数枚合生心皮所组成；子房下位、半下位或上位；胚珠极多数，生于侧膜胎座上，珠被1～2层；花柱1或无，柱头盘状、头状或多裂。

**问题：**

根据上述描述，请说出大王花属植物雌蕊类型。

## （二）花的类型

在长期进化过程中，花各部位发生不同程度变化，根据其组成情况，可分为以下不同类型。

**1. 完全花与不完全花** 花萼、花冠、雄蕊和雌蕊四部分俱全的花，称完全花（complete flower），如桔梗、桃等；缺少其中一部分或几部分的花，称不完全花（incomplete flower），如桑、南瓜等。

**2. 重被花、单被花、无被花和重瓣花** 一朵花中，同时具有花萼和花冠的，称重被花（double perianth flower），如栝楼、党参。

仅有花萼而无花冠，或花萼与花冠不易区分时，称单被花（simple perianth flower）。其花被可为1轮也可为多轮，但其颜色、形态常无区别，一般呈各种鲜艳的颜色，如玉兰为白色，白头翁为紫色。

没有花被的花称无被花（achlamydeous flower）或裸花，常具苞片，如杜仲、柳。花瓣数轮的，称重瓣花（double flower），如碧桃、牡丹（图4-51）。

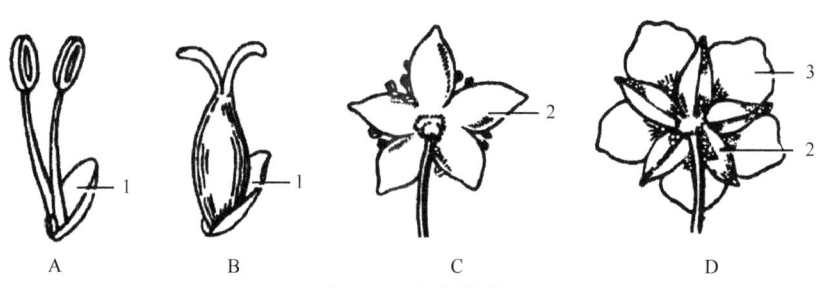

图 4-51 花的类型

A、B. 无被花（裸花）；C. 单被花；D. 重被花；
1. 苞片；2. 花萼；3. 花冠（花瓣）

**3. 两性花、单性花和无性花**　一朵花中既有雄蕊又有雌蕊称两性花（bisexual flower），如牡丹、桔梗等。

仅有雌蕊或雄蕊称单性花（unisexual flower），只有雄蕊称雄花，只有雌蕊称雌花。

同株植物既有雌花又有雄花，称单性同株或雌雄同株（monoecism），如南瓜、蓖麻等。雌花和雄花分别生于同种异株上，称单性异株或雌雄异株（dioecism），如银杏、桑等。

单性花和两性花生于同株植物上称杂性同株，如朴树。若两者分别生于异株上，称杂性异株，如臭椿、葡萄。

雄蕊和雌蕊均退化或发育不全称无性花（asexual flower），如八仙花花序周围的花、小麦小穗顶端的花。

**4. 辐射对称花、两侧对称花和不对称花**　花被片形状一致、大小相似，有 2 个以上对称面，称辐射对称花（actinomorphic flower）或整齐花，如桃、梨。

花被片形状、大小有较大差异，仅有 1 个对称面，称两侧对称花（zygomorphic flower）或不整齐花，如黄芩、扁豆。

无对称面的，称不对称花，如美人蕉。

**5. 风媒花、虫媒花、鸟媒花和水媒花**　根据传粉的媒介可以将花分为风媒花（anemophilous flower）、虫媒花（entomophilous flower）、鸟媒花（ornithophilous flower）和水媒花（hydrophilous flower）。其中，风媒花和虫媒花是最普遍的类型。以风作为传粉媒介的花称为风媒花，如杨、玉米、大麻、稻等，风媒花常很小，聚集成柔荑或穗状花序，无被或单被，柱头表面大且具黏性，花粉一般质轻、量大、干燥，表面光滑。以昆虫作为传粉媒介的花称为虫媒花，如丹参、益母草、桃、南瓜等，虫媒花一般为两性花，雌蕊和雄蕊不同时成熟，花被美丽鲜艳且具蜜腺，花粉量少而较大，花常特化出适应虫媒传粉的结构。另外，有少数植物借助小鸟传粉称鸟媒花，如某些凌霄属植物；而金鱼藻、黑藻等一些水生植物则借助水流传粉称水媒花。

> **案例 4-9**
>
> 丹参等唇形科鼠尾草属植物，花冠管先端分裂成二唇形，上唇合生成帽盔状，下唇 3 裂。上唇的下面自上而下分别为 1 个花柱和 2 枚雄蕊，其中雄蕊的药隔延长形成一个上臂顶端为两个发达的花粉囊，下臂末端为两个薄片的杠杆系统，且薄片位于花冠管喉部。开花初期，雌蕊的花柱较短，藏于帽盔状上唇下方，而雄蕊先于雌蕊成熟，当昆虫来吸食花冠管深处的花蜜时，必须推动薄片才能进入花冠管，由于杠杆原理，当薄片向内推动时，上部的长臂向下弯曲，使顶端的花药落到蜜蜂的背部，花粉也就散落在昆虫背上。吸食完花蜜的昆虫满载花粉飞去另一朵花吸食花蜜时，即可将花粉传播到其雌蕊柱头上，完成传粉过程。
>
> 问题：
> 虫媒花有哪些结构特征与昆虫传粉相适应？

# 二、花程式、花图式

## （一）花程式

花程式（flower formula）是用字母、数字、符号写成固定公式，以表示花的各部分组成、排列、位置及彼此间的关系。一般用花各部拉丁词的首字母大写表示花各部代号：P 表示花被，K 表示花萼（kelch，德文），C 表示花冠，A 表示雄蕊群，G 表示雌蕊群；字母右下角用数字表示花各部的数目，若超过 10 或数目不定用"∞"表示。若某部分相互联合，则在数字外加"（）"表示；若某部分由数轮组成，可在每轮数字之间用"+"号；上位子房用 G 表示，下位子房用 $\overline{G}$ 表示，子房半下位用 $\underline{G}$ 表示。G 的右下角有三个数字，分别表示心皮数、子房室数、每室胚珠数，数字间用"："相连；辐射对称花用"*"表示，两侧对称花用"↑"表示。雄花、雌花分别用"♂"

和"♀"表示,♀表示两性花,有时可略而不写。(♂,♀)表示雌雄同株,(♂/♀)表示雌雄异株。举例说明如下:

豌豆花:♀↑K$_{(5)}$C$_5$A$_{(9)+1}$G$_{1;1;\infty}$

表示两性花;两侧对称;萼片5枚,合生;花瓣5枚,分离;雄蕊10枚,9枚合生,1枚分离成二体雄蕊;上位子房,单心皮雌蕊,一室,每室胚珠数不定。

桑花:♂P$_4$A$_4$;♀P$_4$G$_{(2;1;1)}$

表示单性花;雄花:花被片4枚,分离,雄蕊4枚,分离;雌花:花被片4枚,上位子房,2心皮合生,1室,1个胚珠。

桔梗花:♀*K$_{(5)}$C$_{(5)}$A$_5$$\overline{G}$$_{(5;5;\infty)}$

表示两性花;辐射对称;萼片5枚,合生;花瓣5枚,合生;雄蕊5枚,分离;半下位子房,5枚心皮合生,5个子房室,每室胚珠多数。

百合花:♀*P$_{3+3}$A$_{3+3}$G$_{(3;3;\infty)}$

表示两性花;辐射对称;花被两轮,每轮3枚花被片,分离;雄蕊两轮,每轮3枚,分离;上位子房,3心皮合生,3个子房室,每室胚珠多数。

### (二)花图式

花图式(flower diagram)是以花的横切面为依据绘出来的图解式。它可以直观表明花各部的形状、数目、排列方式和相互位置等情况。

花图式的绘制规则:先在上方绘一小圆圈表示花序轴的位置,如为单生花或顶生花可不绘出。在轴的下面自外向内按苞片、花萼、花冠、雄蕊、雌蕊的顺序依次绘出各部分的图解。通常以外侧带棱的新月形符号表示苞片,由斜线带棱的新月形符号表示萼片或花被(当花萼、花瓣无分化时),空白的新月形符号表示花瓣,雄蕊和雌蕊分别用花药和子房的横切面轮廓表示。

花程式和花图式虽然均能较简明地反映花的形态、结构等特征,但亦有表述不清之处,如花程式不能表明各轮花部的相互关系及花被卷叠情况,花图式不能表明子房与花被的相互关系等。因此,两者结合使用才能较全面地反映花的特征。

## 三、花序的类型

花单生于茎枝顶端或叶腋,称单生花,如牡丹、玉兰等。但大多数花是按照一定顺序排列在花枝上的。花在花枝或花轴上有规律的排列方式和开放的次序,称为花序。花着生部位称总花梗或花序轴,有的花序轴还有分枝,花序上的花称小花,小花的柄称小花柄。无叶的总花梗,称花葶。

根据花在花轴上排列方式及开放次序不同,把花序分为两大类。

### (一)无限花序类

花序轴在开花期内可继续伸长,不断产生新花,开放顺序是沿花序轴基部向上依次开放,或者花序轴缩短,由边缘向中心开放,称无限花序(indefinite inflorescence)(图4-52)。根据花序轴有无分枝,又可分为两类,花序轴不分枝的为单花序,花序轴有分枝的为复花序。

**1. 单花序**(simple inflorescence)

(1)总状花序(raceme):花序轴细长,其上着生许多花柄近等长的小花,如油菜、芥菜、地黄等。

(2)穗状花序(spike):与总状花序类似,但小花柄极短或无花柄,如车前、知母等。

(3)葇荑花序(catkin):花序轴柔软下垂,上面着生许多无柄、无花被的单性小花,开放后整个花序脱落,如杨、柳等。

(4)肉穗花序(spadix):似穗状花序,但花序轴肉质肥大呈棒状,其上密生许多无柄的单性小花,整个花序外面常有一大型苞片,称佛焰苞,也称佛焰花序,是天南星科植物的主要特征,如半夏、天南星、马蹄莲等。

图 4-52 无限花序类

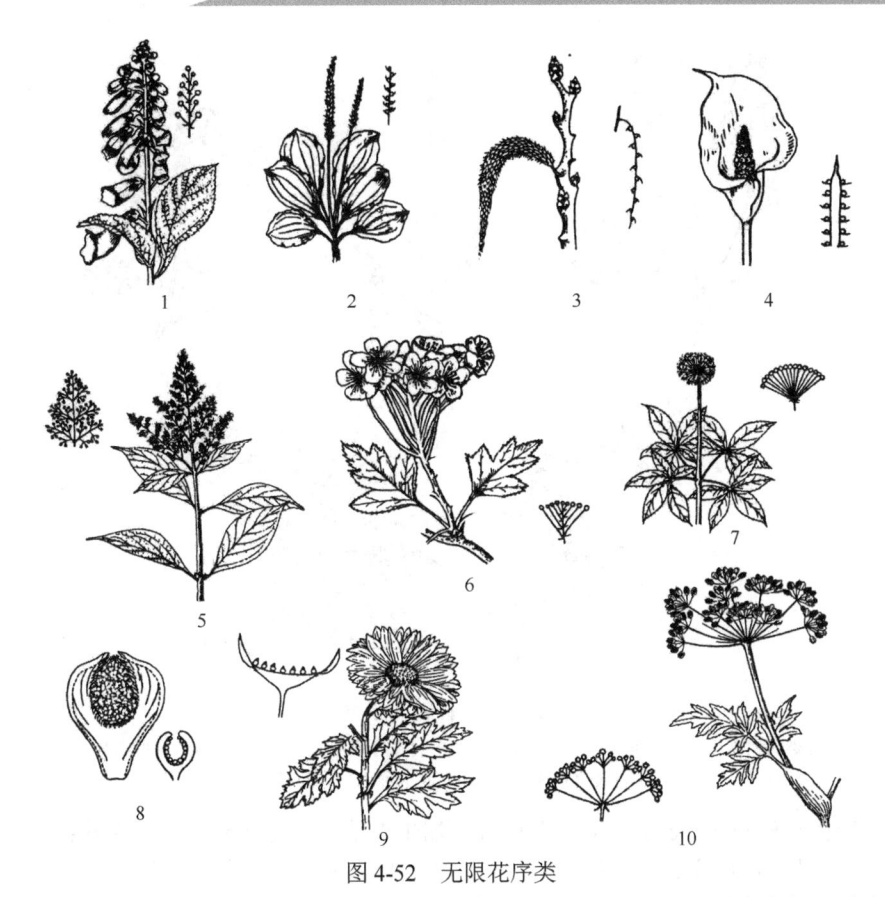

1. 总状花序（地黄）；2. 穗状花序（车前）；3. 葇荑花序（杨）；4. 肉穗花序（马蹄莲）；5. 复总状花序（女贞）；6. 伞房花序（山楂）；7. 伞形花序（人参）；8. 隐头花序（无花果）；9. 头状花序（菊花）；10. 复伞形花序（当归）

（5）伞房花序（corymb）：似总状花序，但小花梗不等长，下部的花柄较长，上部的逐渐缩短，整个花序的小花几乎排在一个平面上，如苹果、山楂。

（6）伞形花序（umbel）：花序轴缩短，在花轴顶端着生许多花柄近等长的小花，向四周放射排列，呈伞状，如五加、人参等。

（7）头状花序（capitulum）：花序轴极度缩短膨大呈盘状或头状花序托，上面密生许多无柄小花，下面由密集的苞片形成总苞，如菊花、向日葵等菊科植物。

（8）隐头花序（hypanthodium）：花序轴肉质膨大向下凹陷，成为一个中空的球状体，仅留一小孔与外面相通，内壁着生许多无柄单性小花，如无花果、榕树等桑科榕属植物。

**2. 复花序**（compound inflorescence）　常见的复花序有：①复总状花序或称圆锥花序（panicle），在花序轴上分生许多分枝，每小枝又形成总状花序，如女贞、南天竹；②复穗状花序（compound spike），花序轴有 1~2 次分枝，每小枝各成 1 穗状花序，如小麦、玉米、香附等；③复伞房花序（compound corymb），花序轴上的分枝呈伞房状排列，每 1 分枝各成 1 个伞房花序，如花楸属植物；④复伞形花序（compound umbel），花序轴顶端丛生若干长短相等的分枝，各分枝又为 1 个伞形花序，如柴胡、小茴香等伞形科植物；⑤复头状花序（compound capitulum），由许多小头状花序组成的头状花序，如蓝刺头。

### （二）有限花序类

有限花序（definite inflorescence）与无限花序相反，在花序轴上，顶花先开放，而后在顶花下面产生侧轴，再开出一朵花，各花开放顺序由内向外，或由上而下。根据花序轴分枝状况及花开放次序可分为下列几种类型（图 4-53）。

图 4-53 有限花序类

1.螺状聚伞花序（琉璃草）；2.蝎尾状聚伞花序（唐菖蒲）；3.二歧聚伞花序（大叶黄杨）；
4.多歧聚伞花序（泽漆）；5.轮伞花序（益母草）

**1. 单歧聚伞花序**（monochasium） 花序轴顶端生 1 朵花，先开放，而后在其花轴上产生 1 侧轴，顶端又生 1 朵花，这样连续分枝形成的花序称单歧聚伞花序。若花序轴的分枝均向同一侧呈螺旋状生长，称螺状聚伞花序（bostryx），如紫草、附地菜；如果花序轴的分枝呈左、右交互着生，则称蝎尾状聚伞花序（scorpioid cyme），如唐菖蒲、射干。

**2. 二歧聚伞花序**（dichasium） 花序轴顶花先开，在其下方生出 2 个等长的分枝，各分枝又以同样方式继续开花和分枝，称二歧聚伞花序，如卫矛、大叶黄杨等。

**3. 多歧聚伞花序**（pleiochasium） 花序轴顶花先开，顶花下同时产生数个侧轴，而侧轴多比主轴长，各侧轴又形成小的聚伞花序。有的多歧聚伞花序花序轴下面生有杯状总苞，则称杯状聚伞花序（又称为大戟花序）（cyathium），如京大戟、甘遂、泽漆等大戟科大戟属植物。

**4. 轮伞花序**（verticillaster） 聚伞花序生于对生叶的叶腋处，轮状排列，称轮伞花序，如丹参、薄荷等唇形科植物。

此外，有的植物的花序轴上同时生有两种花序，称为混合花序。例如，紫丁香、七叶树的花序轴为无限的，但形成的每一个侧枝均为有限的聚伞花序，这种花序特称为聚伞圆锥花序（thyrse）。另外，益母草的花序为轮伞花序集成的穗状花序，而紫苏的花序为轮伞花序集成的总状花序。

## 第五节 果实和种子

### 一、果实的组成和类型

果实（fruit）是被子植物特有的繁殖器官，是花受精后由雌蕊的子房或与花的其他部分共同发育形成的特殊结构。外具果皮，内含种子。果实有保护种子和散布种子的作用。

#### （一）果实的组成

花经过传粉受精后，花的各部分变化显著，除少数植物保留有宿存花萼外，花萼、花冠一般脱落，雄蕊及雌蕊的柱头、花柱先后枯萎，胚珠发育形成种子，子房逐渐膨大而发育成果实。这种单纯由子房发育而来的果实称真果（true fruit），如桃、杏、柑橘等。有些植物除子房外尚有花的其他部分，如花托、花萼及花序轴等参与果实的形成，这种果实称假果（false fruit），如山楂、罗汉果、无花果、凤梨等。

大多数植物果实的形成需经过传粉和受精作用，否则其雌蕊迟早会枯萎脱落，不形成果实。但有的植物只经过传粉而未经受精作用也能发育成果实，称单性结实，其所形成的果实因无籽而称无籽果实。由单性结实所形成的果实一般没有种子，或虽有种子但没有胚。单性结实有自发形成的称自发单性结实，如香蕉、柑橘、柿、瓜类及葡萄的某些品种等。还有的是通过某种诱导作用而引起的称诱导单性结实，如用马铃薯的花粉刺激番茄的柱头而形成无籽番茄，或用化学处理方法，如用生长素等涂抹或喷洒在雌蕊柱头上也能得到无籽果实。

果实由果皮和种子构成，果皮通常可分为三层，从外向内分别由外果皮（exocarp）、中果皮（mesocarp）和内果皮（endocarp）组成。

**1. 外果皮** 通常较薄而坚韧，一般由一层表皮细胞构成。外果皮上偶有气孔，并常具角质层、毛茸、蜡被、刺、瘤突、翅等，有的外果皮细胞含有色物质或色素，如花椒，有的含有油细胞，如北五味子。

**2. 中果皮** 占果皮的大部分，其结构变化较大。肉质果实多肥厚，里面含有大量薄壁组织细胞；干果多为干燥膜质。中果皮具有多数细小维管束，有的含有石细胞、纤维，如连翘、马兜铃等，有的含有油细胞、油室及油管等，如胡椒、花椒、小茴香等。

**3. 内果皮** 为果皮的最内层，一般由1层薄壁细胞组成；或由多层石细胞组成，如桃、杏等；少数植物的内果皮能生出充满汁液的肉质囊状毛，如橘等。

### （二）果实的类型

果实的特征多种多样，不同植物具有不同的果实类型。一般根据其来源、结构和果皮性质的不同，果实可分为单果、聚合果和聚花果三大类。

**1. 单果** 一朵花中只有一个雌蕊（单雌蕊或复雌蕊），形成一个果实的称为单果（simple fruit），根据果皮质地不同，单果又分为肉质果和干果两类。

（1）肉质果（fleshy fruit）：成熟时果皮肉质多汁，不开裂。

1）浆果（berry）：由单心皮或合生心皮雌蕊发育而成，外果皮薄，中果皮和内果皮不易区分，肉质多汁，内含一至多粒种子，如枸杞、忍冬等。

2）核果（drupe）：多由单心皮雌蕊发育而成，外果皮薄，中果皮肉质肥厚，内果皮由木质化的石细胞形成坚硬的果核，内含一粒种子，如桃、梅、杏、诃子、酸枣等。

3）梨果（pome）：由2～5个心皮合生的下位子房连同花托和萼筒发育而成的一类肉质假果，其肉质可食部分主要来自花托和萼筒，外果皮和中果皮肉质，边界不清，内果皮坚韧，革质或木质，常分隔成2～5室，每室含2粒种子，如山楂、枇杷等。

4）柑果（hesperidium）：由合生复雌蕊的上位子房发育而成，外果皮较厚，革质，内含油室；中果皮疏松呈海绵状，具多分枝的维管束（橘络），与外果皮结合，边界不清；内果皮膜质，分隔成多室，内壁生有许多肉质多汁的囊状毛。柑果为芸香科柑橘类植物所特有，如酸橙、甜橙、橘等。

5）瓠果（pepo）：由3心皮合生具侧膜胎座的下位子房连同花托发育而成的假果。外果皮坚韧，中果皮、内果皮及胎座肉质，为葫芦科植物所特有，如罗汉果、栝楼等（图4-54）。

（2）干果（dry fruit）：果实成熟时果皮干燥。根据果皮开裂与否分为裂果和不裂果两类（图4-55）。

1）裂果（dehiscent fruit）：果实成熟后自行开裂，根据心皮组成及开裂方式不同又分为以下几类。

A. 蓇葖果（follicle）：由单心皮或离生心皮单雌蕊发育而成的果实，成熟后沿腹缝线或背缝线一侧开裂，如淫羊藿、杠柳、玉兰等。

图 4-54 肉质果

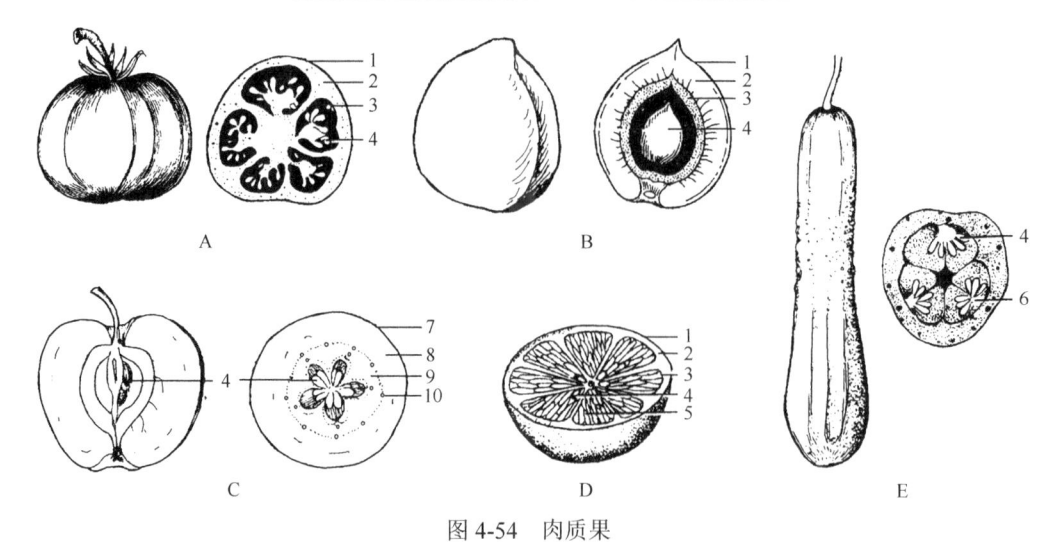

A. 浆果；B. 核果；C. 梨果；D. 柑果；E. 瓠果

1. 外果皮；2. 中果皮；3. 内果皮；4. 种子；5. 毛囊；6. 胎座；7. 表皮层；8. 花筒部分；9. 果皮；10. 维管束

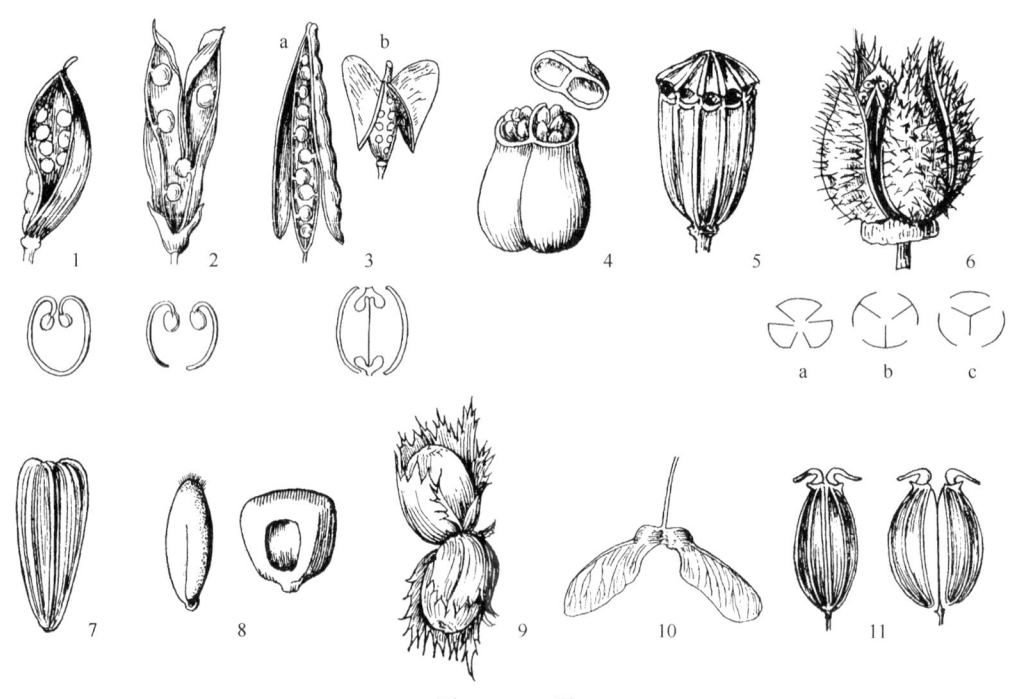

图 4-55 干果

1. 蓇葖果；2. 荚果；3. 角果（a. 长角果、b. 短角果）；4. 蒴果（盖裂）；5. 蒴果（孔裂）；6. 蒴果（纵裂：a. 室间开裂、b. 室背开裂、c. 室轴开裂）；7. 瘦果；8. 颖果；9. 坚果；10. 翅果；11. 双悬果

　　B. 荚果（legume）：由单心皮发育形成，成熟时沿腹缝线和背缝线同时裂开成两片，为豆科植物所特有，如甘草、决明、赤小豆等。少数荚果成熟时不开裂，如紫荆、皂荚、花生等；槐的荚果肉质呈念珠状，亦不开裂；含羞草、山蚂蟥的荚果呈节节断裂，但每节不开裂，内含 1 种子。

　　C. 角果：由二心皮合生具侧膜胎座的上位子房发育而成的果实，由二心皮边缘合生处生出的假隔膜将子房隔成 2 室，种子着生在假隔膜两侧，成熟时沿背、腹缝线自下而上开裂成两片，假隔膜仍留在果梗上。角果为十字花科的特征。常分为长角果（silique）和短角果（silicle），长角果细长，如油菜、萝卜、白菜等，短角果宽短，如荠菜、菘蓝、独行菜等。

D. 蒴果（capsule）：由合生心皮的复雌蕊发育而成，子房1至多室，每室含多粒种子，是裂果中最普遍的一类果实。蒴果成熟时开裂方式较多，常见的有：①瓣裂（纵裂），果实开裂时沿纵轴方向裂成数个果瓣。其中，沿腹缝线开裂的称室间开裂，如马兜铃、蓖麻；沿背缝线开裂的称室背开裂，如百合、射干；沿背、腹两缝线开裂，但子房间壁仍与中轴相连的称室轴开裂，如曼陀罗、牵牛。②孔裂，果实顶端呈小孔状开裂，如罂粟、桔梗等。③盖裂，果实中上部环状横裂呈盖状脱落，如马齿苋、车前等。④齿裂，果实顶端呈齿状开裂，如石竹、王不留行等。

2) 不裂果（闭果）（indehiscent fruit）：果实成熟后，果皮不开裂或分离成几部分，种子仍包被在果实中。常见的不裂果有以下几种。

A. 瘦果（achene）：果皮较薄而坚韧，内含1粒种子，成熟时果皮与种皮易分离，为闭果中最普通的一种，如蒲公英、红花、牛蒡等。

B. 颖果（caryopsis）：果实内含1粒种子，果皮薄，与种皮愈合，不易分离，如稻、大麦、薏苡、玉蜀黍等，为禾本科植物所特有的果实。农业生产上常把颖果称为种子。

C. 坚果（nut）：果皮坚硬，内含1粒种子，果皮与种皮分离，如板栗、榛等壳斗科植物的果实，这类果实常有总苞（壳斗）包围。也有的坚果很小，无壳斗包围，称小坚果（nutlet），如益母草、紫草、薄荷等。

D. 翅果（samara）：果实内含1粒种子，果皮一端或周边向外延伸呈翅状，如杜仲、白蜡树、榆等。

E. 胞果（utricle）：果皮薄而膨胀，疏松地包围种子，而与种子极易分离，如青葙、地肤子、苋菜等。

F. 双悬果（cremocarp）：由二心皮复雌蕊发育而成，形成两室，成熟时分离成2个分果瓣，悬挂于中央果柄的上端，为伞形科植物的主要特征之一，如当归、白芷、茴香、蛇床等伞形科植物的果实。

**2. 聚合果**（aggregate fruit） 由一朵花中的许多离生单雌蕊聚集生长在花托上，并与花托共同发育成的果实。每一离生雌蕊各为一单果（小果），根据小果的种类不同，又可分为聚合蓇葖果（乌头、厚朴、八角茴香、芍药）、聚合瘦果（白头翁、毛茛）、聚合核果（悬钩子）、聚合浆果（北五味子、南五味子）、聚合坚果（莲）等（图4-56）。

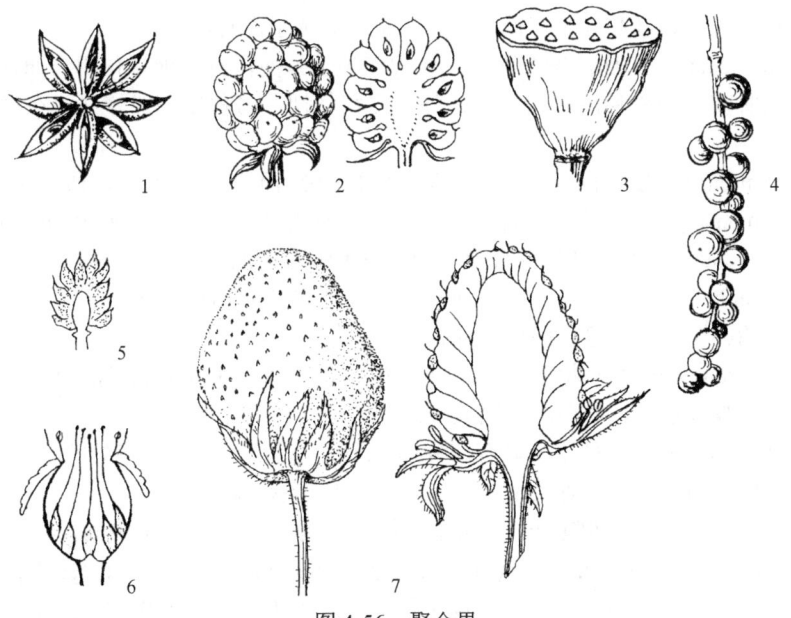

图4-56 聚合果

1. 聚合蓇葖果；2. 聚合核果；3. 聚合坚果；4. 聚合浆果；5～7. 聚合瘦果

**3. 聚花果**（collective fruit） 又称复果（multiple fruit），是由整个花序发育而成的果实。凤梨（菠萝）是由多数不孕的花着生在肥大肉质的花序轴上所形成的果实；无花果、薜荔由隐头花序形成，其花序轴肉质化并内陷成囊状，囊的内壁上着生许多小瘦果（图4-57）。

图 4-57 聚花果

1.凤梨；2.桑果（桑葚）；3.桑果的一个小果实（带花被）；4.无花果

## 二、种子的组成和类型

种子（seed）是所有种子植物特有的器官，是花经过传粉、受精后，由胚珠发育形成的，具有繁殖作用。

### （一）种子的组成

种子的形状、大小、色泽、表面纹理等随着植物种类不同而异。种子的形状多样，有球形、类圆形、椭圆形、肾形、卵形、圆锥形、多角形等。大小差异悬殊，大的如椰子、银杏、槟榔等；小的如葶苈子、菟丝子、王不留行等；极小的如天麻、白及等呈粉末状。种子的表面通常平滑且具光泽，颜色各样，如绿豆、红豆、白扁豆、薏苡、相思子等，但也有的表面粗糙，具皱褶、刺突或毛茸（种缨）等，如天南星、车前、太子参、萝藦等。

种子的结构由种皮、胚和胚乳三部分组成，也有的种子没有胚乳。

**1. 种皮**（seed coat） 由珠被发育而来，包被在种子外面，具有保护作用。通常只有1层，也有的种子有2层种皮，即外种皮和内种皮，外种皮较坚韧，内种皮一般较薄。在种皮上常见以下构造。

（1）种脐（hilum）：为种子成熟后从种柄或胎座上脱落而留下的疤痕，通常为圆形或椭圆形。

（2）种孔（micropyle）：来源于珠孔，为种子萌发时吸收水分和胚根伸出的部位。

（3）合点（chalaza）：原来胚珠的合点，为种皮上维管束的汇合点。

（4）种脊（raphe）：来源于珠脊，是种脐到合点之间的隆起线。倒生胚珠的种脊较长，横生胚珠和弯生胚珠的种脊较短，直生胚珠无种脊。

（5）种阜（caruncle）：有些植物的种皮在珠孔处有一个由珠被扩展成的海绵状突起物，在种子萌发时可以帮助吸收水分，如蓖麻、巴豆等。

此外，有些植物的种子在种皮外尚有假种皮（aril），是由珠柄或胎座处的组织延伸而形成的，假种皮有的为肉质，如卫矛等，有的呈菲薄的膜质，如豆蔻、砂仁等。

**2. 胚**（embryo） 是由卵细胞和一个精子受精后发育而成，是种子中尚没有发育的幼小植物体。由胚根（radicle）、胚轴（embryonal axis）、胚芽（plumule）和子叶（cotyledon）四部分组成。胚根正对着种孔，将来发育成主根；胚轴向上伸长，成为根与茎的连接部分；子叶为胚吸收养料或贮藏养料的器官，占胚的较大部分，在种子萌发后可变绿进行光合作用，但通常在真叶长出后枯萎，单子叶植物具一枚子叶，双子叶植物具两枚子叶，裸子植物具多枚子叶；胚芽为茎顶端未发育的地上枝，在种子萌发后发育成植物的主茎和叶。

**3. 胚乳**（endosperm） 是极核细胞和一个精子受精后发育来的，位于胚的周围，呈白色。胚乳细胞一般是等径的大型薄壁细胞，含淀粉、蛋白质或脂肪等营养物质，供胚发育时所需要的养料。

大多数植物的种子，当胚发育或胚乳形成时，胚囊外面的珠心细胞被胚乳吸收而消失，但也有少数植物种子的珠心，在种子发育过程中未被完全吸收而形成营养组织包围在胚乳和胚的外部，称外胚乳（perisperm），如肉豆蔻、槟榔、姜、胡椒、石竹等。

## （二）种子的类型

根据种子中胚乳的有无，一般将种子分为两种类型。

**1. 有胚乳种子**（albuminous seed） 胚乳的养料经贮存后到种子萌发时才为胚所利用的种子称有胚乳种子。有胚乳种子具有发达的胚乳，胚相对较小，子叶很薄（图4-58），如蓖麻、大黄等。

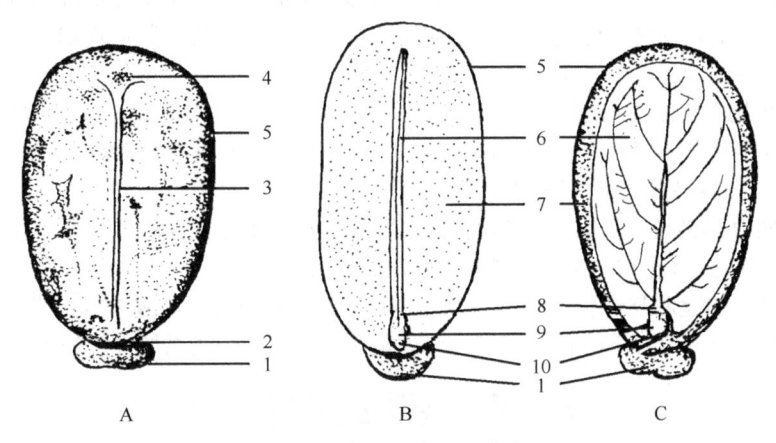

图4-58 有胚乳种子（蓖麻）

A. 外形；B. 与子叶垂直纵切面；C. 与子叶平行纵切面

1. 种阜；2. 种脐；3. 种脊；4. 合点；5. 种皮；6. 子叶；7. 胚乳；8. 胚芽；9. 胚轴；10. 胚根

**2. 无胚乳种子**（exalbuminous seed） 胚乳的养料在胚发育过程中被胚所吸收并贮藏于子叶中的种子称无胚乳种子。这类种子一般胚的子叶肥厚，没有胚乳或仅残留一薄层，如杏仁、南瓜子等（图4-59）。

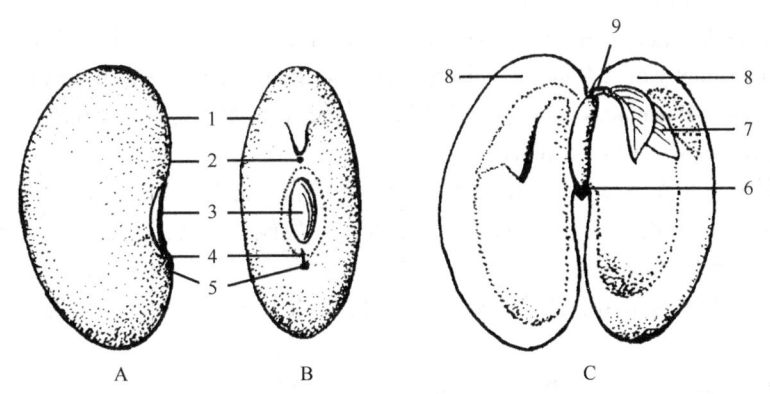

图4-59 无胚乳种子（菜豆）

A、B. 外形；C. 菜豆的组成部分（纵剖面）

1. 种皮；2. 种孔；3. 种脐；4. 种脊；5. 合点；6. 胚根；7. 胚芽；8. 子叶；9. 胚轴

# 第五章 植物分类概述

## 第一节 植物分类学的目的和任务

植物分类学（plant taxonomy）是研究植物界不同类群的起源、亲缘关系以及演化发展规律的一门基础学科。运用植物分类学方法，把具有遗传多样性的植物进行准确描述、鉴定、分群归类、命名并按系统排列，以便认识、研究和利用。

近代科学的发展促进了植物分类学研究，运用植物分类学的原理和方法，对具有药用价值的植物进行鉴定、研究和合理开发利用，可以鉴定药材原植物，保证药材的质量和研究的可靠性；利用植物间的亲缘关系，可以探寻珍贵和稀缺药材的代用品，为药用植物资源的普查、开发利用、保护和栽培提供依据，同时，促进国际学术交流合作，为中药现代化奠定基础。

植物分类学的主要目的和任务是：

**1. "种"的描述和命名** 运用植物形态学、解剖学等知识，对植物个体间的异同进行比较研究，将类似的各个体归为"种"（species）一级的分类群，按照《国际植物命名法规》确定拉丁学名并进行描述，这是植物分类学的首要任务。

**2. 建立自然分类系统** 根据对植物的各分类群之间亲缘关系的研究结果，确定目、科、属、种等分类等级，建立符合客观实际的植物自然分类系统。

**3. 探索"种"的起源与进化** 通过植物生态学、植物地理学、古植物学、生物化学、分子生物学等研究，探索植物"种"的起源和演化，为构建植物自然分类系统提供依据。

## 第二节 植物的分类等级

植物分类设立了不同分类等级，又称为分类单位。分类等级的高低通常以植物之间亲缘关系的远近、形态的相似性和构造的简繁程度来划分。

植物界的分类等级从高到低主要有门（Division）、纲（Class）、目（Order）、科（Family）、属（Genus）、种（Species）。门是植物界中最大的分类单位，种是植物分类的基本单位。在各分类等级之间，有时因范围过大常增设亚级单位，如亚门、亚纲、亚目、亚科、亚属。有的在科内还设有族和亚族，在亚属内再分组和系等分类单位。

植物分类的各级单位，均用拉丁词表示，一般有特定的词尾。门的拉丁名词尾一般是-phyta，如蕨类植物门 Pteridophyta；纲的拉丁名词尾一般是-opsida，如百合纲 Liliopsida；目的拉丁名词尾是-ales，如芍药目 Paeoniales；科的拉丁名词尾是-aceae，如龙胆科 Gentianaceae；亚科的拉丁名词尾是-oideae，如蔷薇亚科 Rosoideae 等。

种是分类的基本单位或基本等级，是指具有一定的自然分布区和一定的生理、形态特征的生物群。种内个体间具有相同的遗传性状并可彼此交配产生能育后代；种间各个体之间通常难以杂交或杂交不育，存在生殖隔离。

由于环境因素和遗传基因的变化，种内各居群会产生比较大的变异，出现了一些种下等级的划分。

亚种（subspecies，缩写为 subsp. 或 ssp.）：形态上有稳定变异，并在地理分布、生态或季节上有隔离的变异种群。

变种（variety，缩写为 var.）：形态上有一定变异的类群，变异比较稳定，分布范围（或地区）比亚种小，并与种内其他变种有共同的分布区。

变型（form，缩写为 f.）：形态上有细小变异的种内类群，无一定的分布区，如花、果的颜色，有无毛茸等。

品种（cultivar，缩写为 cv.）：专指人工栽培植物的种内变异类群。通常是基于形态上或经济价值上的差异，如色、香、味、形状和大小等。由于中药材的基原复杂多样，所以通常所称的品种，既指分类单位中的"种"，有时又指栽培药材的品种。

## 第三节 植物的学名

由于各个国家的语言文字和生活习惯不同，同一种植物往往会出现不同的名称，同名异物、同物异名现象较为普遍，这就给植物的分类、利用及国际交流带来了困难。为此，国际植物学会议制定了《国际植物命名法规》，给每一种植物制定世界各国可以统一使用的唯一的科学名称，即学名（scientific name）。

### 一、植物种的命名

《国际植物命名法规》规定了植物学名必须用拉丁文或其他文字加以拉丁化来书写。植物种的名称采用了18世纪瑞典植物学家林奈（Carolus Linnaeus）倡导的"双名法"，即植物种的学名由两个拉丁词组成，第一个词是属名，第二个词是种加词，后附以命名人的姓名（或缩写）。一般书写时属名和种加词用斜体，命名人名用正体。因此，一个完整的植物学名包括属名、种加词和命名人三部分。

第一个词是"属名"：是植物学名的主体，一般用拉丁名词的单数主格，首字母必须大写，如人参属 *Panax*，芍药属 *Paeonia*，黄连属 *Coptis*，乌头属 *Aconitum* 等。

第二个词是"种加词"：用于区别同属不同种，是种的标志词。种加词多数为形容词，也有的是名词。种加词的全部字母小写。

最后附以命名人的姓名或缩写。植物学名的命名人一般只用其姓，如果两个同姓人研究同一门类，则需要加注名字的缩写词，以便于区分。命名人的姓名要用拉丁字母拼写。

共同命名的植物，用 et 连接不同作者。例如，某研究者创建了一个植物名称但未合格发表，后来的特征描述者在发表该名称时，仍把原提出该名称的作者作为命名者，引证时在两个作者之间用 ex 连接。例如，紫草 *Lithospermum erythrorhizon* Sieb. et Zucc. 学名的命名者是 P. F. von Siebold 和 J. G. Zuccarini 两人；延胡索 *Corydalis yanhusuo* (Y. H. Chou & C. C. Hsu) W. T. Wang ex Z. Y. Su & C. Y. Wu 学名是王文采（Wang Wen Tsai）创建，后由苏志云（Su Zhi Yun）和吴征镒（Wu Zheng Yi）描记了特征并合格发表。

药用植物在栽培过程中发生了很多变异，形成了不同的品种。《国际栽培植物命名法规》对栽培植物的命名制定了相关法规。栽培植物的品种名称是在种加词之后加栽培品种加词，首字母大写，外加单引号，后面不加命名人，如橘 *Citrus reticulata* Blanco 的栽培变种茶枝柑 *Citrus reticulata* 'Chachiensis'。

### 二、植物种以下等级的名称

种下分类单位有亚种、变种和变型。其学名由属名+种加词+亚种（变种或变型）加词来表示，如鹿蹄草 *Pyrola rotundifolia* L. subsp. *chinensis* H. Andr. 是圆叶鹿蹄草 *Pyrola rotundifolia* L. 的亚种。山里红 *Crataegus pinnatifida* Bunge var. *major* N. E. Br. 是山楂 *Crataegus pinnatifida* Bunge 的变种。

> **案例 5-1**
> 从 1916 年钱崇澍发表中国植物分类学者第一篇物种命名文章以来，中国有 3000 余位学者参与了植物命名工作，这些学者的罗马化姓名将与植物学名永久相伴。1949 年之前，中国参与植物命名的学者每年增加的人数都少于 10 人；改革开放后，植物分类学的中国研究者数量

开始大幅度升高,一些年轻的学者、研究生以及标本采集人员也都参与到植物命名工作中来,2000年以来平均每年有62位新增学者参与到维管植物的命名工作中来,2007年以来每年增加的人数都超过了2000年来的平均值,2019年甚至达到了新增120人的历史极值(图5-1)。

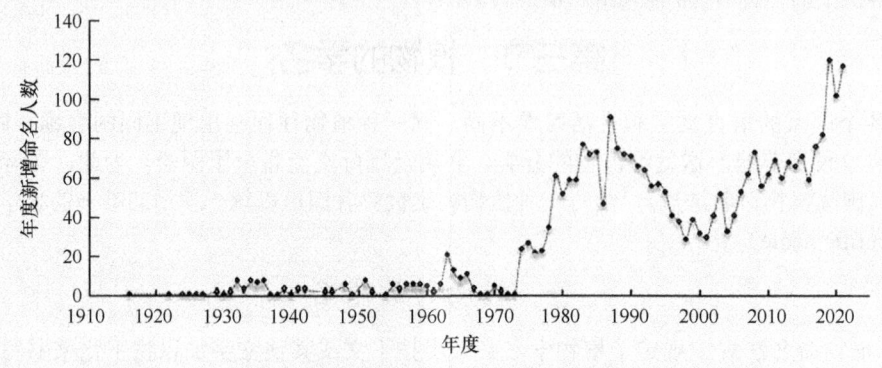

图5-1　1916年以来参与植物命名工作的中国学者年度新增人数

**问题:**
1. 请列举出五种由中国植物分类学者命名的药用植物名称。
2. 您认为当今作为一名植物分类学者应该具备哪些技能?

## 第四节　植物分类方法简介

传统植物分类方法主要基于植物的外部形态,特别是繁殖器官和营养器官的形态,通过观察植物和标本的形态,辅以生态和习性进行分析,来判断植物的类群归属。随着现代科学技术的进步,各学科相互渗透和新技术的应用,促生了许多新的研究方法和边缘学科,如显微技术、化学技术及分子生物学技术,细胞分类学、植物化学分类学、数值分类学及分子系统学等,这些新技术与边缘学科的迅速发展使植物分类学研究将宏观与微观、外部形态与内部构造相结合,让现代植物分类更趋于客观,可解决传统分类方法难以阐明的问题。

### 一、形态分类方法

形态分类方法是根据植物外部形态特征进行分类的研究方法,又称经典分类学,是植物分类学的传统研究手段。此方法以植物器官的宏观和微观形态为基础,结合植物的生态环境及植物对环境反应的生物学习性及动态变化,寻找形态变化规律,使分类鉴定更加准确。目前这种方法主要应用在重要药用植物疑难物种的划分和药用植物种质资源的分类鉴定等方面。

在辨认药用植物形态时,应先观察植株整体特征,再观察各器官的形态特征;先观察性状稳定的繁殖器官,如花、果实、种子;再观察营养器官,如根、茎、叶。通过整体判断,抓住主要特征,从而辨别易混淆药用植物。在被子植物繁殖器官中,花的性状特征常作为分类的重要依据,如木兰科植物的雄蕊和雌蕊多数且呈螺旋状排列、伞形科植物的复伞形花序、百合科植物的典型三基数花、天南星科植物的肉穗花序、兰科植物的两侧对称花与合蕊柱、唇形科植物的轮伞花序等。此外,果实类型也是分类的主要依据,如桑科的隐花果、豆科的荚果、十字花科的角果、葫芦科的瓠果、伞形科的双悬果、芸香科的柑果等。

植物受生长环境的影响也较大。不同生态环境中生长的药用植物,形态也有所区别。一般来说,阴生植物如人参、红豆杉等叶大,阳生植物如黄芩、龙胆等叶多窄小,沙生或旱生植物如麻黄、沙棘的叶全部退化。海拔高度与药用植物的形态建成也密切相关,如大黄叶片的分裂程度随着海拔的增高而加大,叶裂程度从高到低依次是唐古特大黄、药用大黄、掌叶大黄。

此外，植物的解剖性状常作为其外部形态的补充鉴别依据，如具有相似叶形的槭树和悬铃木，就具有不同的解剖性状。

## 二、细胞分类学方法

细胞分类学是利用细胞的染色体资料探讨植物分类问题的学科，它的研究内容包括染色体数目和核型分析。

染色体数目作为分类性状的价值，在于它在种内相对恒定。通常用基数 $X$ 表示，$X$ 即配子体的染色体数目。染色体数目的比较研究对植物的亲缘关系的判断及类群的划分具有参考意义。一直以来，芍药属隶属于毛茛科，但该属染色体 $X=5$，区别于毛茛科其他属 $X=6\sim9$，为芍药属从毛茛科分出独立成科提供了细胞学证据。

染色体核型是指生物体细胞内可被测定的所有染色体多方面特征的总称，包括染色体（组）数、染色体的长度、着丝点的位置及随体的有无等。核型通常以核型图表示（即用照片、绘图将染色体按照大小进行排列）。

## 三、超微结构分类方法

超微结构分类方法是利用植物的超微结构特征对植物类群的修订和划分等方面内容进行研究。随着现代电子显微镜的应用，人们对植物体的微观形态，如植物表皮、孢子和花粉的形态等，有了更为深入的了解。

孢粉分类方法是通过孢子或花粉的性状、表面纹饰、孔沟的类型、孔沟的位置等特征提供分类依据的方法。在植物分门中，孢粉结构特征明显，如裸子植物门花粉为单沟型，萌发器官常位于远极，而被子植物门的花粉为单孔、三孔、三沟、三孔沟等类型，萌发器官多位于赤道。对于科、属等分类等级的分类，孢粉形态也可提供一些有意义的资料，如金缕梅科中绝大多数为赤道三沟类型的花粉，但只有枫香属（*Liquidambar*）与蕈树属（*Altingia*）为散孔类型，结合其他形态学性状，分类学家把这两属从金缕梅科中分出另立为蕈树科（Altingiaceae）。

## 四、植物化学分类学方法

植物化学分类学是以经典植物分类学为基础，以植物的特征性化学成分为依据，研究该类化学成分在植物类群中的分布特点，探讨植物演化规律的一门科学。在经典分类学的基础上，根据化学成分的特征，探讨物种形成、种下变异及个体发育过程中化学成分的合成、转化和积累动态，探讨从种下等级到目级水平的分类问题。

植物化学分类学为植物系统分类研究提供了物质基础证据。例如，石竹科、粟米草科和商陆科、番杏科、仙人掌科、马齿苋科、藜科、苋科、刺戟木科形态相似，以往认为它们均隶属于中央种子目，但化学分类研究发现，与其他科不同的是石竹科和粟米草科含有花青苷，但不含甜菜拉因，故将石竹科和粟米草科从中央种子目分出，另立为石竹目。再例如，把芍药属从毛茛科中分出来另立为芍药科，是因为芍药属不含毛茛科普遍存在的毛茛苷和木兰花碱。

植物化学分类方法为经典分类学提供了化学物质基础方面的佐证，从分子水平揭示植物系统发育的规律，弥补了传统植物形态分类的不足。在药用植物新资源的开发与利用上，同样具有重要的理论意义和实用价值。

## 五、数值分类学方法

植物数值分类学也称为数量分类学，是应用数学方法、统计学原理和电子计算机来整理数据、研究植物的分类问题。例如，根据人参属52个形态性状、细胞学性状和化学性状，对中国人参属12个种或变种进行数值分类学研究，把人参属分为两个类群：第一类群的根状茎短而直立，具有肉质根，种子大，分布区域小而间断，如人参、三七、西洋参等；第二类群的根状茎细长而匍匐，肉质根不发达或无，如竹节参、珠子参等。

## 六、分子系统学方法

分子系统学是利用分子生物学的方法来研究植物系统学的问题，从生物大分子水平探讨植物系统发育和演化的科学。研究的主要对象包括蛋白质（同工酶、种子蛋白等）、核酸（核基因组、叶绿体基因组、线粒体基因组）等。

**1. 同工酶分析方法** 催化功能相同但结构不同的一类酶称为同工酶，同工酶的差异直接反映了植物本身的遗传基础的差异，可用于种下、种间的分类学研究。例如，对柑橘属（Citrus）及其5个近缘属的8种同工酶的研究分析表明，各属之间的同工酶谱差异明显且均有独特的谱带，支持了6个属的分类处理，并提出将柑橘属分为3个亚属的观点。

**2. 叶绿体基因分析法** 被子植物的叶绿体基因组的大小、组成是相当一致而稳定的。叶绿体基因组由很多基因组成，其中一些基因可以用作分类群之间亲缘关系的研究，如 rbcL 基因和 matK 基因等。

**3. DNA 分子标记法** 是通过分析 DNA 的多态性来揭示生物体内基因的排列规律及其表型性状表现规律的方法。

DNA 分子标记法和叶绿体基因组分析法都是利用 PCR 技术对基因进行扩增，进而测序，并通过分析软件进行排序、比较，然后进行系统学研究。聚合酶链反应（polymerase chain reaction，PCR）是将所要研究的 DNA 片段在数小时内扩增到肉眼能直接观察和判断的技术，包括变性、复性（退火）、延伸3个步骤，完成这三个步骤称为一个循环，一般要进行35个循环左右。PCR 扩增需在 PCR 仪中进行，反应体系由模板 DNA、dNTPs、TaqDNA 聚合酶、镁离子、引物组成。

PCR 技术可和电泳技术结合，对基因组 DNA 多态性进行研究，目前在中药鉴定或植物分子系统学中常用方法有：①扩增片段长度多态性（amplified fragment length polymorphism，AFLP）；②随机扩增多态性 DNA（randomly amplified polymorphic DNA，RAPD）；③简单序列长度多态性（simple sequence length polymorphism，SSLP）；④简单重复序列区间（inter simple sequence repeat，ISSR）。

**4. DNA 条形码** 是指筛选并确定基因组中一段相对较短的 DNA 片段，作为物种标记标准而建立的一种鉴定方法。该方法通过建立数据库和鉴定平台，并应用生物信息学分析方法与数据库进行比对，进而对物种进行鉴定。目前已建立了 IST2 为标准的中药材鉴定体系，可从基因层面鉴别中药材与其常见混伪品。

## 第五节　植物分类检索表

植物分类检索表是用于植物鉴定和分类的一种重要工具。通过植物分类检索表，可以从植物志和植物分类学专著中快速查出所列科、属、种之间的区别特征；或根据植物的形态特征查出其所属科、属、种或其他类群。

植物分类检索表采用二歧归类法将植物类群特征由共性到个性进行归类编制。在充分了解植物或各个分类等级的形态特征基础上，选择一对或以上显著不同的特征，分为两类，编成相对应的相同序号；然后再从每类中选择主要区别特征区分为两类，编列成下一级相对应的序号；依此类推，直至有效的分类单位（如科、属、种）出现。

植物分类检索表的编排方式常见的有3种：定距式、平行式和连续平行式。

## 一、定距式检索表

将每一对相互区别的鉴别特征分开排列在一定的距离处，并标以相同的序号，每一项下再排列次级鉴别特征，序号缩进1格排列，逐级类推。例如：

### 植物分门检索表（定距式）

1. 植物体无根、茎、叶的分化。无胚。
  2. 植物体不为藻类和菌类的共生体。
    3. 植物体内含叶绿素，自养式生活。
      4. 植物体的细胞无细胞核 ······ 蓝藻门
      4. 植物体的细胞有细胞核。
        5. 植物体绿色，贮藏营养物质是淀粉 ······ 绿藻门
        5. 植物体红色或褐色，贮藏营养物质为红藻淀粉或褐藻淀粉。
          6. 植物体红色，贮藏营养物质是红藻淀粉 ······ 红藻门
          6. 植物体褐色，贮藏营养物质是褐藻淀粉 ······ 褐藻门
    3. 植物体无叶绿素，异养式生活。
      7. 植物体细胞无细胞核 ······ 细菌门
      7. 植物体细胞有细胞核。
        8. 营养体细胞无细胞壁 ······ 黏菌门
        8. 营养体细胞有细胞壁 ······ 真菌门
  2. 植物体为藻类和菌类的共生体 ······ 地衣门
1. 植物体有根、茎、叶的分化。有胚。
  9. 植物体内无维管组织。在生活史中，配子体占优势 ······ 苔藓植物门
  9. 植物体内有维管组织。在生活史中，孢子体占优势。
    10. 无花，用孢子进行繁殖 ······ 蕨类植物门
    10. 有花，用种子进行繁殖。
      11. 胚珠裸露，无果实 ······ 裸子植物门
      11. 胚珠被心皮包被，形成果实 ······ 被子植物门

## 二、平行式检索表

将每一对相互区别的鉴别特征标以相同的序号，并连续排列，上一分支项末标注出下一步应检索的项序号或分类号；不同的序号对齐排列。例如：

### 高等植物分门检索表（平行式）

1. 植物体有茎、叶，而无真根 ······ 苔藓植物门
1. 植物体有茎、叶和真根 ······ 2
2. 植物以孢子繁殖 ······ 蕨类植物门
2. 植物以种子繁殖 ······ 3
3. 胚珠裸露，不为心皮包被 ······ 裸子植物门
3. 胚珠被心皮构成的子房包被 ······ 被子植物门

## 三、连续平行式检索表

将每一对相互区别的鉴别特征用两个不同的序号表示，其中后一序号加括号，用来表示与前一序号的对应关系，所有序号依次排列。进行检索时，如鉴别特征符合就向下查；如不符合时，就查括号内序号对应的特征。例如：

### 高等植物分门检索表（连续平行式）

1.（2）植物体有茎、叶，而无真根 ······ 苔藓植物门
2.（1）植物体有茎、叶和真根。
3.（4）植物以孢子繁殖 ······ 蕨类植物门

4.（3）植物以种子繁殖。
5.（6）胚珠裸露，无果实 ········································································· 裸子植物门
6.（5）胚珠包被于子房内，有果实 ······························································· 被子植物门

## 第六节　植物的分门别类

对自然界生物类群的划分，不同生物学家提出了不同的观点。随着科学技术的发展，对生物特征研究的深入，人们相继提出了三界说（植物界、动物界、原生生物界）、四界说（原核生物界、原始有核生物界、后生植物界、后生动物界）、五界说、六界说以及八界说等。现在植物学教材多采用林奈的两界说，即将生物界划分为动物界和植物界两界。根据两界说中广义的植物界的概念，通常将植物界分为16门（图5-2）。

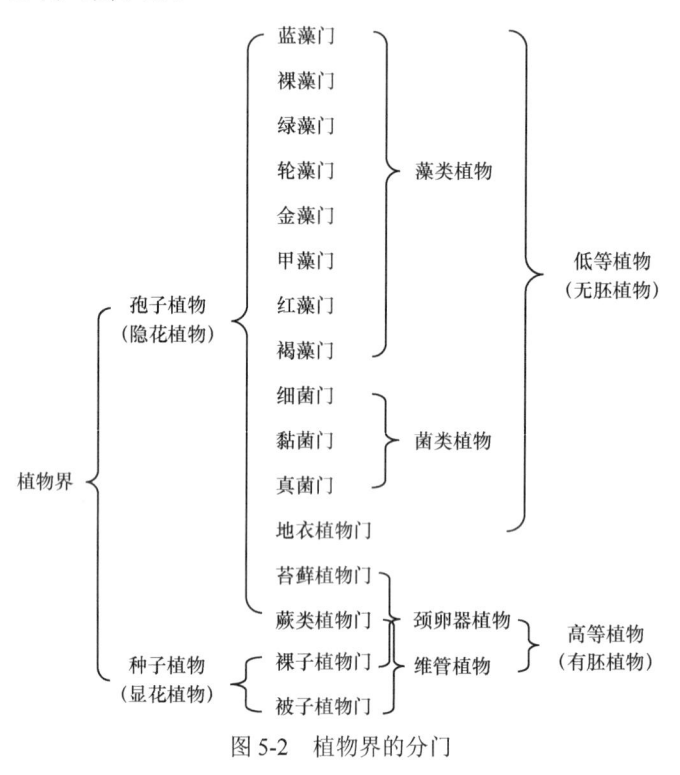

图5-2　植物界的分门

在植物界，藻类、菌类、地衣类、苔藓类、蕨类植物均能产生孢子，并用孢子进行有性繁殖，统称为孢子植物（spore plant）；又因其不开花，不形成种子，故又称为隐花植物（cryptogam）。而裸子植物和被子植物的有性繁殖能够开花结果，形成种子，并通过种子进行繁殖，合称为种子植物（seed plant）或显花植物（phanerogams）。

藻类、菌类及地衣类植物构造简单，形态上无根、茎、叶的分化，构造上无组织分化，繁殖器官为单细胞，合子发育时离开母体不形成胚，统称为低等植物（lower plant）或无胚植物（non-embryophyte）；苔藓植物、蕨类植物、裸子植物及被子植物在形态上出现了根、茎、叶的分化，内部构造上存在组织分化，繁殖器官为多细胞，合子在母体内发育成胚，称为高等植物（higher plant）或有胚植物（embryophyte）。

此外，苔藓植物、蕨类植物和裸子植物的有性繁殖过程中，在配子体上产生多细胞的精子器和颈卵器结构，故合称为颈卵器植物（archegoniatae），不过裸子植物的颈卵器构造存在退化痕迹。

蕨类植物、裸子植物和被子植物体内具有维管系统，故合称为维管植物（vascular plant）。

# 第六章 孢子植物

孢子植物是指以孢子进行有性生殖、不开花结果的植物类群，又称为隐花植物，包括藻类、菌类、地衣、苔藓和蕨类植物。其中，藻类、菌类和地衣植物在形态上无根、茎、叶的分化，构造上无组织的分化，繁殖"器官"是单细胞，不形成胚，属低等植物；苔藓植物、蕨类植物在形态上有根、茎、叶的分化，构造上有组织的分化，繁殖器官是多细胞，合子在母体内发育成胚，为高等植物。

## 第一节 藻类植物

### 一、藻类植物概述

藻类植物（thallophytes）是植物界中一类最原始的低等植物。通常含有能进行光合作用的色素和其他色素，是一类能够独立生活的自养原植体植物。藻体的形状和类型多样，大小差异很大，小的只有几微米，最大的可长达数十米，如生活在太平洋中的巨藻。

藻类植物广布世界各地，已知现存的藻类植物有 2.5 万余种，我国已知的药用藻类植物约有 115 种。主要生长在淡水或海水中，陆地上如潮湿的土壤、岩石、树皮上也可生长。某些藻类适应力极强，可在 100m 深的海底生活，有的可在南北极的冰雪中以及 85℃的温泉中生长。在地震、火山爆发、洪水冲刷后形成的新鲜无机质上，藻类植物是最先的居住者，它们是新生活区的先锋植物之一。常见的药用藻类植物有海带、昆布、羊栖菜、葛仙米等。

> **案例 6-1**
>
> 唐朝陈藏器所著《本草拾遗》中关于海藻是这样陈述的："此物有马尾者，大而有叶者。《本经》及注，海藻功状不分。马尾藻，生浅水，如短马尾，细黑色，用之当浸去咸。大叶藻，生深海中及新罗，叶如水藻大。"
>
> **问题：**
> 《本草拾遗》等将海藻的来源分为了哪几种？对其形态及生长环境的描述正确吗？

藻类植物构造简单，没有真正的根、茎、叶的分化。植物体为单细胞体或多细胞的丝状体、球状体、片状体或枝状体等。

藻类植物的繁殖方式有营养繁殖、无性繁殖和有性繁殖三种。营养繁殖是指藻体的一部分由母体分离出去而长成一个新的藻体。有些单细胞藻类经过细胞分裂后，分为两个子细胞，子细胞长成一个新的个体，并具有母细胞的形态和结构；一些群体、丝状体或叶状体的藻体则是经过断裂而长成新个体，这些均属于营养繁殖方式。无性繁殖是指通过产生孢子，孢子从母体分离后，直接发育为一个新个体。孢子主要包括具有鞭毛能游动的游动孢子、不具有鞭毛不能游动的不动孢子和厚壁孢子 3 种。有性繁殖的生殖细胞称为配子（gamete），由两个配子相互融合，成为合子（zygote），再由合子发育成新个体，或合子经过减数分裂先形成孢子，再由孢子发育成新个体。藻类植物的有性繁殖有同配生殖（isogamy）、异配生殖（anisogamy）和卵配生殖（oogamy）三种方式。同配生殖是指两个相融合的异性配子具有相似或相同的形状、大小、结构和运动能力等特征。如果两个配子的结构和形状相同，但大小、遗传性和运动能力不同，则这两种配子的结合称为异配生殖，大而运动能力迟缓的为雌配子，小而运动能力强的为雄配子。如果两个相融合的配子在遗传性、形状、大小和结构等方面都不相同，大而无鞭毛不能运动的为卵（egg），小而有鞭毛能运动的为精子（sperm），二者相结合称为卵配生殖。

藻类植物是一类重要的资源植物，具有重要的经济价值。例如，从红藻石花菜属（*Gelidium*）、江蓠属（*Gracilaria*）、麒麟菜属（*Eucheuma*）等植物所提取的琼脂，可作为生物组织培养基的基质，某些藻胶可以作为食品工业中的稳定剂、牙医的牙模型材料，还能使染料、皮革、布匹等增加光泽等。硅藻沉积成的硅藻土可用作吸附剂、磨光剂、滤过剂、保温材料等，或作为橡胶、化妆品、涂料等的填充剂。在农业上，蓝藻固氮成为了一种新型的生物肥料，可以增加稻田或水体的氮素营养。许多海洋藻类含有丰富的蛋白质、脂肪、微量元素和维生素以及其他结构新颖的活性物质，为新型保健食品的研发提供了原料。随着科学研究的不断深入，藻类植物尤其是海洋藻类将是人类开发海洋、向海洋索取食品、药品、精细化工产品和其他工业原料的重要资源。

## 二、藻类植物的分类及重要药用植物

根据植物体细胞结构特征、鞭毛的有无和着生的位置与类型、光合色素种类、贮藏物质的类别以及生殖方式和生活史类型等的差异，通常将藻类分为 8 个门：蓝藻门、绿藻门、轮藻门、红藻门、褐藻门、金藻门、甲藻门、裸藻门。现将药用价值较大的门及其主要药用种类介绍如下。

### （一）蓝藻门

蓝藻门（Cyanophta）植物是一类简单、原始、可进行光合作用的原核藻类，藻体为单细胞或多细胞。单细胞可构成丝状体，多细胞既可构成丝状体也可构成非丝状体。藻体不分枝、假分枝或真分枝。有细胞壁，壁内细胞质形成的物质称为周质与中央质，而非真正的细胞质与细胞核。周质中无载色体，而为光合层片。光合层片含叶绿素 a、藻胆素、类胡萝卜素等光合色素，无叶绿体，故藻体呈蓝绿色，而非绿色，有些蓝藻不含光合色素，藻体呈其他颜色。

蓝藻门生殖方式为营养繁殖，细胞以分裂方式增殖，按藻体形态可分为三类：①单细胞类型繁殖方式，为细胞直接产生子细胞，由新细胞发育成新个体；②群体细胞类型繁殖方式，为原群体细胞分裂成多个小的子代群体细胞群，子代群体细胞继续发育；③丝状体类型繁殖方式，为个别细胞由于生长导致溶解和脱水而断裂，再断裂成为分离盘，藻丝在此处发育为新藻体。

现已知蓝藻门大约 2000 种，150 属，我国发现的蓝藻门植物接近 1000 种左右。蓝藻门适应性极强，可生长于淡水、海水、温泉、冰原、岩石、树皮之上，分布广。

**【重要药用植物】**

**螺旋藻** *Spirulina platensis* (Nordst.) Geitl. 属于蓝藻门颤藻科。螺旋藻是多细胞的圆柱形螺旋状的丝状体，不具有或具有极薄的胶质鞘。体内具有藻红素和藻蓝素，由于比例不同而具有不同颜色。生长于各种淡水和海水中，常漂浮生长在中、低潮带海水中或附着在其他藻类或附着物上生长，形成青绿色的被覆物。螺旋藻含蛋白质和多种氨基酸，此外，还含有脂肪、糖类、叶绿素、维生素及钙、铁等矿物质，有降低胆固醇、调节血糖、增强免疫等作用。

**葛仙米（地木耳）** *Nostoc commune* Vaucher ex Bornet et Flahault. 属于蓝藻门念珠藻科，为生长于潮湿地的一种可食性蓝藻。藻体多呈胶质状、球状或其他不规则形状，蓝绿色或黄褐色。由球状单细胞聚集而成，外被透明胶质物，集成片状，与木耳相似。葛仙米中含有 18 种氨基酸，另含磷、硫、钙、钾、铁等矿物质，可食用。具有清热收敛、益气明目等功效。

### （二）绿藻门

绿藻门（Chlorophyta）为真核藻类，藻体为单细胞或多细胞，大部分可进行光合作用，部分绿藻门植物可借助鞭毛运动。绿藻门的主要特征为：细胞壁有两层，内层为纤维素，外层为果胶质。通常具有 1 至多数细胞核，具液泡。可游动孢子有 2～4 条或更多的等长的鞭毛。藻体含叶绿素 a、b，胡萝卜素及几种叶黄素，为光合作用的主要色素。

绿藻门的繁殖方式主要有：①营养繁殖，藻体通过自身分裂的方式进行繁衍；②无性繁殖，藻体可产生两种孢子，一种为游动孢子，一种为静孢子，在环境条件不适的时候，藻体的原生质体可分泌厚壁,成为厚壁孢子。三者在合适的情况下可发育成新个体。

绿藻门种类大约为 8600 种,可分为 430 个属,是藻类植物中最大的一门,绝大部分分布在淡水区域,只有大约 10% 生长在海水或者盐性水域中。生长在淡水水域中的绿藻分布很广,不受温度影响,生长在海水水域的绿藻受温度的影响较大。

【重要药用植物】

**蛋白核小球藻** *Chlorella pyrenoidosa* Chick. 属于绿藻门小球藻科,是一种球形单细胞淡水藻(图 6-1)。以孢子繁殖,分布极广。小球藻中含有丰富的营养物质,包括蛋白质、核酸、不饱和脂肪酸、维生素、矿物质、叶绿素、叶酸、微量元素等,具有抗肿瘤、抗辐射、抗病原微生物等作用,可用作营养剂,能防治贫血、肝炎和水肿。

**石莼** *Ulva lactuca* L. 属于绿藻门石莼科。又名海白菜、海莴苣、纶布,黄绿色,干后为白色或黑色,由卵圆形的叶片状的两层细胞所构成,在其基部有固着器(图 6-2)。石莼多生长在潮湿的岩礁或粗石沼泽中,多见于南方地区。以叶状藻体入药,味甘,性平,含有多种有效成分,可软坚散结、祛痰、利水解毒。

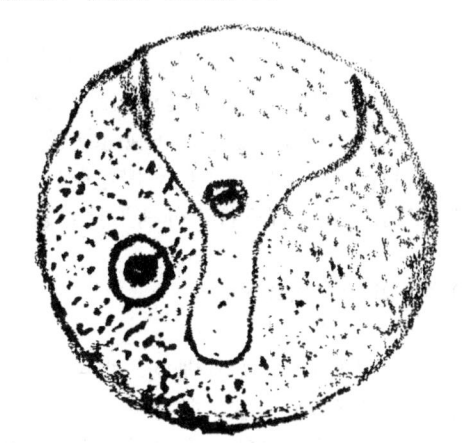

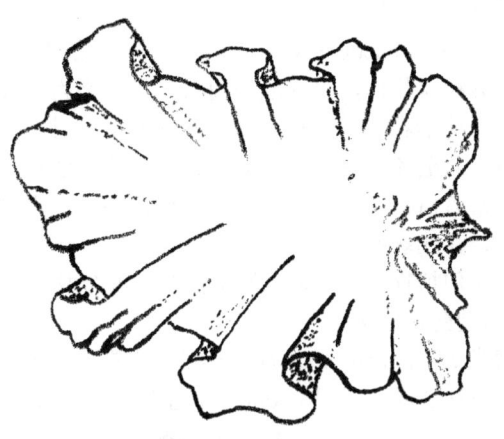

图 6-1 蛋白核小球藻　　　　　　图 6-2 石莼

## (三) 红藻门

红藻门(Rhodophyta)大部分为多细胞,少数为单细胞。红藻门的细胞壁结构类似于蓝藻门,细胞壁两层,内层为纤维素,外层由果胶质组成,藻体含有叶绿素 a、叶绿素 b、叶黄素和胡萝卜素,这些色素存在于载色体之上。藻体内含有蛋白核与细胞核。藻体构造较为复杂,且形态多样。

红藻门的繁殖方式分为无性繁殖和有性繁殖,无性繁殖的红藻植物产生多种静孢子,静孢子类型可分为单孢子和四分孢子。少数红藻可进行有性繁殖,产生单孢子,发育成配子体。

红藻门植物大约有 4410 种,约 760 属,大多生活在海水当中,少部分生活在淡水中,分布十分广泛。

【重要药用植物】

**甘紫菜** *Porphyra tenera* Kjellm. 属红藻门红毛菜科。藻体紫色,干燥后为黑色,多为卵形、披针形或不规则圆形,基部心形或楔形,边缘有皱褶、平滑无锯齿(图 6-3)。生长在浅海岩礁上,多见于浙江、福建沿海地区。含甘露醇、多糖、蛋白质、维生素、矿物质等成分,具有软坚散结、化痰利尿等功效。

**琼枝** *Eucheuma gelatinae* (Esp.) J. Ag. 属红藻门红翎菜科。又名石花、草珊瑚、石华,藻体为紫红色或黄绿色,匍匐状重叠,不规则叉状或羽状分枝,两侧多有羽状小枝,表面光滑,腹面有疣状圆锥状突起,并有圆盘状固着器(图 6-4)。四分孢子囊带状分裂。生长在低潮线附近的碎珊瑚中,多见于我国南部沿海地区。味甘、咸,性寒,气腥,具有软坚散结、清肺化痰、调节免疫等功效。

图 6-3　甘紫菜　　　　　　　　图 6-4　琼枝

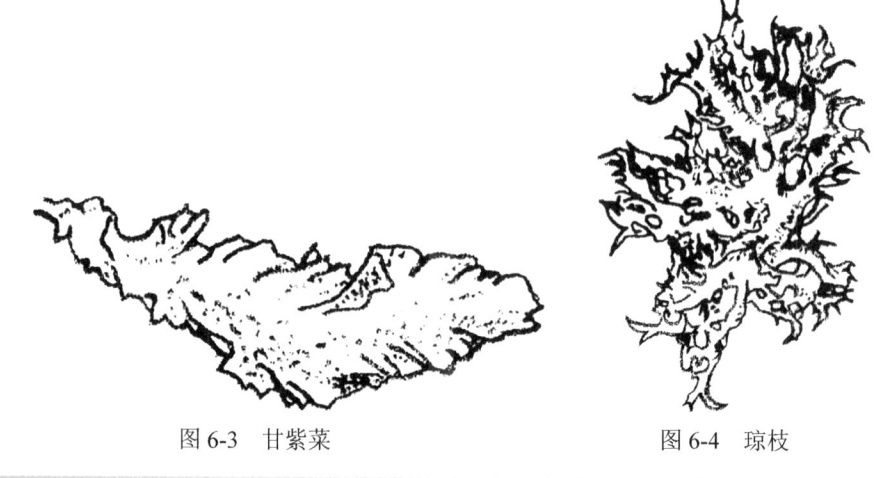

### (四) 褐藻门

褐藻门（Phaeophyta）植物具有根样的结构，为多细胞植物。藻体形态分化为三种类型：第一类为分枝丝状体，直立或匍匐状；第二类为分枝丝状体相互缠绕，形成假薄壁组织；第三类为有组织分化的植物体，藻体内部出现分化，出现了表皮、皮层和髓三部分。细胞有核膜、核仁、染色质、一至多个液泡，且染色质中有明显的中心体。细胞内不含叶绿体，色素积存在载色体上，细胞中常有白色颗粒，称为墨角藻聚糖小泡。褐藻门植物繁殖方式有三种，分别为营养繁殖、无性繁殖、有性繁殖。

褐藻门植物绝大多数为海生植物，现今发现 1500 种，我国有 250 种。

**【重要药用植物】**

**海带** *Laminaria japonica* Aresch. 属褐藻门海带科。有大型孢子体，扁平带状，褐色，多年生，长最长可达 20m，常见为 6m。分为带片、柄和固着器，固着器为假根状。带片下部可见孢子囊，由表皮、皮层和髓构成。海带的雌配子体多为一个细胞，只生长不分裂，雄配子体为多个细胞，能不断进行细胞分裂，增加细胞数目后形成多细胞的分枝体或球状体。海带生长到一定大小时，细胞开始分化为表皮、皮层和髓等组织。分布于中国北部沿海及浙江、福建沿海，可供食用。藻体入药，能软坚散结、消痰利水，可用于治疗缺碘性甲状腺肿大。

**昆布（鹅掌菜）** *Ecklonia kurome* Okam. 属褐藻门翅藻科。深褐色藻体，分为带片、柄和固着器，固着器为假根状。假根为两叉式分支，圆柱状柄部，近带片不呈扁平状，带片两侧为羽状或复羽状分支，中部稍厚，边缘为粗锯齿状。主要分布于我国的东海、福建、浙江等地。藻体入药，能消痰、软坚散结、利水消肿。

**海蒿子** *Sargassum pallidum* (Turn.) C. Ag. 属褐藻门马尾藻科。藻体雌雄同株，深褐色，一般为 30~60cm。固着器盘状，其上有单生、偶有双生或三生的圆柱状主干，丝状"叶"腋间生出生殖枝，生殖托总状排列于生殖枝末端。海蒿子主要分布于我国的黄海、渤海等地。主要含有褐藻糖胶、蛋白质、甘露醇、无机元素以及多糖、脂肪酸等成分。藻体入药，能消痰、软坚散结、利水消肿。

## 第二节　菌类植物

### 一、菌类植物概述

#### (一) 菌类植物的基本特征

菌类植物没有根、茎、叶的分化，一般无光合色素，大多营寄生或腐生生活，依靠现存的有机物质而生活，是异养植物。

## (二) 菌类植物的繁殖及其生活史

**1. 细菌繁殖** 多以二分裂法进行无性繁殖，多数细菌繁殖速度快，20~30min 分裂一次，形成新的一代。不良环境下，会产生芽孢（gemma）。

**2. 真菌的繁殖及其生活史** 真菌的生活史包括无性阶段和有性阶段，是从孢子萌发开始，经过一定的生长和发育阶段，最后又产生同一种孢子为止所经历的过程。真菌繁殖有营养繁殖、无性繁殖、有性繁殖三种方式。

（1）营养繁殖：有两种基本类型，一是靠菌丝的断裂而繁殖，菌丝的再生能力很强，断裂后在适宜的条件下都可以长成新个体；二是靠细胞的分裂而繁殖，少数单细胞种类通过细胞分裂而产生后代，如裂殖酵母菌。

（2）无性繁殖：真菌的无性繁殖功能极其发达，可形成各种孢子，如游动孢子（具鞭毛能在水中游动的孢子，如水霉）、孢囊孢子（是在孢子囊内形成的一种不动孢子，如根霉）、分生孢子（真菌的一种外生的无性繁殖细胞，着生在分生孢子梗的顶端或侧面，如曲霉）。

（3）有性繁殖：是通过不同性细胞（配子）的结合后产生一定形态的有性孢子的生殖方式，如子囊孢子、担孢子等。其过程分为质配、核配和减数分裂 3 个阶段。

### 案例 6-2

灵芝有"益心气""安精魂""补肝益气""久实可轻身不老，延年益寿"等功效。据《抱朴子》记载"赤者如珊瑚，白者如截肪，黑者如泽漆，青者如翠羽，黄者如紫金，而皆光明洞彻如坚冰也"。现代许多制药企业从灵芝中开发出了灵芝孢子粉和灵芝孢子油等保健产品。

**问题：**
在灵芝的哪个部位可以找到其孢子？灵芝含有哪些具有保健作用的化学成分？

**3. 黏菌的繁殖及其生活史** 黏菌的生活史包括 2 个不同的营养阶段：变形虫阶段和原质团阶段。进入繁殖阶段时，原质团会产生一个或多个内含孢子的子实体，孢子萌发又开始新的生活循环。黏菌从营养体阶段转入繁殖阶段时，原质团转变为一个或一群非细胞结构的固定子实体，子实体含有有壁的孢子，孢子借助于风和水散布，或借助于取食子实体的动物所传播。

## （三）菌类的化学成分

**1. 多糖** 真菌中的多糖类成分有葡聚糖、甘露聚糖、杂多糖、糖蛋白和多糖肽等多种类型，如**银耳** *Tremella fuciformis* Berk. 含有的甘露聚糖、**赤芝** *Ganoderma lucidum* (Leyss. ex Fr.) Karst. 中含有的多糖等，多数具有抗肿瘤作用。

**2. 氨基酸和蛋白质** 真菌植物中氨基酸含量丰富，如侧耳属 *Pleurotus* 真菌**糙皮侧耳** *Pleurotus ostreatus* 等子实体、菌丝体中，8 种必需氨基酸齐全，含量较高；虫草属真菌，不论是天然虫草还是人工虫草菌丝，均含有丰富的氨基酸。

**3. 微量元素** 真菌中含大量的微量元素，如侧耳属白色**金顶侧耳** *P. citrinopileatus* 子实体中含有 Fe、Mn、Cu、Zn 等微量元素。

**4. 脂肪及脂肪酸** 真菌植物中脂肪及脂肪酸普遍存在，如虫草属冬虫夏草中含软脂酸、硬脂酸、油酸、亚油酸、亚麻酸、棕榈酸等多种有机酸和烷烃类化合物。革菌属 *Thelephora* 真菌**干巴菌** *Thelephora ganbajun* Mu.Zang 中亚油酸甲酯的含量最高，占挥发油成分总量的 27.12%；桦褐孔菌中亚油酸成分含量最多。许多担子菌中含有不常见的长链脂肪酸及奇数碳脂肪酸。

**5. 其他成分** 真菌中还含有萜类化合物（如茯苓三萜、灵芝三萜以及桦褐孔菌三萜等）、生物碱类（如在人工**蛹虫草** *Cordyceps militaris* (L. ex Fr.) Link. 子实体中发现的环肽类生物碱等）、萘醌类色素类等化学成分。

### （四）我国的菌类植物资源特点

**1. 细菌和真菌植物资源特点**　细菌和真菌在自然界中的分布十分广泛，大气、水体、土壤中均有分布。

**2. 黏菌植物资源特点**　黏菌是一类较特殊的真核生物，可以在土壤、落叶、枯枝腐木、动植物残体等处生长，常见于阴凉湿润的地方。一般来说，黏菌最适宜生长的地方是潮湿的温带森林；此外，在南极、北极、热带森林、高海拔山地以及沙漠地区也能发现黏菌。

## 二、菌类植物的分类及重要药用植物

菌类植物分为细菌门 Bacteriophyta、黏菌门 Myxomycophyta、真菌门 Eumycophyta 三个类群。

### （一）细菌门

细菌是微小的单细胞有机体，有明显的细胞壁，没有细胞核，属于原核生物。绝大多数细菌不含叶绿体，营寄生或腐生生活。根据形状分为三类：球菌、杆菌和螺旋菌（包括弧菌、螺菌、螺杆菌）。根据其生活方式，可分为自养菌和异养菌两大类，其中异养菌包括腐生菌和寄生菌。根据对氧气的需求，可分为需氧（完全需氧和微需氧）和厌氧（不完全厌氧、有氧耐受和完全厌氧）细菌。有的细菌还有荚膜、鞭毛、菌毛等特殊结构。

### （二）黏菌门

大多数黏菌为腐生菌，在繁殖期产生具纤维素细胞壁的孢子，其本身无细胞壁，但具多核的原生质团（变形体）。

### （三）真菌门

真菌是一类典型的真核异养性植物，有细胞壁、细胞核，但不含叶绿体，也没有质体。其营养体除少数低等类型为单细胞外，大多是由纤细管状菌丝构成的菌丝体。低等真菌的菌丝无隔膜，高等真菌的菌丝都有隔膜，前者称为无隔菌丝（aseptate hypha），后者称有隔菌丝（septate hypha）。按照林奈（Linnaeus）的两界分类系统，通常将真菌门分为鞭毛菌亚门 Mastigomycotina、接合菌亚门 Zygomycotina、子囊菌亚门 Ascomycotina、担子菌亚门 Basidiomycotina 和半知菌亚门 Deuteromycotina。药用真菌大多数属于子囊菌亚门和担子菌亚门。

**1. 子囊菌亚门**（Ascomycotina）　该亚门真菌一般称作子囊菌，是一类高等真菌。它们的共同特征是有性生殖形成子囊（ascus）和子囊孢子（ascospore），但形态、生活史和生活习性的差别很大。子囊菌大都是陆生的，营养方式有腐生、寄生和共生，有许多是植物的病原菌。子囊菌的营养体是发达、有隔膜的菌丝体，为单倍体，少数为单细胞。许多子囊菌的菌丝体可以形成菌组织，如冬虫夏草子座和菌核等结构。

【重要药用植物】

**冬虫夏草** *Cordyceps sinensis* (Berk.) Sacc. 属子囊菌亚门麦角菌科，是一种寄生在蝙蝠蛾科昆虫幼虫上的子囊菌。夏秋季节，本菌的子囊孢子侵入寄主幼虫体内，入冬后病原菌细胞以酵母状出芽法增加，使虫体充满菌丝而死亡。翌年春季在较温暖、潮湿的环境下，虫体头部生长出棒状棕色的子实体。冬虫夏草为名贵中药材（图 6-5），具有增强机体的免疫力、补肺益肾等作用。主要产于青海、西藏、四川、云南等地的高寒地带和雪山草原。

**麦角菌** *Claviceps purpurea* (Fr.) Tul. 属子囊菌亚门麦角菌科，主要寄主是黑麦。子囊孢子由雌蕊的柱头侵入子房，子房内部的菌丝体逐渐收缩成一团，进而变成黑色坚硬的菌丝组织体称为菌核（麦角）。麦角为名贵中药材（图 6-6），据分析，其所含的生物碱多达 12 种，分为麦角胺、麦角毒碱、麦角新碱三大类。主要功能是引起肌肉痉挛收缩，常用作妇产科药物，用作治疗产后出血的止血剂和促进子宫复原的收敛剂。

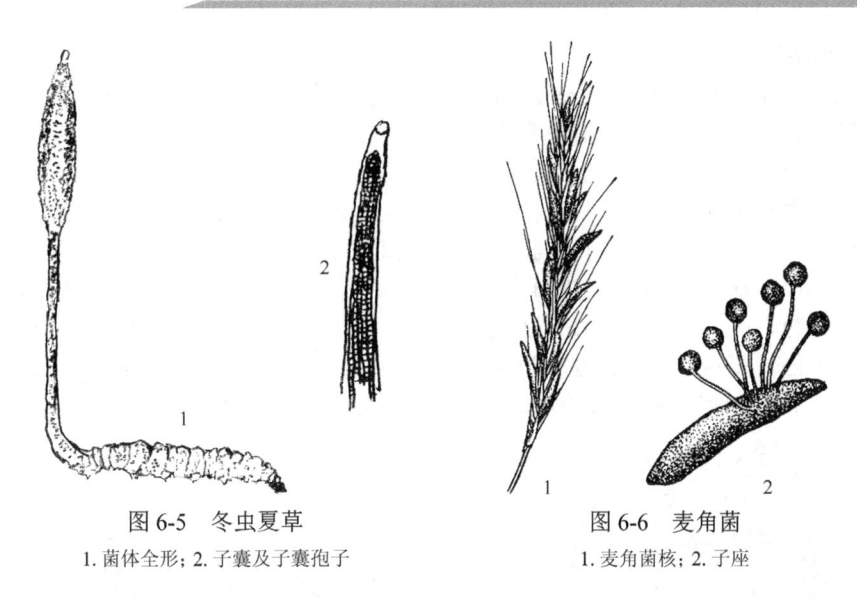

图 6-5 冬虫夏草
1. 菌体全形；2. 子囊及子囊孢子

图 6-6 麦角菌
1. 麦角菌核；2. 子座

**啤酒酵母菌** *Saccharomyces cerevisiae* Han. 属于子囊菌亚门酵母菌科。菌体为单细胞，通常以出芽方式进行繁殖（图 6-7）。菌体维生素、蛋白质含量高，可作食用、药用和饲料酵母，还可以从其中提取细胞色素 c、核酸、谷胱甘肽、凝血质、辅酶 A 和三磷酸腺苷等。在维生素的微生物测定中，常用啤酒酵母菌测定生物素、泛酸、硫胺素、吡哆醇和肌醇等。

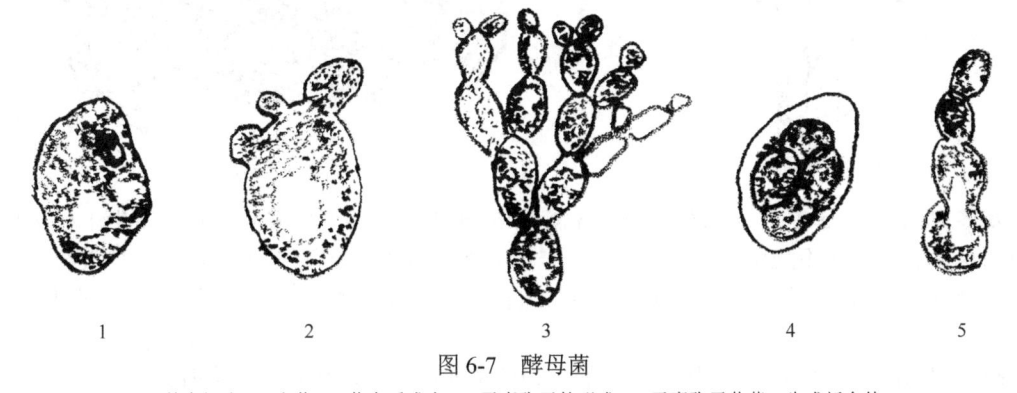

图 6-7 酵母菌
1. 单个细胞；2. 出芽；3. 芽生后成串；4. 子囊孢子的形成；5. 子囊孢子萌芽，生成新个体

**2. 担子菌亚门** 是真菌门最高级的一亚门，因该亚门真菌都产生担子（basidium）和担孢子（basidiospore）而得名。担子菌亚门无单细胞种类，均为有隔菌丝形成的发达的菌丝体。菌丝有隔，有初生菌丝体（primary mycelium）、次生菌丝体（secondary mycelium）、三生菌丝体（tertiary mycelium）之分。腐生或寄生于维管植物，也有的与植物根共生形成菌根。在潮湿的土地上，常见有白色的菌丝体，有时菌丝相互连结，形成菌索（rhizomorph）。

担子菌的子实体称为担子果（basidiocarp）。最常见的为伞菌类，具有伞状或帽状的子实体，上面展开的部分为菌盖（pileus）。菌盖下面自中央到边缘有许多呈辐射状排列的片状物，称为菌褶（gills）。夹在担子之间有一些不产生担孢子的菌丝称侧丝，担子和侧丝构成子实层（hymenium）。菌褶的中部是菌丝交织的菌髓；有些伞菌，在菌褶之间还有少数横列的大型细胞称隔胞（囊状体），隔胞将菌褶撑开，有利于担孢子的散布。菌盖的下面是细长的柄，称菌柄（stipe）。有些伞菌的子实体幼小时，连在菌盖边缘和菌柄间有一层膜，为内菌幕（partial veil），在菌盖张开时，内菌幕破裂，遗留在菌柄上的部分构成菌环（annulus）。有些子实体幼小时外面有一层膜包被，为外菌幕（universal veil），当菌柄伸长时，包被破裂，残留在菌柄的基部的一部分称为菌托（volva）。很多种伞菌可供食用，少数极毒。

【重要药用植物】

**赤芝** *Ganoderma lucidum* (Leyss. ex Fr.) Karst. 属于担子菌亚门多孔菌科。菌盖肾形、半圆形或近圆形，具环纹和辐射状皱纹，菌盖下有许多小孔，内生担子及担孢子，菌柄侧生，红褐色，有漆样光泽（图6-8）。其子实体（灵芝）具有补气安神、止咳平喘的功效，用于眩晕不眠、心悸气短、虚劳咳喘。赤芝生长于栎树及其他阔叶树木桩旁，喜生于植被密度大、光照短、表土肥沃、潮湿疏松之处，已实现人工种植，主产于华东、西南及河北、山西、广西等地。

**云芝** *Trametes versicolor* (L.) Fr. 属于担子菌亚门多孔菌科，是腐生真菌。一年生，半圆伞状，硬木质，深灰褐色，外缘有白色或浅褐色边。菌盖长有短毛，无柄，有环状棱纹和辐射状皱纹。孢子圆柱形，无色（图6-9）。具有健脾利湿、止咳平喘、清热解毒、抗肿瘤等作用。为常见大型真菌，野生，生于多种阔叶树木桩、倒木和枝上。世界各地森林中均有分布。

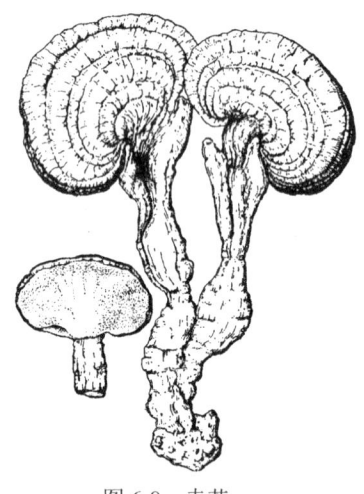

图6-8 赤芝 　　　　　图6-9 云芝

**茯苓** *Poria cocos* (F. A. Wolf) Ryvarden & Gilb. 属于担子菌亚门多孔菌科。寄生于松树根上，呈类圆形、椭圆形或不规则团块，大小不一。外皮薄，棕褐色或黑棕色，粗糙，具皱纹和缢缩，有时部分剥落（图6-10）。产于甘肃（南部）和长江流域以南各地。具有利水渗湿、健脾、宁心之功效。

**猪苓** *Polyporus umbellatus* (Pers.) Fr. 属于担子菌亚门多孔菌科。子实体肉质、有柄、多分枝、末端生白色至浅褐色菌盖，菌盖圆形，中部下凹近漏斗形，边缘内卷，被深色细鳞片。菌肉白色（图6-11）。主产于陕西、河南、山西、云南等地。有利水渗湿之功效。

图6-10 茯苓 　　　　　图6-11 猪苓

**脱皮马勃** *Lasiosphaera fenzlii* Reich. 属于担子菌亚门灰包科。腐生真菌。子实体近球形至长圆形，幼时白色，成熟时渐变浅褐色，外包被薄，成熟时呈碎片状剥落；内包被纸质，浅烟色，熟后全部破碎消失，仅留一团孢体。孢子球形，外具小刺，褐色（图6-12）。分布于西北、华北、华中、西南等地区，生于山地腐殖质的草地上。子实体入药，能清热、利咽、消炎止血。用于治疗风热咽痛、咳嗽、外伤出血等。

图 6-12　脱皮马勃

## 第三节　地衣植物

### 一、地衣植物概述

地衣是由1种真菌和1种（极少2种）藻类高度结合而形成的共生复合体。二者关系十分密切，使地衣在形态、构造、生理和遗传上都形成1个单独的固定有机体，因此把地衣当作1个独立的植物门看待。构成地衣的真菌绝大多数属子囊菌，少数属担子菌，极少数属半知菌；藻类主要为蓝藻和绿藻，如蓝藻的念珠藻属（*Nostoc*），绿藻的共球藻属（*Trebouxia*）和橘色藻属（*Trentepohlia*）。真菌是地衣的主导成分，地衣的形态特征几乎完全由参与其中的真菌决定。藻类被交织的菌丝组织所包围，在地衣复合体内部进行光合作用，制造有机养分并供给菌类。真菌吸收水分和无机盐，为藻类光合作用提供原料，并使植物体保持一定的湿度。

根据生长形态，地衣可分为壳状地衣、叶状地衣和枝状地衣3种类型。

壳状地衣的植物体为有色彩或花纹的壳状物，菌丝牢固地紧贴在基质（岩石、树干等）上，有的甚至伸入基质中，因此很难剥离。壳状地衣约占全部地衣的80%。例如，生于岩石上的茶渍衣属（*Lecanora*）（图6-13A）和生于树皮上的文字衣属（*Graphis*）等。

叶状地衣的植物体扁平或呈叶片状，四周有瓣状裂片，下方（腹面）以假根或脐固着在基物上，易与基质剥离。例如，生活在草地上的地卷属（*Peltigera*）（图6-13B）和生在岩石或树皮上的石耳属（*Umbilicaria*）、梅衣属（*Parmelia*）。

枝状地衣的植物体呈树枝状或柱状，直立或下垂，仅基部附着于基质上。例如，直立的石蕊属（*Cladonia*）（图6-13C）、地茶属（*Thamnolia*），悬垂分枝于树枝上的松萝属（*Usnea*）。

此外，还有介于中间类型的地衣，有的呈鳞片状，有的呈粉末状。

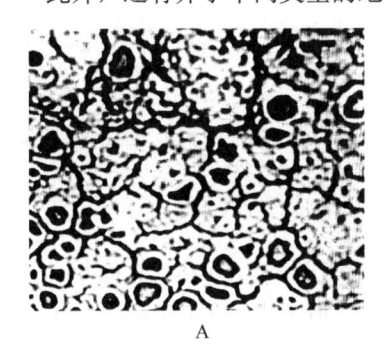

A　　　　　　　　　　B　　　　　　　　　　C

图 6-13　地衣的形态

A. 壳状地衣（茶渍衣属）；B. 叶状地衣（地卷属）；C. 枝状地衣（石蕊属）

> **案例 6-3**
> 《中华本草》考证：《纲目》记载："石耳，庐山亦多，状如地耳，山僧采曝馈远，洗去沙土，作茹胜于木耳，佳品也。"所述即石耳科石耳。
> **问题：**
> 石耳科植物属于地衣类。石耳"状如地耳"，由此推断，石耳属于哪类地衣？其横切面构造如何？最可能属于哪个地衣亚门？

不同类型的地衣内部构造也不同。叶状地衣横切面可分为上皮层、藻胞层、髓层和下皮层。上、下皮层均由菌丝紧密交织而成，特称假皮层，下皮层一般能长出假根。藻细胞密集成1层，排列在上皮层下面，称藻胞层。髓层介于藻胞层和下皮层之间，由一些疏松的菌丝和藻细胞构成，这样构造的地衣称异层地衣，绝大多数叶状地衣有分层现象，如梅衣属（*Parmelia*）（图6-14A）。藻细胞在髓层中均匀分布，不在上皮层之下集中排列成1层（即无藻胞层），这样构造的地衣称同层地衣，如猫耳衣属（*Leptogium*）（图6-14B）。壳状地衣多为同层地衣，一般典型的壳状地衣多缺乏皮层或只有上皮层，髓层与基质直接相连。枝状地衣内部构造呈辐射状，具致密的外皮层、薄的藻胞层及中轴型的髓（如松萝），或髓部中空（如石蕊）。

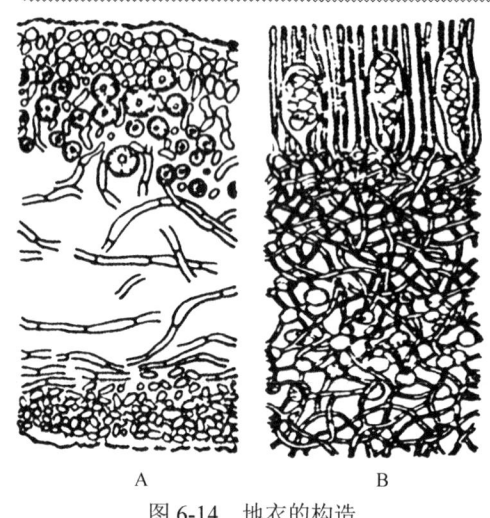

图6-14 地衣的构造
A. 异层地衣；B. 同层地衣

地衣中的主要化学成分为地衣酸和地衣多糖，具有抗肿瘤、抗病毒、抗辐射及抗菌等生物活性。地衣酸中缩酚酸类及其衍生物为地衣共生体特有的化学成分。迄今已知的地衣酸有800多种。

地衣的繁殖方式主要有营养繁殖和有性繁殖。营养繁殖是最普通的繁殖方式，主要是地衣体的断裂。有性繁殖为地衣体中的子囊菌和担子菌产生子囊孢子或担孢子。

地衣耐旱性和耐寒性很强，对营养条件要求不高，分布极为广泛，从南北极到赤道，从高原到平原，从树林到荒漠，都有地衣的存在。地衣分泌的地衣酸可腐蚀岩石，对土壤的形成起着开拓先锋的作用。地衣多数是喜光植物，要求空气清洁新鲜，特别对二氧化硫非常敏感，所以在工业城市附近很少有地衣的存在，因此地衣可作为鉴别大气污染程度的指示植物。

地衣有悠久的药用历史，《名医别录》中记载石濡（即石蕊）可明目益精气；《本草纲目》记载女萝（即松萝）能疗痰热温疟，石濡能生津润喉、解热化痰。《本草纲目拾遗》中记载："雪茶出丽江府属山中，久则色微黄"。

## 二、地衣植物的分类及重要药用植物

地衣植物有525属26 000多种，我国232属1766种。根据共生真菌的种类，通常将地衣分为3纲。

### （一）子囊衣纲

地衣体中的真菌属于子囊菌。子囊衣纲（Ascolichens）地衣数量约占地衣总数的99%，如松萝属（*Usnea*）、石蕊属（*Cladonia*）、石耳属（*Umbilicaria*）、梅衣属（*Parmelia*）、肺衣属（*Lobaria*）。

### （二）担子衣纲

地衣体中的真菌属于担子菌。担子衣纲（Basidiolichens）地衣主要分布在热带，种类很少，如扇衣属（*Cora*）。

### （三）半知衣纲

根据半知衣纲（Deuterolichens）地衣体的构造和化学反应属于子囊菌的某些属，未见到它们产生子囊和子囊孢子，是一类无性地衣。种类更少，如地茶属（*Thamnolia*）。

【重要药用植物】

**松萝** *Usnea diffracta* Vain. 属松萝科。枝状地衣，扫帚形，丝状，长15～30cm。全株有明显环状裂纹，使地衣体呈节枝状，节间长短不一（图6-15A）。分布于全国大部分地区。生于深山老林树干上或岩壁上。含松萝酸、巴尔巴地衣酸、地衣聚糖等。全草入药，能止咳平喘，活血通络，清热解毒。西南地区常作"海风藤"入药。

同属植物**长松萝（蜈蚣松萝、老君须）** *U. longissima* Ach. 全株细长不分枝，长可达1.2m，主轴两侧密生细而短的侧枝，形似蜈蚣（图6-15B）。分布和功用同松萝。

**石蕊（鹿蕊）** *Cladonia rangiferina* (L.) Web. 属石蕊科。枝状地衣，高5～10cm，中空，全体灰白色，表面粗糙，有破孔，多分枝，枝顶具倾向于一侧的放射状小枝。干燥时硬脆，潮湿时柔软。分布于黑龙江、吉林、辽宁、陕西、四川、贵州、云南等省。生于干燥山地。含黑茶渍素、冰岛衣酸、原冰岛衣酸、松萝酸、反丁烯二酸原冰岛衣酸酯等。全草入药，能清热除湿，镇痛，凉血止血。

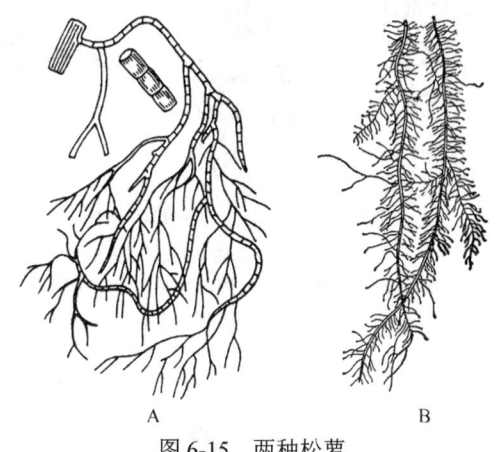

图6-15 两种松萝
A. 松萝；B. 长松萝

**地茶** *Thamnolia vermicularis* (Sw.) Ac. ex Schaer. 全草能清热解毒，平肝降压，养心明目。**石耳** *Umbilicaria esculenta* (Miyoshi) Minks 全草能清热解毒，止咳祛痰，利尿。**石梅衣** *Parmelia saxatilis* Ach. 全草能清热利湿，止崩漏。**肺衣** *Lobaria pulmonaria* Hoffm. 全草能健脾，利水，败毒，止痒。

## 第四节 苔藓植物门

### 一、苔藓植物概述

苔藓植物是一类小型的绿色自养型陆生植物，也是最原始的高等植物。简单的苔藓植物体（配子体）呈扁平的叶状体，比较高级的种类则有假根以及类似茎、叶的分化。植物体内部构造简单，假根是由表皮突起的单细胞或1列细胞组成的丝状体所组成，无中柱，只在较高级的种类中有类似输导组织的细胞群。叶多数由1层细胞组成，表面无角质层，内部有叶绿体，能进行光合作用，也能直接吸收水分和养料。

苔藓植物具有明显的世代交替。苔藓植物的配子体在世代交替中占优势，能独立生活。孢子体不发达，必须寄生在配子体上，不能独立生活。这是区别于其他高等植物的最大特征之一。

苔藓植物有性生殖时，在配子体（$n$）上产生多细胞构成的雌性器官颈卵器（archegonium）和雄性器官精子器（antheridium）（图6-16）。颈卵器外形像长颈烧瓶，颈部中间有1条沟，称颈沟，膨大的腹部中间有1个大型的细胞，称卵细胞。精子器一般呈棒状、卵状或球状。精子器产生多数精子，精子先端有两根鞭毛，借水游到颈卵器内与卵细胞结合，卵细胞受精后形成合子（$2n$），合子分裂形成胚，胚在颈卵器内吸收配子体的营养发育成孢子体（2n）。孢子体通常分为3部分，上端为孢蒴（capsule），其下有柄，称蒴柄（seta），蒴柄最下部为基足（foot），基足伸入配子体中吸收养料，供孢子体生长。孢蒴是孢子体最主要的部分，其内的孢原组织细胞经多次分裂再经减数分裂，形成孢子（n），孢子散出后，在适宜环境中萌发成原丝体，经过一段时期生长后，在原丝体上发育生成新的配子体（植物体）。

苔藓植物生活史中，孢子萌发成原丝体（protonema），再发育成配子体，配子体产生雌雄配子，这一阶段为有性世代，细胞核染色体数目为 n。从受精卵发育成胚，由胚发育成孢子体的阶段为无性世代，细胞核染色体数目为 2n。有性世代和无性世代互相交替，具有明显的世代交替（图 6-17）。

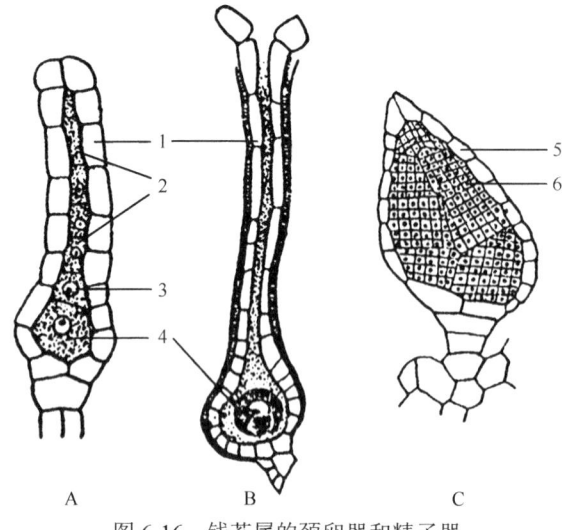

图 6-16 钱苔属的颈卵器和精子器
A、B. 不同时期的颈卵器；C. 精子器
1. 颈卵器壁；2. 颈沟细胞；3. 腹沟细胞；4. 卵细胞；5. 精子器壁；6. 产生精子的细胞

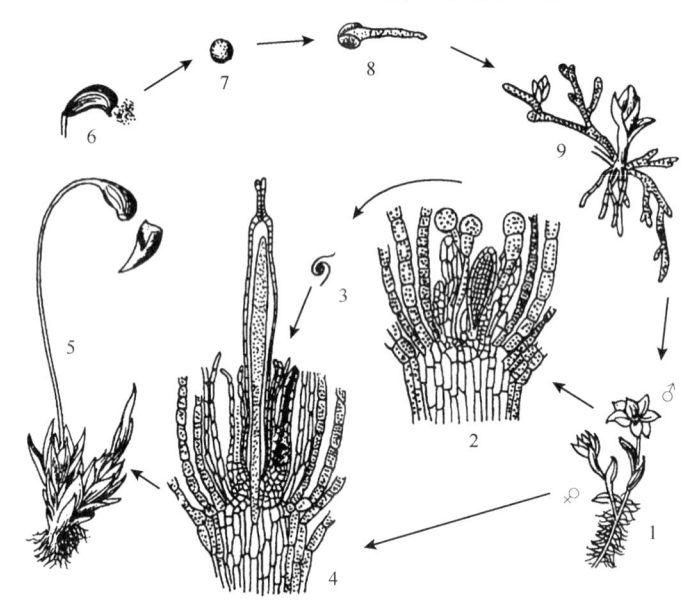

图 6-17 葫芦藓生活史
1. 配子体上的雌、雄生殖枝；2. 雄器苞的纵切面示精子器及隔丝；3. 精子；4. 雌器苞的纵切面示颈卵器和正在发育的孢子体；5. 仍着生于配子体上的成熟孢子体；6. 散发孢子；7. 孢子；8. 孢子萌发；9. 具芽及假根的原丝体

苔藓植物一般生于潮湿和阴暗的环境中，是从水生到陆生过渡形式的代表性植物。苔藓植物含有多种活性化合物，如脂类、萜类和黄酮类等。

苔藓植物药用历史悠久，宋代《嘉祐本草》已记载土马鬃能清热解毒，明代李时珍在《本草纲目》中也记载了一些药用苔藓植物。第三次中药资源普查显示，我国共有21科33属43种苔藓植物可供药用。

## 二、苔藓植物的分类及重要药用植物

苔藓植物是高等植物的第二大类群，全世界约有 23 000 种，我国约有 2800 种。根据其营养体的形态结构，通常将其分为苔纲（Hepaticae）和藓纲（Musci）。也有人把苔藓植物分成苔纲、角苔纲（Anthocerotae）和藓纲。

## （一）苔纲 Hepaticae

植物体（配子体）多为有背腹之分的扁平叶状体，有的种类有原始的茎、叶分化。假根单细胞。茎内通常未分化出中轴，多由同形细胞构成。孢子体的构造比藓类简单，孢蒴无蒴齿，多数种类亦无蒴轴。孢蒴内具孢子及弹丝，成熟时在孢蒴顶部呈不规则开裂。孢子萌发后，原丝体阶段不发达，每1原丝体只形成1个植株（配子体）。

## （二）藓纲 Musci

植物体一般辐射对称而无背腹之分，有原始的茎、叶分化。根为单列细胞组成的分枝状假根。有的种类茎内具中轴，但无维管组织。有的叶具有中肋。孢子体的构造比苔类复杂，蒴柄较长，孢蒴顶部有蒴盖及蒴齿。孢蒴内有蒴轴，无弹丝，成熟时多为盖裂。孢子萌发后，原丝体阶段发达，每1原丝体常形成多个植株。

**【重要药用植物】**

**地钱** *Marchantia polymorpha* L. 属苔纲地钱科。叶状体扁平，深绿色，多为二歧分枝，边缘呈波曲状。贴地生长，有背腹之分。上面常有杯状无性孢芽杯；腹面具紫色鳞片，假根多数，平滑或有突起。雌雄异株，各具雌、雄生殖托；雄托圆盘状，波状浅裂成7～8瓣；雌托扁平，深裂成6～10个指状瓣（图6-18）。广布全国各地。多生于阴暗潮湿的地方。全草药用，能清热解毒，祛瘀生肌。

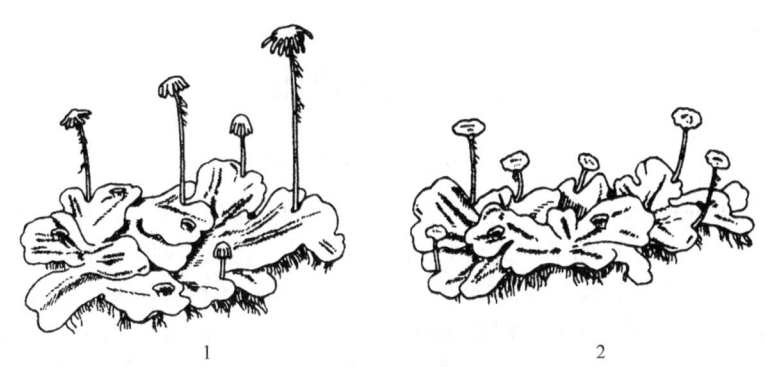

图6-18 地钱
1. 雌株；2. 雄株

苔纲植物药用的还有**蛇苔** *Conocephalum conicum* (L.) Dumort.，全草药用，称"蛇地钱"，能清热解毒，消肿止痛。

**大金发藓（土马鬃）** *Polytrichum commune* L. ex Hedw. 属藓纲金发藓科。小型草本，高10～30cm，深绿色，常丛集成大片群落。有茎、叶分化。茎直立，下部有多数须根。叶丛生于茎的中上部，鳞片状，长披针形，边缘有齿，中肋突出，叶基部鞘状。雌雄异株，颈卵器和精子器分别生于两种植物体（配子体）的茎顶。蒴柄长，棕红色。膜质蒴帽有棕红色毛，覆盖全蒴。孢蒴四棱柱形，蒴内形成大量孢子，孢子萌发成原丝体，原丝体上的芽长成配子体（植物体）（图6-19）。全国各地均有分布。生于山野阴湿土坡、森林沼泽、酸性土壤上。全草入药，能清热解毒，凉血止血。

**暖地大叶藓（回心草）** *Rhodobryum giganteum* (Sch.) Par. 属藓纲真藓科。根状茎横生，茎直立，叶丛生于茎顶，呈伞状，绿色；茎下部叶小，鳞片状，紫色，贴茎。雌雄异株。蒴柄紫红色，孢蒴长筒形，褐色，下垂（图6-20）。分布于华南、西南。生于溪边岩石上或湿林地。全草能清心，明目，安神，对冠心病有一定疗效。

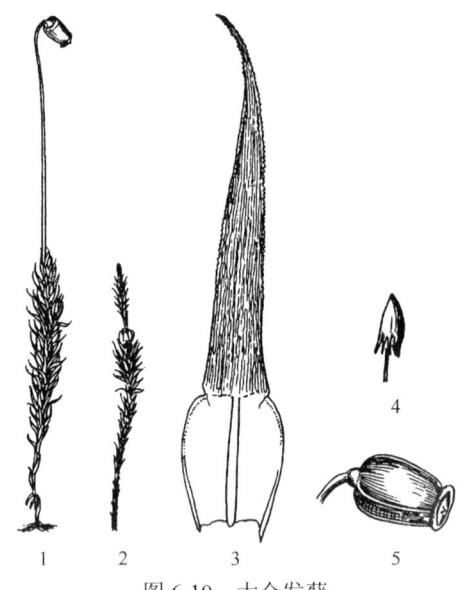

图 6-19　大金发藓

1.雌株，具孢子体；2.雄株，生有新枝条；3.叶腹面观；4.具蒴帽的孢蒴；5.孢蒴

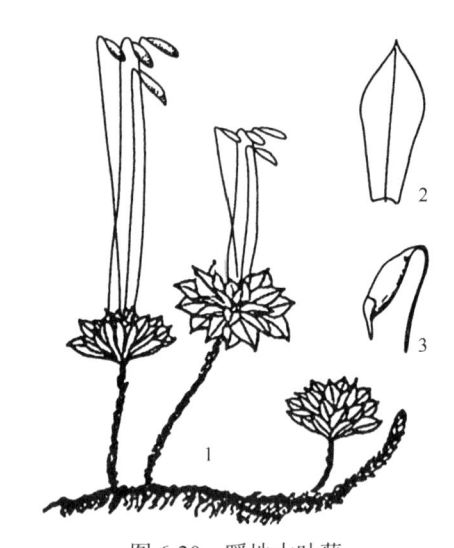

图 6-20　暖地大叶藓

1.植物体；2.叶；3.孢蒴和孢帽

藓纲植物药用的还有**葫芦藓** *Funaria hygrometrica* Hedw.，全草能除湿，止血。**平珠藓** *Plagiopus oederi* (Gunn.) Limpr.，全草药用，称"太阳针"，能镇惊安神。**山毛藓** *Oreas martiana* (Hopp. et Hornsch.) Brid.，全草能养阴清热，养血安神。

## 第五节　蕨类植物门

### 一、蕨类植物概述

蕨类植物门（Pteridophyta）具有独立生活的配子体和孢子体，其孢子体远比配子体发达，有根、茎、叶的分化和较为原始的维管组织构成的输导系统。无性生殖产生孢子，有性生殖器官具有精子器和颈卵器。蕨类植物较苔藓植物进化，它是高等的孢子植物，又是原始的维管植物。

蕨类植物分布很广，现有蕨类植物 12 000 多种，广布于世界各地，以热带、亚热带为其分布中心。我国有 2600 多种，多数分布于西南地区和长江流域以南地区。其中可供药用的蕨类植物有 39 科，400 余种。常见的药用蕨类有金毛狗脊、海金沙、石松、卷柏、骨碎补等。

#### （一）蕨类植物的特征

**1.孢子体**　发达，通常有根、茎、叶的分化，多年生草本，极少数为一年生。

（1）根：除了极少数原始的类型仅具假根外，其他蕨类植物均有吸收能力较强的不定根。

（2）茎：常为根状茎，少数蕨类植物具有直立的地上茎，有的呈树干状，如桫椤等。较为进化的蕨类植物常有毛茸和鳞片等保护组织，如真蕨类的石韦、槲蕨等（图 6-21）。

蕨类植物的孢子体内出现了输导组织的分化，在演化过程中形成了各种类型的中柱，其茎内主要的中柱类型有原生中柱（protostele）、管状中柱（siphonostele）、网状中柱（dictyostele）和散生中柱（atactostele）等。其中原生中柱为原始类型，网状中柱、真中柱和散生中柱为较进化的类型（图 6-22）。

（3）叶：根据起源和形态特征，蕨类植物的叶可分为小型叶（microphyll）与大型叶（macrophyll）两种类型。小型叶只有一个单一的不分枝的叶脉，没有叶隙（leaf gap）和叶柄（petiole），由茎的表皮突出形成，为原始类型，如石松亚门植物的叶。大型叶有叶柄和叶隙，叶脉多分枝，如真蕨亚门植物的叶。大型叶幼时拳卷（circinate），成长后常分化为叶柄和叶片两部分。

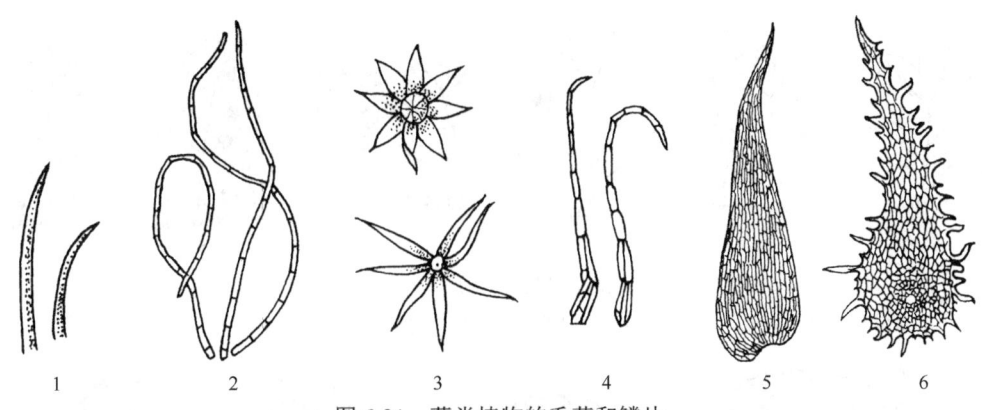

图 6-21 蕨类植物的毛茸和鳞片

1. 单细胞毛；2. 节状毛；3. 星状毛；4. 鳞毛；5. 细筛孔鳞片；6. 粗筛孔鳞片

蕨类植物的叶又可分为孢子叶和营养叶，不产生孢子囊和孢子的称为营养叶或不育叶（foliage leaf, sterile frond）；产生孢子囊和孢子的叶称为孢子叶或能育叶（sporophyll, fertile frond）；有些蕨类的营养叶和孢子叶是不分的，形状相同，称同型叶（homomorphic leaf；一型）；也有孢子叶和营养叶形状完全不同的，称异型叶（heteromorphic leaf；二型）。同型叶是朝着异型叶的方向发展的。

**案例 6-4**

食用蕨菜始见载于《诗经》"陟彼南山，言采其蕨"。蕨菜又叫拳头菜、猫爪、龙头菜，在我国分布较广，它所烹制的菜有清香味美，被称为"山菜之王"。

问题：
1. 蕨菜一般采自于哪些蕨类植物？
2. 蕨菜是该植物的根、茎还是叶？

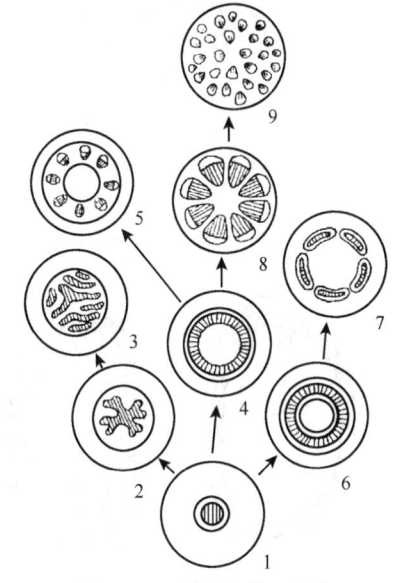

图 6-22 中柱类型及演化

1. 原生中柱；2. 星状中柱；3. 编织中柱；4. 外韧管状中柱；5. 具节中柱；6. 双韧管状中柱；7. 网状中柱；8. 真中柱；9. 散生中柱

（4）孢子囊：在小型叶蕨类中，孢子叶通常集生在枝的顶端，形成球状或穗状，称孢子叶穗（sporophyll spike）或孢子叶球（strobilus），孢子囊单生于孢子叶的近轴面叶腋或叶的基部。而在大型叶的蕨类植物或较进化的真蕨类植物中，孢子囊常生在孢子叶的背面或边缘，有的集生在一个特化的孢子叶上聚集成群，形成孢子囊群或孢子囊堆（sorus）（图 6-23）。水生蕨类的孢子囊群生在特化的孢子果（sporocape）（或称孢子荚）内。孢子囊群有圆形、长圆形、肾形、线形等形状。原始类群的孢子囊群是裸露的，进化类型通常有各种形状的囊群盖（indusium），也有囊群盖退化以至消失的。孢子囊壁上有一行不均匀增厚的细胞构成环带（annulus），环带着生的位置有多种形式，如顶生环带、横行中部环带、斜行环带、纵行环带等（图 6-24）。环带对孢子的散布及蕨类植物的鉴定有重要的作用。

（5）孢子：蕨类植物的孢子在形态上可分为两类，一类是二面型孢子，一般为肾形、单裂缝、两侧对称；另一类是四面型孢子，圆形或钝三角形，三裂缝、辐射对称（图 6-25）。孢子壁光滑或具有不同的突起或纹饰，有的孢壁上具弹丝。大多数蕨类植物产生的孢子大小相同，称孢子同型（isospory），卷柏属植物和少数水生蕨类的孢子有大小之分，称孢子异型（heterospory）。产生大孢子的囊状结构称大孢子囊（megasporangium），产生小孢子的称小孢子囊（microsporangium），大孢子萌发后形成雌配子体，小孢子萌发后形成雄配子体。

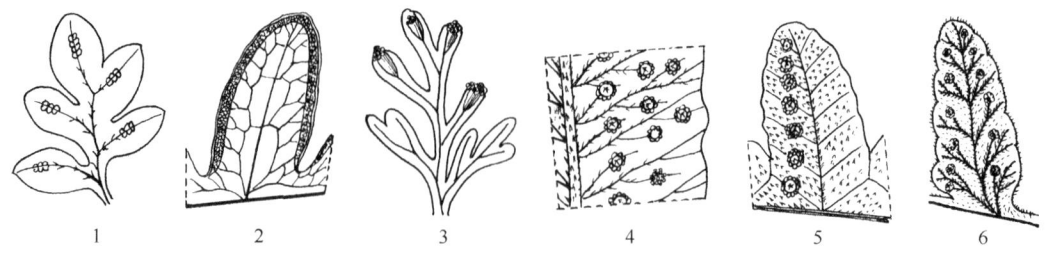

图 6-23 孢子囊群在孢子叶上着生的位置

1.无盖孢子囊群；2.边生孢子囊群；3.顶生孢子囊群；4.有盖孢子囊群；5.脉背生孢子囊群；6.脉端孢子囊群

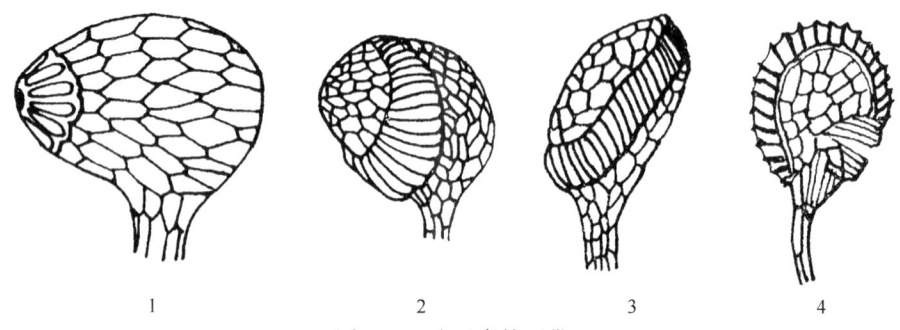

图 6-24 孢子囊的环带

1.顶生环带（海金沙属）；2.横行中部环带（芒萁属）；3.斜行环带（金毛狗属）；4.纵行环带（水龙骨属）

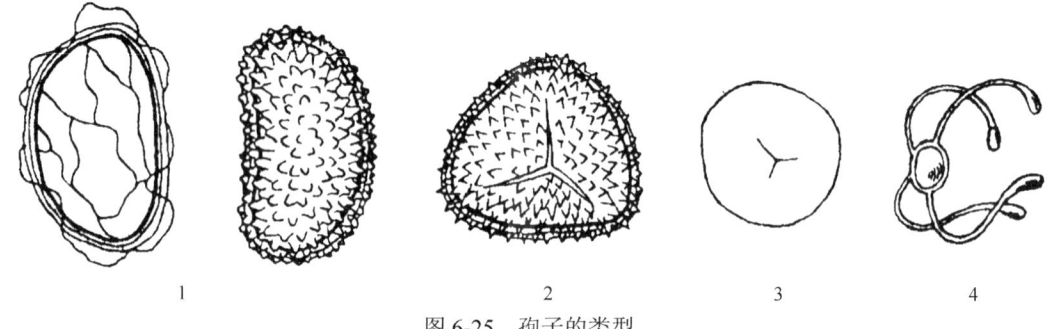

图 6-25 孢子的类型

1.二面型孢子（鳞毛蕨属）；2.四面型孢子（海金沙属）；3.球状四面型孢子（瓶尔小草科）；4.弹丝型孢子（木贼科）

### 案例 6-5

海金沙为临床常用的中药，能够清热解毒，利水通淋。《本草纲目》记载海金沙："其色黄如细沙也，谓之海者，神异之也。"

**问题：**

色黄如细沙的海金沙来源于蕨类植物海金沙的哪个部位？

**2. 配子体** 蕨类植物的成熟孢子在适宜的环境中可萌发成小型的绿色叶状体，称为原叶体（prothallus），即配子体。配子体结构简单，能独立生活于潮湿的地方，生活期短，具有腹背分化。在配子体的腹面有颈卵器和精子器，颈卵器中有一个卵细胞，精子器可形成多数带鞭毛的精子，成熟的精子从精子器逸出，以水为媒介进入颈卵器与卵细胞结合形成受精卵。受精卵发育成胚，胚发育成孢子体。孢子体幼时暂时寄生在配子体上，配子体死亡后，孢子体即行独立生活。

**3. 生活史** 从受精卵开始到孢子体上产生的孢子囊中孢子母细胞进行减数分裂之前，这一阶段称孢子体世代（无性世代），其细胞的染色体数目是二倍性的（$2n$）。从单倍体的孢子开始到精子和卵细胞结合前的阶段，称配子体世代（有性世代），其细胞染色体数目是单倍性的（$n$）。蕨类植物的两个世代有规律地交替完成其生活史，在其生活史中有两个独立生活的植物体：孢子体和配子体，孢子体非常发达，配子体弱小，是孢子体占优势的异型世代交替（图6-26）。

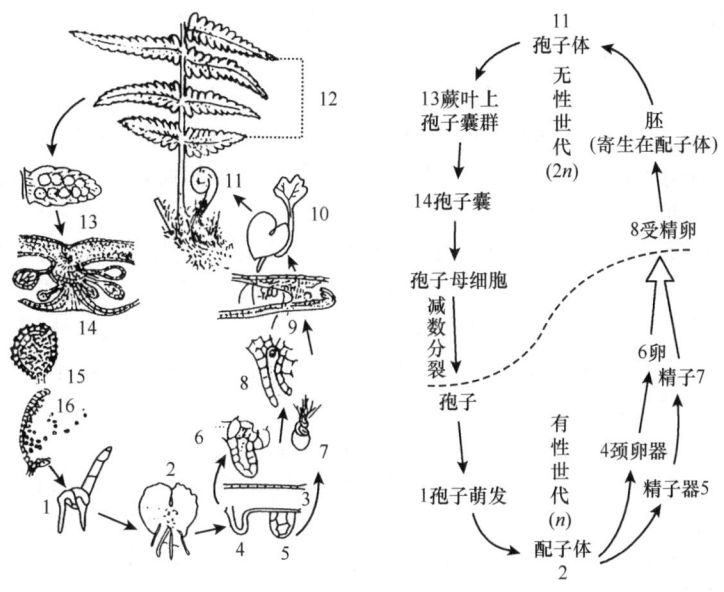

图 6-26 蕨类植物的生活史

1.孢子萌发；2.配子体；3.配子体切面；4.颈卵器；5.精子器；6.雌配子（卵）；7.雄配子（精子）；8.受精作用；9.合子发育成幼孢子体；10.新孢子体；11.孢子体；12.蕨叶一部分；13.蕨叶上孢子囊群；14.孢子囊群切面；15.孢子囊；16.孢子囊裂开及孢子散出

## （二）蕨类植物的化学成分

蕨类植物化学成分比较复杂，常见的活性成分有酚类、黄酮类、生物碱类及萜类等。

**1. 酚类化合物** 大型叶的真蕨亚门植物中含有二元酚及其衍生物，如绿原酸（chlorogenic acid）、咖啡酸（caffeic acid）、阿魏酸（ferulic acid）等，具有抗菌、止痢、止血、利胆、止咳、祛痰的作用。鳞毛蕨属（*Dryopteris*）、肋毛蕨属（*Ctenitis*）、耳蕨属（*Polystichum*）等属的植物中常含有间苯三酚类化合物及其衍生物等多元酚类成分，如绵马酸类（filicic acids）、绵马酚（aspidinol）等，具有较强的驱虫作用。

**2. 黄酮类化合物** 蕨类植物中普遍含有黄酮类成分，具有多种生理活性。例如，卷柏、节节草含有芹菜素（apigenin）及木犀草素（luteolin），问荆含有异槲皮苷（isoquercitrin）、问荆苷（equisetrin）、山柰酚（kaempferol）等。槲蕨含橙皮苷（hesperidin）、柚皮苷（naringin）。石韦属（*Pyrosia*）含芒果苷（mangiferin）、异芒果苷（isomangiferin）等。

**3. 生物碱类化合物** 小型叶的蕨类植物中普遍含有生物碱类，如石杉科植物中含有石杉碱甲（huperzine A），可防治老年痴呆；石松科的石松属（*Lycopodium*）中含石松碱（lycopodine）、石松毒碱（clavatoxine）、垂穗石松碱（lycocernuine）等。木贼科的木贼、问荆等含有犬问荆碱（palustrine）。

**4. 三萜类化合物** 蕨类植物中普遍含有三萜类化合物，如石松中的石杉素（lycoclavinin）、石松醇（lycoclavanol）等，蛇足石杉中的千层塔醇（tohogenol）、托何宁醇（tohogininol）等；紫萁、狗脊蕨、多足蕨中具有促进蛋白质合成、排除体内胆固醇、降血脂及抑制血糖上升等活性的昆虫蜕皮激素（ecdysone）等。

此外，一些蕨类植物中含有甾体、鞣质、脂肪油等成分。

## 二、蕨类植物的分类及重要药用植物

现存的蕨类植物有 11 500 多种,广泛分布于热带和亚热带,我国约有蕨类植物 63 科 2600 种,其中可供药用的有 49 科 400 多种,主要分布于西南地区及长江以南地区,是世界上蕨类植物最为丰富的区域。

1978 年我国蕨类植物学家秦仁昌教授将蕨类植物门分为 5 个亚门,即松叶蕨亚门（Psilophytina）、石松亚门（Lycophytina）、水韭亚门（Isoephytina）、楔叶亚门（Sphenophytina）和真蕨亚门（Filicophytina）。前四个亚门是小型叶蕨类,属原始而古老类群,现存的种类少。真蕨亚门为大型叶蕨类植物,为现今最繁茂的蕨类植物类群。

**1. 石杉科**（Huperziaceae） 属石松亚门。多年生草本,小型或中型蕨类,附生或伴生,茎短直立或斜升,等位二叉状分枝,具原生中柱或星芒状中柱;小型叶,一型或二型,螺旋状排列;孢子叶较小,与营养叶同形或异形,孢子囊通常为肾形,生于叶腋,或于枝顶端形成细长线形的孢子囊穗,孢子同型,呈球状四面体。原叶体地下生,呈圆柱状或线形,单一或不分枝。精子器和颈卵器生于原叶体背面。

本科共 2 属,约 150 种,广布于热带。我国有 2 属,40 余种。本科植物常含多种生物碱和三萜类化合物,其中石杉碱甲（hperzine A）可用于治疗阿尔茨海默病（Alzheimer's disease, AD）。

【重要药用植物】

**蛇足石杉** *Huperzia serrata* (Thunb.) Trev. 又名千层塔,多年生草本,全株暗绿色,高 10～30cm。根须状,茎直立或下部斜升至平卧,单一或少数二叉状分枝。叶薄革质,椭圆状针形,长 1～3cm,宽 1～8mm,基部楔形,下延有柄,先端急尖或渐尖,边缘有不规则的尖齿,中脉突出明显,孢子叶与营养叶同形;孢子囊肾形,生于孢子叶的叶腋,两端露出,黄色（图 6-27）。分布于我国西北和华北等地。全草含石杉碱甲等多种生物碱,可改善记忆力,用于治疗老年痴呆。

**小杉兰** *Huperzia selago* (L.) Bench. ex Shrank et Mart.,株高 12～20cm,黄绿色,茎直立或斜升,二歧状分枝。叶线状披针形,全缘,中脉较明显,孢子囊肾形,生于孢子叶的上部叶腋,黄褐色（图 6-28）,分布于东北及陕西、四川、云南、新疆等地。全草含石杉碱甲等多种生物碱,作用同蛇足石杉。

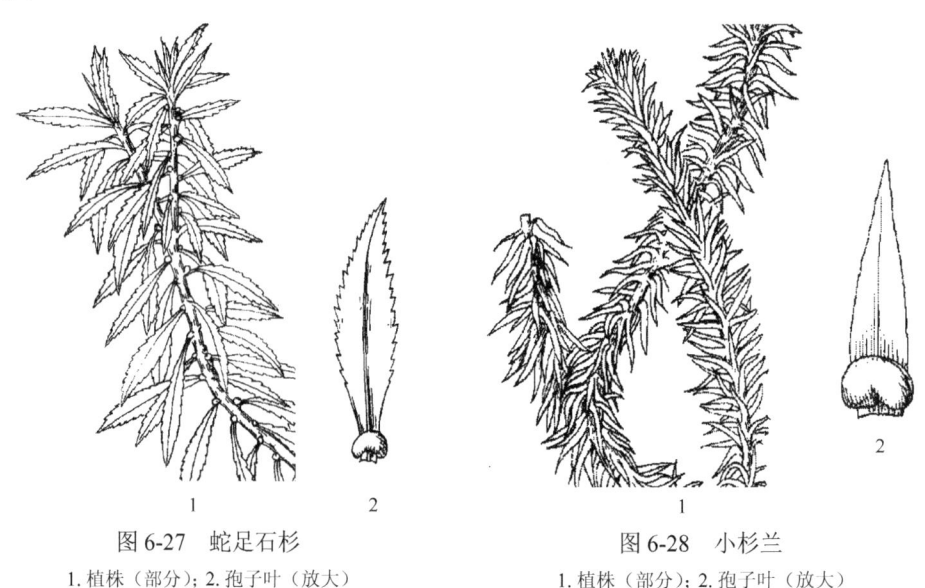

图 6-27 蛇足石杉
1. 植株（部分）；2. 孢子叶（放大）

图 6-28 小杉兰
1. 植株（部分）；2. 孢子叶（放大）

**案例 6-6**

石杉碱甲的化学结构独特，具有多靶点作用，为一种可逆性胆碱酯酶抑制剂，不仅有抑制胆碱酯酶和提高脑内胆碱能神经元功能的作用，还能对抗多种因素诱发的氧化应激和细胞凋亡等神经元毒性作用。石杉碱甲有较高的脂溶性，分子小，易透过血脑屏障，作用时间长，口服生物利用度高，进入中枢后较多地分布于大脑的额叶、颞叶、海马等与学习和记忆有密切联系的脑区，强化学习与记忆脑区的兴奋作用，起到提高认知功能、增强记忆保持和促进记忆再现的作用。石杉碱甲主要用于治疗中、老年良性记忆障碍及各型痴呆、记忆认知功能及情绪行为障碍等症。近年来，国内大量临床研究也已证明石杉碱甲对血管性痴呆、颅脑外伤、智力低下等患者的学习、记忆障碍，对小儿语言发育迟缓、精神分裂症的认知损害等有一定的治疗作用。

问题：
1. 你熟悉石杉碱甲吗？其化学结构有何特点？
2. 根据石杉碱甲的溶解性特点，如何从蛇足石杉或小杉兰中提取石杉碱甲？

**2. 石松科**（Lycopodiaceae） 属石松亚门。为多年生草本，小型至大型蕨类，陆生或附生。主茎直立或呈匍匐攀缘状，具不定根，侧枝二叉分枝或近合轴分枝。叶小，钻形、线形至披针形，具中脉，螺旋状或轮状排列。孢子囊穗圆柱形或柔荑花序状，集生于枝顶。孢子球状四面形，常具网状或拟网状纹饰。

本科有 7 属，40 余种，我国有 5 属，18 种，药用的有 4 属，9 种。大多产于热带、亚热带及温带地区，含多种生物碱及萜类成分。

**【重要药用植物】**

**石松（伸筋草）** *Lycopodium japonicum* Thunb.，多年生草本植物，匍匐茎地上生，细长横走，侧枝直立，为二歧式分枝，叶小，全缘，革质，多为披针状或线状披针形，螺旋状密集排列。孢子囊穗集生于枝顶，孢子叶卵状三角形，顶端急尖，边缘膜质。孢子囊肾形，黄色（图 6-29）。主要分布在福建、台湾、湖北、四川、云南等地。全草能祛风除湿、舒筋活络、利尿通经。

**3. 卷柏科**（Selaginellaceae） 属石松亚门。通常为多年生草本植物，茎直立或匍匐。单叶，小型叶，具叶舌，主茎上的叶通常排列稀疏，在分枝上通常呈 4 行排列。孢子叶穗生于茎或枝的顶端，四棱形或扁圆柱形，孢子叶小。孢子囊近轴面生于叶腋内，二型，大孢子囊内有 4 个大孢子，偶有 1 个或多个，每个小孢子囊内小孢子多数，均为球状四面体。

本科仅卷柏属 1 属，约 700 种，主要分布于热带地区，我国约有 70 种，全国各地均有分布。多含双黄酮类化合物。

图 6-29 石松
1. 植株（部分）；2. 孢子叶和孢子囊；3. 孢子（放大）

**【重要药用植物】**

**卷柏（还魂草）** *Selaginella tamariscina* (Beauv.) Spring，多年生草本，高 5～15cm。主茎直立，分枝羽状或二叉状，丛生，干旱时蜷缩，遇雨舒展。叶交互排列，二型，叶质厚，表面光滑，边缘有细齿，覆瓦状排列成四行，左右两行较大，称为侧叶，中间两行小，称中叶（图 6-30）。孢子叶穗单生

图 6-30 卷柏

于小枝顶端，四棱形。孢子叶卵状三角形，边缘有细齿，顶端有尖头或具芒。孢子囊圆肾形。多生于向阳的山坡岩石及石缝中，中国大部分地区均有分布。全草含双黄酮类化合物，生用能活血化瘀，炒炭有止血、收敛的功效。

本科的药用植物还有：**垫状卷柏** *S. pulvinata* (Hook. & Grev.) Maxim.，似卷柏，但其叶肉质、全缘。全草可作卷柏药用。**深绿卷柏** *S. deoderleinii* Hieron.，全草能消肿、祛风。**江南卷柏** *S. moellendorfii* Hieron.，全草能清热、止血、利湿。**翠云草** *S. uncinate* (Desv.) Spring，全草能清热、利湿、通络、止血。

**4. 木贼科**（Equisetaceae） 属楔叶亚门。为多年生草本。根状茎横走，地上茎细长圆柱形，直立，茎单一或节上有轮生枝，中空，有明显的节和节间，节间有纵沟脊，表面粗糙，富含硅质。叶小，鳞片状，退化成管状而有锯齿的鞘，环生于节上。孢子囊多数，着生于盾状鳞片状的孢子叶下面，在枝顶形成孢子叶穗。孢子同型或异型，孢壁具弹丝。

本科共有 2 属 30 余种，其中我国有 2 属 10 余种，已知供药用的有 8 种。含黄酮类、生物碱、酚酸类等多种化学成分。

【重要药用植物】

**木贼（笔头草）** *Equisetum hyemale* L. 多年生常绿草本。根状茎粗短，黑褐色，地上茎直立，单一或仅于基部分枝，中空，有节，有纵棱 20～30 条，极粗糙，棱脊上有 2 行疣状突起。叶鞘基部及鞘齿各有一黑色圈或仅鞘齿有一黑色圈，鞘齿披针形，顶部尾尖早落（图 6-31）。孢子囊穗卵状，生于茎顶，末端有小尖突。孢子同型。分布于我国东北、华北、内蒙古和长江流域各省区。喜生于山坡林下阴湿处。全草入药，可收敛止血，疏风散热，明目退翳。

**问荆** *Equisetum arvense* L. 多年生草本植物。根状茎横生地下，黑褐色。地上茎直立，节间明显，二型，有能育茎和不育茎之分，能育茎由根状茎上生出，肉质，无分枝，孢子叶穗顶生，叶膜质，鞘齿粗大。当能育枝枯萎时，长出不育茎，分枝多，轮生，表面有明显的纵棱（图 6-32）。分布于东北、华北、西北、西南等地，全草入药，具有清热、利尿、止血、止咳等功效。

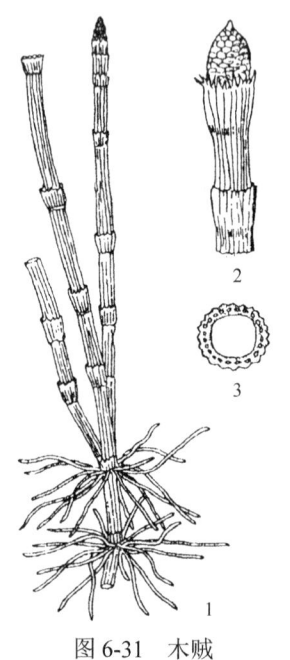

图 6-31 木贼
1. 植株全形；2. 孢子叶穗；3. 茎横切面

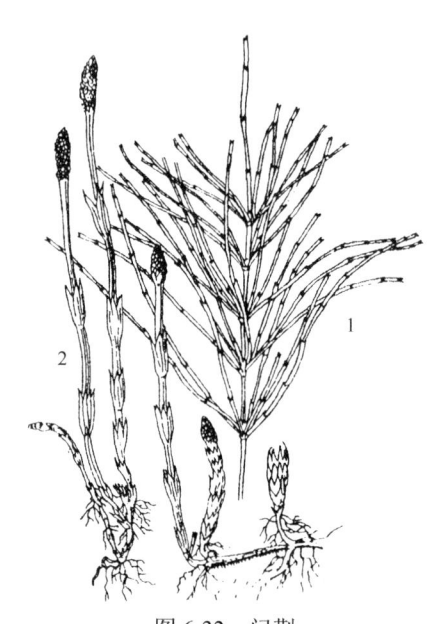

图 6-32 问荆
1. 营养茎；2. 孢子茎

本科药用植物还有：**节节草** *E. ramosissimum* Desf.，地上茎多分枝，中空，具纵棱。叶鞘基部无黑色圈，鞘齿黑色。广泛分布于全国各地。全草能清热散结，祛痰止咳。**笔管草** *E. debile*

Roxb.，与木贼相似，但其地上茎有分枝，鞘齿非黑色。分布于华南、西南和长江中下游地区。

**5. 瓶尔小草科**（Ophioglossaceae） 植物体为小草本。根状茎短而直立，有肉质粗根，叶有营养叶与孢子叶之分，出自总叶柄，营养叶单一，全缘，叶脉网状，中脉不明显；孢子叶有柄，自总叶柄或营养叶的基部生出；孢子囊形大，无柄，沿囊托两侧排列，形成狭穗状，横裂。孢子球状四面形。

【重要药用植物】

**瓶尔小草** *Ophioglossum vulgatum* L. 多年生草本。根状茎短而直立，具一簇肉质粗根。叶通常单生，总叶柄深埋土中；营养叶从总柄基部处生出，无柄，全缘，网状脉明显（图6-33）。孢子叶穗自总叶柄顶端生出，先端尖，远超出于营养叶之上。分布于东北、西北、西南地区及台湾等地。生于湿润的森林草地和灌丛。全草入药，具清热解毒、消肿止痛作用。

**尖头瓶尔小草** *O. pedunculosum* Desv. 与瓶尔小草区别：叶卵圆形，孢子囊穗线形，直立。分布于福建、台湾、广东、安徽、江西等省。

**6. 紫萁科**（Osmundaceae） 陆生草本。根状茎直立，无鳞片，叶片幼时被棕色黏质腺状绒毛，老时脱落。羽状复叶，叶脉分离，二叉分枝。孢子囊大，生于强烈收缩变形的孢子叶羽片边缘，孢子囊顶端有几个增厚的细胞（盾状环带），孢子圆球四面形。

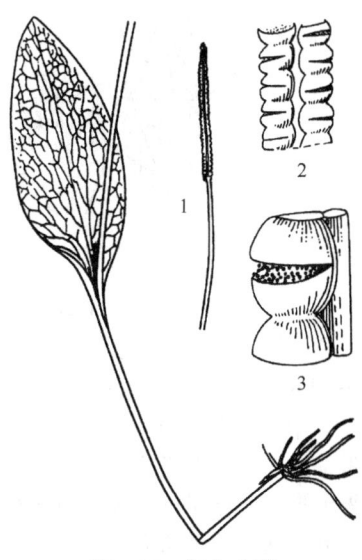

图6-33 瓶尔小草
1. 植物全株；2. 孢子叶穗一段；3. 孢子囊

【重要药用植物】

**紫萁** *Osmunda japonica* Thunb. 多年生草本。根状茎短粗，或呈短树干状而稍弯。叶簇生，直立，幼时被密绒毛；叶片为三角状阔卵形，顶部一回羽状，其下为二回羽状；小羽片披针形至三角状披针形，先端稍钝或急尖，向基部稍宽，圆形，或近截形，有柄，基部往往有1～2片合生的圆裂片，或阔披针形的短裂片，边缘有均匀的细锯齿。叶脉叉状分离。孢子叶小羽片狭窄，沿中肋两侧背面密生孢子囊。

紫萁分布于秦岭以南广大地区，生于林下或溪边酸性土上。根茎及叶柄残基作"紫萁贯众"用，可清热解毒、止血杀虫。

**7. 海金沙科**（Lygodiaceae） 陆生攀缘植物。根状茎长，横走，有毛而无鳞片。地上茎细长，缠绕攀缘，叶对生，羽片分裂，1～2回二叉状，或1～2回羽状复叶，近二型；不育羽片通常生于叶轴下部。能育羽片位于上部；不育小羽片边缘为全缘或有细锯齿。能育羽片通常比不育羽片狭小，边缘生有流苏状的孢子囊穗，由两行并生的孢子囊组成，孢子囊生于小脉顶端，由几个厚壁细胞组成，纵缝开裂。孢子四面形。本科仅1属，分布于热带和亚热带。

【重要药用植物】

**海金沙** *Lygodium japonicum* (Thunb.) Sw. 植株高达1～4m。叶对生于茎的短枝两侧，平展。不育羽片尖三角形，长宽几相等，多少被短灰毛，两侧有狭边，二回羽状。能育羽片卵状三角形，长宽几相等，二回羽状。孢子囊穗排列稀疏，暗褐色，无毛，孢子表面有疣状突起（图6-34）。分布于长江流域及我国南部地区，东南亚亦有分布。全草及孢子入药，能清利湿热，通淋止痛。

**8. 蚌壳蕨科**（Dicksoniaceae） 大型蕨类。主干粗大，直立或平卧，根状茎密被金黄色长柔毛，无鳞片。叶具粗长柄，叶片大，3～4回羽状复叶，革质。孢子囊群生于叶边缘，囊群盖两瓣开裂形如蚌壳，革质；孢子囊梨形，有柄，孢子四面形。分布于热带及南半球。

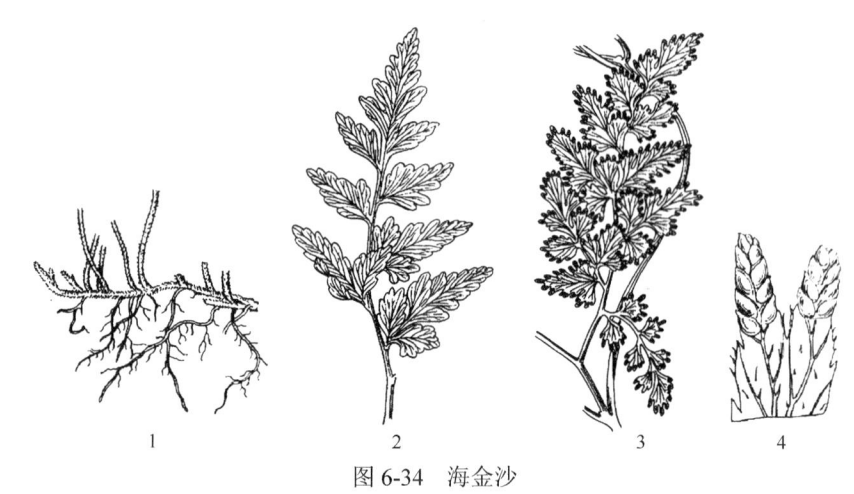

图 6-34 海金沙
1.地下茎；2.不育叶；3.地上茎及孢子叶；4.孢子囊穗（放大）

### 案例 6-7

中药的种类数以千计，若加上纷繁的异名别称，药名则有数万之众。为了便于辨识和使用，古人往往从其形态、色泽、气味、特性、功用、产地以及文化影响等角度予以命名。根据形态、色泽而命名者，如狗脊，唐代《新修本草》云："根长多歧，状如狗脊骨。"因其根茎上有一层金黄色柔毛，故又称金毛狗。

**问题：**
金毛狗除根茎具黄柔毛外，还有其他易识别的特征吗？

【重要药用植物】

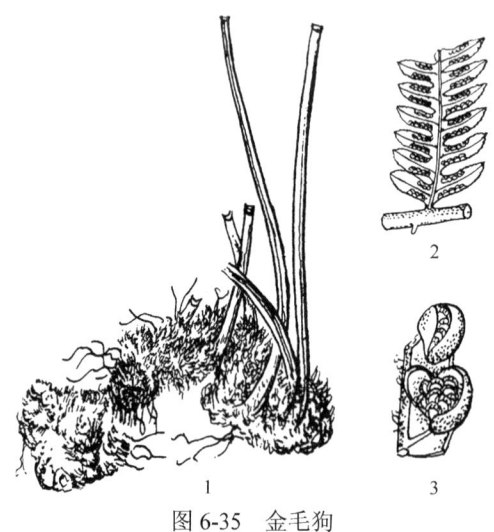

**金毛狗** Cibotium barometz (L.) J. Sm. 多年生树状草本。根状茎卧生，粗大，顶端生出一丛大叶，棕褐色，基部被有一大丛垫状的金黄色茸毛，有光泽，上部光滑；叶片大，广卵状三角形，三回羽状分裂。孢子囊群位于每一末回能育裂片上，1～5对，生于下部的小脉顶端，囊群盖坚硬，棕褐色，横长圆形，两瓣状，内瓣较外瓣小，成熟时张开如蚌壳，露出孢子囊群；孢子为三角状四面形、透明（图6-35）。分布于云南、贵州、四川、广东、广西、福建、台湾等地。生于山麓沟边及林下酸性土上。根状茎作"狗脊"入药，有补肝肾、祛风湿等功效，根状茎顶端的长茸毛有止血的作用。

图 6-35 金毛狗
1.根茎及叶柄的一部分；2.羽片的一部分，示孢子囊；3.孢子囊群及囊群盖

**9. 鳞毛蕨科（Dryopteridaceae）** 为中等大小或小型陆生植物。根状茎短而直立或斜升；或横走，连同叶柄（至少下部）密被鳞片。叶簇生或散生，有柄；叶片一至五回羽状，极少单叶，纸质或革质。孢子囊群小、圆，顶生或背生于小脉，有盖，稀无盖；盖厚膜质，圆肾形，或圆形，盾状着生，少为椭圆形、草质，近黑色，以外侧边中部凹点着生于囊托，成熟时开向主脉。孢子两面形、卵圆形，具薄壁。

本科共20属，1700余种，主要分布于北半球温带和亚热带高山地带，我国有13属，共700种，分布于全国各地，尤以长江以南最为丰富。

【重要药用植物】

**贯众** *Cyrtomium fortunei* J. Sm. 多年生草本，根茎直立，密被棕色鳞片。叶簇生，腹面有浅纵沟，密生卵形及披针形棕色或深棕色鳞片，基部不变狭或略变狭，奇数一回羽状；侧生羽片7～16对，互生，柄极短，披针形；具羽状脉，背面微凸起；顶生羽片狭卵形。叶轴腹面有浅纵沟，疏生披针形及线形棕色鳞片。孢子囊群遍布羽片背面；囊群盖圆形，盾状，全缘（图6-36）。分布于西北、华北及长江以南地区。生于空旷地石灰岩缝或林下。根状茎及叶柄残基入药，可清热解毒、驱虫。

**粗茎鳞毛蕨（绵马鳞毛蕨、东北贯众）** *Dryopteris crassirhizoma* Nakai 多年生草本。根状茎粗大，直立或斜升。叶簇生；叶柄连同根状茎密生鳞片，鳞片膜质或厚膜质，淡褐色至栗棕色，具光泽；叶轴上的鳞片明显扭卷，线形至披针形，红棕色；叶柄深麦秆色，显著短于叶片；叶片长圆形至倒披针形，二回羽状深裂；叶厚草质至纸质，背面淡绿色，沿羽轴生有具长缘毛的卵状披针形鳞片，裂片两面及边缘散生扭卷的窄鳞片和鳞毛。孢子囊群圆形，通常生于叶片背面上部1/3～1/2处，每裂片1～4对；囊群盖圆肾形或马蹄形，几乎全缘，棕色，稀淡绿色或灰绿色，膜质，成熟时不完全覆盖孢子囊群。孢子具周壁（图6-37）。分布于东北、华北等地。生于山地林下。根状茎及叶柄残基作"绵马贯众"入药，可清热解毒、驱虫。

图6-36 贯众
1.植株全形；2.根状茎；3.叶柄基部横切面

图6-37 粗茎鳞毛蕨
1.根状茎；2.叶；3.羽片部分，示孢子囊群

**10. 水龙骨科（Polypodiaceae）** 为中型或小型蕨类，常附生。根状茎长而横走，有网状中柱，通常有厚壁组织，被鳞片；鳞片盾状着生，通常具粗筛孔，全缘或有锯齿。叶一型或二型，以关节着生于根状茎上，单叶，全缘，或分裂，或羽状。叶脉网状。孢子囊群通常为圆形或近圆形，或为椭圆形，或为线形，或有时布满能育叶片下面一部分或全部，无盖而有隔丝。孢子囊具长柄，有12～18个增厚的细胞构成的纵行环带。孢子椭圆形，单裂缝，两侧对称。本科有40余属，广布于全世界，主要产于热带和亚热带地区。我国有25属，现有272种，主产于长江以南各省（自治区、直辖市）。

【重要药用植物】

**石韦** *Pyrrosia lingua* (Thunb.) Farwell 植株通常高10～30cm。根状茎长而横走，密被鳞片；鳞片披针形，长渐尖，淡棕色，边缘有睫毛。叶远生，近二型。不育叶片近长圆形，或长圆披针形，下部1/3处为最宽，向上渐狭，短渐尖头，基部楔形，全缘，干后革质，上面灰绿色，近光滑无毛，下面淡棕色或砖红色，被星状毛；能育叶约长过不育叶1/3。主脉下面稍隆起，上面不明显下凹，侧脉在下面明显隆起，清晰可见，小脉不显。孢子囊群近椭圆形，在侧脉间整齐成多行排列，布满整个叶片下面，或聚生于叶片的大上半部，初时为星状毛覆盖而呈淡棕色，成熟后孢子囊开裂外露而呈砖红色（图6-38）。分布于长江以南各省（自治区、直辖市），北至甘肃（文县）、西到西藏（墨脱）、东至台湾。附生于海拔100～1800m的林下树干上，或稍干的岩石上。全草药用，能清湿热、利尿通淋，治刀伤、烫伤、脱力虚损。

**水龙骨** *Polypodium niponicum* Mett. 多年生草本。根状茎横走弯曲分歧，深褐色，顶部卵状披针形而先端狭长。叶疏生，直立，叶柄长，叶片羽状深裂，孢子囊群圆形，生于主脉两侧各排成1行，无囊群盖。生于阴湿岩石上或树干上。分布于长江以南各省（自治区、直辖市）。根状茎入药，能清热解毒、祛风利湿等。

**11. 槲蕨科**（Drynariaceae） 为多年生大型或中型附生植物。根状茎横生，粗壮、肉质，具穿孔的网状中柱，密被鳞片；鳞片通常大，狭长，基部盾状着生，深棕色至褐棕色，边缘有睫毛状锯齿。叶近生或疏生，无柄或有短柄；叶片通常大，坚革质或纸质，一回羽状或羽状深裂。叶脉粗而隆起，明显，彼此以直角相连，形成大小四方形的网眼，小网眼内有少数分离小脉。孢子囊群或大或小，不具囊群盖，无隔丝；孢子囊为水龙骨型，环带由11～16个增厚细胞组成。孢子两侧对称，椭圆形，单裂缝。本科有8属，32种。多分布于亚洲热带岛屿，南至澳大利亚北部，以及非洲大陆、马达加斯加及附近岛屿。我国有4属，12种。

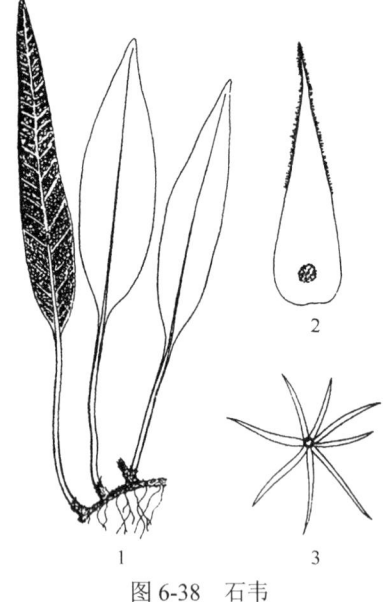

图6-38 石韦
1. 植株全形；2. 鳞片；3. 星状毛

【重要药用植物】

**槲蕨** *Drynaria fortunei* (Kze.) J. Sm. 多年生附生草本，根状茎直径1～2cm，粗壮、肉质，密被鳞片；鳞片斜升，盾状着生，边缘有齿。叶二型，营养叶黄绿色或枯棕色，卵圆形，基部心形，革质。孢子叶绿色，具明显的狭翅；羽状深裂，裂片7～13对，互生，稍斜向上，披针形，边缘有不明显的疏钝齿，顶端急尖或钝。孢子囊群圆形，生于叶背主脉两侧，沿裂片中肋排列成2～4行，无囊群盖（图6-39）。分布于西南地区及江西、浙江、福建、台湾、海南、两湖两广等地。附生树干或石上。根状茎作"骨碎补"入药，能补肾壮骨、活血止痛，用于治疗跌打损伤、腰膝酸痛。

**中华槲蕨** *D. baronii* (Christ) Diels. 与槲蕨的主要区别是：营养叶绿色，羽状深裂，稀少。孢子囊群在主脉两侧各有1行。分布于云南、四川、陕西、甘肃等地。根状茎入药，功效同"骨碎补"。

图6-39 槲蕨
1. 植株全形；2. 叶片部分，示叶脉及孢子囊群位置；3. 地上茎的鳞片

# 第七章 种子植物

种子植物是植物界中最繁茂最进化的类群，有性生殖时开花形成种子，以种子繁殖。种子植物的孢子体高度发达；配子体退化，寄生在孢子体上，仅在开花时出现。种子植物可分为裸子植物和被子植物两大类，裸子植物的种子裸露，被子植物的种子外有果皮包被。

## 第一节 裸子植物门

裸子植物是介于蕨类植物和被子植物之间的维管植物，它保留着颈卵器，具有维管束，有性生殖开花形成种子。

### 一、裸子植物概述

#### （一）裸子植物的基本特征

**1. 孢子体发达** 裸子植物的孢子体发达，均为多年生木本植物，常为单轴分枝的高大乔木，具有发达的主根。少数为亚灌木（如麻黄）或藤本（如买麻藤）。茎内维管束环状排列，有形成层和次生生长；木质部多为管胞，少有导管（如麻黄科、买麻藤科），韧皮部为筛胞，无筛管及伴胞。叶多为针形、条形或鳞形，稀为扁平的阔叶，在长枝上呈螺旋状排列，在短枝上簇生于枝顶。

**2. 花单性，胚珠与种子裸露** 裸子植物花单性，同株或异株，无花被（仅麻黄科、买麻藤科有类似花被的盖被）。孢子叶（sporophyll）大多聚生成球果状，形成孢子叶球（strobilus）；小孢子叶（雄蕊）聚生成小孢子叶球（雄球花，staminate strobilus）；大孢子叶（心皮）丛生或聚生成大孢子叶球（雌球花，female cone），不向内包卷形成子房，故胚珠裸露，常变态为珠鳞（松柏类）、珠领或珠座（银杏）、珠托（红豆杉）、套被（罗汉松）和羽状叶（苏铁）。胚珠中的卵细胞与精子结合后发育成种子，种子也裸露，这是与被子植物的重要区别点。

**3. 具有颈卵器构造** 裸子植物除百岁兰属（*Welwitschia*）和买麻藤属（*Gnetum*）外，均具有颈卵器构造。配子体极其退化（雄配子体为萌发后的花粉粒，雌配子体由胚囊及胚乳组成），寄生在孢子体上。雌配子体的近珠孔端产生颈卵器，但结构简单，仅有2～4个颈壁细胞露出胚囊外，颈卵器内有1个腹沟细胞和1个卵细胞，无颈沟细胞。部分植物可通过花粉管受精，摆脱了对水环境的依赖。

**4. 多胚现象** 大多数裸子植物具有多胚现象（polyembryony），这是由于1个雌配子体上多个颈卵器内的卵细胞同时受精（简单多胚现象）；或是由1个受精卵发育成的胚原组织继续分裂为几个胚（裂生多胚现象）。

裸子植物从蕨类植物演化而来，两者生殖器官的形态存在同源联系，具体对应关系见表7-1。

表 7-1 裸子植物与蕨类植物形态术语的比较

| 裸子植物 | 蕨类植物 |
| --- | --- |
| 雌（雄）球花 | 大（小）孢子叶球 |
| 雄蕊 | 小孢子叶 |
| 花粉囊 | 小孢子囊 |
| 花粉粒（单核期） | 小孢子 |
| 心皮或雌蕊 | 大孢子叶 |
| 珠心 | 大孢子囊 |
| 胚囊（单细胞期） | 大孢子 |

### (二)裸子植物的生活史

裸子植物的生活史见图7-1。

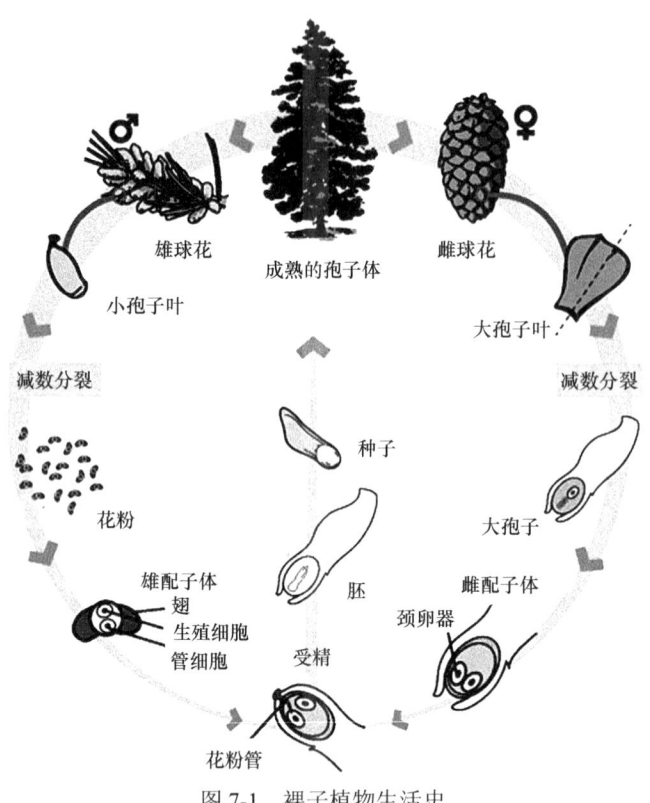

图7-1 裸子植物生活史

### (三)裸子植物的化学成分

裸子植物的化学成分类型较多,普遍含黄酮类,另含有生物碱类、萜类及挥发油和树脂等。

**1. 黄酮类** 裸子植物中富含黄酮类及双黄酮类化合物,双黄酮类是裸子植物的特征性成分。例如,柏科植物含柏木双黄酮,苏铁科、杉科及柏科植物含扁柏双黄酮,银杏叶中含银杏双黄酮等。这些黄酮类和双黄酮类化合物多具有扩张动脉血管作用。

**2. 生物碱类** 生物碱是裸子植物中另一类主要成分,主要存在于三尖杉科、红豆杉科、罗汉松科、麻黄科及买麻藤科。三尖杉属植物含有的三尖杉酯碱(harringtonine)类化合物具有抗癌活性,常作为化疗药物用于治疗癌症。红豆杉科植物中含有的紫杉醇(taxol),对白血病、卵巢癌、黑色素瘤、肺癌等均有明显疗效。麻黄属植物中含有多种有机胺类生物碱,其中的麻黄碱(ephedrine)可舒缓平滑肌紧张,并伴有显著的中枢兴奋作用。

**3. 萜类及挥发油、树脂等** 萜类及挥发油、树脂等普遍存在于裸子植物中,如金钱松根皮中含土荆皮酸(二萜酸),松属植物中多含挥发油(松节油)和树脂(松香)等。

### (四)我国裸子植物资源特点

我国是世界上裸子植物种类最多的国家。中国裸子植物中有许多是北半球其他地区早已灭绝的古残遗种或孑遗种,如银杏、水杉、水松、银杉、金钱松、白豆杉等。裸子植物常组成大面积的森林,是森林工业、林产化工的重要原料;许多裸子植物如侧柏、马尾松、银杏、红豆杉、香榧等的枝叶、花粉、种子及根皮可供药用,同时也是很好的绿化观赏树种。

## 二、裸子植物的分类及重要药用植物

现存的裸子植物分为5纲（苏铁纲、银杏纲、松柏纲、红豆杉纲、买麻藤纲），12科，71属，800余种。我国有5纲，11科，41属，近236种；其中引种栽培1科，7属，51种；已知具药用价值的有10科，25属，100余种。其中，银杏科、银杉属、金钱松属、白豆杉属等为我国特有科属。

**裸子植物分纲检索表**

1. 植物体呈棕榈状，叶为大型羽状复叶，聚生于茎的顶端。茎短，常不分枝 ………… 苏铁纲 Cycadopsida
1. 植物体不呈棕榈状，叶为单叶，不聚生于茎的顶端。茎有分枝。
  2. 叶扇形，先端二裂或为波状缺刻，具二叉分歧的叶脉 ………… 银杏纲 Ginkgopsida
  2. 叶不为扇形，全缘，不具叉状脉。
    3. 高大乔木或灌木，叶为针形、条形或鳞片状。
      4. 大孢子叶集成球果状，大孢子叶为鳞片状（珠鳞）两侧对称。种子有翅或无，不具假种皮 ……………… 松柏纲 Coniferopsida
      4. 大孢子叶不集成球果状，特化成囊状、杯状、盘状或漏斗状。种子无翅，具假种皮 ……………… 红豆杉纲（紫杉纲）Taxopsida
    3. 草本状小灌木或灌木、木质藤本，稀乔木。花具假花被。茎次生木质部中具导管 ……………… 买麻藤纲 Gnetopsida

裸子植物中常见科和重要药用植物介绍如下。

**1. 苏铁科（Cycadaceae）** 为常绿木本植物，茎干粗壮，常不分枝。一回羽状复叶，革质，集生于树干顶部，呈棕榈状。雌雄异株。小孢子叶（雄蕊）集成一木质化的长形小孢子叶球（雄球花）。小孢子叶鳞片状或盾状，下面生有许多小孢子囊（花药），内有小孢子（花粉粒）。大孢子叶（雌蕊）集成一球形的大孢子叶球（雌球花），生于茎顶。大孢子叶密被淡黄色绒毛，上部羽状分裂，下部呈狭长柄状，边缘生2～6个胚珠。种子核果状。胚乳丰富，子叶2枚。

本科现有9属，110余种，分布于热带及亚热带地区。我国有1属，8种，分布于西南、华南、华东等地区。

> **案例 7-1**
> 明·王济《君子堂日询手镜》："吴浙间尝有俗谚云，见事难成，则云须铁树花开。"现常用"铁树花开"一词比喻事情罕见或极难实现。
> **问题：**
> 1. 上述俗谚中所述的"铁树"是哪个科的植物？
> 2. 铁树的花和常见的玫瑰花、月季花有什么不同吗？

**苏铁（铁树）** *Cycas revoluta* Thunb. 常绿棕榈状小乔木。树干圆柱形，基部密被叶柄残基。羽状复叶聚生于茎顶，厚革质。雌雄异株。雄蕊（小孢子叶）集成一木质化的长形雄球花（小孢子叶球）。雄蕊鳞片状或盾状，下面生有许多花药（小孢子囊），内有花粉粒（小孢子）。雌蕊（大孢子叶）集成一球形的雌球花（大孢子叶球），生于茎顶。大孢子叶密生黄褐色绒毛，上部羽状分裂，下部柄状，两侧各生有1～5枚胚珠。种子核果状，熟时橙红色（图7-2）。产于台湾、广东、广西、福建、云南及四川等地。种子能平肝，降血压；叶能收敛止血，解毒止痛；根能祛风，活络，补肾。

图7-2 苏铁
1. 羽状叶的一段；2. 大孢子叶及种子；3. 聚生的花药；4. 小孢子叶腹面；5. 小孢子叶背面

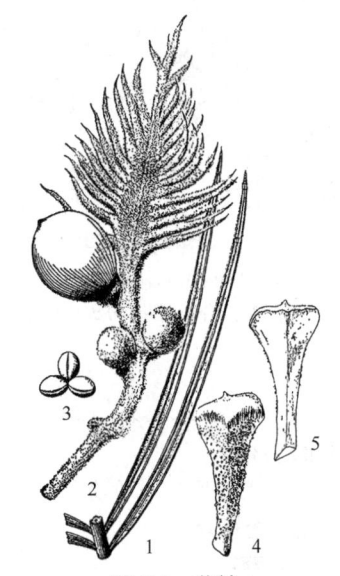

**2. 银杏科（Ginkgoaceae）** 为高大落叶乔木，可达40m，枝条具长枝及短枝。单叶在长枝上螺旋状排列，在短枝上簇生，叶片扇形，顶端2裂或波状缺刻，有长柄；叉状脉序。雌雄异株，雄球花柔荑黄花序状，雌球花具长梗，顶端分二叉，大孢子叶特化成一环状突起，称珠领（collar）或珠座，珠领上生一对裸露的直立胚珠。种子核果状，外种皮肉质，成熟时橙黄色，被白粉，味臭；中种皮白色骨质；内种皮膜质淡红棕色。胚乳丰富，子叶2枚。

本科仅1属1种和多个变种。我国特产，现普遍栽培。主产于四川、河南、湖北、山东、辽宁等省。

> **案例 7-2**
> 有关数据表明，全球市场上银杏叶制剂的年销售额达50亿美元，自20世纪90年代起，银杏叶制剂一直是治疗心脑血管疾病的首选药物。此外，银杏叶制剂还能用于防治老年痴呆症，治疗糖尿病并发症（周围神经病），防治高原反应等。
> **问题：**
> 1. 银杏叶有何形态特征？如何识别？
> 2. 随着银杏叶制剂市场需求的增加，应怎样对银杏进行可持续性开发？

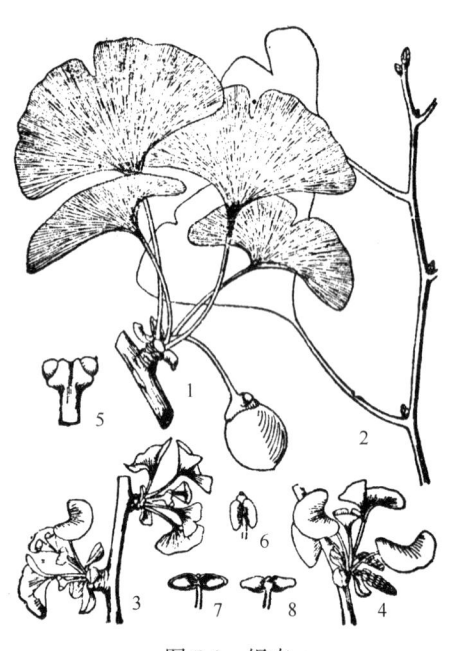

**银杏** *Ginkgo biloba* L. 又称公孙树、白果树，系现存种子植物中最古老的孑遗植物，为我国特产，现世界各地均有栽培。其形态特征与科的特征相同（图7-3）。种子（白果）能敛肺定喘，止带缩尿；亦可食用（过量易中毒）。肉质外种皮含白果酸，有抑菌作用。银杏叶有扩张动脉血管作用，用于治疗冠心病、脉管炎、高血压等。

**3. 松科（Pinaceae）** 为常绿或落叶乔木，稀灌木，多含树脂。叶针形或条形，在长枝上螺旋状散生，在短枝上簇生，基部有叶鞘。花单性，雌雄同株；雄球花穗状，雄蕊多数，每雄蕊具2药室，花粉粒多数，常有气囊；雌球花由多数螺旋状排列的珠鳞与苞鳞组成，在珠鳞腹（上）面基部着生2枚胚珠。受精后珠鳞增大称种鳞，球果直立或下垂，成熟时种鳞木质或革质，每个种鳞上有种子2粒。种子多具膜质长翅，稀无翅，有胚乳，子叶2～16枚。

松科为裸子植物中最大的一科，有10属230余种。广泛分布于世界各地，多产于北半球。我国有10属113种；药用8属48种。广布于全国各地，绝大多数为用材树种。本科植物化学成分复杂，多含有树脂及挥发油。

图7-3 银杏
1. 短枝；2. 长枝；3. 具雌花序枝；4. 具雄花序枝；5. 胚珠生于珠座上；6. 雄蕊；7. 雄蕊背面；8. 雄蕊腹面

> **案例 7-3**
> 清代名医王士雄有诗名《长寿》：长生不老有新方，可惜今人却渺茫。细将松黄径曲捣，朝朝服食保康祥。
> **问题：**
> 1. 诗中提到的长生不老的新方是什么药材？
> 2. 这种药材有哪些植物来源？

**马尾松** *Pinus massoniana* Lamb. 常绿高大乔木。上部树皮红褐色，下部灰褐色，常裂成不规则鳞片状。叶2针1束，细柔。球花单性，雌雄同株。雄球花淡红褐色，聚生于新枝下部；雌球花淡紫红色，常2个生于新枝顶端。球果卵圆形或圆锥状卵形，种鳞顶端加厚膨大呈盾状，鳞脐（鳞盾中心凸出部分）微凹，无尖。种子具单翅（图7-4）。子叶5～8枚。

马尾松分布于长江流域各省（自治区、直辖市）。花粉（松花粉）能收敛止血，燥湿敛疮；树脂（松香）能燥湿祛风，生肌止痛；叶（松针）能祛风活血，安神解毒，止痒；树干的瘤状节（松节）能祛风除湿，活血止痛。

**金钱松** *Pseudolarix amabilis* (J. Nelson) Rehder 高大乔木，树皮常裂成鳞片状块片；矩状短枝生长极慢，有密集成环节状的叶枕。叶条形，柔软，秋后叶呈金黄色。雄球花黄色，下垂；雌球花紫红色，直立。球果卵圆形或倒卵圆形，种子卵圆形，种翅三角状披针形，连同种子几乎与种鳞等长（图7-5）。

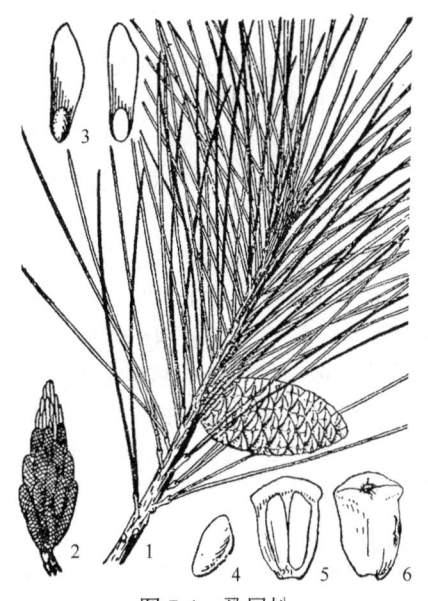

图7-4 马尾松
1.具球果枝条；2.雄球花；3.具翅种子；
4.种仁；5.种鳞腹面；6.种鳞背面

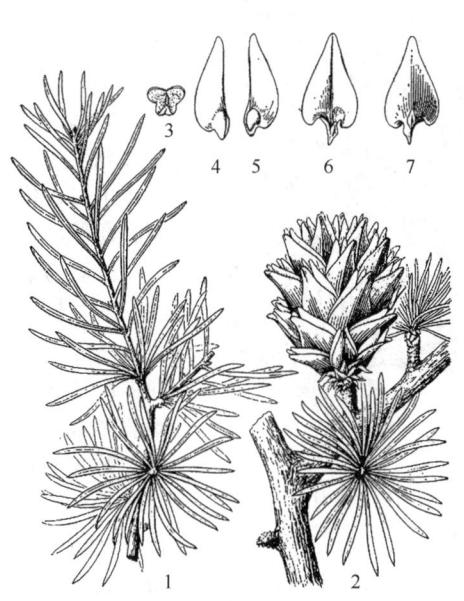

图7-5 金钱松
1.长枝；2.球果枝；3.雄蕊；4～5.种子；
6.种鳞腹面；7.种鳞背面

金钱松分布于江苏、浙江、安徽、福建等省，为我国特有种。根皮或近根树皮（土荆皮）能杀虫，疗癣，止痒。

我国有松属植物30余种和变种，大多可供药用。其中：**红松** *P. koraiensis* Sieb.et Zucc. 针叶5针1束。球果大，种鳞先端反卷。种子（松子）可食用。分布于我国东北小兴安岭及长白山区。**云南松** *P. yunnanensis* Franch. 针叶3针1束，柔软下垂。分布于我国西南地区。**黑松** *P. thunbergii* Parl. 针叶2针1束，较粗硬。分布于辽东半岛和华东沿海各省市。

**4. 柏科**（Cupressaceae） 常绿乔木或灌木。叶交互对生或3～4片轮生，鳞形或针形，或同一树上兼有两型叶。球花单性，雌雄同株或异株；单生于枝顶或叶腋，雄球花有3～8对交互对生的雄蕊。每雄蕊有2～6个花药；雌球花有3～16枚交互对生或3～4枚轮生的珠鳞。珠鳞与下面的苞鳞合生，每珠鳞有1至数枚胚珠。球果圆球形、卵圆形或长圆形，成熟时种鳞木质或近革质，开展或合生呈浆果状，发育种鳞有种子1至多粒。种子具窄翅或无翅。

本科全世界共有22属，约150种，分布于南北半球。我国有8属，29种7变种，分布全国，已知药用6属，20种。多为优良用材及庭园观赏树种。本科植物常含有挥发油、树脂、双黄酮类及黄酮类等成分。

### 案例 7-4

时珍曰：柏子仁性平而不寒不燥，味甘而补，辛而能润，其气清香，能透心肾，益脾盖仙家上品药也，宜乎滋养之剂用之。《列仙传》云：赤松子食柏实，齿落更生，行及奔马。谅非虚语也。

问题：
1. 李时珍提到的柏子仁来源于什么植物？该植物有哪些识别特征？
2. 柏子仁有哪些功效？

**侧柏（扁柏）** *Platycladus orientalis* (L.) Franco 常绿高大乔木。小枝扁平，直展成一平面。鳞叶，交互对生，贴伏于小枝上。球花单性，雌雄同株，均生于枝顶。雄球花黄绿色，雌球花近球形，蓝绿色，有白粉，珠鳞4对，仅中间2对各生胚珠1～2枚。球果成熟时开裂；种鳞背部近顶端具反曲的钩状尖头。种子卵形，无翅或有极窄翅（图7-6）。我国特产，除新疆、青海外遍及全国，为常见的园林、造林树种。枝叶（侧柏叶）能凉血止血，化痰止咳，生发乌发；种仁（柏子仁）能养心安神，润肠通便，止汗。

**5. 红豆杉科（紫杉科）（Taxaceae）** 常绿乔木或灌木。叶线形或披针形，螺旋状排列或交互对生，叶腹面中脉凹陷，背面沿凸起的中脉两侧各有一条气孔带。孢子叶球单性异株，稀同株；雄球花单生于叶腋或苞腋，或组成穗状花序生于枝顶，雄蕊多数，各有3～9个花药；雌球花腋生，单生或成对着生，具多数覆瓦状排列或交互对生的苞片（大孢子叶），顶部苞片发育为杯状、盘状或囊状的珠托，内有胚珠1枚，外包被有假种皮；种子核果状或坚果状。

图7-6 侧柏
1. 具球果的枝；2. 雄球花

本科共有5属，23种，主要分布于北半球。我国有4属，12种，多个变种；药用3属，10种。本科植物多含有双黄酮类、紫杉碱（taxine）和具抗癌作用的天然产物紫杉醇（taxol），以及蜕皮甾酮等。红豆杉属植物中多含有紫杉烷二萜及二萜生物碱。

### 案例 7-5

最新调研报告披露，紫杉醇这一植物抗癌药从1992年上市至今，累计销售额已超过250亿美元。目前紫杉醇已被用于治疗包括晚期乳腺癌、前列腺癌、卡波西肉瘤、头颈癌、皮肤癌及其他一些常见恶性肿瘤。

问题：
1. 紫杉醇的植物来源是什么？其药用部位是哪里？
2. 你知道"红豆杉"名字的由来吗？

**红豆杉** *Taxus chinensis* (Pilger) Rehd. 高大乔木，树皮常裂成条片状。叶两列，条形，下面有两条气孔带，中脉带上密生均匀而微小的圆形角质乳头状突起。雄球花淡黄色。种子卵圆形，上部常具二钝棱脊，先端有突起的短钝尖头，生于杯状红色肉质的假种皮中（图7-7）。为我国特有树种，产于甘肃、陕西、四川、云南、贵州等地，常生于海拔1000～1200m以上的高山上。树皮、枝叶、根皮可提取紫杉醇（taxol），具抗癌作用；叶可利尿、通经。

红豆杉属植物全世界约有11种。分布于北半球。自1971年美国化学家瓦尼（Wani）等从**短叶红豆杉** *T. brevifolia* Nutt. 树皮中提取得到紫杉醇，并证实其有抗癌作用后，该属植物受到广泛重视。我国有4种,1变种:**西藏红豆杉** *T. wallichiana* Zucc.、**东北红豆杉** *T. cuspidata* Sieb. et Zucc.、**云南红豆杉** *T. yunnanensis* Cheng et L. K. Fu、**红豆杉** *T. chinensis* (Pilger) Rehd.、**南方红豆杉(美丽红豆杉)** *T. wallichiana* var. *mairei* (Lemée & H. Lév.) L. K. Fu & Nan Li 均可用于提取紫杉醇。但该属植物生长缓慢,且野生资源少,目前已大量人工栽培以扩大药源。

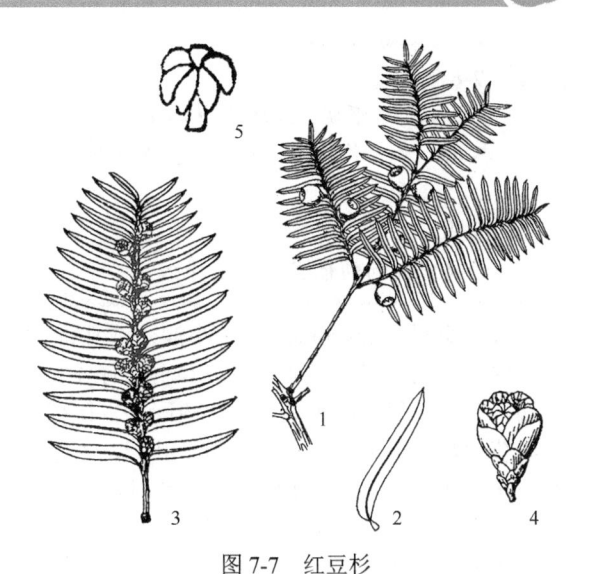

**榧树** *Torreya grandis* Fort. ex Lindl. 常绿高大乔木,树皮灰褐色,纵裂。叶条形,先端突尖呈刺状短尖头,交互对生或近对生,排成2列,上面绿色,背面浅绿色,沿中脉两侧各有一条黄绿色的气孔带。球花单性,雌雄异株,雄球花圆柱形,雌球花两个成对生于叶腋。种子核果状,成熟时被珠托发育成的假种皮包被,淡紫褐色,有白粉。分布于江苏、浙江、福建、江西、安徽、湖南等地。种子(榧子)可杀虫消积,润肺止咳,润燥通便。

图7-7 红豆杉
1. 具种子枝条; 2. 叶; 3. 具雄球花枝条; 4. 雄球花; 5. 雄蕊

榧属植物全世界共有10种;国产有4种,多个变种或栽培变种。其中**香榧** *T. grandis* Fort. var. *merrillii* Hu 的种子为著名的干果,主产于浙江等地。种子可驱虫、壮筋骨、防脱发。

**6. 三尖杉科(粗榧科)**(Cephalotaxaceae) 常绿乔木或灌木,髓中具树脂道。小枝基部有宿存芽鳞。叶条形或披针形,交互对生或近对生,在侧枝上基部扭转排成2列。球花单性,雌雄异株,稀同株。雄球花6~11聚成头状,生于叶腋,每1雄球花基部有1卵圆形或三角形的苞片;花粉粒无气囊;雌球花有长柄,由数对交互对生的苞片组成,每苞片腋生胚珠2枚。种子第2年成熟,核果状,全部包于由珠托发育而成的肉质假种皮中,成熟时呈紫色或紫红色。外种皮坚硬,内种皮膜质,子叶2枚。

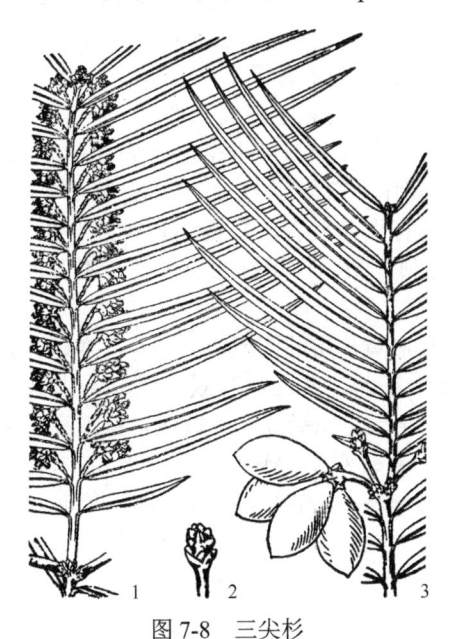

本科仅1属,9种。分布于亚洲东部与南部。我国产7种,3变种;其中5种为特有种。分布于秦岭及淮河以南各省(自治区、直辖市),药用5种,3变种。

**三尖杉** *Cephalotaxus fortune* Hook. 常绿乔木,树皮褐色或红褐色,片状开裂。叶线形,常弯曲,上面中脉隆起,深绿色,背面中脉两侧各有1条白色气孔带。种子核果状,椭圆状卵形。假种皮成熟时呈紫色或红紫色(图7-8)。为我国特有树种,分布于长江流域及以南各省(自治区、直辖市)。种子可驱虫,润肺,止咳,消食。从枝叶提取的三尖杉酯碱与高三尖杉酯碱的混合物,可用于治疗白血病。

图7-8 三尖杉
1. 具雄球花的枝; 2. 雄球花; 3. 着生种子的枝

本属具有抗癌作用的植物还有:**海南粗榧** *C. hainanensis* H. L. Li、**粗榧** *C. sinensis* (Rehd. et. Wils.) Li、**篦子三尖杉** *C. oliveri* Mast. 等。

### 案例 7-6

《唐本草》：榧实，此物是虫部中彼子也。《尔雅》云：彼杉也。其树大连抱，高数仞，叶似杉，其木如柏，作松理，肌细软，堪为器用也。《名医别录》云：榧实，味甘无毒，主治五痔，去三虫、蛊毒、鬼疰。生永昌。

**问题：**
古籍中提到的榧实指的是什么？

**7. 麻黄科**（Ephedraceae） 小灌木或亚灌木，有的呈草本状，植株矮小。分枝多，小枝对生或轮生，绿色，节间有细纵沟。木质部有导管。鳞片状小叶 2～3 枚对生或轮生，常合生成鞘状，先端具三角状裂齿。雌雄异株，稀同株。雄球花（小孢子叶球）单生或数个丛生，具对生或轮生膜质苞片数对，每苞片生一小孢子叶球，其基部具膜质假花被及一细长的柄，柄端生有小孢子囊 2～8 枚；雌球花（大孢子叶球）具数对对生或轮生苞片，仅顶端 1～3 枚苞片内生有胚珠 1～3 枚，胚珠具囊状假花被，珠被上部延长成珠孔管，自假花被中伸出。种子浆果状，成熟时，假花被常发育成革质假种皮，外层苞片常肉质，呈红色、橘红色，俗称"麻黄果"，可食用。

本科仅麻黄属 1 属，约 40 种，分布于亚洲、美洲、欧洲东部及非洲北部等干旱地区。我国有 12 种及 4 变种，分布于西北、东北及西南各省（自治区、直辖市）。本科植物含多种生物碱，如麻黄碱、伪麻黄碱等。

**草麻黄** *Ephedra sinica* Stapf 草本状亚灌木，高 20～40cm。木质茎短，小枝丛生于基部，节间明显。叶膜质鞘状，基部合生，顶端 2 裂（极少数 3），裂片锐三角形，先端急尖。雌雄异株，雄球花多呈复穗状，雌球花单生于枝顶，雌球花成熟时苞片增厚成肉质，红色，内含种子 1～2 粒（图 7-9）。分布于东北、华北和西北等地。习见于山坡、平原、干燥荒地、河床及草原等处，常形成大面积单纯群落，有固沙的作用，产量大。干燥草质茎入药作"麻黄"，有发汗散寒、宣肺平喘、利水消肿的功效，因具有收缩血管、兴奋中枢神经等作用，是提取麻黄碱的主要原料。根的作用则相反，具有固表止汗的功效。

《中国药典》收载作麻黄药用的同属植物还有，**木贼麻黄** *E. equisetina* Bge. 分布于华北、西北，叶膜质鞘状，上部仅 1/4 分离，裂片 2，短三角形，先端钝，麻黄碱含量最高；**中麻黄** *E. intermedia* Schrenk ex C. A. Mey. 分布于华北、西北，叶膜质鞘状，上部 1/3 分裂，裂片 3（或 2），钝三角形或窄三角披针形。

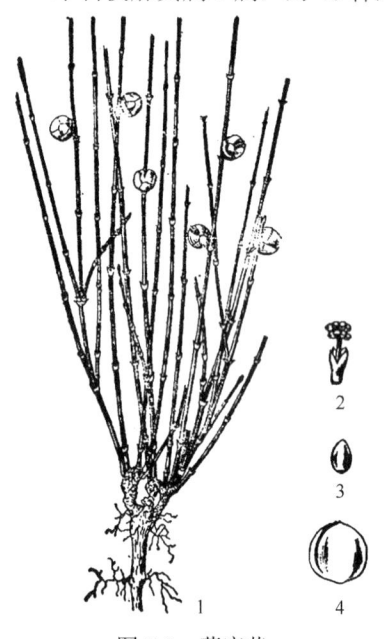

图 7-9 草麻黄
1. 雌株；2. 雄球花；3. 种子；4. 雌球花

### 案例 7-7

2012 年 12 月 6 日，国家食品药品监督管理局要求，麻黄碱含量超过 30mg 的复方制剂从非处方药转为处方药管理。依据处方药的管理要求，国家食品药品监督管理局已对氯雷伪麻缓释片、复方盐酸伪麻黄碱缓释胶囊、氨酚氯雷伪麻缓释片等药品说明书进行了核准。同时规定：药店零售含麻黄碱类复方制剂，一次不得超过 5 个最小包装。除个人合法购买外，禁止使用现金进行含麻黄碱复方制剂的交易。

**问题：**
麻黄碱有什么作用？麻黄的哪些器官含麻黄碱？

## 第二节 被子植物门

被子植物门（Angiospermae）是当今植物界进化程度最高、适应性最强、种类最多、分布最广的类群。全世界现存被子植物共1万多属，约26万种，占植物界总数的一半以上。我国被子植物有2700多属，约3万种，其中已知药用种类约1万种，占我国药用植物总数的90%、中药资源总数的78.5%，绝大多数中药均来自于被子植物。

### 一、被子植物概述

#### （一）被子植物的主要特征

被子植物是当今植物界最高等的类群，在形态构造、生理特征、繁殖方式、生活习性等方面均呈现极大的多样性和适应性，成为陆生植物中最繁盛的成员。

**案例7-8**

被子植物又称为有花植物（flowering plant）、雌蕊植物（gynoeciatae），其英文名称angiosperm来自2个希腊单词：angeion（容器）和sperma（种子）。被子植物包被种子的是由一个或多个心皮构成的雌蕊发育而成的果实。

问题：

从被子植物英文名称angiosperm的含义说出其主要特征。

**1. 具有真正的花** 典型的被子植物的花由花梗、花托、花萼、花冠、雄蕊群、雌蕊群6部分组成。花萼和花冠的出现既加强了保护作用，又增强了传粉效率，为异花传粉创造了条件。在进化过程中，被子植物花的组成高度特化或简化，适宜于虫媒、风媒、鸟媒或水媒等各种类型的传粉方式，增强了对各种生活环境的适应。

**2. 具有雌蕊** 雌蕊由心皮组成，包括子房、花柱、柱头3部分。胚珠包藏于子房中。子房受精后发育成果实，成熟后多开裂或不开裂，果皮具特化的钩、刺、翅、毛等附属物，既保护种子，又有利于种子传播。

**3. 具双受精现象** 花粉粒在雌蕊柱头上萌发后，2个精子在花粉管中进入胚囊，1个精子与卵细胞结合形成合子，发育成二倍体的胚，1个精子与2个极核结合，发育成三倍体的胚乳。具有双亲特性的胚乳为幼胚的发育提供营养，使新植物体具有更强的生活力。

**4. 孢子体高度发达** 被子植物的孢子体在生活史中占绝对优势，其组织分化和器官结构更加精细，生活型更加完善和多样化。被子植物的木质部具有导管和纤维，韧皮部具有筛管和伴胞，大大提高了体内物质的运输效率。植物体呈现乔木、灌木、草本等多种形态，具有自养、寄生、腐生、共生、捕虫等营养方式，能够适应水生、砂生、石生、气生、盐碱生等多种生长环境。

**5. 配子体进一步简化** 被子植物的小孢子（单核花粉粒）在花粉囊中分裂形成营养细胞和生殖细胞，即进入雄配子体阶段。大多数植物的雄配子体在传粉前保持2细胞状态：即营养细胞及其细胞质中包埋的生殖细胞，称为二核花粉粒。少数植物如石竹亚科植物和油菜、小麦、玉米等植物的雄配子体在传粉前生殖细胞分裂为2个精子，称为三核花粉粒。被子植物的大孢子在胚珠中连续分裂3次发育成胚囊即为雌配子体。成熟的胚囊通常只有7个细胞：3个反足细胞、1个中央细胞（包括2个极核）、2个助细胞、1个卵细胞，无颈卵器结构。由此可见，被子植物的雌、雄配子体结构极为简化，均无独立生活能力，终生寄生在孢子体上。

**案例7-9**

古生代石炭纪和二叠纪是蕨类植物最繁盛的时期。进入中生代后，裸子植物占据陆地植物的绝对优势。到了中生代后期的白垩纪，被子植物逐渐取代裸子植物的优势地位。但直到新生代的第三纪早期，随着地壳六大板块的形成和现代鸟类、哺乳动物的发生，被子植物才广泛分布，成为地球上最繁茂的陆生植物。

**问题：**
被子植物的哪些特征决定了其可取代裸子植物占据陆地植物的优势地位？

## （二）被子植物的起源与演化规律

**1. 被子植物的起源** 被子植物的化石大都发现于距今1.3亿年的白垩纪，仅少数化石发现于侏罗纪，花器官的化石更加稀少，尚未发现具有被子植物与其潜在祖先之间过渡特征的化石，关于被子植物的起源和早期演化的问题一直悬而未决，许多推测也存在较大的争议。

目前大多数植物分类学家认为被子植物为单源起源，其祖先可能是已经绝灭的最古老的种子植物——种子蕨类，起源时间大约为1.8亿年前的早侏罗纪甚至更早的三叠纪。起源的地点则有东亚和东南亚、南美洲亚马孙河流域或平原地区的热带雨林等不同的观点。

**案例 7-10**

2015年3月，我国国家兰科植物种质资源保护中心刘仲健教授与中国科学院南京地质古生物研究所王鑫研究员在英国杂志上在线发表了产自我国辽西距今1.67亿～1.62亿年的侏罗纪中晚期的潘氏真花（*Euanthus panii* gen. et sp. nov.）化石。潘氏真花具有典型花的所有组成部分，包括花萼、花瓣、雄蕊、雌蕊。其花萼和花瓣有显著的分化，花药有四个药室，雌蕊包括花柱和单室半下位的子房，子房包裹着多枚有单层珠被的胚珠。这些特征使得潘氏真花成为迄今为止世界上最早的典型花朵。

**问题：**
1. 潘氏真花的结构与现存被子植物哪个类群的花较为接近？
2. 潘氏真花的发现对研究被子植物的起源有何意义？

**2. 被子植物系统演化的理论基础** 为了揭示被子植物系统发育的规律、建立被子植物分类系统，植物分类学家依据现存被子植物的形态学、分子系统学、古植物学和植物地理学等综合性状，探索现存类群的亲缘关系并追溯其最近的祖先。由于化石证据的不足，人们目前还不能建立一个包括全部已绝灭的类群和现代生存类群的谱系发生系统，同时对于现存被子植物的原始类群也存在分歧。其中，影响较大的观点是假花学说（pseudoanthium theory）和真花学说（euanthium theory）。

（1）假花学说：是奥地利植物学家韦特斯坦（R. von Wettstein）首次提出，是建立恩格勒系统的理论基础。该学说认为，被子植物的花和裸子植物的花完全一致，每一个雄蕊和心皮分别相当于一个极端退化的雄花和雌花，因而设想被子植物来自于裸子植物麻黄类中的弯柄麻黄（*Ephedra campylopoda*）。如图7-10所示，雄花的苞片变成花被，雌花的苞片变成心皮，雄花的小苞片消失，只剩下雄蕊，雌花的小苞片退化，只剩下胚珠着生在子房基部。由于裸子植物尤其是麻黄和买麻藤都以单性花为主，所以原始的被子植物也是单性花。根据假花学说，现代被子植物的原始类群是单性花的柔荑花序类植物。

（2）真花学说：最早由美国植物学家柏施（Charles E. Bessey）于1897年提出，是哈钦松、塔赫他间、克郎奎斯特等建立被子植物分类系统的理论基础。该学说认为，被子植物的花是由裸子植物中早已绝灭的本内苏铁目（Bennettitales）特别是拟苏铁（*Cycadeoidea dacotensis*）的两性孢子叶球演化而来。

孢子叶球上的苞片演化为花被，小孢子叶演化为雄蕊，两侧着生胚珠的大孢子叶演化为雌蕊（心皮），孢子叶球轴则缩短为花轴（图7-10）。根据真花学说，现代被子植物中的多心皮类，尤其是木兰目植物被视为被子植物最原始的类群。

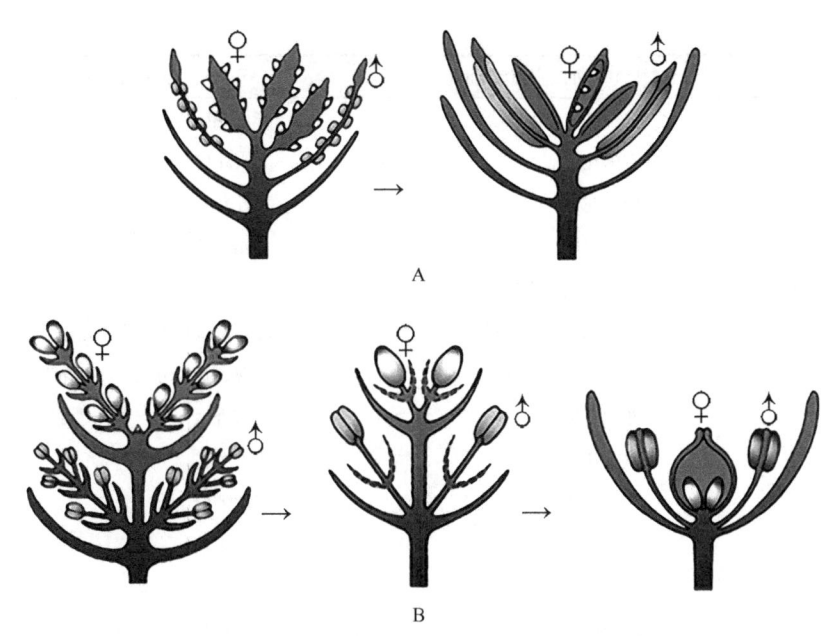

图 7-10 真花学说（A）与假花学说（B）示意图

随着 20 世纪 70 年代起，大量被子植物化石的发现和分支系统学的发展，真花学说被广为接受，而假花学说所认为的柔荑花序植物单性花、无花被或单花被、风媒传粉、合点受精等原始特征反而被认为是进化的特征。

到 20 世纪末，随着分子系统学的发展，由若干植物学家组成的"被子植物系统发育研究组（The Angiosperm Phylogeny Group）"建立了被子植物分类的 APG 系统，将位于系统发育树基部的无油樟目 Amborellales（包含无油樟科 Amborellaceae）、睡莲目 Nymphaeales（包含睡莲科 Nymphaeaceae、莼菜科 Cabombaceae、独蕊草科 Hydatellaceae）和木兰藤目 Austrobaileyale（包含五味子科 Schisandraceae、苞被木科 Trimeniaceae、木兰藤科 Austrobaileyaceae）（简称"ANITA"）作为现存被子植物的原始类群。该观点成为当今主流的植物系统学思想。

**3. 被子植物系统演化的规律** 植物的形态特征，特别是花和果实的形态特征是被子植物分类的主要依据。植物解剖学、细胞学、分子生物学和植物化学等方面的特征也被用作辅助手段，在确定某些系统位置有争议的类群上提供了新的证据或佐证。

植物器官形态的演化通常由简单到复杂，由低级到高级，但在器官分化及特化的同时，常伴随简化或退化的现象。表 7-2 是一般公认的被子植物形态结构和生活型的演化规律和分类依据，其中，祖先具有的性状属于原始性状，显示多少特化（偏离祖先）的性状看作是进化性状。

**表 7-2 被子植物形态结构和生活型的演化规律**

| | 初生的、原始的性状 | 次生的、进化的性状 |
| --- | --- | --- |
| 根 | 直根系 | 须根系 |
| 茎 | 木本 | 草本 |
| | 直立 | 缠绕 |
| | 只有管胞，无导管 | 有导管 |
| | 具环纹、螺纹导管 | 具网纹、孔纹导管 |
| 叶 | 常绿 | 落叶 |
| | 单叶全缘 | 叶形复杂化 |
| | 互生或螺旋状排列 | 对生或轮生 |

续表

|  | 初生的、原始的性状 | 次生的、进化的性状 |
|---|---|---|
| 花 | 单生 | 形成花序 |
|  | 有限花序 | 无限花序 |
|  | 两性花 | 单性花 |
|  | 雌雄同株 | 雌雄异株 |
|  | 花部螺旋状排列 | 花部轮状排列 |
|  | 花各部多数而不固定 | 花各部数目不多且有定数 |
|  | 花萼、花冠不分化 | 花萼、花冠分化，或退化为单被花、无被花 |
|  | 花部离生 | 花部合生 |
|  | 整齐花 | 不整齐花 |
|  | 子房上位 | 子房下位 |
|  | 胚珠多数 | 胚珠少数 |
|  | 边缘胎座、中轴胎座 | 侧膜胎座、特立中央胎座、基生胎座 |
|  | 花粉粒具单沟 | 花粉粒具3沟或多孔 |
| 果实 | 单果，聚合果 | 聚花果 |
|  | 真果 | 假果 |
| 种子 | 胚乳发达 | 无胚乳 |
|  | 胚小，直伸，子叶2 | 胚弯曲或卷曲，子叶1 |
| 生活型 | 多年生 | 一年生 |
|  | 自养 | 寄生、腐生 |

需要注意的是，表7-2所列性状是相互关联的，在判断某一类群是进化还是原始时，要综合分析植物体各器官的演化情况，不能片面地根据某个或某几个特征去下结论。这是因为，同一植物各器官的进化不是同步的，同一种性状在不同植物中的进化意义也不是绝对的。例如，两性花、胚珠多数、胚小是一般植物的原始性状，但在兰科植物中则是进化的标志。

## 二、被子植物的分类及重要药用植物

### （一）被子植物的主要分类系统

19世纪后半期以来，许多植物分类学家根据各自的系统发育理论建立了不同的被子植物分类系统。但由于被子植物起源、演化的知识和证据不足，到目前为止，还没有一个比较完善且公认的被子植物分类系统。当前应用最广泛的分类系统有如下几个。

**1. 恩格勒系统**（Engler system） 该系统是德国植物学家恩格勒（A. Engler，1844—1930）和柏兰特（K. Prantl）于1887~1915年出版的23卷巨著《植物自然科志》（*Die Natürlichen Pflanzenfamilien*）中发表的，是植物分类学史上第一个比较完整的自然分类系统。该系统将植物界分成13个门，被子植物是第13门种子植物门的一个亚门，分成单子叶植物纲和双子叶植物纲（单子叶植物纲置于双子叶植物纲之前），双子叶植物纲分为原始花被亚纲和后生花被亚纲。德国植物学家梅尔基奥尔（H. Melchior）在1964年出版的《植物分科志要》（*Syllabus der Pflanzenfamilien*）第12版中对恩格勒系统进行了改进，将植物界分为17个门，在第3卷把被子植物独立成被子植物门，分为双子叶植物纲和单子叶植物纲（双子叶植物纲置于单子叶植物纲之前），共包括62目、344科。

恩格勒系统以假花学说为理论基础，认为无花瓣、单性、木本、风媒传粉等为原始的特征，而有花瓣、两性、虫媒传粉等是进化的特征，为此，他们把柔荑花序类植物看作被子植物最原始的类型，而将木兰、毛茛等科看作是较为进化的类型。

恩格勒系统在19世纪后期兴起，盛行于20世纪中期以前。随着20世纪植物系统学研究的深入，许多分类学家否定了上述观点。但由于《植物自然科志》这部巨著内容丰富、全面，对植物学界产生了很大影响，其被子植物分类系统在世界上许多国家直到现在仍在使用。在我国，多数植物研究所和大学的植物标本馆及分类学专著如《中国植物志》、《中国高等植物图鉴》、《中国树木分类学》、《东北植物检索表》及北京、河北、内蒙古、湖北、四川、贵州、西藏、江苏等省（自治区、直辖市）的植物志均采用恩格勒系统。我国大多数《药用植物学》教材也采用该系统。

> **案例 7-11**
> 2016年2月，我国渤海大学韩刚教授等学者在《地质学报》英文版上发表了产自内蒙古宁城县道虎沟村距今至少1.64亿年的侏罗纪中期的渤大侏罗草（*Juraherba bodae* gen.et sp. Nov.）植物化石。渤大侏罗草高3.8cm，具有完整的根、茎、叶和果实，是目前世界上已知最早的草本被子植物化石。
> **问题：**
> 1. 为什么将渤大侏罗草定为被子植物？
> 2. 该发现对当前被子植物演化观有何影响？

**2. 哈钦森系统**（Hutchinson system） 该系统是英国植物学家哈钦森（J. Hutchinson，1884—1972）于1926年和1934年出版的两卷《有花植物科志》（*The Families of Flowering Plants*）中提出的，在1959年和1973年又分别出版了第2版和第3版，共111目，411科。

哈钦森系统以真花学说为理论基础，把双子叶植物分为由木兰目起源的木本类和由毛茛目起源的草本类；将单子叶植物按照花被的特征分为萼花类、冠花类和颖花类；认为单子叶植物起源于双子叶植物的毛茛科。

哈钦森系统坚持木本和草本是双子叶植物两支平行发展的类群，不符合双子叶植物的演化过程。我国中国科学院华南植物园、桂林植物园、昆明植物研究所和北京大学的被子植物标本馆、《中国树木志》、《广州植物志》、《海南植物志》、《广西植物志》、《云南植物志》等均采用该系统。

**3. 塔赫他间系统**（Takhtajan system） 该系统是俄罗斯植物学家塔赫他间（A. Takhtajan，1910—2009）建立的。该系统的初步研究发表于1942年，在1966年出版的《有花植物系统和系统发育》（*A System and Phylogeny of the Flowing Plants*）一书中得到完善，其后历经多次修订。在2009年出版的《有花植物》（*Flowering Plants*）第2版中，将被子植物分为木兰纲（双子叶植物）和百合纲（单子叶植物），前者分8亚纲，32个超目，125个目，442个科，另有未确定分类位置的1个科（无知果科 Haptanthaceae）；后者分为4个亚纲，12个超目，31个目，121个科。

塔赫他间系统亦主张真花学说，认为种子蕨可能是被子植物的祖先，在2009年的系统中，将无油樟科 Amborellaceae 作为最原始的被子植物。该系统首次将双子叶植物和单子叶植物分别划分为若干亚纲，并设立"超目"这一分类单元。为了更容易地判断特征和进化关系，设置了较小的目和科，导致目和科的数目较多，略显烦琐。加拿大蒙特利尔植物园采用该系统。

**4. 克郎奎斯特系统**（Cronquist system） 该系统是美国植物学家克郎奎斯特（A.Cronquist，1919—1992）于1968年在《有花植物的演化和分类》（*The Evolution and Classification of Flowering Plants*）一书中发表的。在1988年的修订版中，被子植物称为木兰植物门，分为木兰纲（双子叶植物）和百合纲（单子叶植物），前者包括6个亚纲，64个目，318个科，后者包括了5个亚纲、19个目、65个科。

克郎奎斯特系统接近塔赫他间系统，但取消了"超目"，科的数目也有所减少。该系统也认为被子植物可能起源于种子蕨，木兰亚纲是被子植物最原始的群，其他群都从木兰亚纲衍生出来。

该系统设置较为合理，科的数目及范围也较适中，因此受到许多研究机构的重视和广泛采用。我国辽宁大学、浙江大学的植物标本馆及一些植物学教材采用该系统。

**5. 被子植物系统发育研究组系统**（APG system）"被子植物系统发育研究组"（the Angiosperm Phylogeny Group，APG）于1998年以"被子植物'科'的'目'的分类"（an ordinal classification for the families of flowering plants）为题发表了APG分类系统，2003年和2009年推出修订版本APG Ⅱ和APG Ⅲ。该系统是在瑞典植物学家布雷默（K. Bremer）建立的被子植物系统的基础上，结合诸多分子系统学研究的结果建立的。该系统以分支分类学的单系原则界定植物分类群的范围，支持被子植物科以上的主要类群都是单源起源的。APG Ⅲ系统将被子植物分为59个目，413个科（其中4个科未指定到目），无油樟目、睡莲目及木兰藤目构成被子植物的基底旁系群，而木兰类植物（magnoliids）、单子叶植物（monocotyledoneae）及真双子叶植物（eudicotyledons）则形成被子植物的核心类群，其中金粟兰目（Chloranthales）和金鱼藻目（Ceratophyllales）分别是木兰类和真双子叶植物的旁系群。

APG系统主要着眼于对目和科的分类，对科以下分类群的分类尚不完善。尽管如此，该系统成为欧洲许多植物标本馆包括英国皇家植物园邱园标本馆馆藏标本排列的依据，也被国际上许多植物学著作和教材所采用。

> **案例 7-12**
> 分子系统学是基于核酸、蛋白质等生物大分子的结构信息，运用特定的系统发生分析方法来重建生物类群间的谱系发生关系的学科。当前被子植物的分子系统学主要基于叶绿体基因和核基因（如核糖体RNA基因及其转录间隔区）的序列特征，并从最初的基于单个基因向联合多个基因乃至整个细胞器基因组的方向发展。
> **问题：**
> 1. 为什么叶绿体基因和核基因可用来阐明被子植物间的亲缘关系？
> 2. 基因的进化速率对研究不同分类阶元的植物类群的系统发育有何影响？

## （二）被子植物的分类

本教材采用改进的恩格勒系统，将被子植物门分为双子叶植物纲（Dicotyledoneae）和单子叶植物纲（Monocotyledoneae），其主要区别特征见表7-3。

表7-3　双子叶植物纲和单子叶植物纲的基本区别

| 器官 | 双子叶植物纲 | 单子叶植物纲 |
| --- | --- | --- |
| 根 | 直根系 | 须根系 |
| 茎 | 维管束成环状排列，有形成层 | 维管束散生，无形成层 |
| 叶 | 网状脉 | 平行脉 |
| 花 | 通常5或4基数，花粉粒具3个萌发孔 | 3基数，花粉粒具单个萌发孔 |
| 胚 | 2枚子叶 | 1枚子叶 |

上述区别是相对的，也存在一些例外的情况：一些双子叶植物科中也有1枚子叶的现象，如毛茛科、胡椒科、睡莲科、罂粟科、小檗科、伞形科、报春花科等；双子叶植物中也有许多须根系的植物，特别是毛茛科、车前科、茜草科、菊科；毛茛科、睡莲科、石竹科等双子叶植物科中有散生维管束，而有些单子叶植物的幼期也有环状排列的维管束，并有初生形成层；单子叶植物的天南星科、百合科等也有网状脉；双子叶植物的樟科、木兰科、小檗科、毛茛科等有3基数的花，单子叶植物的眼子菜科、百合科等有4基数的花。从进化的角度来看，单子叶植物的须根系、缺乏形成层、平行脉等性状，都是次生的，而单萌发孔花粉却是原始的性状。在原始的双子叶植物中，

也具有单萌发孔的花粉粒,这也给单子叶植物起源于双子叶植物提供了依据。

### (三) 双子叶植物纲

双子叶植物纲(Dicotyledoneae)分为离瓣花亚纲(原始花被亚纲)和合瓣花亚纲(后生花被亚纲)。

## I. 离瓣花亚纲

离瓣花亚纲又称原始花被亚纲或古生花被亚纲,花无被、单被或重被,花瓣常分离,胚珠通常具一层珠被,是被子植物中较原始的类群。

**1. 金粟兰科**(Chloranthaceae, ⚥ *$P_0A_{(1\sim 3)}\bar{G}_{1:1:1}$; ♂*$P_0A_1$; ♀*$P_{(3)}\bar{G}_{1:1:1}$) 草本、灌木或小乔木,节部常膨大,常具油细胞,有香气。单叶对生,叶柄基部常合生成鞘;托叶小。花小,两性或单性,排成穗状花序、头状花序或圆锥花序顶生;无花被或在雌花中有浅杯状3齿裂的花被(萼管);两性花具雄蕊1~3枚,着生于子房的一侧;雌蕊1枚,由1心皮所组成,子房下位,1室,胚珠单生;单性花其雄花多数,雄蕊1枚;雌花少数,有与子房贴生的3齿萼状花被。核果卵形或球形。种子含丰富的胚乳。

本科5属,约70种,分布于热带和亚热带。我国有3属,16种和5变种,主要分布于长江以南地区。已知药用2属,15种。

化学成分:常含挥发油、萜类、黄酮苷等化学成分,主要供药用和提取芳香油。

> **案例 7-13**
> 草珊瑚为常用中药,用于治疗血热发斑发疹,风湿痹痛,跌打损伤。同时可用于牙膏等日化产品中,起抑菌作用。
> **问题:**
> 牙膏等日化产品包装材料上的草珊瑚植物图片是否正确,你是如何判断的?

【重要药用植物】

**草珊瑚** *Sarcandra glabra* (Thunb.) Nakai 常绿半灌木。茎与枝均有膨大的节。叶革质,顶端渐尖,基部尖或楔形,边缘具粗锐锯齿,齿尖有一腺体,两面均无毛;叶柄基部合生成鞘状;托叶钻形。穗状花序顶生,通常分枝,多少成圆锥花序状;苞片三角形;花黄绿色;雄蕊1枚;子房球形或卵形,无花柱,柱头近头状。核果球形,熟时亮红色(图7-11)。分布于安徽、浙江、江西、福建、台湾、广东、广西、湖南、四川、贵州和云南。生于山坡、沟谷、林下阴湿处。全株药用,能清热凉血,活血消斑,祛风通络。

**及 己** *Chloranthus serratus* (Thunb.) Roem. et Schult. 多年生草本。叶对生,4~6片生于茎上部,纸质,顶端渐窄成长尖,基部楔形,边缘具锐而密的锯齿,齿尖有一腺体,两面无毛;托叶小。穗状花序顶生,偶有腋生;苞片三角形或近半圆形,通常顶端数齿裂;花白色;雄蕊3枚,子房卵形,无花柱,柱头粗短。核果近球形或梨形,绿色。

及己主要分布于华中、华南地区。生于山地林下和山谷溪边。全草可作中药"及己"使用,具有抗菌消炎、活血散瘀之功效,外用治疗跌打损伤;本品有毒,内服慎用。

本科药用植物还有:**海南草珊瑚** *Sarcandra hainanensis* (Pei) Swamy et Bailey 全草入药,有消肿止痛、通利关节的

图 7-11 草珊瑚
1. 果枝;2. 根状茎和根;3. 花序一段;
4. 雄蕊腹面观;5. 果

功效。**宽叶金粟兰** *Chloranthus henryi* Hemsl. 根、根状茎或全草入药，有舒筋活血、消肿止痛、杀虫的功效。

**2. 桑科**（Moraceae，♂*K$_{4\sim6}$C$_0$A$_{4\sim6}$；♀*K$_{4\sim6}$C$_0$G$_{(2:1:1)}$）乔木或灌木，藤本，稀草本。叶多互生，托叶2枚，细小，常早落。花小，单性，雌雄同株或异株；花序腋生，总状、圆锥状、头状、穗状或壶状，稀为聚伞状，花序托有时为肉质，增厚或封闭而为隐头花序，或开张而为头状花序；无花瓣，萼片常4~6片，成2轮，雄花的雄蕊通常与萼片同数而对生；雌花子房上位，2心皮合生，通常1室1胚珠。果为瘦果或核果，常与肉质花萼形成聚花果或隐花果。

本科约53属，1400余种。多分布于热带、亚热带，少数分布在温带地区。我国约12属153种或亚种，59个变种或变型，全国各地均有分布，长江以南分布较多。

显微特征：本科植物在内皮层或韧皮部具乳汁管，因而植株常具乳汁；叶内常含碳酸钙结晶（钟乳体）。在哈钦森系统和克朗奎斯特系统中，将草本、无乳汁的大麻属和葎草属植物单立为大麻科（Cannabaceae）。

化学成分：本科植物常含黄酮类、香豆素类、萜类等成分。

【重要药用植物】

**桑** *Morus alba* L. 乔木或灌木。叶卵形或广卵形，有时叶为各种分裂；叶柄具柔毛；托叶披针形，早落，外面密被细硬毛。花单性，腋生或生于芽鳞腋内，与叶同时生出；雄花序下垂，密被白色柔毛；雌花序被毛，花被片倒卵形；柱头2裂，内面有乳头状突起。瘦果小，包于肉质化的雌花被内形成聚花果，成熟时红色或暗紫色（图7-12）。

桑原产于我国中部和北部，现全国各地均有栽培。根皮可作中药"桑白皮"使用，能泻肺平喘、利水消肿；嫩枝可作中药"桑枝"使用，能祛风湿，利关节；叶可作中药"桑叶"使用，能疏散风热，清肺润燥，清肝明目；聚花果可作中药"桑椹"使用，能滋阴补血，生津润燥。

**见血封喉** *Antiaris toxicaria* Lesch. 乔木，树皮灰色，略粗糙。叶椭圆形至倒卵形，基部圆形至浅心形，两侧不对称。雄花序托盘状，雄花花被裂片4；雌花单生，藏于梨形花托内，为多数苞片包围。核果梨形，具宿存苞片，成熟后鲜红至紫红色。种子无胚乳，外种皮坚硬（图7-13）。分布于广东、海南、广西、云南南部。多生于雨林中。树的汁液有剧毒。

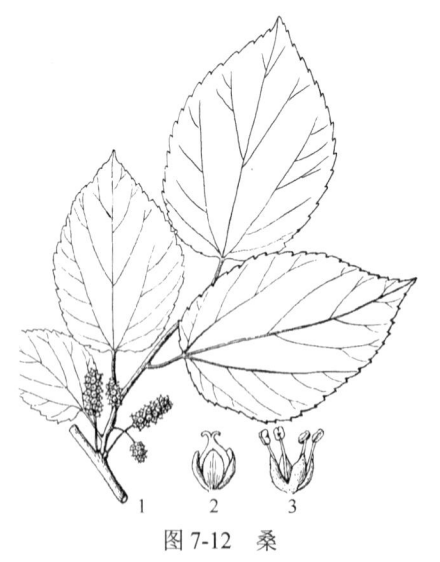

图7-12 桑
1.果枝；2.雌花；3.雄花

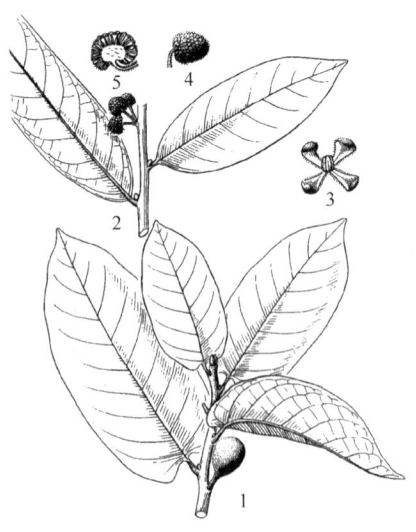

图7-13 见血封喉
1.果枝；2.雄花枝；3.雄花；4.雄花序；5.雄花序纵切面

**大麻** *Cannabis sativa* L. 一年生直立草本。枝具纵沟槽，密生灰白色贴伏毛；叶掌状全裂，裂片披针形或线状披针形；托叶线形。雄花黄绿色，花被5，膜质，雄蕊5；雌花绿色；花被1，紧孢子房。瘦果被宿存黄褐色苞片所包，果皮坚脆，表面具细网纹（图7-14）。有2亚种，subsp. *sativa*（火麻）生产纤维和油，具较高而细长、稀疏分枝的茎和长而中空的节间，如锡金、不丹至我国通常栽培的大麻，果实可做中药"火麻仁"使用，有润肠通便的功效。subsp. *indica* (Lamarck) Small et Cronquist（印度大麻）植株较小，多分枝而具短而实心的节间，由于其幼叶和花序含大量树脂，具有致幻作用，是生产"大麻烟"违禁品的植物，在多数国家禁止栽培。

本科药用植物还有：**薜荔** *Ficus pumila* L. 果实入药，能补肾益精、通乳；茎入药，能祛风通络、凉血消肿。**无花果** *Ficus carica* L. 隐花果（聚花果）入药，能清热生津，健脾开胃，解毒消肿。**葎草** *Humulus scandens* (Lour.) Merr. 全草入药，能清热解毒、利尿消肿。

图7-14 大麻
1. 果枝；2. 雄花

**3. 马兜铃科**（Aristolochiaceae, ♀*, ↑P$_{(3)}$ A$_{6\sim12}$$\overline{G}$$_{(4\sim6:4\sim6:\infty)}$）草质或木质藤本、灌木或多年生草本。单叶，互生，叶片全缘或3～5裂，基部常心形，无托叶。花两性，单被，花瓣状，辐射对称或两侧对称，花被下部合生成钟状、瓶状、管状、球状或其他形状；顶端3裂，或向一侧延伸成1～2舌片，裂片镊合状排列；雄蕊6至多数，1或2轮；花丝短，离生或与花柱、药隔合生成合蕊柱；子房下位，稀半下位或上位，4～6室或为不完全的子房室，稀心皮离生或仅基部合生；胚珠每室多颗。蒴果蓇葖果状、长角果状或为浆果状。种子多数。

本科约8属，600种，主要分布于热带和亚热带地区，以南美洲较多。我国产4属，71种、6变种、4变型，除华北和西北干旱地区外，全国各地均有分布。

化学成分：本科植物常含有挥发油、生物碱类、木脂素类和硝基菲类（nitrophenanthrene）化合物。马兜铃酸（aristolochic acid）即为硝基菲类化合物，是马兜铃科植物的特征性成分，近年来发现此类成分可引起肾脏损害等不良反应，使用中应特别注意。我国已取消该科多种药材品种的药用标准。

**案例7-14**

2000年版《中国药典》规定细辛来源为马兜铃科植物北细辛 *Asarum heterotropoides* var. *mandshuricum*、汉城细辛 *A. sieboldii* var. *seoulense* 或华细辛 *A. sieboldii* 的干燥全草。而2005年版以后至现行2020年版均规定细辛来源为上述三种植物的根及根茎。

问题：

北细辛、汉城细辛和华细辛的根和叶所含的主要化学成分有什么不同吗？为什么2005年版以后的药典对这三种细辛的药用部位进行了调整？

【**重要药用植物**】

**马兜铃** *Aristolochia debilis* Sieb. et Zucc. 马兜铃属。草质藤本。茎柔弱，无毛，暗紫色或绿色。叶纸质，卵状三角形，长圆状卵形或戟形，顶端钝圆或短渐尖，基部心形，两面无毛，两侧裂片圆形，下垂或稍扩展。花单生或2朵聚生于叶腋；花被基部膨大呈球形，向上收狭成一长管，管口扩大呈漏斗状。蒴果近球形，顶端圆形而微凹，具6棱，成熟时黄绿色，由基部向上沿室间6瓣开裂。种子扁平，钝三角形，边缘具白色膜质宽翅（图7-15）。

马兜铃分布于山东、河南及长江流域以南各省（自治区、直辖市）。生于山谷、沟边、路旁阴湿处及山坡灌丛中。根曾作为青木香入药；地上部分曾作为天仙藤入药；成熟果实曾作为马兜铃入药。

同属植物**北马兜铃** *Aristolochia contorta* Bunge 叶卵状心形或三角状心形；蒴果宽倒卵形或椭圆状倒卵形；种子三角状心形，灰褐色，扁平，具小疣点。分布于辽宁、吉林、黑龙江、内蒙古、河北、河南、山东、山西、陕西、甘肃和湖北。生于山坡灌丛、沟谷两旁以及林缘。用途与马兜铃相同（图7-16）。

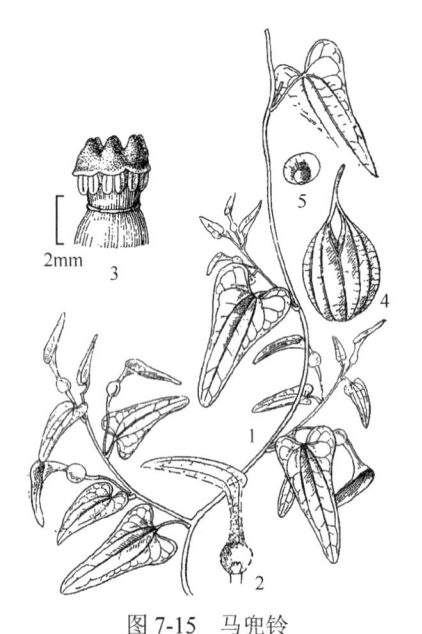

图7-15 马兜铃
1.花枝；2.花（示花被内面）；3.花药与合蕊柱；4.果；5.种子

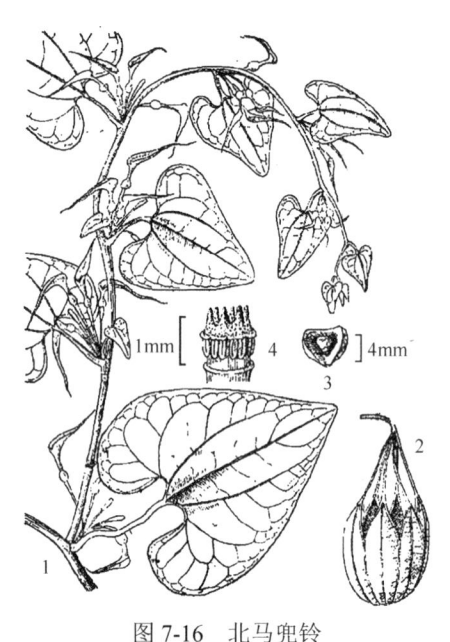

图7-16 北马兜铃
1.花枝；2.果；3.种子；4.花药与合蕊柱

**广防己** *Isotrema fangchi* (Y. C. Wu ex L. D. Chow & S. M. Hwang) X. X. Zhu, S. Liao & J. S. Ma 木质藤本；茎初直立，以后攀缘，叶薄革质或纸质，长圆形或卵状长圆形，稀卵状披针形；花单生或3～4朵排成总状花序；蒴果圆柱形。分布于广东、广西、贵州和云南。生于山坡密林或灌木丛中。块根曾作药用，为广防己，现已被取消药用标准（图7-17）。

**细辛** *Asarum heterotropoides* Fr. Schmidt 多年生草本。根状茎横走，根细长，具浓烈香气。叶卵状心形或近肾形，先端急尖或钝，基部心形，顶端圆形；芽苞叶近圆形。花紫棕色，稀紫绿色；花梗花期在顶部成直角弯曲，果期直立；花被管壶状或半球状，喉部稍缢缩，内壁有纵行脊皱，花被裂片三角状卵形，由基部向外反折，贴靠于花被管上；子房半下位或几近上位。果半球状（图7-18）。分布于黑龙江、吉林、辽宁。生于山坡林下、山沟土质肥沃而阴湿处。

同属植物**汉城细辛** *Asarum sieboldii* Miq. 叶通常2枚，叶片心形或卵状心形，上面疏被短毛，脉上较密，下面仅脉被毛；芽苞叶肾圆形，边缘疏被柔毛。花紫黑色；花被管钟状，直立或近于平展。果近球状。分布于山东、安徽、浙江、江西、河南、湖北、陕西、四川。生于林下阴湿腐殖质土壤中。

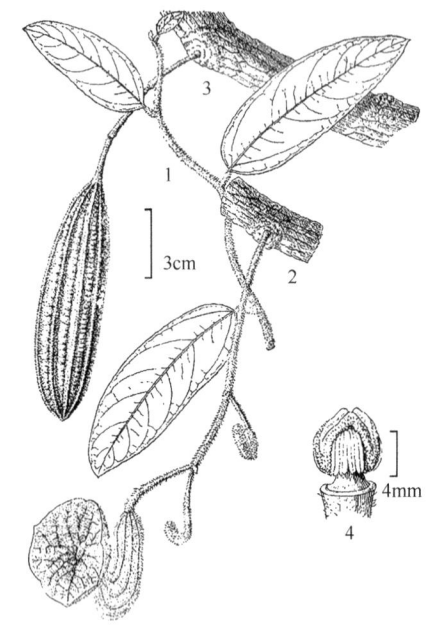

图7-17 广防己
1.叶枝；2.花序；3.果枝；4.花药与合蕊柱

细辛、汉城细辛及华细辛的根和根茎可作中药"细辛"使用，具解表散寒、祛风止痛、通窍、温肺化饮之功效。由于其所含挥发性成分具有呼吸中枢抑制作用，应限制用量。

**4. 蓼科**（Polygonaceae, ☿ *$P_{3\sim6}A_{6\sim9}\underline{G}_{(2\sim4:1:1)}$） 多为草本，稀灌木或小乔木。茎直立，平卧、攀缘或缠绕，通常具膨大的节，有时中空。叶为单叶，互生，稀对生或轮生，边缘通常全缘，有时分裂，具叶柄或近无柄；托叶通常联合成鞘状（托叶鞘），膜质，褐色或白色，顶端偏斜、截形或2裂，宿存或脱落。花序穗状、总状、头状圆锥状；花较小，两性，稀单性，雌雄异株或雌雄同株，辐射对称；花梗通常具关节；花被片3～6，宿存；雄蕊6～9；子房上位，1室，心皮通常3，稀2～4，合生，胚珠1，多直生。瘦果卵形或椭圆形，具3棱或双凸镜状，极少具4棱，有时具翅或刺，包于宿存花被内或外露。

本科约50属，1150种，呈世界性分布，但主产于北温带。我国有13属，235种，37变种。已知药用10属，136种。

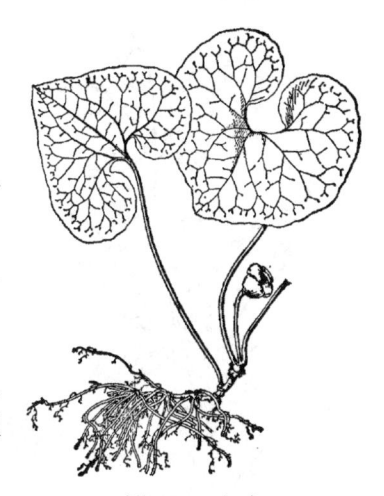

图7-18 细辛

显微特征：本科植物细胞中常见草酸钙簇晶。

化学成分：本科植物常含有蒽醌类成分，如大黄素（emodin）；此外还普遍含有黄酮类、鞣质等成分。大黄属（*Rheum*）和蓼属（*Polygonum*）多含有芪类化合物（二苯乙烯衍生物）。

【重要药用植物】

图7-19 药用大黄
1.花序及叶；2.花；3.雌蕊；4.果实

**药用大黄** *Rheum officinale* Baill. 高大草本，根及根状茎粗壮，内部黄色。茎粗壮，基部中空，具细沟棱，被白色短毛，上部及节部较密。基生叶大型，叶片近圆形，顶端近急尖形，基部近心形，掌状浅裂，裂片大齿状三角形，叶上面光滑无毛；叶柄粗圆柱状，与叶片等长或稍短，具棱棱线；茎生叶向上逐渐变小，上部叶腋具花序分枝；托叶鞘宽大，初时抱茎，后开裂。大型圆锥花序，分枝开展，花4～10朵成簇互生，绿色到黄白色；花梗细长；花被片6，边缘稍不整齐。果实长圆状椭圆形，顶端圆，中央微下凹，基部浅心形，纵脉靠近翅的边缘。种子宽卵形（图7-19）。分布于陕西、四川、湖北、贵州、云南等省及河南西南部与湖北交界处。生于山沟或林下。多有栽培。

同属植物**鸡爪大黄（唐古特大黄）** *Rheum tanguticum* Maxim. ex Regel 茎生叶大型，叶片近圆形或宽卵形，顶端窄长急尖，基部略呈心形，通常掌状5深裂，最基部一对裂片简单，中间3个裂片多为三回羽状深裂，小裂片窄长披针形；托叶鞘大型；花小，紫红色或淡红色。分布于甘肃、青海及青海与西藏交界一带。**掌叶大黄** *Rheum palmatum* L. 基生叶叶片长宽近相等，顶端窄渐尖或窄急尖，基部近心形，通常呈掌状半5裂，每一大裂片又分为近羽状的窄三角形小裂片，基出脉多为5条；花小，通常为紫红色，有时黄白色。分布于甘肃、四川、青海、云南西北部及西藏东部等地。现在甘肃及陕西栽培较广。

药用大黄、鸡爪大黄及掌叶大黄的根和根茎可作中药"大黄"使用，能泻下攻积、清热泻火、凉血解毒、逐瘀通经、利湿退黄。

同属其他植物如**波叶大黄** *Rheum rhabarbarum* L.、**河套大黄** *Rheum hotaoense* C. Y. Cheng et Kao、**藏边大黄** *Rheum australe* D. Don 等的根和根茎中由于结合蒽醌含量低，泻下作用很弱，俗称土大黄或山大黄，非正品大黄。

**何首乌** *Polygonum multiflorum* (Thunb.) Nakai 多年生草本。块根肥厚，长椭圆形，黑褐色。茎缠绕，多分枝，下部木质化。叶卵形或长卵形，顶端渐尖，基部心形或近心形；托叶鞘膜质，偏斜，无毛。花序圆锥状，顶生或腋生，分枝开展，具细纵棱，沿棱密被小突起；苞片三角状卵形，每苞内具2~4花；花被5深裂，白色或淡绿色，花被片椭圆形，大小不相等。瘦果卵形，具3棱，黑褐色，有光泽，包于宿存花被内（图7-20）。

何首乌主要分布于长江流域及其以南各省（自治区、直辖市）。生于山谷灌丛、林下、沟边石隙。块根可作中药"何首乌"使用，生用能解毒、消痈、截疟、润肠通便；炮制品"制何首乌"能补肝肾、益精血、乌须发、强筋骨、化浊降脂；茎可作中药"夜交藤"使用，能养心安神、祛风通络。

图7-20 何首乌
1. 花果枝；2. 包在花被内的果实；3. 果实

**案例 7-15**

近年来，时有"人形何首乌（形状似人形的何首乌块根）"见诸报端，且交易价格不菲。其中大部分是由模具人为制造而得，更有甚者是使用薯蓣科植物制造出来的。

**问题：**
如何分辨"人形何首乌"的真假？

**萹蓄** *Polygonum aviculare* L. 一年生草本。茎平卧、上升或直立，自基部多分枝，具纵棱。叶椭圆形，狭椭圆形或披针形，顶端钝圆或急尖，基部楔形，边缘全缘；托叶鞘膜质，下部褐色，上部白色，撕裂脉明显。花单生或数朵簇生于叶腋，遍布于植株。瘦果卵形，具3棱，黑褐色，密被由小点组成的细条纹，无光泽，与宿存花被近等长或稍超过（图7-21）。

萹蓄分布于全国各地。生于田边、沟边湿地。地上部分可作中药"萹蓄"使用，能利尿通淋，杀虫，止痒。

**虎杖** *Reynoutria japonica* Houtt. 多年生草本。根状茎粗壮，横走。茎直立，粗壮，空心，具明显的纵棱及小突起，散生红色或紫红色斑点。叶宽卵形或卵状椭圆形，近革质；托叶鞘膜质，偏斜，褐色，常破裂，早落。花单性，雌雄异株，花序圆锥状腋生。瘦果卵形，具3棱，黑褐色，有光泽，包于宿存花被内。

虎杖分布于长江流域及其以南各省（自治区、直辖市）。生于山坡灌丛、田边湿地。根茎和根可作中药"虎杖"使用，能利湿退黄、清热解毒、散瘀止痛、止咳化痰。

图7-21 萹蓄
1. 花果枝；2. 根及幼茎；3. 花；4. 果实

**拳参** *Bistorta officinalis* Raf. 多年生草本。根状茎肥厚，弯曲，黑褐色。茎直立，不分枝，通常2~3条自根状茎发出。基生叶宽披针形或狭卵形，纸质；茎生叶披针形或线形，无柄；托叶筒状，膜质。总状花序呈穗状，顶生。瘦果椭圆形，两端尖，褐色，有光泽，稍长于宿存的花被（图7-22）。

拳参分布于东北、华北、西北、华中地区。生于山坡草地、山顶草甸。根茎可作中药"拳参"使用，能清热解毒、消肿、止血。

本科药用植物还有：**金荞麦** *Fagopyrum dibotrys* (D. Don) Hara 块根入药，能清热解毒、排脓祛瘀；**羊蹄** *Rumex japonicus* Houtt. 根入药，能清热凉血。

**5. 苋科**（Amaranthaceae, ⚥ *P$_{3\sim5}$A$_{3\sim5}$G$_{(2\sim3:1:1\sim\infty)}$） 一年或多年生草本，少数攀缘藤本或灌木。叶互生或对生，全缘，少数有微齿，无托叶。花小，有时退化成不育花；花常簇生在叶腋内，成穗状花序、头状花序、总状花序或圆锥花序；苞片 1 及小苞片 2，干膜质；花被片 3～5，干膜质，覆瓦状排列，常和果实同时脱落，少有宿存；雄蕊常和花被片等数且对生；子房上位，2～3 心皮合生，1 室，基生胎座，胚珠 1 个或多数。果实为胞果或小坚果，少数为浆果，果皮薄膜质，不裂、不规则开裂或顶端盖裂。种子 1 个或多数，凸镜状或近肾形，光滑或有小疣点。

本科约 60 属，850 种，分布广。我国产 13 属，约 39 种。已知药用 9 属，28 种。

化学成分：本科植物常含三萜皂苷类、生物碱类、甾体类等成分。

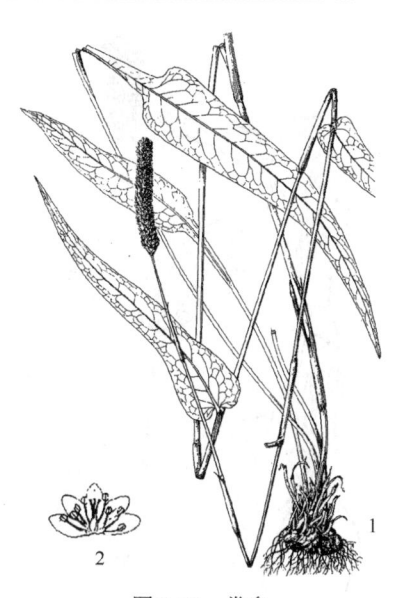

图 7-22 拳参
1. 植株；2. 花的纵剖面

【重要药用植物】

**牛膝** *Achyranthes bidentata* Bl. 多年生草本。根圆柱形，土黄色；茎有棱角或四方形，绿色或带紫色，分枝对生，节膝状膨大。叶椭圆形或椭圆披针形，少数倒披针形；叶柄具柔毛。穗状花序顶生及腋生；花多数；苞片宽卵形；花被片披针形；退化雄蕊顶端平圆，稍有缺刻状细锯齿。胞果矩圆形，黄褐色，光滑（图 7-23）。

牛膝分布于除东北外的全国各地。生于山坡林下。产于河南焦作地区的栽培品习称怀牛膝。根可作中药"牛膝"使用，能逐瘀通经，补肝肾，强筋骨，利尿通淋，引血下行。

**川牛膝** *Cyathula officinalis* Kuan 多年生草本。根圆柱形，鲜时表面近白色，干后灰褐色或棕黄色；茎稍四棱形，多分枝，疏生长糙毛。叶片椭圆形或窄椭圆形，少数倒卵形。花丛为 3～6 次二歧聚伞花序，密集成花球团，淡绿色，干时近白色，多数在花序轴上交互对生，在枝顶端呈穗状排列；在花球团内，两性花在中央，不育花在两侧；苞片顶端刺芒状或钩状；不育花的花被片常为 4，变成具钩的坚硬芒刺；两性花花被片披针形，内侧 3 片较窄；退化雄蕊长方形，顶端齿状浅裂。胞果椭圆形或倒卵形，淡黄色（图 7-24）。分布于四川、云南、贵州，野生或栽培。根可作中药"川牛膝"使用，能逐瘀通经，通利关节，利尿通淋。

图 7-23 牛膝
1. 果枝；2. 小苞片；3. 花；4. 去掉花被的花；5. 雌蕊

图 7-24　川牛膝
1. 花果枝；2. 根

**案例 7-16**

牛膝是一味传统中药，古时因产地不同分为怀牛膝和川牛膝两种，中医认为二者虽功效相近，但各有所偏重。现代植物学分类将怀牛膝划入牛膝属，而将川牛膝划入杯苋属，证明二者的确存在一定差异。

**问题：**

你能通过植物形态特点区分两种牛膝吗？

**青葙** Celosia argentea L. 一年生草本。茎有分枝，绿色或红色，具明显条纹。叶片矩圆披针形、披针形或披针状条形，少数卵状矩圆形，绿色常带红色。花多数，在茎端或枝端成单一、无分枝的塔状或圆柱状穗状花序；苞片及小苞片披针形，白色，光亮；花被片矩圆状披针形，初为白色，顶端带红色，或全部粉红色，后呈白色。胞果卵形，包裹在宿存花被片内。种子凸透镜状肾形。

青葙分布遍及全国，野生或栽培。成熟种子可作中药"青葙子"使用，具清肝泻火、明目退翳之功效。

本科药用植物还有：**土牛膝** Achyranthes aspera L. 根入药，可清热解毒，利尿；**鸡冠花** Celosia cristata L. 花入药，能收敛止血，止带，止痢。

**6. 毛茛科**（Ranunculaceae, ⚥ *, ↑$K_{3\sim\infty}C_{3\sim\infty,0}A_{\infty}\underline{G}_{1\sim\infty;1;1\sim\infty}$）多年生或一年生草本，少有灌木或木质藤本。叶基生，常互生，少数对生，单叶或复叶，叶片常掌状分裂，无托叶。花常两性，少有单性；辐射对称，稀为两侧对称；单生或排列成聚伞花序或总状花序；萼片3至多数，有时呈花瓣状；花瓣缺或3至多数；雄蕊多数；心皮离生，少有合生，1至多数，常螺旋状排列或轮生；子房上位，每心皮内有1至多数胚珠。果实为瘦果或蓇葖果，少数为浆果或蒴果。

本科约50属，2000余种，广布世界各地，主要分布在北半球温带及寒温带。我国有42属，约736种，已知药用34属，400余种，分布于全国各地。

化学成分：本科植物常含生物碱类成分，如木兰花碱（magnoflorine）。苄基异喹啉类生物碱主要存在于黄连属（Coptis）、唐松草属（Thalictrum），如小檗碱（berberine）；二萜类生物碱主要存在于乌头属（Aconitum）、翠雀属（Delphinium），如乌头碱（aconitine）。毛茛苷（ranunculin）是毛茛科植物的特征性成分，分布在毛茛属（Ranunculus）、银莲花属（Anemone）和铁线莲属（Clematis）中。强心苷主要分布于侧金盏花属（Adonis）和铁筷子属（Helleborus）。三萜皂苷类化合物主要分布于升麻属（Cimicifuga）、黄三七属（Souliea）。

芍药属（Paeonia）植物含有芍药苷（paeoniflorin）、丹皮酚（paeonol）等成分，但不含木兰花碱和毛茛苷，加之多种特征与毛茛科有显著区别，如染色体基数为5，维管束周韧型，梯纹导管，花大，雄蕊离心发育，花粉粒外壁有网状纹孔，花盘存在并包住雌蕊；胚在发育初期似裸子植物的银杏，有一个游离核的阶段，而与其他被子植物不同，因此在克朗奎斯特系统中被单立为芍药科（Paeoniaceae）。

【重要药用植物】

**黄连** Coptis chinensis Franch. 多年生草本。根状茎黄色，常分枝，密生多数须根。叶基生，有长柄，叶片坚纸质，卵状三角形，三全裂，中央裂片具细柄，卵状菱形，羽状深裂，边缘有锐锯齿，两侧裂片不等二深裂。聚伞花序顶生，有花3～8朵；萼片黄绿色，长椭圆状卵形；花瓣线形或线状披针形；雄蕊多数；心皮8～12，离生。聚合蓇葖果（图7-25）。

分布于湖北、重庆、四川、贵州、陕西等地，生于海拔500～2000米的山地林中阴湿处。根茎作中药"黄连"使用，习称味连，能清热燥湿，泻火解毒。

**同属植物：三角叶黄连** *Coptis deltoidea* C. Y. Cheng et Hsiao 根状茎不分枝或少分枝，叶中央全裂片三角状卵形，两侧全裂片斜卵状三角形。分布于四川峨眉山一带。**云南黄连** *Coptis teeta* Wall. 根茎较细，叶羽状深裂片间彼此距离稀疏，花瓣匙形。分布于云南、西藏。此两种植物根茎亦作中药黄连使用，分别习称雅连、云连。**峨眉黄连** *Coptis omeiensis* (Chen) C. Y. Cheng 叶中央裂片长，菱状披针形，羽状深裂。分布于四川峨眉山一带（图 7-25）。

**乌头** *Aconitum carmichaelii* Debx. 多年生草本。块根有母根、子根之分，母根倒圆锥状，形似乌鸦头。茎上部疏被反曲的短柔毛，茎下部叶在开花时枯萎，中部叶有长柄；叶片掌状三深裂或近全裂，两侧裂片不等二深裂，各裂片边缘具粗齿或缺刻。总状花序顶生；萼片 5，蓝紫色，上萼片盔帽状；花瓣 2，无毛，有长爪；雄蕊多数；心皮 3～5。聚合蓇葖果（图 7-26）。

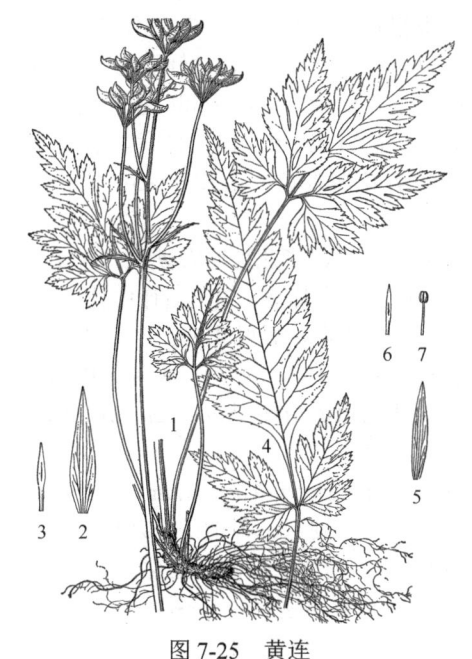

图 7-25 黄连
1～3. 黄连；1. 结果的植株；2. 萼片；3. 花瓣。
4～7. 峨眉黄连；4. 叶；5. 萼片；6. 花瓣；7. 雄蕊

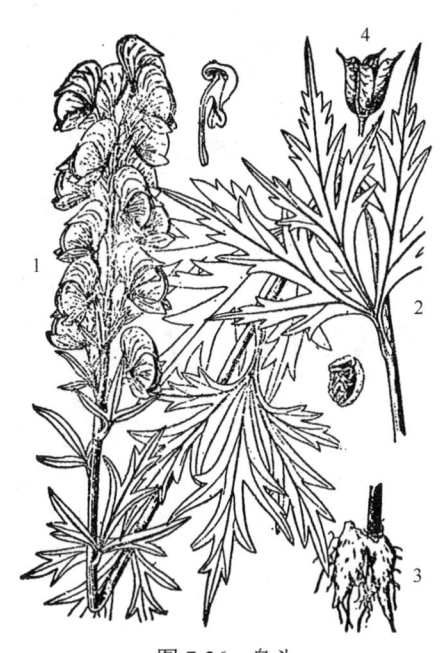

图 7-26 乌头
1. 花枝；2. 叶；3. 根；4. 果实

乌头是我国乌头属中分布最广的种，在四川、陕西、湖北、湖南、江西及沿海城市均有分布；生山地草坡或灌丛中。母根可作中药"川乌"使用，能祛风除湿，温经止痛；子根可作中药"附子"使用，能回阳救逆，补火助阳，散寒止痛。其中含有的乌头碱类生物碱有强心作用，但毒性也较强，一般炮制后使用。

**同属植物：北乌头** *Aconitum kusnezoffii* Reichb. 块根入药称草乌，能祛风除湿，温经止痛。**黄花乌头** *Aconitum coreanum* (H. Lév.) Rapaics 萼片淡黄色，块根入药称关白附，能祛风痰，定惊痫，解毒散结，止痛。**展毛短柄乌头** *Aconitum brachypodum* var. *laxiflorum* Fletcher et Lauener 块根入药称雪上一枝蒿，一般外用治风湿关节痛、跌打损伤、外伤出血。乌头属植物多毒性强，应严格注意，谨防中毒。

### 案例 7-17

乌头等乌头属的植物因含有多种生物碱（乌头碱）而有剧毒，一般经炮制后入药，不可轻易服用。如服用该药中毒，出现唇麻、心悸等症状，应立即停服，并用生姜捣汁，或用金银花、绿豆衣、生甘草等煎服。

**问题：**

乌头属植物的花有何特征？如何识别？如何防止误食中毒？

**威灵仙** *Clematis chinensis* Osbeck 藤本。干后茎、叶呈黑色。羽状复叶对生，小叶 5，纸质，卵状披针形。圆锥状聚伞花序，萼片 4，白色，无花瓣。聚合瘦果，具羽毛状宿存花柱。分布于我国南北各地，生于山坡、山谷灌丛中或沟边、路旁草丛中。同属植物还有**棉团铁线莲** *Clematis hexapetala* Pall.，以上植物的根入药，能祛风湿，利尿，通经。

**白头翁** *Pulsatilla chinensis* (Bge.) Regel 多年生草本。植株密生长柔毛。基生叶 4～5，有长柄，宽卵形，三全裂，各裂片再三深裂。花直立，萼片蓝紫色。聚合瘦果密集成头状，宿存花柱羽毛状。分布于东北、华北地区及江苏、安徽、湖北、陕西、四川等省。根可作中药"白头翁"使用，能清热解毒，凉血止痢。

**芍药** *Paeonia lactiflora* Pall. 芍药属（或芍药科）。多年生草本。根粗壮。下部茎生叶为二回三出复叶，上部茎生叶为三出复叶；小叶狭卵形，椭圆形或披针形，边缘具白色骨质细齿。花数朵，生茎顶和叶腋，有时仅顶端一朵开放；萼片 4；花瓣大，9～13，白色，有时基部具深紫色斑块，栽培者花瓣各色；心皮 4～5；聚合蓇葖果顶端具喙（图 7-27）。

芍药分布于东北、华北地区及陕西、甘肃等省，各地有栽培。栽培种的根去栓皮、加工后作中药"白芍"使用，能养血调经，敛阴止汗，柔肝止痛。

根不去栓皮者作中药"赤芍"使用，能清热凉血，散瘀止痛。同属植物**川赤芍** *Paeonia veitchii* Lynch 的根亦可作中药"赤芍"使用。

**牡丹** *Paeonia* × *suffruticosa* Andr. 落叶灌木，蓇葖果长圆形，密生黄褐色硬毛。各地广泛栽培。根皮可作中药"牡丹皮"使用，能清热凉血，活血化瘀。

图 7-27 芍药
1. 植株；2. 小叶边缘部分放大；3. 雄蕊；4. 蓇葖果

---

**案例 7-18**

庭前芍药妖无格，池上芙蕖净少情。唯有牡丹真国色，花开时节动京城。

在这首《赏牡丹》中，刘禹锡之所以称芍药"妖无格"，是因为其为草本，而牡丹在唐代又被称为木芍药，寒风过后，花虽萎谢，但仍有茎秆留存，以此比喻刚强不屈的品格。

**问题：**
除了茎的质地不同之外，你还能找出芍药和牡丹有哪些形态上的区别？

---

本科的药用植物还有：**升麻** *Actaea cimicifuga* L. 根茎入药能发表透疹，清热解毒，升举阳气。**猫爪草** *Ranunculus ternatus* Thunb. 块根入药称猫爪草，能散结消肿。**毛茛** *Ranunculus japonicus* Thunb. 全草入药，有退黄、定喘、截疟、镇痛、消翳的功效。**侧金盏花** *Adonis amurensis* Regel et Radde 全草入药称福寿草，能强心，利尿。**金莲花** *Trollius chinensis* Bunge 花入药，能清热解毒。**天葵** *Semiaquilegia adoxoides* (DC.) Makino 块根入药称天葵子，能清热解毒，消肿散结。**阿尔泰银莲花** *Anemone altaica* Fisch. ex C. A. Mey. in Ledebour 根状茎入药称九节菖蒲，能化痰开窍、祛风除湿、消食醒脾、解毒。具有一定毒性。

**7. 小檗科**（Berberidaceae，♀ *K$_{3+3}$C$_{3+3}$A$_{3～9}$G$_{1:1:1～\infty}$）灌木或多年生草本，稀小乔木。有时具根状茎或块茎，茎有时具刺。单叶或羽状复叶，互生或基生。花序顶生或腋生，花单生、簇生或组成总状花序，穗状花序，伞形花序，聚伞花序或圆锥花序，花两性，辐射对称；花被通常 3 基数；萼片花瓣状，2～3 轮；花瓣 6，常具蜜腺；雄蕊与花瓣同数而对生，花药瓣裂或纵裂；子房上位，常 1 心皮，1 室，胚珠 1 至多数。浆果，蒴果，蓇葖果或瘦果。种子 1 至多数，有时具假种皮。

本科约17属650种，主要分布于北半球温带和亚热带高山地区。我国有11属，约320种，其中药用种类140余种，分布于全国各地。

显微特征：本科木本植物多含草酸钙方晶，草本植物多含草酸钙簇晶。

化学成分：本科植物常含生物碱类成分，如苄基异喹啉类生物碱如小檗碱（berberine）普遍存在于小檗属（*Berberis*）、十大功劳属（*Mahonia*）、南天竹属（*Nandina*）中。黄酮类如淫羊藿苷（icariin）则为淫羊藿属（*Epimedium*）的主要成分。此外，鬼臼属（*Dysosma*）、桃儿七属（*Sinopodophyllum*）植物主要含木脂素类成分，如鬼臼毒素（podophyllotoxin），具抗癌活性。

【重要药用植物】

**三枝九叶草** *Epimedium sagittatum* (Sieb. et Zucc.) Maxim. 多年生草本。根状茎粗短，结节状，质硬，多须根。一回三出复叶基生和茎生，小叶3枚，革质，卵形至卵状披针形，先端急尖，基部心形，顶生小叶基部两侧裂片近相等，圆形，侧生小叶基部高度偏斜，外裂片远较内裂片大，三角形，急尖，似箭头。圆锥花序；萼片2轮，白色；花瓣囊状，淡棕黄色（图7-28）。

三枝九叶草主要分布于长江流域及以南地区，生于山坡草丛中、林下、灌丛中、水沟边或岩边石缝中。同属植物还有**淫羊藿** *Epimedium brevicornu* Maxim.、**柔毛淫羊藿** *Epimedium pubescens* Maxim.及**朝鲜淫羊藿** *Epimedium koreanum* Nakai，以上4种的叶可作中药"淫羊藿"使用，能补肾阳，强筋骨，祛风湿。

**黄芦木** *Berberis amurensis* Rupr. 落叶灌木。老枝淡黄色或灰色，稍具棱槽；茎刺三分叉；叶纸质，叶缘有刺状细锯齿；总状花序；花黄色。浆果长圆形，熟时红色（图7-29）。分布于东北、华北地区及山东、河南、山西、陕西、甘肃等省。根和茎、枝入药，能清热燥湿，解毒。

图7-28　三枝九叶草　　　　　图7-29　黄芦木（果枝）

同属植物**假豪猪刺** *Berberis soulieana* Schneid.、**金花小檗** *Berberis wilsoniae* Hemsl.、**细叶小檗** *Berberis poiretii* Schneid.、**匙叶小檗** *Berberis vernae* C. K. Schneid.in C. S. Sargent 的根可作中药"三颗针"使用，有清热燥湿、泻火解毒的功效。

**阔叶十大功劳** *Mahonia bealei* (Fort.) Carr. 灌木或小乔木；羽状复叶，小叶厚革质，边缘每边有2～6粗锯齿，先端具硬尖；总状花序常3～9个簇生，花黄色。浆果熟时深蓝色，被白粉。分布于长江流域以南及陕西、河南、四川等省，生于林下、溪边或灌木丛中。各地常见栽培。同属植物还有**十大功劳** *Mahonia fortunei* (Lindl.) Fedde 以上两种植物的茎均可作中药"功劳木"使用，能清热燥湿，泻火解毒。

### 案例 7-19

小檗碱为多种中成药的主要成分，如盐酸小檗碱片、复方黄连素片、复方木香小檗碱片等，具有重要的抗菌活性。除此之外，还具有抗消化道溃疡、降血脂、降血糖等多种药理作用，具有广泛的应用前景。20世纪，我国学者对含小檗碱的资源植物进行了大范围考察，发现毛茛科的黄连及小檗科的黄芦木等多种植物均有较高含量的小檗碱，可作为提取小檗碱的原料。

**问题：**

为什么毛茛科和小檗科的许多植物中均具有高含量的相同成分（小檗碱）？试从植物分类学的角度进行分析说明。这种现象对植物资源的开发利用有何启示？

本科药用植物还有：**南天竹** *Nandina domestica* Thunb. 根、茎入药，能清热除湿，通经活络，果实入药，能止咳平喘。**八角莲** *Dysosma versipellis* (Hance) M. Cheng ex Ying 根茎入药，能清热解毒、活血散瘀。**桃儿七** *Sinopodophyllum hexandrum* (Royle) Ying 根及根茎入药，能祛风除湿，活血止痛，祛痰止咳。本品有毒，使用时须注意。

**8. 防己科**（Menispermaceae，♂ $*K_{3+3}C_{3+3}A_{3\sim6}$；♀ $*K_{3+3}C_{3+3}\underline{G}_{3\sim6:1:1}$） 攀缘或缠绕藤本，稀直立灌木或小乔木；叶螺旋状排列，无托叶，单叶；聚伞花序，或由聚伞花序再作圆锥花序式、总状花序式或伞形花序式排列；花小，单性，雌雄异株；萼片、花瓣常各6枚，各2轮，每轮3片；雄蕊通常6枚；子房上位，心皮3~6，离生，1室，胚珠2，其中1颗早期退化。核果，外果皮革质或膜质，中果皮通常肉质，内果皮骨质或有时木质；种子通常弯。

本科约65属，350余种，分布于热带及亚热带。我国有19属，78种，主产于长江流域及以南各省（自治区、直辖市），药用15属，约70种。

化学成分：本科植物常含异喹啉类生物碱，主要是双苄基异喹啉型，如粉防己碱（汉防己甲素，*d*-tetrandrine）、防己诺林碱（fangchinoline）等。尚含阿朴啡型和原小檗碱型生物碱。某些属植物中含有皂苷、苦味素等成分。

【重要药用植物】

**粉防己** *Stephania tetrandra* S. Moore 草质藤本；根肉质，圆柱状，弯曲；叶纸质，阔三角形，顶端有凸尖，基部微凹或近截平；叶柄盾状着生；花序头状，于腋生、长而下垂的枝条上作总状式排列；雄花萼片4~5；花瓣5；雌花与雄花相似；核果红色（图7-30）。

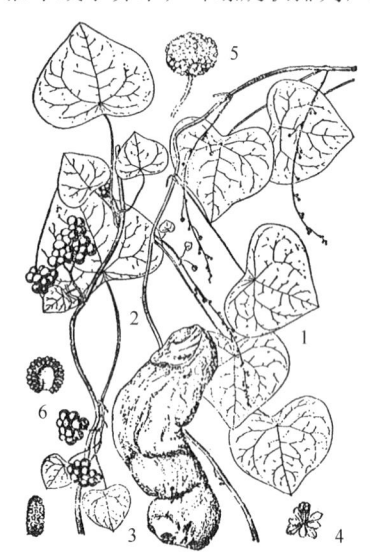

图 7-30 粉防己
1. 雄花枝；2. 果枝；3. 根；4. 雄花；
5. 雄花序；6. 果核

粉防己分布于华南及华东地区，以江西、浙江较多。生于灌丛中。根可作中药"防己"使用，能祛风止痛，利水消肿。

**同属植物：千金藤** *Stephania japonica* (Thunb.) Miers、**金线吊乌龟** *Stephania cephalantha* Hayata、**一文钱** *Stephania delavayi* Diels 等亦可供药用。

### 案例 7-20

20世纪，广防己和粉防己曾作为中药防己使用。2004年，国家食品药品监督管理局发布通告，取消了广防己的药用标准，凡国家药品标准处方中含有广防己的中成药品种应将其替换为粉防己。

**问题：**
广防己为哪个科的植物？含有哪些化学成分？为什么最初广防己和粉防己均作防己使用？二者有哪些显著的区分特征？

**蝙蝠葛** *Menispermum dauricum* DC. 草质、落叶藤本；根状茎褐色；茎有条纹，无毛；叶纸质或近膜质，轮廓通常为心状扁圆形；雌雄异株；雄花：雄蕊通常12；雌花：雌蕊群具柄；核果紫黑色（图7-31）。分布于东北、华北及华东地区。生于路边灌丛或林中。根茎可作中药"北豆根"使用，能消热解毒，祛风止痛。

本科药用植物还有：**木防己** *Cocculus orbiculatus* (L.) DC. 根可作中药"木防己"使用，能祛风除湿，通经活络，解毒消肿。**风龙** *Sinomenium acutum* (Thunb.) Rehd. et Wils. 藤茎入药称青风藤，能祛风湿，通经络，利小便。**锡生藤** *Cissampelos pareira* L. var. *hirsuta* (Buch. ex DC.) Forman 全株入药，为傣族习用药材亚呼鲁，能消肿止痛，止血，生肌。根中含多种生物碱，其中亚呼鲁碱为一种较好的肌肉松弛剂。**青牛胆** *Tinospora sagittata* (Oliv.) Gagnep. 块根入药称金果榄，能清热解毒，利咽，止痛。

**9. 木兰科**（Magnoliaceae，♀*P$_{6\sim12}$A$_\infty$G$_{\infty; 1; 1\sim2}$） 木本；叶互生、簇生或近轮生，单叶不分裂，罕分裂；花顶生、腋生、罕成为2~3朵的聚伞花序；花被片通常花瓣状；雄蕊多数；子房上位，心皮多数，离生，罕合生；虫媒传粉；胚珠着生于腹缝线；蓇葖果或聚合浆果；种子胚乳丰富。

本科约18属，330余种，主要分布在亚洲和美洲的热带、亚热带地区。我国14属，160余种，已知药用约90种，主要分布于我国东南部至西南部。

显微特征：常含油细胞、石细胞和草酸钙方晶。

化学成分：本科植物常含生物碱，主要为异喹啉类生物碱，如木兰箭毒碱（magnocurarine）、木兰花碱（magnoflorine）等。木脂素类成分是本科植物的另一类主要成分，如五味子属（*Schisandra*）的五味子醇甲（Schisandrin）、木兰属（*Magnolia*）的厚朴酚（magnolol）等。八角属（*Illicium*）含有倍半萜内酯类成分，还含有挥发油，如茴香脑（anethol）、茴香醛（anisaldehyde）等。

图7-31 蝙蝠葛
1. 植株；2. 雄花

**案例 7-21**
木兰科植物具有许多原始的特征，被认为是被子植物最原始的类群。木兰科植物起源久远，有不少濒危或稀有物种，列入国家重点保护植物名录的种类较多。有的分类学家将花托短、心皮数目少、排列成一轮的八角属（*Illicium*）另立为八角科（Illiciaceae）；将植物为藤本、聚合浆果的五味子属（*Schisandra*）、南五味子属（*Kadsura*）植物立为五味子科（Schisandraceae）。

**问题：**
木兰科植物具有哪些原始特征，从而被认为是被子植物最原始的类群？

【**重要药用植物**】
**厚朴** *Houpoea officinalis* (Rehder & E. H. Wilson) N. H. Xia & C. Y. Wu 落叶乔木；叶大，革质，倒卵形，先端具短急尖或圆钝，基部楔形，全缘而微波状，上面绿色，无毛，下面灰绿色，被灰色柔毛，有白粉；花大，白色，芳香，单生于幼枝顶端；花被片9~12，厚肉质，盛开时常向外

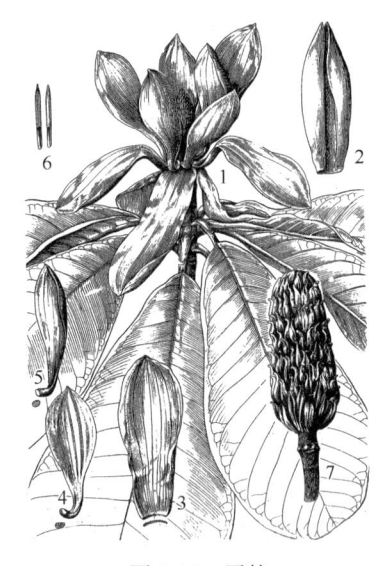

反卷；聚合果长圆状卵圆形，蓇葖具喙；种子三角状倒卵形（图7-32）。分布于长江流域、陕西、甘肃、四川、贵州等地，生于海拔300～1500m的山地林间，有栽培。被《国家重点保护野生植物名录》列为二级保护（包括变种）。

厚朴干皮、根皮及枝皮可作中药"厚朴"使用，能燥湿消痰，下气除满；花蕾可作中药"厚朴花"使用，能芳香化湿，理气宽中。

同属植物：**望春玉兰** Yulania biondii (Pamp.) D. L. Fu. 叶椭圆状披针形、卵状披针形，狭倒卵或卵形；花被9，外轮3片紫红色，近狭倒卵状条形，内两轮近匙形，白色，外面基部常紫红色。产于陕西、甘肃、河南、湖北、四川等省，现各地有栽培。**玉兰** Yulania denudate (Desr.) D. L. Fu 叶纸质，倒卵形、宽倒卵形；花被9，白色，基部常带粉红色，近相似，长圆状倒卵形。主要分布于江西（庐山）、浙江（天目山）、湖南（衡山）、贵州，各地有栽培。以上两种的花蕾均可作中药"辛夷"使用，能散风寒，通鼻窍。

**五味子** Schisandra chinensis (Turcz.) Baill. 落叶木质藤本；叶膜质，宽椭圆形或倒卵形，上部边缘具胼胝质的疏浅锯齿，近基部全缘。花单性异株，单生或簇生于叶腋；花被片白色或粉红色，6～9；雄蕊5，雌蕊17～40；聚合果，小浆果红色，近球形或倒卵形，果皮具不明显腺点；种子1～2粒，肾形（图7-33）。

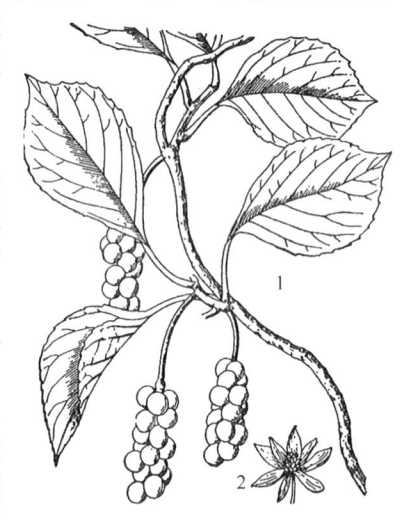

五味子分布于东北、华北等地。生于海拔1200～1700m的沟谷、山坡。果实可作中药"五味子"使用，能收敛固涩，益气生津，补肾宁心。为与南五味子区分，也称为北五味子。含五味子素（schizandrin），具有保肝作用。

同属植物**华中五味子** Schisandra sphenanthera Rehd. et Wils. 花被片5～9，橙黄色；雄蕊11～19；雌蕊30～60。分布于华中、华东、西南等地区，果实入药称"南五味子"，功效同北五味子。

**八角** Illicium verum Hook. f. 乔木；叶厚革质，倒卵状椭圆形，倒披针形或椭圆形；花粉红色至深红色，单生叶腋或近顶生；花被片7～12；雄蕊11～20；心皮8～9；聚合果，饱满平直，蓇葖多为8，呈八角形，先端钝或钝尖。主产于广西、福建、广东、云南也有种植。果实可作中药"八角茴香"使用，能温阳散寒，理气止痛。本品也是常用调味香料。

同属植物**红毒茴** Illicium lanceolatum A. C. Smith 聚合果蓇葖10～14枚（少有9）轮状排列，蓇葖顶端有向后弯曲的钩状尖头，古称莽草，有毒，不可作八角茴香使用。同属植物**地枫皮** Illicium difengpi K. I. B. & K. I. M. ex B. N. Chang 的树皮可入药，能祛风除湿，行气止痛；被《国家重点保护野生植物名录》列为二级保护。

图7-32 厚朴
1.花枝；2.苞片；3.外轮花被片；4.中轮花被片；5.内轮花被片；6.雄蕊腹背面；7.聚合蓇葖果

图7-33 五味子
1.果枝；2.雌花

### 案例 7-22

近年来网上有食用八角茴香会中毒的传言，实际上作为一种传统习用的调味品，少量食用八角茴香对健康并无危害，但需要注意的是，在八角属（Illicium）中，除栽培的八角外，同属其他种野生八角的果，多具有剧毒 [多含有莽草毒素（anisatin）等有毒的倍半萜内酯类成分]，不少地区曾误将其当作八角茴香收购、使用,发生多次中毒事故,因此在使用前应仔细辨别。

> **问题:**
> 八角茴香与其同属其他种的野生八角的果有哪些区别特征?

**10. 樟科**(Lauraceae, ♀ *$P_{4\sim9}A_{3\sim12}\underline{G}_{(3:1:1)}$) 常绿或落叶乔木或灌木,仅有无根藤属(*Cassytha*)为缠绕性寄生草本;树body通常具芳香气味;木材坚硬,通常黄色;叶互生、对生或轮生,常革质,全缘,无托叶,羽状脉或三出脉;花小,多两性,通常3基数,亦有2基数;花被筒辐状、漏斗形或坛形,花被裂片6或4呈二轮排列,或为9呈三轮排列;雄蕊3~12,第1、2轮雄蕊花药内向,第3轮外向,第4轮雄蕊常退化;花丝基部常具2腺体,花药瓣裂;子房上位,3心皮合生,1室1胚珠;核果或浆果,有时有宿存花被形成的果托;种子1粒,无胚乳。

本科约45属,2000~2500种,分布于热带及亚热带地区。我国约有20属,400余种,已知药用120余种,主要分布于长江以南各省(自治区、直辖市)。

化学成分:本科植物常含挥发油,有樟脑(camphor)、龙脑(borneol)、桂皮醛(cinnamaldehyde)等,均有重要药用价值。此外,还含异喹啉类生物碱成分。

**【重要药用植物】**

**肉桂** *Cinnamomum cassia* (L.) D. Don 中等大乔木;有香气;树皮厚,黑褐色,内侧红棕色,幼枝略呈四棱形,黄褐色;叶长椭圆形至近披针形,互生或近对生,离基三出脉;圆锥花序,花白色;花被内外两面密被黄褐色短绒毛;能育雄蕊9,三轮,退化雄蕊3;果椭圆形,成熟时黑紫色(图7-34)。

广东、广西、福建、台湾、云南等地的热带及亚热带地区广为栽培。树皮可作中药"肉桂"使用,能补火助阳,引火归元,散寒止痛,温通经脉;嫩枝可作中药"桂枝"使用,能发汗解肌,温通经脉,助阳化气。此外,肉桂的枝、叶、果实、花梗可提制桂油,可用作化妆品、食品工业的原料。

同属植物**樟** *Cinnamomum camphora* (L.) Presl. 常绿大乔木;全株均有樟脑气味。叶离基三出脉,中脉两面明显,侧脉及支脉脉腋上面明显隆起,下面有明显腺窝;圆锥花序腋生;花绿白或带黄色;果卵球形,紫黑色。

图7-34 肉桂
1.花枝;2.花;3.果序

分布于南方及西南各省(自治区、直辖市),生于山坡或沟谷中,亦被广泛栽培。木材及枝、叶可提取樟脑和樟油,供医药及香料工业用。其中一个品种的新鲜枝、叶经提取加工可制得天然冰片(右旋龙脑),具有开窍醒神、清热止痛的功效。

**乌药** *Lindera aggregata* (Sims) Kosterm. 常绿灌木或小乔木;根有纺锤状或结节状膨大;叶革质,上面绿色,有光泽,下面苍白色,离基三出脉;伞形花序腋生;花被片6,外面被白色柔毛;果卵形。分布于浙江、江西、福建、安徽、湖南、广东、广西、台湾等地。块根可作中药"乌药"使用,能行气止痛,温肾散寒。

**山鸡椒** *Litsea cubeba* (Lour.) Pers. 叶披针形或长圆形,纸质,上面深绿色,下面粉绿色,两面均无毛;羽状脉;雌雄异株;伞形花序。主要分布于长江以南地区。果实可作中药"荜澄茄"使用,能温中散寒,行气止痛。

### 案例 7-23

冰片是一味传统中药，最初是从龙脑香（*Dryobalanops aromatica* Gaertn. F.）的树干中提取而得，含高纯度的右旋龙脑（*d*-borneol），依赖于进口，价格昂贵，近代发展的人工合成冰片（又称机制冰片）虽价格便宜，但含有龙脑的异构体，与天然冰片成分不同。1987年，江西省吉安地区林科所等单位发现樟树中一种富含右旋龙脑的类型，使用其新鲜枝叶经蒸馏冷却可得到右旋龙脑含量＞96%的天然冰片。

**问题：**

从形态特征上看，樟与同属的阴香、肉桂有何区别？如何辨认樟和龙脑樟？

**11. 罂粟科**（Papaveraceae, ⚥ *, ↑K$_2$C$_{4\sim6}$A$_{\infty, 4\sim6}$G$_{(2\sim\infty:1:\infty)}$） 草本，稀为灌木，极稀乔木状，常有乳汁或有色液汁。基生叶通常莲座状，茎生叶互生，无托叶；花单生或排列成总状花序、聚伞花序或圆锥花序；花两性，规则的辐射对称至极不规则的两侧对称；萼片2，通常分离，早落，花瓣4~6，覆瓦状排列；雄蕊多数，分离，或4枚分离，或6枚合成2束；子房上位，心皮2至多数，合生，1室，侧膜胎座，胚珠多数。蒴果，顶孔开裂或瓣裂；种子细小。

本科约38属，700多种，主要分布于北半球温带。我国有18属，362种，已知药用130余种，广布各地。

**显微特征**：常具有节乳汁管或特殊的乳囊组织，含白色乳汁或有色汁液。

**化学成分**：本科植物常含生物碱，以异喹啉类生物碱为主，几乎均含原阿片碱（protopine）。许多生物碱具有重要药用价值，如罂粟中的吗啡（morphine）能镇痛，可待因（codeine）能止咳，罂粟碱（papaverine）能解痉，但有成瘾的副作用。紫堇属（*Corydalis*）植物中的延胡索乙素（tetrahydropalmatine）有镇痛、镇静作用。

【**重要药用植物**】

**罂粟** *Papaver somniferum* L. 一年生草本，无毛，或稀在植株下部或总花梗上被极少的刚毛，全株被白粉，折断后有白色乳汁；叶卵形或长卵形，基部抱茎，边缘为不规则的波状锯齿；花大，单生于细长的花梗上；萼片2，早落，花瓣4，近圆形或近扇形，边缘浅波状或各式分裂，白色、粉红色、红色、紫色或杂色；雄蕊多数；多心皮合生，柱头8~12，辐射状，连合成扁平的盘状体，盘边缘深裂，裂片具细圆齿；蒴果近球形，成熟时褐色，孔裂；种子多数（图7-35）。

原产于南欧。在我国不允许私自种植，部分药物研究单位有栽培。未成熟果实含乳白色浆液，干后习称鸦片，可用于提取吗啡等生物碱。成熟果壳可作中药"罂粟壳"使用，能敛肺、涩肠、止痛，但易成瘾，孕妇及儿童禁用。

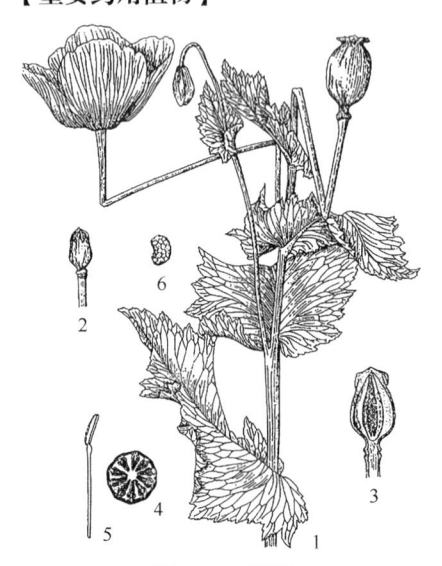

图 7-35 罂粟

1. 植株上部；2. 雌蕊；3. 雌蕊纵切；4. 子房横切；5. 雄蕊；6. 种子

同属植物**虞美人** *Papaver rhoeas* L. 一年生草本，全体被伸展的刚毛，稀无毛。原产于欧洲，我国各地常有栽培，为观赏植物。

**案例 7-24**

罂粟 *Papaver somniferum* 拉丁学名的两个词分别是"真正的"和"催眠的"。罂粟花与同属的虞美人的花美丽而娇艳，具有较高的观赏价值。许多国家不允许私自种植罂粟，但可以种植虞美人。因为罂粟有较强的镇痛和催眠的作用，药效明显，称为"欢乐草"或"忘忧药"，为鸦片的原料植物，成瘾性大，危害性极大。

**问题：**
如何区分罂粟与虞美人？

**延胡索** *Corydalis yanhusuo* (Y. H. Chou & C. C. Hsu) W. T. Wang ex Z. Y. Su & C. Y. Wu 多年生草本；块茎圆球形；二回三出复叶；总状花序顶生或与叶对生；苞片披针形或狭卵圆形，全缘；萼片小，早落；花两侧对称，花瓣4，紫红色，外面一瓣基部有圆筒形长距，顶端微凹；雄蕊6，花丝联合成两束；2心皮合生，侧膜胎座；蒴果条形（图7-36）。

延胡索产于安徽、江苏、浙江、湖北、河南，生长于丘陵草地，多地有栽培。块茎可作中药"延胡索"使用，也称元胡，能活血，行气，止痛。

**同属植物：齿瓣延胡索** *Corydalis turtschaninovii* Bess. 分布于黑龙江、吉林、辽宁、内蒙古东北部、河北东北部（承德），是北宋及以前时期中药延胡索（元胡）的基原植物。**夏天无** *Corydalis decumbens* (Thunb.) Pers. 分布于江苏、安徽、浙江、福建、江西、湖南、湖北、山西、台湾，其块茎可作中药"夏天无"使用，能活血止痛，舒筋活络，祛风除湿。

**白屈菜** *Chelidonium majus* L. 多年生草本；具黄色乳汁；叶羽状全裂，表面绿色，无毛，背面被白粉；花瓣4，黄色；雄蕊多数。我国大部分省（自治区、直辖市）均有分布。全草可作中药"白屈菜"使用，能解痉止痛、止咳平喘。有毒。

**12. 十字花科**（Brassicaceae, ♀ *K$_{2+2}$C$_{2+2}$A$_{2+4}$G$_{(2:2:1\sim\infty)}$） 一年、二年或多年生草本，常具有一种含黑芥子硫苷酸（myrosin）的细胞而产生一种特殊的辛辣气味；基生叶呈旋叠状或莲座状；茎生叶通常互生，有时呈各式深浅不等的羽状分裂（如大头羽状分裂）或羽状复叶；花两性，辐射对称，多排成总状花序；萼片4，分离，排成2轮；花瓣4，分离，"十"字形排列；雄蕊6，2短4长，为四强雄蕊；子房上位，心皮2，合生，由假隔膜分为2室，侧膜胎座，胚珠1至多数；长角果或短角果，多2瓣开裂；种子无胚乳。

本科植物约375属，3200种，主要分布于北半球温带。我国有95属，425种、124变种和9个变型。已知药用75种，全国分布。

显微特征：常有分泌细胞，气孔轴式为不等细胞型。

化学成分：本科植物普遍含有芥子油苷（glucosinolate），为本科特征性成分，该类成分可经芥子酶水解生成异硫氰酸酯或硫氰酸酯。此外有些植物含有生物碱类（如芥子碱）、强心苷类、黄酮类等成分。种子常含丰富的脂肪油。

【**重要药用植物**】

**菘蓝** *Isatis tinctoria* L. 二年生草本；主根圆柱状；植株光滑无毛，带白粉霜；基生叶莲座状，长圆形至宽倒披针形，全缘或稍具波状齿；茎生叶长圆状披针形，基部耳不明显或为圆形；总状花序；花小，花萼4，绿色；花瓣4，黄色；四强雄蕊；短角果长圆形，边缘有翅；种子1枚（图7-37）。根入药可作中药"板蓝根"使用，能清热解毒，凉血利咽；叶可作中药"大青叶"使用，

图7-36　延胡索
1. 植株；2. 果；3. 种子；4~7. 花及花部解剖

能清热解毒，凉血消斑；叶或茎叶含靛蓝，可加工制成中药"青黛"，能清热解毒，凉血消斑，泻火定惊。

**白芥** *Sinapis alba* L. 一年生草本，茎被稀疏的白色硬毛；下部叶大头羽裂，上部叶较小，向上裂片渐少；总状花序顶生；花淡黄色；长角果，先端有扁长的喙，剑状。原产于欧洲，我国有栽培。种子可作中药"芥子"使用，俗称白芥子，能温肺豁痰利气，散结通络止痛。

**独行菜** *Lepidium apetalum* Willd. 一年或二年生草本；茎无毛或具微小头状毛；基生叶窄匙形，羽状分裂，茎上部叶线形，有疏齿或全缘；总状花序顶生；雄蕊2或4；短角果近圆形，顶端微缺，上部有短翅。分布于东北、华北、西北及西南地区。种子可作中药"葶苈子"使用，习称北葶苈子，能泻肺平喘，行水消肿。

**菥蓂** *Thlaspi arvense* L. 一年生草本，茎具棱；基生叶倒卵状长圆形，顶端圆钝或急尖，基部抱茎，两侧箭形，边缘具疏齿；短角果倒卵形或近圆形，扁平，顶端凹入，边缘有

图7-37 菘蓝
1. 果枝；2. 根

翅；种子每室2～8个，倒卵形，稍扁平，黄褐色，有同心环状条纹。分布几遍全国。地上部分可作中药"菥蓂"使用，能清肝明目，和中利湿，解毒消肿。

**萝卜** *Raphanus sativus* L. 直根肉质；基生叶和下部茎生叶大头羽状半裂，上部叶长圆形，有锯齿或近全缘；总状花序顶生及腋生，花粉红色或白色，花瓣倒卵形，具紫纹。全国各地普遍栽培。其种子可作中药"莱菔子"使用，能消食除胀，降气化痰。

本科药用植物还有：**播娘蒿** *Descurainia Sophia* (L.) Webb ex Prantl 种子亦可作葶苈子入药，习称南葶苈子。**芸薹**（俗称油菜）*Brassica rapa* var. *oleifera* de Candolle 种子入药称芸苔子，能行气、破气、消肿、散结。种子含丰富的脂肪，可榨油供食用。**荠** *Capsella bursa-pastoris* (L.) Medik. 全草入药，为欧洲传统药，用于止血、止泻、治疗急性膀胱炎，被《英国药典》收载；在美洲也用于治疗血尿、月经过多和外伤。在我国最早记载于《名医别录》，有凉血止血、清热泻火、明目等功效；茎叶可作蔬菜食用。

**13. 景天科**（Crassulaceae, ☿ *K$_{4\sim5}$C$_{4\sim5}$A$_{4\sim5, 8\sim10}$G$_{4\sim5; 1; \infty}$） 草本或灌木，常有肥厚、肉质的茎、叶；叶互生、对生或轮生，常为单叶，多全缘或稍有缺刻，无托叶；常为聚伞花序，有时单生；花两性，或为单性而雌雄异株，辐射对称；萼片、花瓣常为4～5；雄蕊与花瓣同数或为其倍数，常2倍；子房上位，心皮常与萼片或花瓣同数，分离或基部合生，常在基部外侧有腺状鳞片1枚，胚珠多数；聚合蓇葖果。

本科34属，1500种以上，广布全球，主产于非洲南部，多为耐旱植物。我国有10属，242种，已知药用70种。

**化学成分**：本科植物常含有黄酮类成分，如槲皮素（quercetin）。红景天属（*Rhodiola*）含苯乙醇苷类，如红景天苷（salidroside）。此外还含有多酚类、三萜类成分。

【重要药用植物】

**大花红景天** *Rhodiola crenulata* (Hook. f. et Thoms.) H. Ohba 多年生草本；不育枝直立，先端密着叶，叶宽倒卵形；花茎多，直立或扇状排列，稻秆色至红色；叶有短的假柄，椭圆状长圆形至几为圆形，先端钝或有短尖，全缘或波状或有圆齿；花序伞房状；花大形，有长梗，雌雄异株；雄花萼片5，狭三角形至披针形；花瓣5，红色，倒披针形，有长爪，先端钝；雄蕊10；心皮5；雌花蓇葖5；种子倒卵形，两端有翅。

大花红景天主要分布于西藏、云南西北部、四川西部。生于海拔2800～5600m的山坡草地、灌丛、石缝中。被《国家重点保护野生植物名录》列为二级保护物种。根和根茎为传统藏药"红

景天"，有益气活血、通脉平喘的功效。现代研究表明其具有抗缺氧作用。

> **案例 7-25**
> 藏药红景天是我国珍贵的药材，具有抗缺氧及"适应原"（adaptogen）作用，享有"高原人参"的美誉。红景天属（*Rhodiola*）植物在我国有 73 种，约占世界红景天种质资源总量的 80%。其中西藏产 30 余种。目前我国药典规定的红景天基原植物只有大花红景天一种。
> **问题：**
> 有哪些红景天属植物在藏医中被当作红景天使用？与大花红景天有何区别？

**垂盆草** *Sedum sarmentosum* Bunge 多年生草本。三叶轮生，叶倒披针形至长圆形，先端近急尖，基部急狭，有距；聚伞花序，花无梗，黄色，花瓣先端有稍长的短尖。我国大部分省（自治区、直辖市）有分布。生于海拔 1600m 以下山坡阳处或石上。可作中药"垂盆草"使用，能利湿退黄，清热解毒。

**费菜** *Phedimus aizoon* (L.)'t Hart 俗名景天三七、土三七等。多年生草本；根状茎短；叶坚实，近革质，互生，狭披针形、椭圆状披针形至卵状倒披针形，边缘有不整齐锯齿；聚伞花序，花黄色。萼片 5，花瓣 5；雄蕊 10；心皮 5，基部合生。聚合蓇葖果（图 7-38）。分布于东北、西北、华北及长江流域。根或全草入药，能散瘀止血，宁心安神，解毒。

**14. 蔷薇科**（Rosaceae，♀ *K$_{4\sim5}$C$_{0\sim5}$A$_{4\sim\infty}$G$_{1\sim\infty;1:1\sim2}$ $\overline{G}$$_{(2\sim5;2\sim5;2)}$）草本、灌木或乔木，落叶或常绿；有刺或无刺；单叶或复叶，多互生，多有明显托叶。花两性，辐射对称，周位花或上位花；花轴上端发育成碟状、钟状、杯状、罈状或圆筒状的花托，又称被丝托（hypanthium），在花托边缘着生萼片、花瓣和雄蕊；萼片、花瓣同数，通常 4～5，雄蕊常多数，均着生在萼筒的边缘；子房上位或下位，雌蕊由一至多数心皮组成，分离或合生，每室胚珠 1～2。果实为蓇葖果、瘦果、梨果或核果，稀蒴果，通常具宿萼；种子无胚乳。

本科 124 属，3300 多种，分布全球，北半球温带较多。我国产 51 属，1000 余种，已知药用 360 种，各地均有分布。

图 7-38 费菜
1. 植株；2. 花；3. 果

**显微特征：**多具单细胞非腺毛；常具草酸钙簇晶和方晶；气孔轴式多为无规则型。

**化学成分：**本科植物常含氰苷类成分，如苦杏仁苷（amygdalin），存在于枇杷属（*Eriobotrya*）、梅属（*Prunus*）、梨属（*Pyrus*）等植物中，有镇咳作用。此外，还普遍含多元酚类，如仙鹤草酚（agrimophol），存在于龙芽草属（*Agrimonia*）中，有驱绦虫作用。还有三萜及三萜皂苷类，如地榆皂苷（sanguisorbin）、委陵菜苷（tormentoside），分布于龙牙草、山楂属（*Crataegus*）、委陵菜属（*Potentilla*）、地榆属（*Sanguisorba*）中。还有黄酮类化合物，如山楂属含有槲皮素（quercetin）、金丝桃苷（hyperoside）。此外还普遍含有机酸类成分，但很少含生物碱。

本科根据心皮数、心皮的离合、子房位置、胚珠数目、果实类型及花托形态等分为四个亚科：绣线菊亚科 Spiraeoideae、蔷薇亚科 Rosoideae、苹果亚科 Maloideae 和李亚科（梅亚科）Prunoideae。它们之间的主要区别见下列检索表和图 7-39。

### 蔷薇科四亚科检索表

1. 果实开裂的蓇葖果，稀蒴果，多无托叶 ·························································· 绣线菊亚科
1. 果实不开裂；全有托叶。

2. 子房上位。

　　　　3. 心皮通常多数；聚合瘦果或小核果；萼宿存；常具复叶 ·················································· 蔷薇亚科

　　　　3. 心皮通常 1 枚；核果；萼常脱落；单叶 ·························································· 李亚科

　　2. 子房下位或半下位，梨果或浆果 ·················································································· 苹果亚科

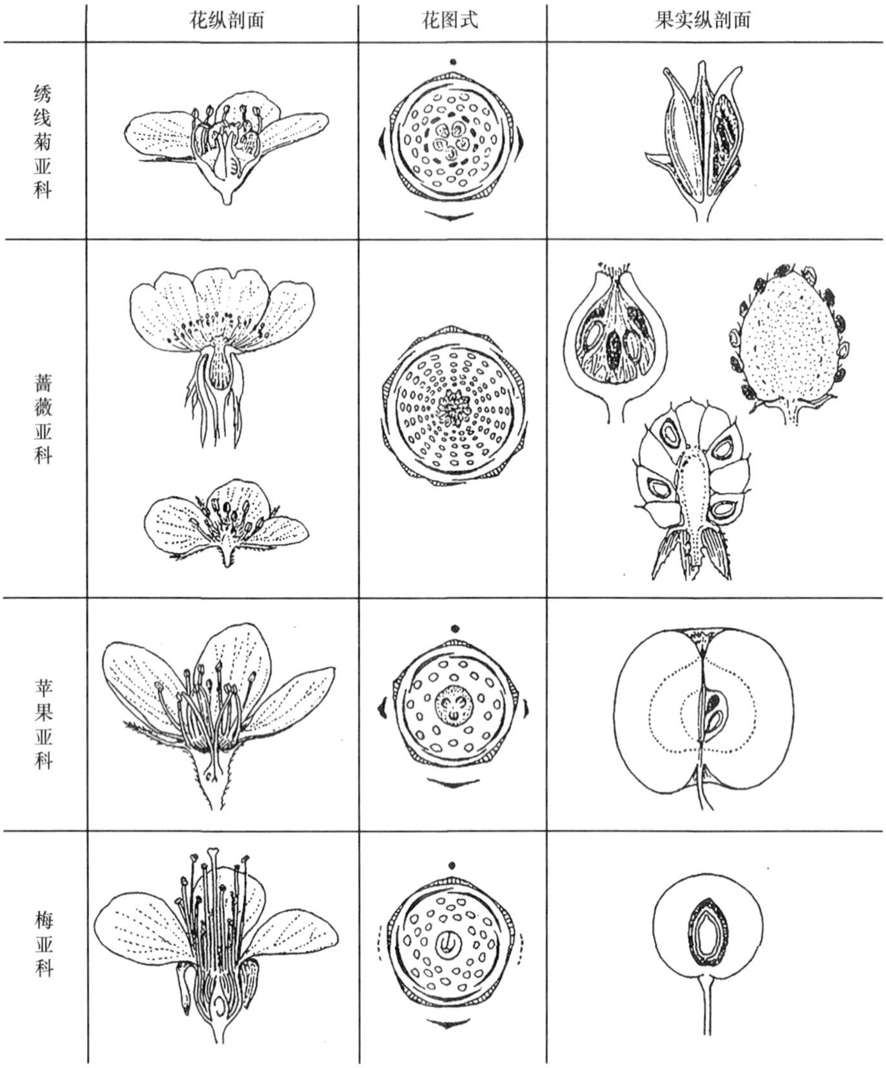

| | 花纵剖面 | 花图式 | 果实纵剖面 |
|---|---|---|---|
| 绣线菊亚科 | | | |
| 蔷薇亚科 | | | |
| 苹果亚科 | | | |
| 梅亚科 | | | |

图 7-39　蔷薇科四亚科比较图

**绣线菊亚科**（Spiraeoideae）：灌木；单叶，少复叶；花托扁平或微凹；心皮 1～5，离生或基部合生；子房上位。

【重要药用植物】

**粉花绣线菊** *Spiraea japonica* L. f. 直立灌木。叶片卵形至卵状椭圆形，边缘有缺刻状重锯齿或单锯齿，通常沿叶脉有短柔毛；复伞房花序，花粉红色。原产于日本、朝鲜，我国各地有栽培。其光叶变种的根及嫩叶可入药，能清热解毒。

**蔷薇亚科**（Rosoideae）：草本或灌木；复叶，稀单叶，托叶发达；子房上位，周位花；心皮多数，离生；每个子房中含胚珠 1～2。瘦果，稀小核果，着生在花托上或在膨大的肉质的花托内。

【重要药用植物】

**金樱子** *Rosa laevigata* Michx. 常绿攀缘灌木；三出羽状复叶，叶片近革质；小叶柄和叶轴有

皮刺和腺毛；花单生于叶腋，花瓣白色；果梨形，倒卵形，紫褐色，外面密被刺毛（图7-40）。分布于秦岭以南各省（自治区、直辖市），喜生于向阳的山野、田边、溪畔灌木丛中。果实可作中药"金樱子"使用，能固精缩尿，固崩止带，涩肠止泻。

同属植物国产约80种，已知药用种类43种。其中：**月季花** *Rosa chinensis* Jacq. 花可作中药"月季花"使用，能活血调经，疏肝解郁。**玫瑰** *Rosa rugosa* Thunb. 花蕾可作中药"玫瑰花"使用，能行气解郁，和血，止痛。

**地榆** *Sanguisorba officinalis* L. 多年生草本；根粗壮；羽状复叶；穗状花序椭圆形，圆柱形或卵球形；萼片4，紫红色；无花瓣；雄蕊4；果实包藏在宿存萼筒内，外面有4棱（图7-41）。全国大部分地区有分布。根可作中药"地榆"使用，能凉血止血，解毒敛疮。同属植物**长叶地榆** *Sanguisorba officinalis* L. var. *longifolia* (Bertol.) T. T. Yu & C. L. Li 的根亦作地榆入药，习称"绵地榆"。

图7-40 金樱子
1. 果枝；2. 花枝；3. 果

图7-41 地榆
1. 植株一部分；2. 根；3. 花；4. 花枝

**掌叶覆盆子** *Rubus chingii* Hu 藤状灌木；单叶，叶掌状深裂，托叶线状披针形；花单生；聚合小核果，红色，密被灰白色柔毛。分布于江苏、安徽、浙江、江西、福建、广西等地。成熟果实味甜可食用，未成熟果实可作中药"覆盆子"使用，能益肾、固精、缩尿，养肝明目。

**龙牙草** *Agrimonia pilosa* Lebeb. 多年生草本；全株密被柔毛；间断奇数羽状复叶；花序穗状总状顶生，花序轴、花梗被柔毛；花瓣黄色。全国大部分地区有分布。地上部分可作中药"仙鹤草"使用，能收敛止血，截疟，止痢，解毒，补虚。

**李亚科（梅亚科）**（Prunoideae）乔木或灌木；单叶，有托叶，叶基常有腺体；萼片常脱落；花托杯状；子房上位，心皮1；核果；常含1枚种子。

【重要药用植物】

**杏** *Prunus armeniaca* L. 乔木；叶片卵形，先端急尖至短渐尖，基部圆形至近心形，叶边有圆钝锯齿，基部常具1～6腺体；花瓣白色或带红色；成熟核果白色，黄色或黄红色（图7-42）。主产于华北、西北、华东地区，多系栽培。

同属植物：**山杏** *Prunus sibirica* L. 叶片基部楔形或宽楔形；花常2朵，淡红色；果实近球形，红色，果肉薄；核卵球形，离肉，表面粗糙而有网纹，腹棱常锐利。此外还有**东北杏** *Prunus mandshurica* (Maxim.) Koehne。杏、山杏及东北杏的种子可作中药"苦杏仁"使用，能降气止咳平喘，润肠通便。

同属其他药用植物还有：**梅** *Prunus mume* Siebold & Zucc. 小乔木；叶卵形，先端长，尾尖，叶边常具小锐锯齿；核果近球形，黄色或绿白色，被柔毛，味酸。我国各地均有栽培，但以长江流域以南各省（自治区、直辖市）最多。近成熟果实可作中药"乌梅"使用，能敛肺，涩肠，生津，安蛔。**桃** *Prunus persica* L. 乔木；叶披针形；花单生；果核表面具纵、横沟纹和孔穴。原产于我国，各省（自治区、直辖市）广泛栽培。种子可作中药"桃仁"使用，能活血祛瘀，润肠通便，止咳平喘。枝条作中药"桃枝"使用，能活血通络，解毒杀虫。

图 7-42 杏
1. 花枝；2. 果枝；3. 雌蕊；4. 雄蕊

### 案例 7-26

杏原产于中国，是我国常见的水果及药用植物。其种子作中药"苦杏仁"入药，能降气止咳平喘，润肠通便。除上述功效外，苦杏仁还有良好的抗肿瘤作用。

**问题：**
杏与桃、梅为同一亚科植物，其植物和果实有何区别？

**苹果亚科**（Maloideae）：灌木或乔木；单叶或复叶，有托叶；心皮 2~5，多数与杯状花托内壁连合；子房下位、半下位，稀上位，2~5 室，各具 2 至多数直立的胚珠；果实成熟时多为肉质的梨果。

**【重要药用植物】**

**山楂** *Crataegus pinnatifida* Bunge 山楂属。落叶乔木；具刺；叶片宽卵形或三角状卵形，羽状深裂，边缘有尖锐稀疏不规则重锯齿；伞房花序具多花；花瓣白色；果实近球形或梨形，深红色，有浅色斑点（图 7-43）。分布于东北、华北及陕西、江苏等地。生于山坡林边。其变种**山里红** *Crataegus pinnatifida* var. *major* N. E. Br. 果形较大，深亮红色；叶片大，分裂较浅。华北各地有栽培。此两种植物的成熟果实可作中药"山楂"使用，能消食健胃，行气散瘀，化浊降脂；叶可作中药"山楂叶"使用，能活血化瘀，理气通脉，化浊降脂。

同属植物**野山楂** *Crataegus cuneata* Sieb. et Zucc. 落叶灌木；枝多刺；果实熟时红色或黄色，常具有宿存反折萼片。广泛分布在我国中部、东部和南部各省（自治区、直辖市）。入药俗称"南山楂"。

**贴梗海棠** *Chaenomeles speciosa*（Sweet）Nakai 落叶灌木，枝有刺；托叶大；花 3~5 朵簇生，花梗短粗或近于无柄；梨果木质，干后表皮皱缩。分布于陕西、甘肃、四川、贵州、云南、广东等省，多为栽培。果实可作中药"木瓜"使用，习称皱皮木瓜，能舒筋活络，和胃化湿。

图 7-43 山楂
1. 花枝；2. 花部解剖

**枇杷** *Eriobotrya japonica* (Thunb.) Lindl. 常绿小乔木；叶厚革质，下面密生灰棕色绒毛；圆锥花序顶生；花瓣白色；梨果球形，黄色，外有锈色柔毛。主要分布于长江以南地区，多为栽培。叶晒干去毛，可作中药"枇杷叶"使用，有化痰止咳、和胃降气之效。

**15. 豆科**（Fabaceae, ♂*, ↑K$_{5,(5)}$ C$_5$A$_{(9)+1, 10, ∞}$G$_{1:1:1\sim\infty}$） 草本、灌木、乔木或藤本；根部常有能固氮的根瘤；叶常互生，多为羽状复叶，少数为掌状复叶、3 小叶或单叶；花两性，稀单性，辐射对称或两侧对称，通常排成总状花序、聚伞花序、穗状花序、头状花序或圆锥花序；萼片5，花瓣常与萼片数目相等，分离或连合具花冠裂片的管，有时构成蝶形花冠，雄蕊多为10枚，常成二体雄蕊，或为多数；心皮1，子房上位，1室，边缘胎座，胚珠1至多数；荚果；种子无胚乳。

本科种类较多，为种子植物的第三大科，仅次于菊科和兰科，约650属，18 000余种，广布于全世界。我国有172属，1485种，13亚种，153变种，16变型，已知药用约600种。本科植物根据花的对称性、花瓣的卷叠式、雄蕊的数量和类型，分为三个亚科：含羞草亚科 Mimosoideae、云实亚科（苏木亚科）Caesalpinioideae 和蝶形花亚科 Papilionoideae（图7-44）。

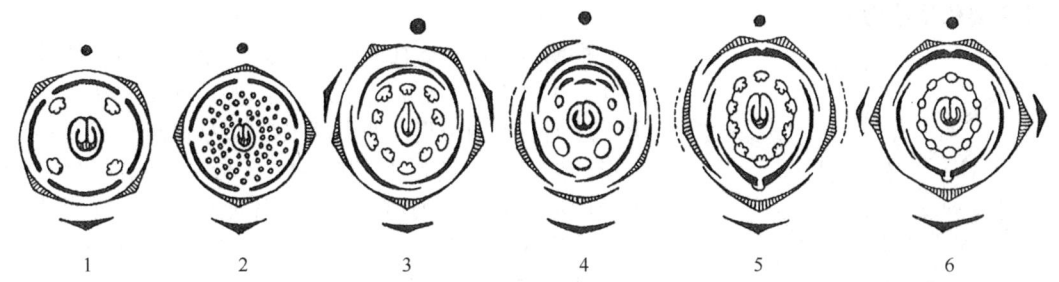

图7-44 豆科三亚科的花图式
1、2. 含羞草亚科；3、4. 云实亚科；5、6. 蝶形花亚科

化学成分：黄酮类成分在本科中分布很广，如甘草属（*Glycyrrhiza*）中的甘草苷（liquiritin）、异甘草苷（isoliquiritin），大豆属（*Glycine*）中的大豆苷（daidzin），葛属（*Pueraria*）中的葛根素（puerarin）。生物碱类成分主要分布在蝶形花亚科中，以吡啶型和吲哚型生物碱为主，如槐属（*Sophora*）中的苦参碱（matrine）。此外，本科植物中还含有三萜皂苷（如甘草酸和甘草次酸）、蒽酮类（如番泻苷）、香豆素、鞣质等。

**豆科三亚科检索表**

1. 花辐射对称；花瓣镊合状排列；雄蕊常为多数 ······················································ 含羞草亚科
1. 花两侧对称；花瓣覆瓦状排列；雄蕊定数，通常为10枚
  2. 花冠为假蝶形；花瓣上升覆瓦状排列，即最上面的一片花瓣（旗瓣）位于最内方；雄蕊10枚或更少，通常离生 ······················································································· 云实亚科
  2. 花冠蝶形；花瓣下降覆瓦状排列，即最上面的一片花瓣（旗瓣）位于最外方；雄蕊10枚，通常为二体雄蕊 ······················································································· 蝶形花亚科

---

**案例 7-27**

在哈钦森系统和克朗奎斯特系统中将本科的三个亚科提升为三个科，即含羞草科 Mimosaceae、云实科（苏木科）Caesalpiniaceae 和蝶形花科 Papilionaceae。但三者是以荚果相联系的自然类群。有学者认为，豆科起源于蔷薇科的梅亚科（李亚科），由单一的心皮演化成荚果。本科的三个亚科演化顺序为：含羞草亚科→云实亚科→蝶形花亚科。

**问题：**
请根据雄蕊群和花冠两个方面的特征，总结三个亚科的演化趋势。

---

**含羞草亚科**（Mimosoideae）：乔木或灌木，有时为藤本，稀草本；叶互生，通常为二回羽状复叶，叶柄具显著叶枕；花辐射对称；花瓣与萼片同数，多为5基数，均镊合状排列；雄蕊多数，稀与花瓣同数。荚果，有时具次生横隔膜。

【重要药用植物】

**合欢** *Albizia julibrissin* Durazz. 落叶乔木；二回偶数羽状复叶，小叶镰刀形；头状花序于枝顶排成圆锥花序；花粉红色；花萼管状，萼片、花瓣均为 5，基部合生；雄蕊多数，花丝细长；荚果带状。分布于我国东北至华南及西南部各省（自治区、直辖市），多栽培。树皮可作"合欢皮"使用，有解郁安神、活血消肿的功效；花序或花蕾可作"合欢花"使用，后者也习称合欢米，能解郁安神。

**云实亚科**（Caesalpinioideae）：乔木或灌木，有时为藤本，稀草本。叶互生，通常为二回羽状复叶；花两侧对称；萼片 5，通常分离，或下部合生；花瓣 5，假蝶形；雄蕊 10 或较少；荚果，常有隔膜。

【重要药用植物】

**决明** *Senna tora* (L.) Roxburgh 一年生草本。偶数羽状复叶，小叶 3 对，膜质；花腋生，萼片 5，花瓣 5，黄色；荚果纤细，近四棱形，两端渐尖，长达 15cm，膜质；种子菱形，淡褐色，具光泽（图 7-45）。分布于长江以南地区。生于山坡、旷野及河滩沙地上，各地有栽培。同属植物还有**钝叶决明** *Senna obtusifolia* (L.) H. S. Irwin & Barneb。以上两种植物的种子作"决明子"入药，能清热明目，润肠通便。

同属植物：**番泻叶** *Senna alexandrina* Mill. 小灌木；偶数羽状复叶，小叶片披针形至卵状披针形，叶基不对称；总状花序腋生；子房具柄；荚果扁平长方形，顶端具明显尖突。分布于印度、埃及和苏丹等地区，我国云南、海南有栽培。小叶入药，为阿拉伯传统药物，《欧洲药典》《英国药典》《美国药典》也有收载，其小叶作为"番泻叶"入药，能泻热行滞，通便，利水。

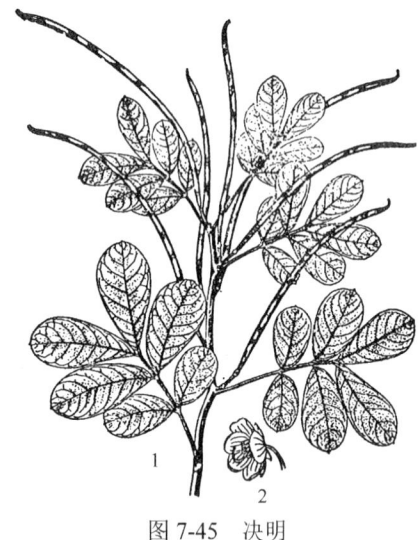

图 7-45 决明
1. 果枝；2. 花

**皂荚** *Gleditsia sinensis* Lam. 落叶乔木；枝灰色至深褐色，刺粗壮，圆柱形，常分枝，多呈圆锥状；羽状复叶；总状花序，花杂性，萼片、花瓣均为 4；荚果带状，果瓣革质，褐棕色或红褐色，常被白色粉霜。南北各地均有分布，多栽培。棘刺可作中药"皂角刺"使用，能消肿托毒，排脓，杀虫。果实入药能祛痰止咳，开窍通闭，杀虫散结；皂荚树因衰老或受外伤等而结出的畸形不育小荚果，称"猪牙皂"，功用同皂荚。

**紫荆** *Cercis chinensis* Bunge 乔木或灌木；树皮和小枝灰白色；叶纸质，心形，互生；花先叶开放，紫红色或粉红色，簇生；荚果扁狭长形，绿色。主要分布于我国东南部。树皮可作中药"紫荆皮"使用，能行气活血，消肿止痛，祛瘀解毒。

**蝶形花亚科**（Papilionoideae）：乔木、灌木、藤本或草本，有时具刺；叶互生，稀对生，通常为羽状或掌状复叶，多为 3 小叶，稀单叶或退化为鳞叶；常有托叶和小托叶；花萼钟形或筒形，5裂；花瓣 5，两侧对称，蝶形花冠；雄蕊 10，常为二体雄蕊或单体雄蕊。荚果。

【重要药用植物】

**甘草** *Glycyrrhiza uralensis* Fisch. 多年生草本；根与根茎味甜，根状茎圆柱状，多横走；主根粗长，外皮红棕色或暗棕色；植株密被鳞片状腺点、刺毛状腺体及白色或褐色的绒毛；羽状复叶，小叶 5～17，卵形、长卵形或近圆形；总状花序腋生；蝶形花冠紫色，白色或黄色，旗瓣长圆形，翼瓣短于旗瓣，龙骨瓣短于翼瓣；子房密被刺毛状腺体。荚果弯曲呈镰刀状或呈环状，密集成球，密生瘤状突起和刺毛状腺体（图 7-46）。分布于东北、华北、西北各省（自治区、直辖市）。常生于干旱沙地、河岸砂质地、山坡草地及盐渍化土壤中。同属植物还有**洋甘草**（俗名光果甘草）*Glycyrrhiza glabra* L. 和**胀果甘草** *Glycyrrhiza inflata* Bat.，被《国家重点保护野生植物名录》列为二级保护物种。以上三种的根及根茎可作中药"甘草"使用，能补脾益气，清热解毒，祛痰止咳，缓急止痛，调和诸药。

**黄芪** *Astragalus membranaceus* (Fisch.) Bunge 多年生草本；主根粗长，圆柱形；植株有白色柔毛；奇数羽状复叶，小叶 13～27 片，椭圆形或长卵圆形；总状花序腋生；蝶形花冠黄色或淡黄色，旗瓣倒卵形，翼瓣较旗瓣稍短，龙骨瓣与翼瓣近等长；荚果薄膜质，稍膨胀，半椭圆形，顶端具刺尖，两面被白色或黑色短柔毛（图 7-47）。分布于东北、华北、西北等地区。生于林缘、灌丛或草地中，全国各地多有栽培。同属植物国产 130 种，其中**蒙古黄芪** *Astragalus membranaceus* var. *mongholicus* (Bunge) P. K. Hsiao 为膜荚黄芪变种，植株较矮小，小叶亦较小，荚果无毛。分布于黑龙江（呼伦贝尔盟）、内蒙古、河北、山西等地。以上两种的根可作中药"黄芪"使用，能补气升阳，固表止汗，利水消肿，生津养血，行滞通痹，托毒排脓，敛疮生肌。

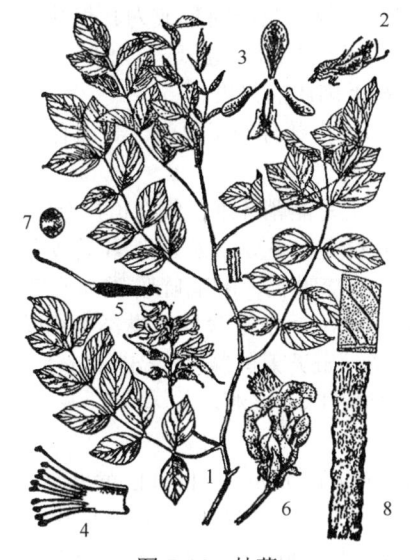

图 7-46 甘草
1. 花枝；2. 花侧面观；3. 花剖开后（示旗瓣、翼瓣和龙骨瓣）；4. 雄蕊；5. 雌蕊；6. 果序；7. 种子；8. 根的一段

图 7-47 黄芪
1. 植株；2. 根

**槐** *Styphnolobium japonicum* (L.) Schott 乔木；羽状复叶，叶柄基部膨大，小叶 4～7 对；圆锥花序顶生，常呈金字塔形；花冠蝶形，白色或淡黄色。雄蕊 10，分离；荚果串珠状。原产于我国，现南北各省（自治区、直辖市）广泛栽培，华北和黄土高原地区尤为多见。花及花蕾可作中药"槐花"使用，后者习称槐米，能凉血止血，清肝泻火；成熟果实可作中药"槐角"使用，能清热泻火，凉血止血。还可用于提取芦丁（rutin）。

**苦参** *Sophora flavescens* Ait. 草本或亚灌木，稀呈灌木状；根圆柱形；羽状复叶，小叶 6～12 对；花冠白色或淡黄白色，旗瓣倒卵状匙形，翼瓣单侧生，强烈皱褶几达瓣片的顶部，龙骨瓣与翼瓣相似，稍宽；雄蕊 10，分离。荚果长条形，种子间稍缢缩，呈不明显串珠状。南北各地均有分布。根可作中药"苦参"使用，能清热燥湿，杀虫，利尿。

**补骨脂** *Cullen corylifolium* (L.) Medikus 一年生草本，植物体疏被白色绒毛，有明显腺点；单叶，互生；总状花序腋生；花冠黄色或蓝色，花瓣明显具瓣柄；荚果卵形，具小尖头，黑色，表面具不规则网纹，不开裂，果皮与种子不易分离；种子扁。主要分布于云南、四川，多省有栽培。果实可作中药"补骨脂"使用，能温肾助阳，纳气平喘，温脾止泻；外用消风祛斑。

**山葛** *Pueraria montana* (Loureiro) Merrill 粗壮藤本；全体被黄色长硬毛；块根肥厚；羽状复叶具 3 小叶，小叶三裂，偶尔全缘；总状花序顶生或腋生；花冠紫色；荚果长椭圆形，扁平，被褐色长硬毛。除新疆、青海及西藏外全国大部分地区有分布。生于山地林中。根可作中药"葛根"使用,能解肌退热,生津止渴,透疹,升阳止泻,通经活络,解酒毒。其变种**粉葛** *Pueraria montana* var. *thomsonii* (Bentham) M. R. Almeida 的根富含淀粉,主要供食用。

本科药用植物还有:**密花豆** *Spatholobus suberectus* Dunn 藤茎可作中药"鸡血藤"使用,能活血补血,调经止痛,舒筋活络。**苏木** *Biancaea sappan* (L.) Tod. 心材入药,能活血祛瘀,消肿止痛。**胡卢巴** *Trigonella foenum-graecum* L. 成熟种子入药,能温肾助阳,祛寒止痛。**扁豆** *Lablab purpureus* (L.) Sweet 的成熟种子可作中药"白扁豆"使用,能健脾化湿,和中消暑。**赤小豆** *Vigna umbellata* (Thunb.) Ohwi et Ohashi 成熟种子入药,能利水消肿,解毒排脓。**广东金钱草** *Grona styracifolia* (Osbeck) H. Ohashi & K. Ohashi 的地上部分入药,能利湿退黄,利尿通淋。

**16. 芸香科**(Rutaceae, ♀ *K$_{4\sim5}$C$_{4\sim5}$A$_{4\sim5, 8\sim10}$G$_{(2\sim\infty:2\sim\infty:1\sim2)}$) 乔木、灌木或草本;叶或果实上常有油点;叶互生或对生,复叶或单叶,无托叶;聚伞花序,稀总状或穗状花序,更少单花;花辐射对称,两性,稀单性;萼片4~5;花瓣4~5;雄蕊与花瓣同数或为其倍数,外轮雄蕊常与花瓣对生;花盘发达,子房上位;心皮2~5或更多,多合生;每室胚珠多为1~2;果为蓇葖果、蒴果、翅果、核果,或具革质果皮、或具翼、或果皮稍近肉质的浆果。

本科约150属,1600种,主要分布于热带、亚热带,少数分布于温带。我国有28属,151种28变种;已知药用23属,100余种。

显微特征:本科植物普遍具油室或油细胞;有的种类有晶鞘纤维;常有橙皮苷结晶。

化学成分:本科植物常含挥发油、生物碱类、黄酮类、香豆素及木脂素类成分。不少成分有较强的生物活性,或有分类学意义。例如,某些呋喃喹啉类、吡喃喹啉类和吖啶酮类的生物碱几乎只存在于本科植物中;此外,黄檗属(*Phellodendron*)中常含异喹啉类生物碱,如小檗碱(berberine);吴茱萸属(*Evodia*)中常含吲哚类生物碱,如吴茱萸碱(evodiamine)。部分植物还含有三萜类成分,如柠檬苦素(limonin),是柑橘等水果苦味的来源。

【**重要药用植物**】

**川黄檗** *Phellodendron chinense* Schneid. 黄檗属。高大乔木。成年树有厚、纵裂的木栓层,内皮黄色;羽状复叶,小叶7~15,纸质,长圆状披针形或卵状椭圆形;圆锥状聚伞花序顶生,花序轴密被短柔毛;萼片、花瓣、雄蕊及心皮均为5数;果多数密集成团,有黏胶质液的核果,蓝黑色,有核5~8枚(图7-48)。

川黄檗分布于四川、湖北、湖南、重庆、陕西等地。生于海拔900m以上杂木林中。树皮可作中药"黄柏"使用,习称川黄柏,能清热燥湿,泻火除蒸,解毒疗疮。同属植物**黄檗** *Phellodendron amurense* Rupr. 的树皮可作中药"关黄柏"使用,功效同黄柏。主产于东北和华北地区。与川黄檗的主要区别是:本种树皮的木栓层厚;小叶5~13(图7-49)。以上两种被《国家重点保护野生植物名录》列为二级保护品种。

**吴茱萸** *Tetradium ruticarpum* (A. Jussieu) T. G. Hartley 小乔木或灌木;幼枝、叶轴及花序轴均被长柔毛,有特殊芳香浓郁气味;羽状复叶,对生;小叶5~11,椭圆形或披针形,被长柔毛,油点大且多;花单性异株;圆锥状聚伞花序顶生;萼片及花瓣均5片,镊合排列;蒴果扁球形,成熟时裂开呈5个果瓣,呈蓇葖果状,紫红色,表面有粗大油腺点(图7-50)。分布于秦岭以南地区。生于山区林中,现多为栽培。尚未开裂的近成熟果实可作中药"吴茱萸"使用,能散寒止痛,降逆止呕,助阳止泻;有小毒。

图7-48 川黄檗
1. 果枝;2. 叶

图 7-49 黄檗
1. 果枝；2. 叶；3. 雌花；4. 雄花

图 7-50 吴茱萸
1. 花枝；2. 果枝；3. 叶；4. 果实及纵剖

### 案例 7-28

独在异乡为异客，每逢佳节倍思亲。遥知兄弟登高处，遍插茱萸少一人。

王维的这首诗反映了唐人在重阳节佩戴茱萸的习俗，而"茱萸"有多种：除了吴茱萸以外，还有同为芸香科的食茱萸（学名椿叶花椒 Zanthoxylum ailanthoides Sied. et. Zucc.，在辣椒传入中国以前，作为主要的辣味调味品使用），以及山茱萸科（Cornaceae）的山茱萸 Cornus officinalis Sieb. et Zucc.。

**问题：**

请根据这几种植物的形态、分布，结合古人佩戴茱萸的风俗文化，推测王维诗中的"茱萸"是哪一种？

**花椒** Zanthoxylum bungeanum Maxim. 小乔木；茎干上的刺常早落，枝有短刺，小枝上的刺基部宽扁直伸，呈长三角形；羽状复叶；叶轴常有甚狭窄的叶翼；小叶5～13，对生，卵形或椭圆形，叶缘有细裂齿，齿缝有油点；圆锥状聚伞花序顶生；花单性；花被6～8，黄绿色；雄花雄蕊通常5～8；雌花心皮通常2～4，成熟心皮通常2～3。聚合蓇葖果，球形，紫红色，散生微凸起的油点（图7-51）。几乎分布于全国，以四川产者质优；多生于路边、山坡灌木丛中，常见栽培品。同属植物**青花椒** Zanthoxylum schinifolium Sieb. et Zucc. 与上述种主要区别是：聚合蓇葖果外表面灰绿色或暗绿色，散有多数油点和细密的网状隆起皱纹。以上两种的成熟果皮可作中药"花椒"使用，能温中止痛，杀虫止痒。

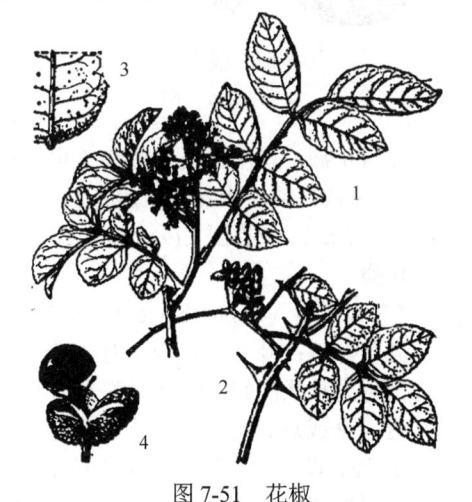

图 7-51 花椒
1. 叶；2. 皮刺；3. 腺点；4. 果实

### 案例 7-29

柑橘的品种品系甚多且亲系来源繁杂，有来自自然杂交的，有属于自身变异的，也有多倍体的。我国产的柑、橘，其品种品系之多，可称为世界之冠。柑橘的果实不仅可供食用，果皮还可作陈皮入药，因以陈久者为佳，故称陈皮。

**问题：**
《中华人民共和国药典》将陈皮药材分为"陈皮"和"广陈皮"两种，二者的植物来源有什么区别？

**柑橘** *Citrus reticulata* Blanco 小乔木；分枝多，刺较少；单身复叶，翼叶通常狭窄，叶片披针形、椭圆形或阔卵形，顶端常有凹口，叶缘常有钝或圆裂齿；花单生或数朵丛生于枝端或叶腋；花萼5裂；花瓣5；雄蕊20～25；柑果球形或扁球形，果皮薄而光滑，或厚而粗糙，易剥离，囊瓣7～14。

柑橘分布于秦岭以南地区；广泛栽培。成熟果皮可作中药"陈皮"使用，能理气健脾，燥湿化痰；幼果或未成熟果实的果皮可作中药"青皮"使用，能疏肝破气，消积化滞；外层果皮可作中药"橘红"使用，能理气宽中，燥湿化痰；成熟种子可作中药"橘核"使用，能理气，散结，止痛。

柑橘的栽培变种主要有**茶枝柑** *Citrus reticulata* 'Chachiensis'（广陈皮）、**温州蜜柑** *Citrus reticulata* 'Unshiu'、**福橘** *Citrus reticulata* 'Tangerina'。功用与原变种相同。

**酸橙** *Citrus* × *aurantium* Siebold & Zucc. ex Engl. 柑橘属。小乔木；枝叶茂密，刺多；叶色浓绿，质地厚，翼叶倒卵形，基部狭尖；花单生或数朵簇生；花萼5裂；花瓣5；雄蕊20～25；果圆球形或扁圆形，果皮厚，难剥离，橙黄至朱红色，油胞大小不均匀，凹凸不平，囊瓣10～13瓣，果肉味酸，有时有苦味（图7-52）。

酸橙分布于秦岭以南地区；广泛栽培。未成熟果实可作中药"枳壳"使用，能理气宽中，行滞消胀；幼果可作中药"枳实"使用，能破气消积，化痰散痞。

同属植物**甜橙** *Citrus sinensis* Osbeck 的幼果亦可作枳实入药。

图7-52 酸橙
1. 花枝；2. 果实；3. 花冠解剖（示雄蕊和雌蕊）

本科药用植物还有：**佛手** *Citrus medica* 'Fingered' 主要栽培于广东、福建、四川等地，果实入药，能疏肝理气，和胃止痛，燥湿化痰。**橘红（化州柚）** *Citrus maxima* 'Tomentosa' 或柚 *Citrus maxima* (Burm.) Merr. 的未成熟或近成熟的干燥外层果皮可作中药"化橘红"使用，能理气宽中，燥湿化痰。**香橼** *Citrus medica* L. 或**香圆** *Citrus grandis* × *junos* 的成熟果实可作中药"香橼"使用，能疏肝理气，宽中，化痰。

**17. 大戟科**（Euphorbiaceae，♂ * $K_{0\sim5}C_{0\sim5}A_{1\sim\infty}$；♀ * $K_{0\sim5}C_{0\sim5}\underline{G}_{(3:3;1\sim2)}$）木本或草本；常含有白色乳状汁液；叶互生，少有对生或轮生，单叶，稀为复叶，或叶退化呈鳞片状，边缘全缘或有锯齿，稀为掌状深裂；叶柄基部有时具有腺体；托叶2，早落或宿存；花单性，雌雄同株或异株；通常为聚伞或总状花序，在大戟类中为特殊化的杯状花序；子房上位，心皮3，组成3室，每室胚珠1～2。蒴果，少数为浆果或核果。种子具胚乳。

本科约300属，5000种，广布于全世界，主产于热带和亚热带地区。我国有70多属，460种，分布于全国。已知药用39属，约160种。

**显微特征**：本科植物常具有节乳汁管。

**化学成分**：本科植物常含有二萜类成分，基本骨架有大环二萜、巴豆烷型二萜、瑞香烷型二萜等，多有强烈的生物活性或刺激性作用，并有较重要的分类学意义。此外还含有鞣质、生物碱、黄酮类、酚类等成分。本科植物常具有毒性。

## 【重要药用植物】

**大戟** *Euphorbia pekinensis* Rupr. 多年生草本；植株具白色乳汁；茎被短柔毛；单叶互生，椭圆状披针形，全缘；花序特异，由多数杯状聚伞花序排列而成的多歧聚伞花序；总花序常有5伞梗，基部有5枚叶状苞片；每伞梗又作一至数回分叉，最后小伞梗顶端着生一杯状聚伞花序；总苞顶端4~5裂，腺体4~5；苞内有多数雄花和1朵雌花，均无花被；蒴果三棱状球形，表皮具疣状突起（图7-53）。全国各地均有分布，北方尤为普遍。生于山坡及田野湿润处。根可作中药"京大戟"使用，能泻水逐饮，消肿散结；有毒，孕妇禁用。

同属植物**甘遂** *Euphorbia kansui* T. N. Liou ex T. P. Wang 的块根可作中药"甘遂"使用，用途同京大戟。

图7-53 大戟
1. 植株上部；2. 根；3. 雄花；4. 雌花；
5. 雌花解剖；6. 果实；7. 果实横剖

### 案例 7-30

橡胶树为大戟科橡胶属植物，原产于亚马孙森林，在我国海南、广东、广西、福建等地均有引种栽培。橡胶树为大乔木，高可达30m，有丰富的乳状汁液，只要小心切开树皮，乳白色的胶汁就会缓缓流出。因此，南美印第安人称橡胶树为"会哭泣的树"。橡胶树有毒性，人和牲畜误食后均可中毒，轻者出现恶心、呕吐、腹痛、头晕、四肢无力，严重时可出现抽搐、昏迷和休克。

**问题：**
从上述对橡胶树的介绍中，试说出橡胶树乳胶汁的存在部位？

**巴豆** *Croton tiglium* L. 灌木或小乔木；嫩枝被稀疏星状柔毛；叶互生，卵形至长圆卵形，基部两侧叶缘上各有1枚盘状腺体；花小，单性同株；总状花序顶生；雄花：花蕾近球形，疏生星状毛或几无毛；雌花：萼片长圆状披针形，几无毛；子房密被星状柔毛；蒴果椭圆状，有三钝棱，被疏生短星状毛（图7-54）。分布于长江以南地区，野生或栽培。种子外用能蚀疮，炮制后可制成中药"巴豆霜"，峻下冷积，逐水退肿，豁痰利咽；外用蚀疮。有毒，孕妇禁用。

**蓖麻** *Ricinus communis* L. 一年生高大草本或草质灌木；小枝、叶和花序通常被白霜，茎多液汁；叶盾状，轮廓近圆形，掌状7~11裂，裂缺几达中部，叶柄有腺体；花单性同株，总状或圆锥花序，花序下部生雄花，上部生雌花；花萼3~5裂；无花瓣；雄蕊多数，花丝多分枝；子房3室；蒴果常有软刺；种子斑纹淡褐色或灰白色，有种阜（图7-55）。

图7-54 巴豆
1. 花枝；2. 雄花；3. 雌花；4. 果实；5. 果实横剖

全国各地有栽培。种子可作中药"蓖麻子"使用，能泻下通滞，消肿拔毒。种子有毒，毒性成分包括蛋白质，如蓖麻毒素（ricin），以及生物碱类如蓖麻碱（ricinine）等。蓖麻油无毒，可以用作缓泻剂。

本科药用植物还有：**续随子** *Euphorbia lathyris* L. 的成熟种子可作中药"千金子"使用，能泻下逐水，破血消癥；外用疗癣蚀疣；有毒，孕妇禁用。**飞扬草** *Euphorbia hirta* L. 全草入药，能清热解毒，利湿止痒，通乳；有小毒，孕妇慎用。**狼毒大戟** *Euphorbia fischeriana* Steud. 的根可作中药"狼毒"使用，能散结，杀虫；外用于淋巴结核、皮癣；灭蛆；有毒。**地锦** *Parthenocissus tricuspidate* (Siebold & Zucc.) Planch. 和**斑地锦草** *Euphorbia maculata* L. 的全草可作中药"地锦草"使用，能清热解毒，凉血止血，利湿退黄。**余甘子** *Phyllanthus emblica* L. 成熟果实为藏族习用药材，能清热凉血，消食健胃，生津止咳。

**18. 卫矛科**（Celastraceae, ♀ *K$_{4\sim5}$C$_{4\sim5}$A$_{4\sim5}$G$_{(2\sim5;2\sim5;2)}$） 乔木、灌木或藤本灌木；单叶，对生或互生；托叶小，早落；聚伞花序1至多次分枝；花两性或退化为功能性不育的单性花；萼片、花瓣均4～5；常具明显肥厚花盘；雄蕊与花瓣同数；子房下部常陷入花盘而与之合生或与之融合而无明显界线，或仅基部与花盘相连，由2～5心皮组成2～5室，每室胚珠2；多为蒴果，亦有翅果、浆果或核果；种子常被肉质具色假种皮包围。

图7-55 蓖麻
1. 花序；2. 叶；3. 果实

本科约60属，850种，分布于热带和温带。我国有12属，201种，全国各地均有分布。已知药用9属，近100种。

化学成分：本科植物常含有萜类、黄酮类、生物碱类、酚酸类和挥发油等成分，以萜类最为丰富。其中，倍半萜醇及倍半萜酯类生物碱，为本科代表性的化学成分。

【重要药用植物】

**雷公藤** *Tripterygium wilfordii* Hook. f. 藤本灌木，高1～3m；小枝棕红色，具4～6细棱，密生皮孔和锈色短毛；叶椭圆形、倒卵椭圆形、长方椭圆形或卵形，先端急尖或短渐尖，基部阔楔形或圆形，边缘有细锯齿，侧脉4～7对，达叶缘后稍上弯；叶柄长5～8mm，密被锈色毛；圆锥状聚伞花序；花白绿色；翅果长圆状；种子细柱状（图7-56）。分布于台湾、福建、江苏、浙江、安徽、湖北、湖南、广西。生长于山地林内阴湿处。根入药，有清热燥湿、杀虫、利尿的功效。现代研究表明雷公藤及其制剂具有免疫抑制作用。

**卫矛** *Euonymus alatus* (Thunb.) Sieb. 灌木；小枝常具2～4列宽阔木栓翅；聚伞花序1～3花；蒴果1～4深裂，裂瓣椭圆状；种子假种皮橙红色（图7-57）。除黑龙江、吉林、辽宁、新疆、青海、西藏、广东及海南以外，全国其他地区均产。生长于山坡、沟地边沿。枝翅或带翅嫩枝入药，

图7-56 雷公藤
1. 叶；2. 花；3. 果实

图7-57 卫矛
1. 小枝；2. 叶；3. 果实

为传统中药"鬼箭羽",能破血通经,解毒消肿,杀虫。

> **案例 7-31**
>
> 类风湿关节炎(rheumatoid arthritis, RA)是最常见的慢性炎性疾病之一,它主要累及关节,由于难以根治、反复发作,给患者带来巨大痛苦。RA发病主要机制为自身免疫反应紊乱导致关节出现滑膜炎及侵袭性新生血管翳形成,进而破坏软骨,最终关节出现严重畸形甚至导致残疾。随着中医药事业的发展,很多治疗RA有效的中药被发掘出来,目前在我国RA的临床治疗中,雷公藤、昆明山海棠、南蛇藤三味中药的使用较为广泛。
>
> **问题:**
> 请从植物学的角度解释,这三种植物之间有什么相似之处?

**19. 无患子科**(Sapindaceae, ♀ *, ↑$K_{4\sim5}C_{4\sim5}A_{8\sim10}\underline{G}_{(2\sim4:2\sim4:1\sim2)}$) 乔木或灌木,有时为草质或木质藤本;羽状复叶或掌状复叶,稀单叶,互生,无托叶;聚伞圆锥花序顶生或腋生;花小,两性、单性或杂性,辐射对称或两侧对称;萼片4~5;花瓣4~5或缺;雄蕊8~10;花盘肉质;子房上位,2~4心皮组成2~4室,每室有胚珠1~2枚,中轴胎座;果为室背开裂的蒴果,或不开裂呈浆果状或核果状;种子常有假种皮。

显微特征:本科植物常具黏液细胞和异形维管束。

本科约150属,约2000种,广布于热带和亚热带。我国有25属,53种,2亚种,3变种,主要分布于西南至东南地区。已知药用11属,19种。

【重要药用植物】

**龙眼** *Dimocarpus longan* Lour. 常绿乔木,幼枝被微柔毛;羽状复叶,互生,小叶4~5对,长椭圆形至长圆状披针形,薄革质;花序大型,多分枝,密被星状柔毛;萼片5深裂;花瓣5,乳白色;雄蕊8;子房2~3,通常仅1室发育;核果近球形,外果皮黄褐色,外面稍粗糙,或少有微凸的小瘤体;种子茶褐色,光亮,全部被肉质的白色假种皮包裹(图7-58)。我国西南部至东南部地区广为栽培。假种皮可作中药"龙眼肉"使用,能补益心脾,养血安神。

**荔枝** *Litchi chinensis* Sonn. 常绿乔木;小枝圆柱状,褐红色,密生白色皮孔;羽状复叶,小叶2~4对;圆锥花序顶生,有黄褐色短柔毛,花小,绿白色或淡黄色;花萼被金黄色短绒毛;雄蕊6~8枚;核果近球形,果皮暗红色,有瘤状突起;假种皮白色肉质,种子棕红色或紫棕色,长圆形,略扁(图7-59)。产于华南、西南地区。种子可作中药"荔枝核"使用,能行气散结,祛寒止痛。

图 7-58 龙眼
1.花序;2.果枝;3.叶

图 7-59 荔枝
1.花枝;2.果枝;3.叶;4.花

本科药用植物还有：**无患子** *Sapindus saponaria* L. 分布于长江流域以南各省（自治区、直辖市），多栽培。种子入药，能清热，祛痰，消积，杀虫。

**20. 桃金娘科**（Myrtaceae, ⚥ *K$_{(4\sim5)}$ C$_{4\sim5}$A$_\infty$$\overline{G}$$_{(2\sim5; 1\sim\infty; \infty)}$） 乔木或灌木。单叶对生或互生，具羽状脉或基出脉，全缘，常有油腺点，无托叶；花两性，辐射对称，单生或排成各式花序；萼片4～5；花瓣4～5或缺；雄蕊多数，花丝分离或连成管状，或成束与花瓣对生；药隔末端常有1腺体；子房下位或半下位，心皮2～5，1至多室，胚珠每室1至多颗；浆果、核果或蒴果；种子无胚乳。

本科约有100属，3000种以上，分布于美洲热带、大洋洲及亚洲热带。我国9属，126种，8变种，主要产于广东、广西及云南等地。已知药用10属，约30种。

本科植物普遍含挥发油，如丁香中含有大量挥发油，其中主要成分为丁香酚（eugenol），具有镇痛、抗炎的作用。此外尚有黄酮类、酚类及鞣质等。

【重要药用植物】

**丁香** *Eugenia caryophyllata* Thunb. 常绿乔木；叶对生，长椭圆形，全缘；顶生聚伞花序；花萼肥厚，绿色后转紫色，长管状，先端4裂；花瓣短管状，4裂，白色稍带淡紫，均有浓烈香气；雄蕊多数，子房下位；浆果红棕色，长方椭圆形。

原产于坦桑尼亚、马来西亚、印度尼西亚等地，现我国海南、广东有引种栽培。花蕾可作中药"丁香"使用，能温中降逆，补肾助阳；近成熟果实入药称"母丁香"，功效同丁香。丁香及其提取物也广泛用于食品、化工产业。

本科常用的药用植物还有：**桃金娘** *Rhodomyrtus tomentosa* (Ait.) Hassk. 分布于台湾、福建、广东、广西、云南、贵州及湖南最南部，果实入药，能养血止血，涩肠固经。**蓝桉** *Eucalyptus globulus* Labill. 原产于澳大利亚，我国四川、广西、云南等地有栽培，为澳大利亚土著的习用药；叶入药为桉叶，新鲜树叶和枝条精馏得到的挥发油称为桉油，为抗刺激药及温和祛痰药，被《欧洲药典》和《英国药典》收载。

**21. 藤黄科**（Clusiaceae, ⚥ *K$_{4\sim5}$C$_{4\sim5}$A$_\infty$$\underline{G}$$_{(3\sim5; 1\sim5; 1\sim\infty)}$） 乔木或灌木，稀为草本，在裂生的空隙或小管道内含有树脂或油；单叶对生，稀轮生，全缘，一般无托叶；花两性或单性，轮状排列或部分螺旋状排列；萼片4～5，覆瓦状排列或交互对生；花瓣4～5，覆瓦状或旋转状排列；雄蕊通常多数，花丝分离或基部合生成多束（多体雄蕊）；子房上位，1室或3～5室，每室胚珠1～2或多数。蒴果、浆果或核果。

本科约40属，1000种，主要分布于热带，但金丝桃属（*Hypericum*）和三腺金丝桃属（*Triadenum*）分布于温带。我国有8属，87种，分布于全国各地，已知药用40余种。

【重要药用植物】

**贯叶连翘** *Hypericum perforatum* L. 金丝桃属。多年生草本；茎及分枝两侧各有1纵线棱；单叶对生，无叶柄，基部抱茎，叶片椭圆形至线形，全缘，散布淡色或黑色的腺点，黑色腺点大多分布于叶片边缘或近顶端；聚伞花序顶生，花黄色，花萼、花瓣各5片，边缘有黑色腺点；雄蕊多数，合生为3束；蒴果长圆形，具背生腺条及侧生黄褐色囊状腺体。

贯叶连翘分布于我国西北、西南、华东、华北等地。地上部分入药，能疏肝解郁，清热利湿，消肿通乳；现代研究表明其提取物可治疗抑郁症。

本科常用的药用植物还有：**黄海棠** *Hypericum ascyron* L.、**地耳草** *Hypericum japonicum* Thunb. ex Murray、**元宝草** *Hypericum sampsonii* Hance、**小连翘** *Hypericum erectum* Thunb. ex Murray 等。

**22. 五加科**（Araliaceae, ⚥ *K$_5$C$_{5\sim10}$A$_{5\sim10}$$\overline{G}$$_{(2\sim15; 2\sim15; 1)}$） 乔木、灌木、木质藤本或多年生草本；茎有时有刺；叶多互生，掌状复叶、羽状复叶，少单叶（多掌状分裂）；花两性或杂性，稀单性，辐射对称；伞形花序，或再集合成圆锥状或总状复合花序；花萼小，或具小形萼齿5；花瓣5或10，镊合状排列或覆瓦状排列，通常离生，稀合生成帽状体；雄蕊与花瓣同数，互生，有时为花瓣的两倍或更多；花盘位于子房顶部；子房下位，心皮2～15，合生，常2～15室，每室1倒生胚珠；浆果或核果；种子有丰富的胚乳。

本科约80属，900种，分布于热带和温带。我国有22属，160余种，除新疆外，全国各地均有分布，已知药用19属，近100种。其中人参属的所有种均被《国家重点保护野生植物名录》列为二级保护物种。

显微特征：本科部分植物根和茎的皮层、韧皮部和髓部有分泌道。

化学成分：本科植物常含有皂苷类成分，其中以齐墩果烷型五环三萜皂苷为主，人参属（Panax）还富含达玛烷型四环三萜皂苷，具有多方面的药理活性。此外，还含有挥发油、多炔类成分。

> **案例 7-32**
>
> 人参是著名药用植物，野生人参已被《国家重点保护野生植物名录》列为二级保护物种，主要原因是野生人参对生长环境要求苛刻，而且生长极其缓慢。在长期的生产实践过程中，人们对人参地上部分的形态描述形成了一套"行话"，如"三花""巴掌""二甲子""灯台子""四匹叶""五匹叶"等。
>
> **问题：**
>
> 你知道这些术语对应的是什么生长时期的人参吗？

【重要药用植物】

**人参** Panax ginseng C. A. Mey. 多年生草本；主根粗壮，肉质，圆柱形或纺锤形，常分枝，顶有根茎；掌状复叶轮生于茎顶，通常一年生者（播种第二年）1片三出复叶，二年生者1片掌状五出复叶，三年生者2片掌状五出复叶，以后每年递增1片复叶，最多可达6片复叶；复叶具长柄；小叶片椭圆形或卵形，边缘具细锯齿，上面沿叶脉疏生刚毛，下面无毛；伞形花序单个顶生，总花梗比叶长；花小，花萼5齿裂；花瓣5；雄蕊5；子房下位，花柱上部2裂。核果浆果状，扁球形，成熟时鲜红色（图7-60）。

人参分布于辽宁东部、吉林东半部和黑龙江东部，生于海拔数百米的落叶阔叶林或针叶阔叶混交林下。现吉林、辽宁栽培较多，为商品人参主要来源。根和根茎可作中药"人参"使用，能大补元气，复脉固脱，补脾益肺，生津养血，安神益智；叶入药为"人参叶"，能补气，益肺，祛暑，生津；经蒸制后的根和根茎为中药"红参"，能大补元气，复脉固脱，益气摄血；花、果实亦可供药用。

图 7-60 人参

1. 根茎及根；2. 植株上部；3. 花；4. 花柱及花盘（去花瓣及雄蕊后）；5. 果实

同属植物**西洋参** Panax quinquefolium L. 形态和人参相似，但其总花梗与叶柄近等长或稍长，小叶片上面脉上几无刚毛，边缘的锯齿不规则且较粗大。原产于北美洲，现我国东北、华北部分地区已引种栽培。根入药称"西洋参"，能补气养阴，清热生津。

同属植物**三七** Panax notoginseng (Burkill) F. H. Chen ex C. H. Chow 多年生草本；根茎短，斜生；主根粗壮，肉质，倒圆锥形或圆柱形，常有疣状突起；掌状复叶轮生茎顶端，小叶通常5～7，椭圆形至长椭圆披针形，叶缘有细密锯齿，两面沿脉生刚毛；伞形花序单个顶生，花黄绿色；花瓣5；子房下位，花柱顶端2裂；核果浆果状，扁球形，成熟时鲜红色；种子1～3粒，种皮白色（图7-61）。

三七分布于云南、广西等地，均系栽培品。根和根茎可作"三七"使用，支根习称"筋条"，根茎习称"剪口"，须根习称"绒根"，能散瘀止血，消肿定痛。三七粉能快速止血，主要有效成分为其中所含的一种特殊结构的氨基酸：田七氨酸，又称三七素（dencichine）。

本属其他常用的药用植物还有：**竹节参** *Panax japonicus* C. A. Mey. 多年生草本，根状茎的节膨大呈竹鞭状或串珠状；分布于长江以南地区，根茎入药称"竹节参"，能散瘀止血，消肿止痛，祛痰止咳，补虚强壮。

**刺五加** *Eleutherococcus senticosus* (Rup. & Max.) Max. 灌木，枝密生针刺；掌状复叶，小叶 5，椭圆状倒卵形，上面粗糙，深绿色，脉上有粗毛，下面淡绿色，脉上有短柔毛，边缘有锐利重锯齿；伞形花序；花瓣 5，紫黄色；花柱 5，合生成柱状；子房 5 室；核果浆果状，球形，有 5 棱，黑色。

刺五加分布于我国东北及河北、山西等地。生于森林或灌木丛中。根和根茎或茎入药称"刺五加"，能益气健脾，补肾安神。

图 7-61 三七
1. 植株上部；2. 根茎及根

同属植物**细柱五加** *Eleutherococcus nodiflorus* (Dunn) S. Y. Hu 灌木，蔓生状；掌状复叶，小叶通常 5 片，在长枝上互生，短枝上簇生；叶柄常有细刺；叶无毛或沿叶脉疏生刚毛；伞形花序常腋生；花黄绿色；浆果扁球形，黑色（图 7-62）。分布地区广，生于林缘边或灌木丛中。根皮可作"五加皮"使用，能祛风除湿，补益肝肾，强筋壮骨，利水消肿。

**通脱木** *Tetrapanax papyrifer* (Hook.) K. Koch 通脱木属。茎髓作中药"通草"使用，能清热利尿，通气下乳。

**23. 伞形科**（Apiaceae）$♀*K_{5,0}C_5A_5\overline{G}_{(2:2:1)}$ 草本，稀灌木；根常肉质而粗；茎常有棱和槽，空心或有髓；叶互生，多为 1 回掌状分裂或 1~4 回羽状分裂的复叶；叶柄基部膨大成鞘状；花小，两性或杂性，多辐射对称，成复伞形花序或单伞形花序；萼齿 5 或无；花瓣 5；雄蕊 5，与花瓣互生；子房下位，2 心皮合生，2 室，每室有一个倒悬的胚珠，子房顶端有盘状或短圆锥状的花柱基（上位花盘）；花柱 2；果实多为干果，成熟时沿 2 心皮合生面自下向上分离成 2 个分果瓣，分果瓣顶部悬挂于纤细的心皮柄上，称为双悬果，每个分果常有主棱 5 条（中间 1 条背棱，两边各 1 条侧棱，两侧棱和背棱之间各 1 条中棱），有时在主棱之间还有 4 条次（副）棱，棱和棱之间称棱槽，在主棱下面有维管束，棱槽内和合生面通常有纵向的油管 1 至多条。

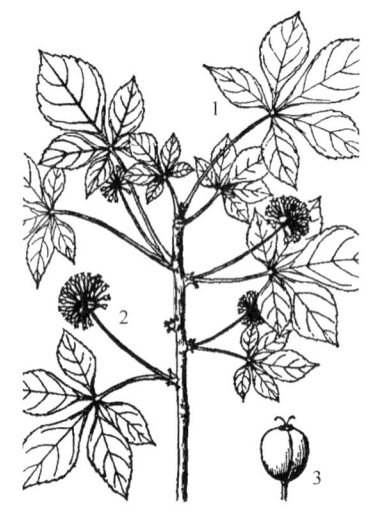

图 7-62 细柱五加
1. 叶；2. 花序；3. 果实

本科有 200 多属，2500 种，广布于热带、亚热带和温带地区。我国有 90 余属，600 种，全国均有分布，已知药用 55 属，约 230 种。

显微特征：本科植物常有分泌道（油管）和分泌腔（油室）。

化学成分：本科植物常含有香豆素类，其是本科的特征性成分，如伞形花内酯（umbelliferone）等。此外还普遍含有挥发油，主要是萜类和苯酞内酯类。部分植物含有三萜皂苷类，如柴胡皂苷 D（saikosaponin D）。部分植物含有聚炔类成分，有较强毒性，如毒芹毒素（cicutoxin），即存在于**毒芹** *Cicuta virosa* L. 中。由于毒芹和**水芹** *Oenanthe javanica* (Bl.) DC. 形态相似，人们常因误食毒芹引发中毒。

【重要药用植物】

**当归** *Angelica sinensis* (Oliv.) Diels 多年生草本；根圆柱状，有多数肉质须根，黄棕色，有浓郁香气。茎绿白色或带紫色，有纵深沟纹；叶为二至三回羽状复叶，叶柄基部膨大成鞘；小叶片3对，裂片边缘有缺刻状锯齿；复伞形花序顶生，伞辐9～30，小伞形花序有花13～36朵，花白色；双悬果椭圆形，背棱线形，隆起，侧棱呈宽而薄的翅状，棱槽有1油管，合生面有2油管（图7-63）。

当归主产于甘肃东南部，以岷县产量多，质量好，其次为云南、四川、陕西、湖北等省，均为栽培。根可作中药"当归"使用，能补血活血，调经止痛，润肠通便。

> **案例 7-33**
>
> 当归始载于《神农本草经》，列为中品。李时珍谓："当归调血，为女人要药。"当归在产地加工时，要求去除须根及泥沙后，待水分稍蒸发，捆成小把，上棚，用烟火慢慢熏干。
>
> **问题：**
>
> 当归在产地加工时，可以采用暴晒或高温烘干的方法干燥吗？

图 7-63　当归
1. 花序；2. 叶；3. 根

同属植物**白芷** *Angelica dahurica* (Fisch. ex Hoffm.) Benth. et Hook. f.为多年生草本；根圆柱形，有浓烈气味；茎常带紫色，中空，有纵长沟纹；基生叶一回羽状分裂，上部叶二至三回三出式羽状分裂，裂片边缘有不规则的白色骨质粗锯齿；花序下方的叶简化成无叶的、显著膨大的囊状叶鞘；复伞形花序，伞辐18～70；花白色；双悬果长圆形，背棱扁、厚而钝圆，近海绵质，远较棱槽为宽，侧棱翅状，较果体狭。分布于我国东北、华北地区，常生长于林下、溪旁、灌丛及山谷草地。目前多栽培。其变种**杭白芷** *Angelica dahurica* 'Hangbaizhi' Yuan et Shan 植株略矮；茎及叶鞘多为黄绿色；根长圆锥形，上部近方形，表面灰棕色，有多数较大的皮孔样横向突起，质硬较重，断面白色，粉性大（图7-64）。以上两种的根可作"白芷"入药，能解表散寒，祛风止痛，宣通鼻窍，燥湿止带，消肿排脓。

同属植物**重齿当归** *Angelica biserrata* (Shan et Yuan) Yuan et Shan 的根可作中药"独活"使用，能祛风除湿，通痹止痛。

图 7-64　杭白芷
1. 花序；2. 叶；3. 小花

**川芎** *Ligusticum sinense* 'Chuanxiong' 多年生草本；根茎呈不规则的结节状拳形团块，具浓烈香气；茎下部的节膨大成盘状；叶3～4回三出式羽状全裂，羽片4～5对，叶柄基部扩大成鞘；复伞形花序；总苞和小总苞线形；花瓣白色；果实两侧扁压，背棱槽内油管1～5，侧棱槽内油管2～3，合生面油管6～8。为栽培植物，主产于四川。根茎可作"川芎"入药，能活血行气，祛风止痛。同属植物**藁本** *Conioselinum anthriscoides* (H. Boissieu) Pimenov & Kljuykov 及**辽藁本** *Conioselinum smithii* (H. Wolff) Pimenov & Kljuykov 的根茎和根可作"藁本"使用，能祛风，散寒，除湿，止痛。

### 案例 7-34

抗战时期，由于日本侵略者的封锁，太行山抗日根据地的军民缺医少药，很多发热的患者得不到及时救治，时任第十八集团军一二九师卫生部部长的钱信忠同志根据当地中草药资源的分布情况，号召并带领广大医务人员上山采集柴胡，将其熬成汤药给发热的患者服用，收到了很好的疗效。随后，为方便携带使用，部队制药厂对柴胡进行水蒸气蒸馏提取，制成了第一支中药注射液：柴胡注射液，成功救治了大量患者，为抗战胜利做出了重大贡献。

**问题：**
柴胡的哪些特征可以帮助我们在野外准确快速地发现它？

**北柴胡** *Bupleurum chinense* DC. 多年生草本；主根较粗，坚硬，棕褐色；茎单一或数茎，表面有细纵槽纹，实心，上部多回分枝，微作"之"字形曲折；叶倒披针形；复伞形花序；伞辐3～8；小总苞通常5；花5～10，花瓣鲜黄色；双悬果宽椭圆形，棱狭翅状，每棱槽中油管3个，合生面4个。

北柴胡主要分布于河北、河南、山西、陕西及东北等地。生于向阳山坡。根可作中药"柴胡"使用，习称"北柴胡"，能疏散退热，疏肝解郁，升举阳气。同属植物**红柴胡** *Bupleurum scorzonerifolium* Willd. （俗名狭叶柴胡）的根亦作柴胡入药，习称"南柴胡"。与上种主要区别是：根较细，支根少，深红棕色；叶细线形，3～5条叶脉，两脉间有隐约平行的细脉（图7-65）。主要分布于江苏、安徽、陕西、黑龙江、吉林、辽宁等地。

同属植物**大叶柴胡** *Bupleurum longiradiatum* Turcz. 的根茎发达，表面密生环节，其上多须根。本种含聚炔类成分如柴胡毒素（bupleurotoxin），有毒，不可作柴胡用（图7-66）。

图 7-65 红柴胡
1. 植株上部；2. 植株下部；3. 花序；4. 小花；
5. 果实；6. 果实横剖；7. 平行叶脉

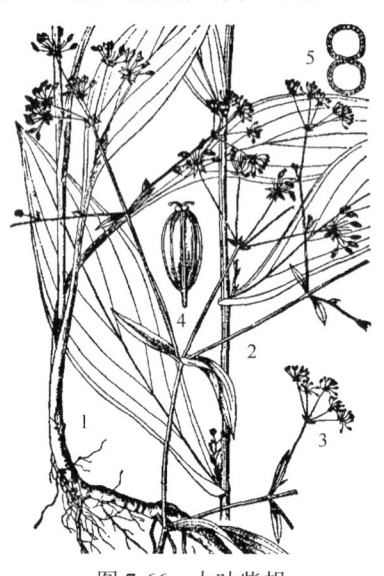

图 7-66 大叶柴胡
1. 植株下部；2. 植株上部；3. 花序；4. 果实；
5. 果实横剖

**前胡** *Peucedanum praeruptorum* Dunn 多年生草本；根圆锥形，常分叉，根颈部粗壮，存留多数越年枯鞘纤维；基生叶具长柄，三出式二至三回分裂，最终裂片菱状倒卵形，边缘有圆锯齿；茎上部叶无柄；复伞形花序，伞辐6～15；花瓣白色；双悬果棱槽内油管3～5，合生面油管6～10。

前胡分布于湖北、湖南、浙江、江西、四川等地。根作"前胡"入药，能降气化痰，散风清热。
**紫花前胡** *Angelica decursiva* (Miquel) Franchet & Savatier 的根可作中药"紫花前胡"使用，功

效同前胡。与上种主要区别是：茎常为紫色；茎上部叶简化成膨大紫色的叶鞘；复伞形花序；花深紫色。分布于我国华北、华东、东南等地区。

**防风** *Saposhnikovia divaricata* (Turcz.) Schischk. 多年生草本。根头处被有纤维状叶残基及明显的环纹；基生叶有长柄，基部有宽叶鞘；叶片二至三回羽状分裂；复伞形花序，伞辐 5~7；无总苞；小总苞 4~6，披针形；花小，白色；双悬果椭圆形，幼时有疣状突起，成熟时渐平滑；每棱槽内通常有油管 1，合生面油管 2（图 7-67）。

防风分布于东北、西北、华北等地区，生长于草原、丘陵、多砾石山坡。现为栽培。根可作中药"防风"使用，习称"关防风"，能祛风解表，胜湿止痛，止痉。

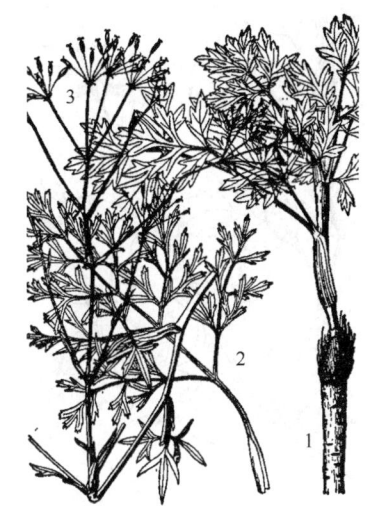

图 7-67　防风
1. 根；2. 叶；3. 花序

本科常用的药用植物还有：**羌活** *Hansenia weberbaueriana* (Fedde ex H. Wolff) Pimenov & Kljuykov 及**宽叶羌活** *Hansenia forbesii* (H. Boissieu) Pimenov & Kljuykov 的根茎和根可作中药"羌活"使用，能解表散寒，祛风除湿，止痛。**茴香** *Foeniculum vulgare* Mill. 原产于地中海地区，现我国各地有栽培，其成熟果实可作中药"小茴香"使用，能散寒止痛，理气和胃。**蛇床** *Cnidium monnieri* (L.) Cuss. 成熟果实可作中药"蛇床子"使用，能燥湿祛风，杀虫止痒，温肾壮阳。**野胡萝卜** *Daucus carota* L. 成熟果实可作中药"南鹤虱"使用，能杀虫消积。**积雪草** *Centella asiatica* (L.) Urb. 全草可作中药"积雪草"使用，能清热利湿，解毒消肿。**明党参** *Changium smyrnioides* Wolff 为我国特有种，分布于江苏、安徽、浙江等地，根可作中药"明党参"使用，能润肺化痰，养阴和胃，平肝，解毒。**珊瑚菜** *Glehnia littoralis* F. Schmidt ex Miq. 根可作中药"北沙参"使用，能养阴清肺，益胃生津。**新疆阿魏** *Ferula sinkiangensis* K. M. Shen 及**阜康阿魏** *Ferula fukanensis* K. M. Shen 主产于新疆，树脂可作中药"阿魏"使用，能消积，化癥，散痞，杀虫。其中明党参、珊瑚菜、新疆阿魏、阜康阿魏被《国家重点保护野生植物名录》列为二级保护。

## II. 合瓣花亚纲

**24. 木犀科**（Oleaceae，$♀*K_{(4)}C_{(4)}, _0A_2\underline{G}_{(2:2:2)}$）乔木、灌木或藤状灌木。叶对生，稀互生或轮生，单叶、三出复叶或羽状复叶，具叶柄，无托叶。花两性，稀单性或杂性，辐射对称，成圆锥、聚伞花序或簇生，很少单生；萼 4 裂，有时顶端近于平截；花冠 4 裂，稀无花冠；雄蕊 2 枚，稀 4 枚，着生花冠上或花冠裂片基部；子房上位，由两心皮组成 2 室，每室胚珠 2 枚，花柱单生；柱头 2 裂或头裂。翅果、蒴果、浆果或核果。

本科 27 属 400 余种，广布于亚热带或温带地区。我国 12 属，178 种，6 亚种，25 变种，15 变型，南北各地均有分布。已知药用 80 余种。

本科主要含有香豆素类、木脂素类、酚类、黄酮类、挥发油等成分。例如，秦皮苷（fraxin）、秦皮乙素（esculetin）、七叶树苷（aesculin）等属于香豆素类，均有抗菌消炎、止咳化痰作用；连翘酚（forsythol）属于酚类；连翘苷（forsythin）属于木脂素类，具抗菌消炎的作用。而素馨属（茉莉属 *Jasminum*）和紫丁香属（*Syringa*）植物的花中还常含芳香油。

【重要药用植物】

**连翘** *Forsythia suspensa* (Thunb.) Vahl. 落叶灌木。枝条开展或下垂，棕色、棕褐色或淡黄褐色；小枝具四棱，疏生皮孔，节间中空，茎髓呈薄片状。单叶对生，叶卵形或宽卵形，叶片完整或 3 全裂。春季花先叶开放，花冠黄色。蒴果狭卵形（图 7-68）。分布于东北、华北地区。果实（连翘）能清热解毒、消肿散结，疏散风热。

图 7-68 连翘
1. 植株；2. 花；3. 花冠；4. 果枝；5. 果实

**案例 7-35**

连翘最早收载于《神农本草经》，陶弘景曰：连翘处处有，今用茎连花实也。《本草纲目》述：连翘状似人心，两片合成，其中有仁甚香，……故为十二经疮家圣药。连翘果实入药，为常用中药之一。

**问题：**

连翘与迎春花的花冠均为黄色，如何区别这两种植物？

**女贞** *Ligustrum lucidum* Ait. 灌木或乔木。叶革质，常绿，全缘。花小，呈圆锥花序，顶生。花冠白色。核果弯曲，熟时紫黑色，肾形或近肾形。分布于长江流域及以南地区，西北分布至陕西、甘肃。生于海拔 2900m 以下的疏、密林中。果实（女贞子）能滋补肝肾，明目乌发；叶能治口腔炎。

**花曲柳** *Fraxinus chinensis* Roxb.subsp. *rhynchophylla* (Hance). E. Murray 落叶大乔木，树皮灰褐色，光滑。奇数羽状复叶对生，小叶 5～7 枚，革质，阔卵形、倒卵形或卵状披针形。圆锥花序顶生或腋生；花单性或杂性异株，无花冠，雄花有 2 雄蕊。翅果长倒披针形（图 7-69）。主要分布于东北、华北、华中等地。树皮为药材秦皮的主要来源之一，能清热燥湿，收敛治痢，止带，明目。

梣属（*Fraxinus*）植物我国有 27 种，其中多种植物的树皮可作秦皮药材用，如：**白蜡树** *F. chinensis* Roxb.、**宿柱梣** *F. stylosa* Lingelsh. 我国大部分地区有分布。另外枝干上可以放养白蜡虫，白蜡虫分泌的白蜡可作药用及工业用。

本科的药用植物尚有：**暴马丁香** *Syringa reticulate*（Blume）H. Hara subsp. *amurensis* (Rupr.) P.S.Green et M.C. Chang，其干皮和枝皮，称暴马子皮，能清肺祛痰，止咳平喘。

**25. 马钱科**（Loganiaceae，♀*K$_{(4～5)}$ C$_{(4～5)}$ A$_{(4～5)}$ $\underline{G}$$_{(2:2:2～\infty)}$）乔木、灌木、藤本或草本。单叶对生或轮生，稀互生，全缘或有锯齿，具叶柄，托叶有或无。花两性，辐射对称，呈聚伞、圆锥、伞形或伞房花序，少单生；花萼、花冠均 4～5 裂；雄蕊与花冠裂片同数而互生，着生于花冠管或花冠喉部；子房上位，通常 2 室，每室胚珠 2 至多数；花柱单生，柱头头状，全缘或 2 裂。果实为蒴果、浆果或核果。种子有时具翅。

本科约 28 属，550 余种，分布于热带至温带地区。我国有 8 属，54 种，9 变种。产于西南及东部地区，分布中心在云南。已知药用有 7 属 27 种。

本科马钱属（*Strychnos*）、钩吻属（*Gelsemium*）和醉鱼草属（*Buddleja*）的植物多有毒，主要含有吲哚类生物碱，如马钱子碱（brucine）、番木鳖碱（strychnine）、钩吻碱（gelsemine）等；黄酮类，如密蒙花苷（linarin）、醉鱼草苷（buddleoside）；环烯醚萜苷类成分，如番木鳖苷（loganin）等。

**【重要药用植物】**

**马钱子** *Strychnos nux-vomica* L. 乔木。叶片纸质，近圆形、宽椭圆形至卵形，对生。浆果圆球形，熟时橘黄色。种子 1～4，扁圆盘形（图 7-70）。原产于印度、斯里兰卡、泰国、越南、缅甸等地，我国台湾、福建、广东、云南等地有栽培。种子（马钱子）有大毒，能通络止痛，散结消肿。同属植物我国产 10 种，2 变种，其中，**长籽马钱** *S. wallichiana* Steud.ex DC. 为木质大藤本，小枝常变态呈螺旋形钩状。叶对生，主脉 3 条。种子长圆形，也作马钱子药用。

图 7-69 花曲柳
1. 果枝；2. 雄花；3. 两性花；4. 雌花

**密蒙花** *Buddleja officinalis* Maxim. 灌木。小枝四棱形，灰褐色；枝、叶、叶柄和花序均密被白色星状短绒毛。花冠紫堇色至白色。蒴果椭圆形，外果皮被星状毛，基部有宿存花被；种子多数，狭椭圆形（图 7-71）。分布于中南及西南地区。花蕾及花序供药用，能清热泻火，养肝明目，退翳。

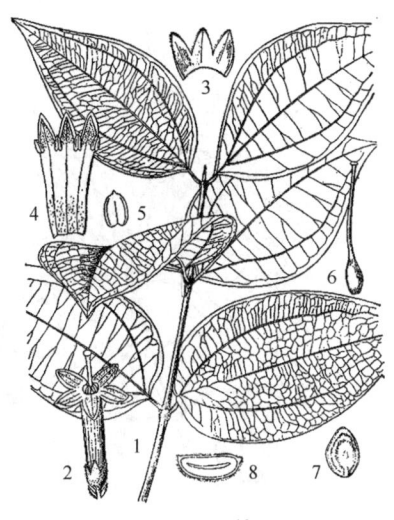

图 7-70 马钱子
1. 叶枝；2. 花；3. 部分花萼展开；4. 部分花冠展开示雄蕊的着生；5. 花药；6. 雌蕊；7. 种子；8. 种子横切面

图 7-71 密蒙花
1. 花枝；2. 花和小苞片；3. 花萼和花冠展开；4. 子房横切面，示胚珠着生

**钩吻** *Gelsemium elegans* (Gardn.et Champ.) Benth. 全株有大毒，含多种生物碱。根、茎、叶外用有散瘀止痛、杀虫止痒的作用。

**26. 夹竹桃科**（Apocynaceae, ♂ *K$_{(5)}$ C$_{(5)}$ A$_{(5)}$ G$_2$G$_{(2;1\sim2;1\sim\infty)}$） 乔木、直立灌木、藤本或草本，具乳汁或水液。单叶对生或轮生，稀互生，全缘，稀有细齿，常无托叶。花两性，辐射对称，单生或组成聚伞花序及圆锥花序；花萼 5 裂，基部合成筒状或钟状，内面常有腺体；花冠 5 裂，高脚碟状、漏斗状、坛状或钟状，裂片覆瓦状排列，花冠喉部具副花冠或常有鳞片状或毛状附属物；雄蕊 5 枚，着生花冠筒上或花冠喉部，花药长圆形或箭头状；有花盘；子房上位，2 心皮离生或合生，1~2 室，中轴或侧膜胎座，胚珠一至多数；柱头环状、头状或棍棒状。果实多为 2 个并生蓇葖果，少为浆果、核果和蒴果。种子一端常具毛或膜翅。

本科 415 属，4000 余种，分布于热带、亚热带地区，少数在温带地区。我国 80 属，300 多种，66 变种，主要分布于长江以南地区以及台湾省等沿海岛屿。已知药用 67 属，200 多种。

本科主要含有生物碱和强心苷。生物碱类，如利血平（reserpine）、蛇根碱（serpentine）等，具降压作用；长春碱（vinblastine）、长春新碱（vincristine）等有抗癌作用。强心苷类，如羊角拗苷（divaricoside）、黄夹苷（thevetin）、毒毛花苷（strophanthin）等。

【重要药用植物】

**长春花** *Catharanthus roseus* (L.) G. Don 半灌木或多年生草本，具水液，全株无毛或仅有微毛。叶膜质，倒卵状矩圆形，对生。聚伞花序腋生或顶生，花冠红色，高脚碟状。蓇葖果双生，直立，平行或略叉开。种子黑色，长圆状圆筒形，具小瘤状突起（图 7-72）。原产于非洲东部，我国栽培于西南、中南及华东等地区。全株入药，可抗癌、抗病毒、利尿、降血糖，为提取长春碱和长春新碱的原料。

**萝芙木** *Rauvolfia verticillata* (Lour.) Baill. 灌木，多分枝，具乳汁。单叶对生或轮生，椭圆形、长圆形或稀披针形。花冠高脚杯状，白色。聚伞花序顶生。核果卵圆形或椭圆形，离生，熟时由红色变紫黑色。种子具皱纹，胚小（图 7-73）。分布于我国的华南、西南及台湾等地区。生于林边、丘陵地带的林中或溪边较潮湿的灌木丛中。根、叶供药用，能镇静、降压、活血止痛、清热解毒，植株可作为提取降压灵和利血平的原料。

图 7-72 长春花
1. 花果枝；2. 雌蕊和花盘；3. 花萼展开；4. 花冠筒展开；5. 种子

图 7-73 萝芙木
1. 花枝；2. 花；3. 花冠展开；4. 雌蕊；5. 根

同属植物**蛇根木** *Rauvolfia serpentina* (L.) Benth. ex Kurz 等也有同样的降压、活血止痛等作用。

**罗布麻** *Apocynum venetum* L. 直立半灌木，具乳汁。枝条紫红色或淡红色，光滑无毛，对生或互生。叶对生，叶片椭圆状披针形至卵圆状长圆形。花冠圆筒状钟形，紫红色或粉红色。蓇葖果双生，长条形，下垂（图 7-74）。分布于长江以北地区。生于盐碱荒地和沙漠边缘及河流两岸、冲积平原、河泊周围和戈壁荒滩上。叶（罗布麻）能平肝安神，清热利水。

**萝藦亚科**（Asclepiadoideae） 2016 年更新的 APG 系统将整个萝藦科合并到了夹竹桃科，成为其中的一个亚科。植物百科及《中国维管植物科属志》采纳了该观点。本文亦采纳该观点。该亚科植物为具乳汁的多年生草本、藤本或灌木。叶对生或轮生，具柄，全缘，叶柄顶端常具丛生的腺体。花两性，辐射对称，五基数；聚伞花序呈伞状、伞房状或总状排列；花萼筒短，5 裂，内面基部常有腺体；花冠合瓣，辐状或坛状，稀高脚碟状，5 裂，裂片旋转状排列，覆瓦状或镊合状排列；常具副花冠，为 5 枚离生或

图 7-74 罗布麻
1. 花枝；2. 花；3. 花萼展开；4. 花冠一部分（展示副花冠）；5. 花盘展开；6. 雌蕊和雄蕊；7. 雄蕊背面观；8. 雄蕊腹面观；9. 蓇葖果；10. 子房纵切面；11. 种子

基部合生的裂片或鳞片组成，着生于合蕊冠或花冠管上；雄蕊 5 枚，与雌蕊黏生成合蕊柱；花药黏生成一环而紧贴于柱头基部的膨大处，花丝合生成具蜜腺的筒状，称为合蕊冠，或互相分离；花粉粒联合成花粉块，每花药有花粉块 2 个或 4 个，承载于花药内的匙形载粉器上，载粉器下面又各有一载粉器柄，基部有一黏盘，黏于柱头上，并与花药互生；子房上位，2 心皮，离生；花柱 2，合生，柱头膨大，常与花药合生。蓇葖果双生，或因一个不育而单生。种子多数，顶端具有丛生的白（黄）色绢质的种毛。

本亚科约 180 属，2200 余种，分布于热带、亚热带，少数温带地区。我国 44 属，245 种，33

变种，主要分布于西南及东南部，少数在西北与东北地区。已知药用32属112种。

本亚科主要含有强心苷、皂苷、生物碱等化学成分。强心苷，如杠柳毒苷（periplocin）、牛角瓜苷（calotropin）、马利筋苷（asclepin）；苦味甾体酯苷，其水解后的苷元为肉珊瑚苷元（sarcostin）、萝藦苷元（metaplexigenin）；皂苷，如杠柳苷（periplocin）；生物碱，如娃儿藤碱（tylocrebrine）；酚类成分，如牡丹酚（paeonol）等。

【重要药用植物】

**柳叶白前** *Vincetoxicum stauntonii* (Decne.) C. Y. Wu et D. Z. Li 直立半灌木，分枝或不分枝。叶对生，纸质，狭长披针形。花冠紫红色，辐状，内面具长柔毛；副花冠裂片盾状；花粉块每室1个，长圆形，下垂；柱头微凸，包在花药的薄膜内（图7-75）。蓇葖果单生。分布于长江流域及西南地区。全株清热解毒，根及根茎（白前）能降气，消痰，止咳。同属**白前** *Vincetoxicum glaucescens* (Decne.) C. Y. Wu et D. Z. Li 茎具二列柔毛，叶长椭圆形。花冠黄白色。根及根茎也作白前入药。

> **案例 7-36**
>
> 白前，《本草图经》述：苗似细辛而大，色白，易折；亦有叶似柳，或似芫花苗者，并高尺许。生洲渚沙碛之上，根白，长于细辛，亦似牛膝、白薇辈。今用蔓生者，味苦，非真也。二月、八月采根，曝干。
>
> **问题：**
> 根据《本草图经》描述的白前特征，可推断古人用的白前属于《中华人民共和国药典》收录的白前中的哪一种？为何"今用蔓生者，味苦，非真也"？

图7-75 柳叶白前
1~2.植株；3.花；4.合蕊柱和副花冠；5.雄蕊的腹面观；6.花粉器；7.果枝；8.种子

**白薇** *Vincetoxicum atratum* (Bunge) Morren et Decne. 直立多年生草本，有乳汁，全株被绒毛。根须状，有香气。茎直立，中空。叶对生，叶卵形或卵状长圆形。伞形状聚伞花序，无总花梗，生在茎的四周；花萼5裂，内面基部具5个小腺体，花冠辐状，紫红色，具缘毛；副花冠5裂，裂片盾状，圆形；花药顶端具1圆形的膜片，花粉块每室1个，下垂；柱头扁平。蓇葖果单生，种子一端有长毛（图7-76）。全国多数地区有分布。根及根茎（中药"白薇"）能清热凉血，利尿通淋，解毒疗疮。同属植物**变色白前** *Vincetoxicum versicolor* (Bunge) Decne. 根和根茎也作中药"白薇"用。

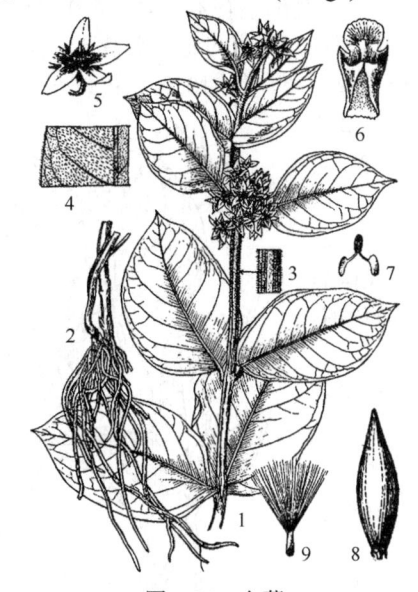

**杠柳** *Periploca sepium* Bunge 落叶蔓生灌木，具乳汁。主根圆柱状。叶卵状长圆形，叶面深绿色，叶背淡绿色。聚伞花序腋生；花萼5裂，裂片内面基部有10个小腺体。花冠紫红色，辐状。副花冠环状，10裂，

图7-76 白薇
1.花枝；2.根；3.茎的一部分，放大示被毛程度；4.叶背一部分，放大示被毛程度；5.花；6.雄蕊腹面观；7.花粉器；8.蓇葖果；9.种子

其中5裂延伸成丝状,被短柔毛;花粉颗粒状,藏于匙形的载粉器内。蓇葖果双生,圆柱状。主要分布于长江以北地区及西南各省(自治区、直辖市)。根皮(中药"香加皮")能利水消肿,祛风湿,强筋骨。

**徐长卿** *Vincetoxicum pycnostelma* Kitag. 多年生直立草本。根须状,有香气。茎不分枝。叶对生,纸质,披针形至线形。聚伞花序生于顶部叶腋;花冠黄绿色,近辐状;副花冠裂片5,黄色,肉质;雄蕊5,花粉块每室1个,下垂;子房椭圆形,柱头五角形,顶端略为突起。蓇葖果单生,披针形(图7-77)。全国大多数省(自治区、直辖市)皆有分布。根及根茎(中药"徐长卿")能祛风,化湿,止痛,止痒。

本科药用植物还有:**黄花夹竹桃** *Thevetia peruviana* (Pers.) K. Schum. 全株有毒,有强心、利尿、消肿作用。可提取多种强心苷。**羊角拗** *Strophanthus divaricatus* (Lour.) Hook.et Arn. 全株有毒,尤以种子毒性大,种子及叶入药,能强心、消肿、止痒、杀虫。**络石** *Trachelospermum jasminoides* (Lindl.) Lem. 带叶藤茎(络石藤)能祛风通络,凉血消肿。**杜仲藤** *Urceola micrantha*(Wall. ex G. Don)D. J. Middleton 全株可供药用,树皮称为红杜仲,能祛风活络、强筋壮骨。乳液可治风湿腰骨痛并可提取橡胶。**萝藦** *Cynanchum rostellatum* (Turcz.) Liede & Khanum 果壳(中药"天浆壳")能止咳化痰,平喘。**白首乌** *Cynanchum bungei* Decne. 块根(中药"白首乌")能补肝肾,强筋骨,益精血,健脾消食,解毒疗疮。**娃儿藤** *Tylophora ovata* (Lindl.) Hook.ex Steud. 根及全草入药,能祛风湿、散瘀止痛、止咳定喘、解蛇毒,此外,根和叶中含娃儿藤碱,有抗癌作用。**牛皮消** *Cynanchum auriculatum* Royle ex Wight 块根入药,能养阴清热、润肺止咳,可治神经衰弱、胃及十二指肠溃疡、肾炎、水肿等。**马利筋** *Asclepias curassavica* L. 全草入药,能清热解毒、活血止血。

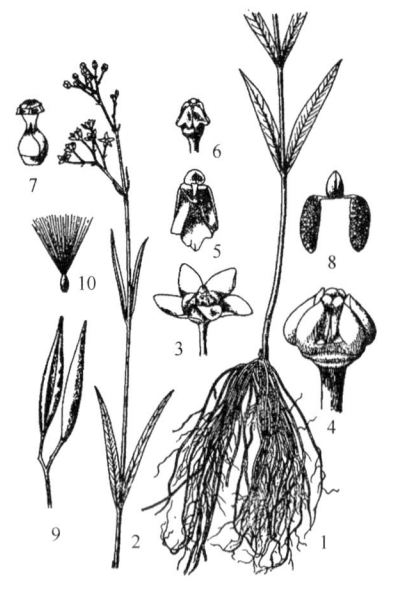

图7-77 徐长卿

1～2.植株;3.花;4.合蕊冠和副花冠;5.雄蕊腹面观;6.合蕊柱;7.雌蕊;8.花粉器;9.蓇葖果;10.种子

**27. 旋花科**(Convolvulaceae, ☿ *K_5C_{(5)} A_5G_{(2:2:1\sim2)}) 草质缠绕藤本,常具乳汁。单叶互生,全缘或分裂,偶复叶,无托叶。单花腋生或聚伞花序。花两性,辐射对称;萼片5,分离或仅基部连和,宿存;花冠漏斗状、钟状、坛状等,冠檐近全缘或5裂,蕾期旋转状;雄蕊5,着生在花冠管上,与花冠裂片同数互生;子房上位,中轴胎座,2心皮,合生成2室,每室胚珠2枚。蒴果或浆果。种子常呈三棱形,胚乳少,肉质至软骨质。

显微特征:茎具双韧维管束,具乳汁管。

本科56属,1800多种,分布于热带至温带地区。我国有22属,约125种,南北均产,大部分属种分布于西南和华南。已知药用16属,54种。

本科植物含黄酮类、香豆素类、莨菪烷类生物碱、萜类和树脂苷等。

【重要药用植物】

**牵牛** *Ipomoea nil* (L.) Roth 一年生缠绕草本,全株被粗硬毛。叶互生,近卵状心形,常3裂。花单生,萼片5,条状披针形;花冠漏斗状,白色、蓝紫色或紫红色;雄蕊5;子房上位,3室,每室具胚珠2枚;蒴果(图7-78)。原产于美洲,全国各地均有分布和栽培。种子(中药"牵牛子")有毒,能泻水通便,消

图7-78 牵牛

1.花枝;2.果序;3.叶

痰涤饮，杀虫攻积。同属植物**圆叶牵牛** *Ipomoea purpurea* (L.) Roth 的种子亦作牵牛子入药。

**菟丝子** *Cuscuta chinensis* Lam. 一年生寄生草本，茎细弱缠绕，多分枝，黄色。叶退化成鳞片状。花簇生成球形，花梗粗壮；花萼 5 裂，杯状，中部以下联合；花冠白色，壶状，5 裂，内面基部具 5 枚鳞片，边缘流苏状；雄蕊 5，着生于花冠喉部；子房上位，2 心皮合生成 2 室，柱头 2，分离。蒴果近球形，熟时被宿存的花冠所包围，盖裂。种子淡褐色，卵形，表面粗糙（图 7-79）。

菟丝子分布于全国大部分地区，生于田边、山坡阳处、路边灌丛或海边沙丘，多寄生于豆科、菊科、藜科植物上。种子（中药"菟丝子"）能补益肝肾，固精缩尿，安胎，明目，止泻；外用消风祛斑。

同属植物**南方菟丝子** *C. australis* R. Br. 和**金灯藤** *C. japonica* Choisy 的种子亦作菟丝子药用。

图 7-79 菟丝子
1. 植株；2. 花冠解剖（示雄蕊和雌蕊）；3. 果实

本科药用植物还有：**丁公藤** *Erycibe obtusifolia* Benth. 和**光叶丁公藤** *E. schmidtii* Graib 的茎藤（中药"丁公藤"）能祛风除湿，消肿止痛。**马蹄金** *Dichondra micrantha* Urban 的全草能清热利湿，解毒消肿。**番薯** *Ipomoea batatas* (L.) Lam. 的块根（甘薯）能补虚益气，健脾强肾。

**28. 马鞭草科**（Verbenaceae, ♂↑K$_{(4\sim5)}$ C$_{(4\sim5)}$ A$_4$G$_{(2;\ 2\sim4;\ 1\sim2)}$）木本，稀草本，常具特殊气味。单叶或复叶，多对生，稀轮生；无托叶。穗状或聚伞花序。花两性，常两侧对称；花萼 4～5 裂，宿存，果熟时常增大；花冠合瓣，高脚碟状，偶钟形或二唇形，常 4～5 裂；雄蕊 4，常 2 强，着生于花冠管上；子房上位，2 心皮合生，常 2～4 室，每室胚珠 1～2；花柱顶生，柱头 2。核果或蒴果。种子无胚乳。

显微特征：具各式腺毛和非腺毛，毛基部周围的细胞中具钟乳体。

本科约 80 属，3000 余种，分布于热带和亚热带，少数分布在温带。我国有 21 属，175 种，31 变种，10 变型，主要分布在长江以南各省（自治区、直辖市）。已知药用 15 属，101 种。

化学成分：主要含环烯醚萜类，以及黄酮类、二萜类、三萜类、生物碱类和挥发油等。

【重要药用植物】

**马鞭草** *Verbena officinalis* L. 多年生草本；茎四棱形；叶对生，卵圆形至矩圆形；基生叶具粗锯齿及缺刻；茎生叶常 3 深裂。穗状花序细长如马鞭状，顶生或腋生；花萼管状，5 裂；花冠淡紫色，略二唇形，5 裂；雄蕊二强；子房 4 室，每室 1 胚珠。蒴果长圆形，包藏于萼内，熟时 4 瓣裂（图 7-80）。

马鞭草分布于全国各地。生于山坡、溪边、路旁。全草（中药"马鞭草"）药用，能活血散瘀，解毒，利水，退黄，截疟。

**蔓荆** *Vitex trifolia* L. 落叶灌木，小枝四棱形；全株具香气。掌状三出复叶，对生，小叶卵形或长倒卵形，全缘。圆锥花序顶生；花萼钟形，5 裂，宿存；花冠淡紫色或蓝紫色，5 裂，二唇形；雄蕊 4，伸出花冠外。核果近球形，黑色（图 7-81）。主产于福建、广东、广西、云南、台湾。生于平原、河滩、

图 7-80 马鞭草
1. 植株；2. 花；3. 花冠；4. 雌蕊；5. 果实

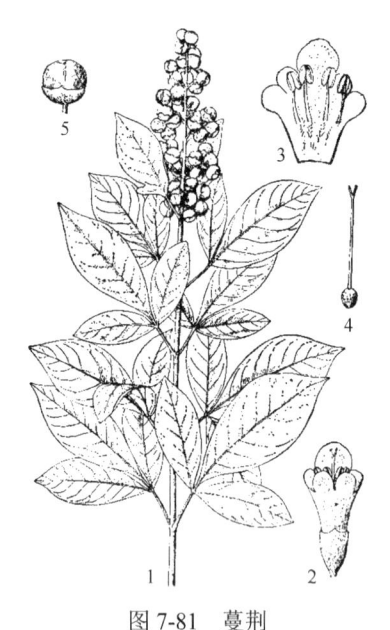

疏林。果实（中药"蔓荆子"）药用，能疏散风热，清利头目。

同属植物**单叶蔓荆** *Vitex rotundifolia* Linnaeus f.（鉴别特征：主茎匍匐，单叶）的果实亦作蔓荆子入药。

**杜虹花** *Callicarpa pedunculata* R. Br. 灌木；小枝、叶柄、花序密被灰黄色星状毛和分枝毛。单叶对生，叶片卵状椭圆形或椭圆形，叶缘具细锯齿，叶背面具黄色腺点。聚伞花序腋生。花萼杯状，被灰黄色星状毛，萼齿4；花冠紫色至淡紫色，4裂，无毛；雄蕊4；子房上位，无毛。浆果状核果近球形，紫红色（图7-82）。

杜虹花分布于广东、广西、云南、江西、浙江、福建和台湾。生于山坡或溪边的林中或灌丛中。叶（中药"紫珠叶"）药用，能凉血收敛止血，散瘀解毒消肿。

**海州常山** *Clerodendrum trichotomum* Thunb. 灌木或小乔木，枝叶等部具臭气。叶对生，纸质，卵形，被柔毛。伞房状聚伞花序顶生或腋生，花萼紫红色，花冠白色或粉红色。核果近球形，蓝紫色，包藏于增大的宿萼内（图7-83）。

海州常山分布于华北、华东、中南及西南等地，生于山坡灌丛中。叶（中药"臭梧桐"）药用，能祛风除湿，降血压。

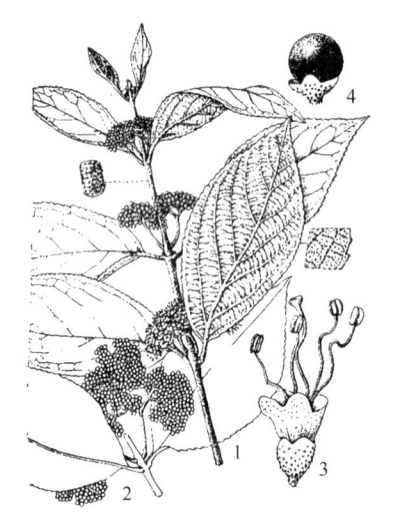

图7-81　蔓荆
1. 植株；2. 花；3. 花冠；4. 雌蕊；5. 果实

图7-82　杜虹花
1. 花枝；2. 果枝；3. 花；4. 果实

图7-83　海州常山

本科药用植物还有：**牡荆** *Vitex negundo* L. var. *cannabifolia* (Sieb. et Zucc.) Hand.-Mazz. 的叶（牡荆叶）能祛痰、止咳、平喘，叶提取的挥发油（中药"牡荆油"）功效同叶。**大青** *Clerodendrum cyrtophyllum* Turcz. 的叶能清热解毒、凉血止血，在部分地区作"大青叶"用。**兰香草** *Caryopteris incana* (Thunb.) Miq. 的全草能疏风解表，祛寒除湿，散瘀止痛。**马缨丹** *Lantana camara* L. 的根能解毒、散结止痛，枝叶能祛风止痒、解毒消肿。

> **案例 7-37**
> 　　中国不同地区使用的清热解毒药"大青叶"来源于四个不同科属的植物，包括马鞭草科植物大青（路边青）、十字花科植物菘蓝、蓼科植物蓼蓝、爵床科植物马蓝。后三种植物的叶含有共同的化学成分靛蓝（indigo）、靛玉红（indirubin），均可制作青黛。唯马鞭草科大青的叶

不含靛蓝、靛玉红，而含山大青苷（cyrtophyllin）。

**问题：**
《中国药典》收载的大青叶来源于哪个科的植物？如何在野外识别这四种大青叶？

**29. 紫草科**（Boraginaceae, ⚥ *K$_{5,(5)}$ C$_{(5)}$ A$_5$ G$_{(2:2\sim4;1\sim2)}$） 草本，稀灌木或乔木，常密被粗硬毛。单叶互生，稀对生，常全缘，无托叶。花两性，辐射对称；常为单歧聚伞花序或蝎尾状聚伞花序；萼片5，常宿存；花冠管状，5裂，喉部常有附属物；雄蕊与花冠裂片同数而互生，着生于花冠管上；子房上位，2心皮合生，2室，2胚珠，或子房4深裂而成4室，每室1胚珠；花柱单一，顶生，或生于4深裂子房的中央基部。果实为4枚小坚果或核果。种子无胚乳。

显微特征：毛基细胞瘤状，坚硬，有钟乳体类似物。

本科约100属，2000种，分布于温带及热带地区，地中海区域最多。我国有48属，269种，遍布全国，西南部最为丰富。已知药用21属，62种。

化学成分：含萘醌类化合物、吡咯里啶类生物碱等。

【重要药用植物】

**软紫草** *Arnebia euchroma* (Royle) Johnst. 多年生草本，全株被白色或淡黄色粗硬毛。根粗壮，肉质紫色。基生叶披针形，无柄。蝎尾状聚伞花序，数个顶生，苞片叶状；花冠紫色，5裂，喉部无附属物；子房4裂，柱头2。小坚果宽卵形，黑褐色，具疣状凸起（图7-84）。

软紫草分布于新疆、西藏、甘肃，生于高海拔草地、草甸或山坡。根（中药"软紫草"）药用，能清热凉血，活血解毒，透疹消斑。

同属植物**黄花软紫草** *Arnebia guttata* Bge. 的根也作"紫草"入药。

**紫草** *Lithospermum erythrorhizon* Sieb. et Zucc. 多年生草本，被贴伏的短糙毛。根粗大，圆锥形，紫红色。单叶互生，无柄，披针形或狭卵形。聚伞花序顶生，苞片叶状；花冠白色，5裂，喉部具5个馒头状附属物；雄蕊5，着生花冠筒中部稍上；子房4深裂，花柱基底着生。小坚果卵形，平滑，白色带褐色（图7-85）。

图7-84 软紫草
1.植株；2.花

图7-85 紫草
1.植株；2.根；3.花；4.花冠展开；5.雌蕊；6.种子

全国大部分地区有分布，生于山坡草地。根（中药"硬紫草"）药用，功效与"软紫草"相同。

本科植物还有：**滇紫草** *Onosma paniculatum* Bur. Et Franch. 的根含紫草素，可代紫草用。**附地菜** *Trigonotis peduncularis* (Trev.) Benth. ex Baker et S. Moore 的全草能温中健胃，消肿止痛，止血。

**案例 7-38**

紫草因根呈紫色而得名。紫草科若干植物的根含有萘醌类化合物，除药用外，萘醌类化合物因其色泽鲜艳，着色力强，耐热、耐酸、耐光，且有抗菌、促进血液循环等作用，故常作为食用色素、化妆品及工业染料的着色剂。

**问题：**

根含有萘醌类化合物的若干紫草植物有何共同的形态特征？

**30. 唇形科**（Lamiaceae，$\male \uparrow K_{(5)} C_{(5)} A_{4,2} \underline{G}_{(2:4:1)}$） 多为草本，稀木本，常含挥发油而具香气。茎四棱形。叶对生，单叶，稀复叶。腋生聚伞花序构成轮伞花序，再组成总状、穗状或圆锥状的复合花序；花两性，两侧对称；花萼 5 裂，宿存；花冠 5 裂，二唇形（上唇 2 裂，下唇 3 裂），少为单唇形（无上唇，5 个裂片全在下唇）或假单唇形（上唇很短，2 裂，下唇 3 裂）；雄蕊 4，二强，着生于花冠管上，或退化为 2 枚；子房上位，2 心皮，常 4 深裂成假 4 室，每室具胚珠 1 枚，花柱常着生于 4 深裂子房基部（图 7-86）。果为 4 枚小坚果。

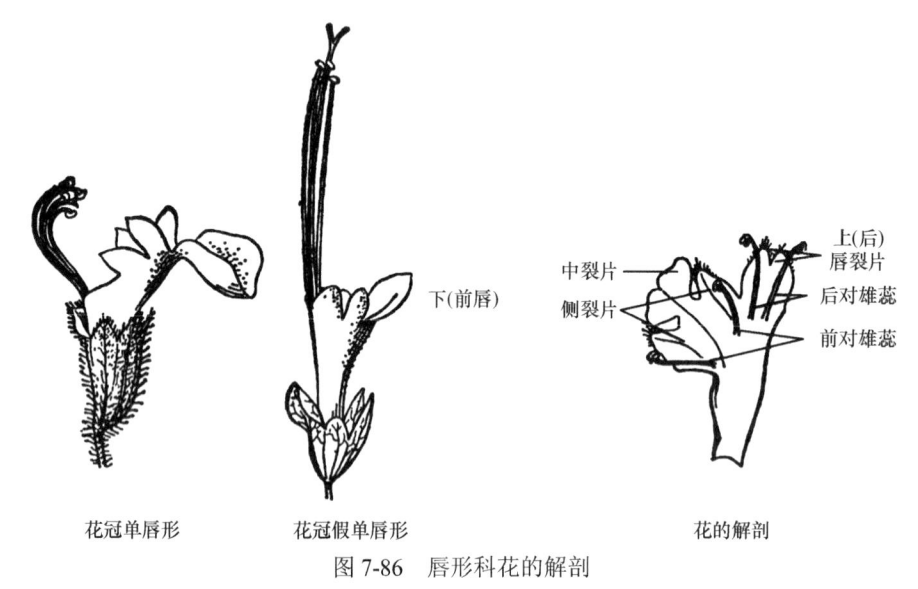

花冠单唇形　　花冠假单唇形　　花的解剖

图 7-86　唇形科花的解剖

本科 220 属，3500 种，广布全球，主产于地中海及中亚地区。我国有 99 属，800 多种，全国各地均有分布。已知药用 75 属，436 种。

显微特征：茎角隅处具发达的厚角组织，横列型气孔，具油室、油管。

化学成分：普遍含二萜类、黄酮类、生物碱类和挥发油。二萜类如丹参酮（tanshinone）等；黄酮类如黄芩苷（baicalin）等；生物碱类如益母草碱（leonurine）等；挥发油类如薄荷油、荆芥油、广藿香油、紫苏油等。

**【重要药用植物】**

**黄芩** *Scutellaria baicalensis* Georgi 多年生草本。主根肥厚，断面黄色。茎四棱形，基部多分枝。单叶对生，披针形，全缘，背面被下陷的腺点。总状花序顶生，花偏向一侧；花冠紫红色至蓝紫色，二唇形，花冠管基部膝曲；雄蕊 4 枚，二强。小坚果卵球形（图 7-87）。

黄芩分布于长江以北地区，主产于东北、华北，生于向阳山坡、草原。河北承德所产的质量较好，习称"热河黄芩"。根（中药"黄芩"）药用，能清热燥湿，泻火解毒，止血，安胎。

**丹参** *Salvia miltiorrhiza* Bunge 多年生草本。全株密被淡黄色柔毛及腺毛。根肥壮，外皮砖红色。奇数羽状复叶对生，小叶 3～5（7）。轮伞花序 6 至多花，组成假总状花序；花冠蓝紫色，二唇形；雄蕊 2，着生于下唇中部；子房 4 深裂，花柱着生子房基底。小坚果黑色，椭圆形（图 7-88）。

图7-87 黄芩

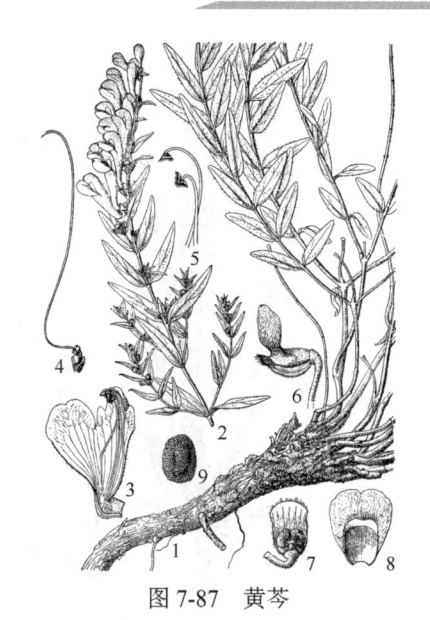

1～2.植株；3.花冠纵剖面；4.雌蕊；5.雄蕊；6.花萼；7～8.果萼；9.小坚果

图7-88 丹参

1.根；2～3.植株；4.花萼纵剖面；5.花冠纵剖面

丹参分布于全国大部分地区，生于山坡、林下草丛或溪谷旁。根（中药"丹参"）药用，能活血祛瘀，通经止痛，清心除烦，凉血消痈。

**益母草** *Leonurus japonicus* Houtt. 一年生或二年生草本。茎直立，四棱形，被倒向粗糙毛。基生叶具长柄，近卵形；茎中部叶具短柄，菱形，掌状3深裂；茎顶生叶近无柄，线形或线状披针形。轮伞花序腋生；花冠唇形，粉红色至淡紫红色，稀白色，上唇全缘，下唇3裂；二强雄蕊；子房4深裂。小坚果长圆状三棱形（图7-89）。

全国各地均有分布，多生于旷野向阳处，海拔可高达3400m。全草（中药"益母草"）能活血调经，利尿消肿，清热解毒。果实（中药"茺蔚子"）能活血调经，清肝明目。

**薄荷** *Mentha canadensis* L. 多年生芳香草本。茎四棱，具匍匐根状茎。单叶对生，叶片卵形或长圆形，两面具腺鳞及柔毛。轮伞花序腋生，近球形；花冠淡紫色或白色，4裂，上裂片顶端2裂，较大，其余3片近等大。小坚果卵球形，褐色（图7-90）。

薄荷分布于全国各地，生于水旁潮湿地。各地均有栽培，江苏、安徽所产者称为"苏薄荷"。全草（中药"薄荷"）能疏散风热，清利头目，利咽，透疹，疏肝行气。

图7-89 益母草

1.植株上部；2.基部茎生叶；3.花；4.花冠纵剖面；5.花萼纵剖面；6.雌蕊；7.小坚果

**裂叶荆芥** *Schizonepeta tenuifolia* (Benth.) Briq. 一年生草本，具强烈香气。全株被灰白色短柔毛。茎四棱形，多分枝，带紫红色。单叶对生，常指状3裂，裂片披针形。多数轮伞花序组成顶生穗状花序；花冠青紫色，二唇形；雄蕊4，二强，花药蓝色。小坚果长圆状三棱形，褐色（图7-91）。

裂叶荆芥分布于东北、华北、西北及西南部分省（自治区、直辖市），生于山坡路旁或山谷、林缘。地上部分（中药"荆芥"）和花序（中药"荆芥穗"）能解表散风，透疹，消疮。

**紫苏** *Perilla frutescens* (L.) Britt. 一年生草本，被长柔毛，具香气。茎四棱形。单叶对生，叶

图 7-90 薄荷
1. 植株；2. 小苞片；3. 花；4. 花萼；5. 花冠；6. 雄蕊；7. 雌蕊；8. 小坚果

图 7-91 裂叶荆芥
1. 植株；2. 花萼纵剖面；3. 花冠纵剖面；4. 雌蕊；5. 苞片

图 7-92 紫苏
1. 植株上部；2. 花；3. 果萼；4. 花萼纵剖面；
5. 花冠纵剖面；6. 雌蕊；7. 小坚果

片宽卵形，淡紫色。轮伞花序排成穗状，花偏向一侧；花冠唇形，白色至紫红色；二强雄蕊，生于花冠管中部。小坚果近球形，灰褐色（图 7-92）。分布于全国各地，多栽培。嫩枝及叶（中药"紫苏叶"）能解表散寒，行气和胃。茎（中药"紫苏梗"）能理气宽中，止痛，安胎。果实（中药"紫苏子"）能降气化痰，止咳平喘，润肠通便。

本科药用植物还有：**广藿香** *Pogostemon cablin* (Blanco) Benth. 的地上部分（中药"广藿香"）能芳香化浊，和中止呕，发表解暑。**石香薷** *Mosla chinensis* Maxim. 的地上部分（中药"香薷"）能发汗解表，化湿和中。**夏枯草** *Prunella vulgaris* L. 的果穗（中药"夏枯草"）能清肝泻火，明目，散结消肿。**半枝莲** *Scutellaria barbata* D. Don 的全草（中药"半枝莲"）能清热解毒，化瘀利尿。**活血丹** *Glechoma longituba*（Nakai）Kupr. 的全草（中药"连钱草"）能清热解毒，利尿排石，散瘀消肿。

**31. 茄科**（Solanaceae，♀ *K$_{(5)}$ C$_{(5)}$ A$_5$ G$_{(2:2:\infty)}$）草本或木本。单叶互生，全缘或分裂，无托叶；稀复叶。花单生、簇生或呈各式聚伞花序。花两性，常辐射对称；花萼常 5 裂，宿存，花后常增大；花冠 5 裂，呈钟状、辐状、漏斗状或高脚碟状；雄蕊与花冠裂片同数而互生，着生在花冠管上；子房上位，2 心皮 2 室，中轴胎座，胚珠多数。蒴果或浆果。种子圆盘形或肾形，具胚乳。

显微特征：茎具双韧型维管束。含草酸钙砂晶。

本科约 30 属 3000 种，分布于温带及热带地区，美洲热带地区种类最多。我国有 24 属，105 种，35 变种，各地均有分布。

化学成分：托品类、甾体类和吡啶类生物碱是其特征性成分。托品类生物碱如阿托品（atropine）、东莨菪碱（scopolamine）等；甾体类生物碱如龙葵碱（solanine）等；吡啶类生物碱如烟碱（nicotine）、葫芦巴碱（trigonelline）等。

**【重要药用植物】**

**白花曼陀罗** *Datura metel* L. 一年生草本，有毒。茎直立，基部木质化。单叶互生，卵形至宽卵形，基部楔形，不对称，全缘或具疏锯齿。花单生叶腋；花萼圆筒状，先端5裂；花冠白色、黄色或浅紫色，漏斗状或喇叭状，5裂；雄蕊5；子房不完全，4室。蒴果。种子扁平。

我国各省（自治区、直辖市）均有分布，生于住宅旁、路边或草地。花（中药"洋金花"）（图7-93）药用，能平喘止咳，解痉定痛。

**宁夏枸杞** *Lycium barbarum* L. 灌木，具枝刺，果枝常下垂。单叶互生或丛生，长椭圆状披针形。单花腋生或数朵簇生短枝上；花萼钟状，先端2～3裂；花冠漏斗状，粉红色或紫色，花冠管长于花冠裂片；雄蕊5。浆果椭圆形，熟时红色（图7-94）。

图7-93 洋金花
1. 花枝；2. 果枝

图7-94 宁夏枸杞
1. 花枝；2. 果枝；3. 花冠展开

宁夏枸杞分布于西北、华北，主产于宁夏、甘肃，生于山坡、田埂、沟边，或栽培。果实（中药"枸杞子"）药用，能滋补肝肾，益精明目；根皮（中药"地骨皮"）药用，能凉血除蒸，清肺降火。

同属植物**枸杞** *L.chinensis* Mill.（鉴别特征：花冠管短于或等于花冠裂片）的根皮同作"地骨皮"入药。

**天仙子** *Hyoscyamus niger* L. 二年生草本，全株密被腺毛和长柔毛，具特殊气味。根粗壮，肉质。茎基部有莲座状叶丛。叶互生，矩圆形，边缘羽状裂。花单生叶腋，常密集于茎端；花冠漏斗状，5浅裂，黄绿色，具紫色脉纹；雄蕊5。蒴果顶端盖裂，藏于宿萼内（图7-95）。

天仙子分布于华北、西北及西南，生于山坡、路旁及河岸沙地。种子（中药"天仙子"）药用，能解痉止痛，平喘，安神。

**颠茄** *Atropa belladonna* L. 多年生草本。根粗壮，圆柱形。茎直立，上部分枝。单叶互生，或在枝上部大小叶双生；叶全缘，草质，卵形或椭圆形。花单生叶腋，花梗具腺毛；花萼钟状，长约为花冠的一半，5深裂；花冠筒状钟形，下部黄绿色，上部淡紫色，5浅裂。浆果球形，熟时黑紫色（图7-96）。

图7-95 天仙子
1. 根；2. 植株

原产于欧洲中部、西部和南部。我国有栽培。全草药用，为抗胆碱药；是提取阿托品的原料。

本科药用植物还有：**酸浆** Alkekengi officinarum Moench 的干燥宿萼或带果实的宿萼（中药"锦灯笼"）能清热解毒，利咽化痰，利尿通淋。**龙葵** Solanum nigrum L. 的全草有小毒，清热解毒，活血消肿。**三分三** Anisodus acutangulus C. Y. Wu et C. Chen 的根（中药"三分三"）有大毒，生药用量不能超过三分三钱，能祛风除湿，解痉镇痛。**马尿脬** Przewalskia tangutica Maxim. 的根有小毒，能解痉，镇痛，解毒消肿。**辣椒** Capsicum annuum L.的干燥成熟果实（辣椒）具有温中散寒、开胃消食之功效。

**32. 玄参科**（Scrophulariaceae，♂↑$K_{(4\sim5)} C_{(4\sim5)} A_{4, 2} \underline{G}_{(2:2;\infty)}$）草本，少为灌木或乔木。叶多对生，少互生或轮生，无托叶。花两性，常两侧对称，呈总状或聚伞花序；花萼4～5深裂，宿存；花冠合瓣，辐射状、钟状或筒状，多少呈二唇形，裂片4～5；雄蕊多为4枚，2强，少为2枚或5枚，着生于花冠管上；子房上位，2心皮2室，中轴胎座，每室胚珠多数，花柱顶生。蒴果，稀浆果。种子多而细小。

本科约200属，3000种，广布于世界各地。我国有56属，634种，全国分布，主产于西南。已知药用45属，233种。

**显微特征**：茎具双韧型维管束，植株常被各种毛茸和腺体。

**化学成分**：含环烯醚萜苷、强心苷、黄酮类、蒽醌类、生物碱类。环烯醚萜苷如桃叶珊瑚苷（aucubin）、玄参苷（harpagoside）等；强心苷如洋地黄毒苷（digitoxin）、地高辛（digoxin）等；黄酮类如柳穿鱼苷（pectolinarin）等。

【**重要药用植物**】

**地黄** Rehmannia glutinosa Libosch. 多年生直立草本，全株密被灰白色柔毛及腺毛。块根肉质肥大，鲜时黄色。茎紫红色。叶多基生，莲座状，叶片卵形至长椭圆形。总状花序顶生；花萼钟状，浅裂；花冠管稍向下弯曲，外面紫红色，内面黄色带紫色条纹，略呈二唇形；雄蕊4，2强；子房上位，2室。蒴果卵形。种子细小多数，淡棕色（图7-97）。

地黄分布于长江以北大部分地区，生于砾质壤土、山坡、路旁。道地产区为河南焦作地区，习称"怀地黄"。新鲜块根（中药"鲜地黄"）能清热生津，凉血，止血；将块根缓缓烘焙至约八成干（中药"生地黄"）能清热凉血，养阴生津；生地黄的炮制加工品（中药"熟地黄"）能补血滋阴，益精填髓。

**玄参** Scrophularia ningpoensis Hemsl. 多年生高大草本。根数条，肥大呈纺锤形，黄褐色，干后变黑。花冠紫褐色。茎方形，下部叶对生，上部叶有时互生，叶片卵形至披针形。圆锥状聚伞花序。花萼4裂；花冠5裂，褐紫色，管部多壶状，二唇形，上唇长于下唇；雄蕊4，二强。蒴果卵圆形（图7-98）。

玄参分布于华东、华中、华南、西南各地，生于溪边、丛林、高草丛中，各地多有栽培。道地产区为浙江东阳、杭州、临安等地，习称"浙玄参"。根（中药"玄参"）能清热凉血，滋阴降火，解毒散结。

图7-96 颠茄
1. 花枝；2. 果实

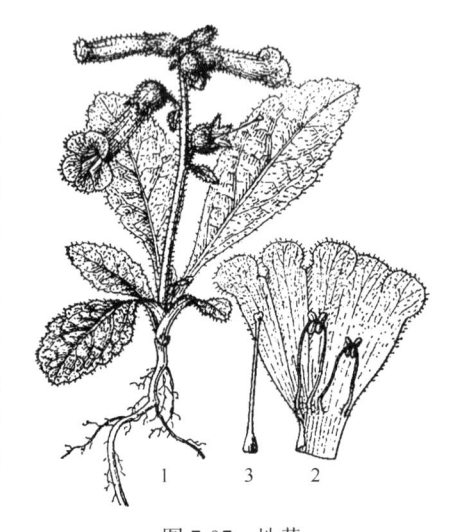

图7-97 地黄
1. 植株；2. 花冠及雄蕊；3. 雌蕊

**毛地黄** *Digitalis purpurea* L. 一年生或多年生草本，除花冠外，全体被灰白色短柔毛和腺毛。茎单生或多数枝丛生。基生叶多数呈莲座状，长卵形。总状花序顶生；花萼钟状，5深裂至基部；花冠紫红色，长钟状二唇形，内面具紫色斑点；二强雄蕊；子房上位，柱头2裂。蒴果卵形（图7-99）。

图 7-98 玄参
1.根及茎；2.花序；3.叶；4.花冠及雄蕊；5.果实

图 7-99 毛地黄
1.花枝；2.花纵切面；3.雄蕊；4.雌蕊

原产于欧洲，我国有栽培。叶（中药"洋地黄"）药用，能强心，利尿；主要用于治疗心力衰竭、心脏性水肿。

**阴行草** *Siphonostegia chinensis* Benth. 一年生直立草本。全体密被锈色短毛。茎多单条，中空。叶对生，二回羽状深裂至全裂，裂片条形或条状披针形。花对生于茎枝上部；花萼管状，具10条明显的主脉，先端5裂；花冠上唇红紫色，下唇黄色；二强雄蕊。蒴果狭长椭圆形，包于宿萼内（图7-100）。

阴行草分布于我国各地，生于山坡、草地。全草（中药"北刘寄奴"）药用，能活血祛瘀，通经止痛，凉血，止血，清热利湿。

本科药用植物还有：**胡黄连** *Neopicrorhiza scrophulariiflora* (Pennell) D. Y. Hong 的干燥根茎（胡黄连）能退虚热，除疳热，清湿热。**狭叶洋地黄** *Digitalis lanata* Ehrh. 的叶药用，功效同毛地黄。

**33. 爵床科**（Acanthaceae, ☿ ↑K$_{(4~5)}$ C$_{(4~5)}$ A$_{4, 2}$G$_{(2:2;1~\infty)}$） 草本或灌木，稀为小乔木。茎节常膨大。单叶对生，无托叶。花两性，两侧对称；聚伞花序，少总状花序或单生；花萼4~5裂；花冠合瓣，4~5裂，常二唇形；雄蕊4枚，二强，或仅2枚；子房上位，2心皮2室，中轴胎座，胚珠1至多数。蒴果，室背开裂，种子常着生于胎座的钩状物上。

本科约250属，3450种，广布于热带及亚热带地区。我国有68属，311种，多产于长江流域以南各地。已知药用32属，71种。

显微特征：茎、叶的表皮细胞内常含钟乳体。

化学成分：二萜类内酯、黄酮类、生物碱类和木脂素类。二萜类内酯如穿心莲内酯（andrographolide），黄酮类如穿心莲黄酮（andrographin），生物碱类如菘蓝苷（isatan），木脂素类

图 7-100 阴行草
1.植株；2.花

如爵床素（justicin）等。

**【重要药用植物】**

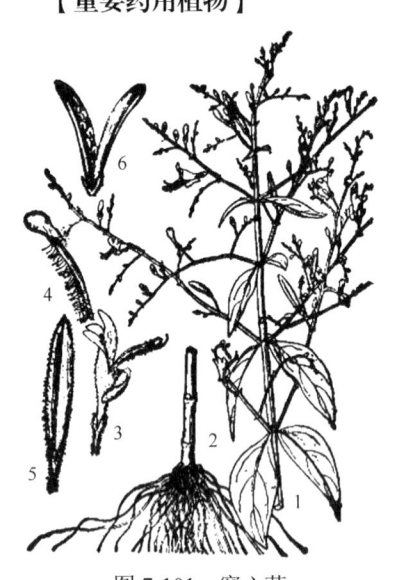

**穿心莲** Andrographis paniculata (Burm. f.) Nees 一年生草本。茎四棱形，下部多分枝，节膨大。单叶对生，叶片卵状长圆形至披针形。总状花序顶生或腋生，集成圆锥状；花冠白色，二唇形，下唇有紫色斑纹；雄蕊2，伸出花冠外，花药2室，1室基部和花丝一侧有柔毛；子房上位，2室。蒴果长椭圆形，中间有1沟，疏生腺毛，2瓣裂（图7-101）。

穿心莲原产于热带地区，我国南方有栽培。地上部分（中药"穿心莲"）能清热解毒，凉血，消肿。

**板蓝** Strobilanthes cusia (Nees) Kuntze 草本。具根茎。茎多分枝，节膨大。单叶对生，叶片卵形至披针形。穗状花序，2~3节，每节具2朵对生的花；花冠淡紫色，裂片5，近相等；二强雄蕊。蒴果棒状，无毛。种子卵形（图7-102）。

板蓝分布于华北、华南、西南地区，台湾亦产，生于林下或溪旁阴湿地。根茎和根（中药"南板蓝根"）药用，能清热解毒，凉血消斑。叶可加工制成青黛，为中药"青黛"的原料来源之一，能清热解毒，凉血消斑，泻火定惊。

**爵床** Justicia procumbens L. 草本，茎常簇生，多分枝，基部匍匐，节部膨大成膝状。叶对生，椭圆形或卵形。穗状花序顶生或生上部叶腋；苞片1，小苞片2；花萼4裂；花冠粉红色，二唇形；雄蕊2；子房2室。蒴果（图7-103）。

图7-101 穿心莲
1.花枝；2.根；3.花；4.雄蕊；5~6.蒴果

图7-102 板蓝
1.植株；2.花萼；3.花冠；4.花粉粒；5.蒴果

图7-103 爵床
1.植株；2.茎；3.苞片与花萼；4.花；5.雄蕊；6.蒴果

爵床分布于我国南部各省，生于山坡林间草丛中。全草（中药"爵床"）药用，能清热解毒，利尿消肿，活血止痛。

本科药用植物还有：**九头狮子草** Peristrophe japonica (Thunb.) Bremek 的全草能清热解毒，发汗解表，降压。**白接骨** Asystasiella neesiana (Wall.) Lindau 的全草能止血祛瘀，清热解毒。**狗肝菜** Dicliptera chinensis (L.) Juss. 的全草能清热解毒，凉血利尿。

**34. 车前科**（Plantaginaceae，$⚥ *K_{(4)} C_{(4)} A_4 \underline{G}_{(2\sim4; 2\sim4; 1\sim\infty)}$）一年生或多年生草本。单叶，

常基生。穗状花序；花小，绿色，两性，辐射对称；花萼4裂，宿存；花冠4裂，干膜质；雄蕊4，贴生于花冠筒上，与花冠裂片互生，有时1或2枚不发育；子房上位，2～4心皮成2～4室，每室胚珠1至多数；花柱单生，有细白毛。蒴果盖裂。

本科共3属，约200种，广布于全世界。我国产1属，20种，多数可药用。

本科植物主要成分：黄酮类，如车前苷（plantaginin）、高车前苷（homoplantaginin）、黄芩素（baicalein）；环烯醚萜苷，如桃叶珊瑚苷（aucubin）、梓醇（catapol）。

【重要药用植物】

**车前** *Plantago asiatica* L. 多年生草本，根须状。叶基生，卵形或椭圆形，主脉弧形、明显。穗状花序，苞片三角形。蒴果椭圆形，内含种子4～6粒。种子黑色。全国大部分地区有分布。全草（中药"车前草"）能清热利尿通淋，祛痰，凉血，解毒；种子（中药"车前子"）能清热利尿通淋，渗湿止泻，明目，祛痰（图7-104）。

同属植物：**大车前** *P. major* L. 多年生草本，根须状。叶片宽卵形。苞片长卵形。蒴果内含种子6～10粒；**平车前** *P. depressa* Willd. 一年生草本，具圆柱形主根。叶片椭圆状披针形。种子长圆形。主产于长江以北地区。两种植物功效同车前。

**35. 茜草科**（Rubiaceae, ⚥ *K$_{(4\sim 5)}$ C$_{(4\sim 5)}$ A$_{4\sim 5}$ $\overline{G}_{(2:2;1\sim\infty)}$）木本或草本，有时攀缘状。单叶对生或轮生，全缘，有托叶，分离或合生，常宿存。花两性，辐射对称，常为聚伞花序排成圆锥状或头状，少单生；花萼和花冠常4～5裂；雄蕊与花冠裂片同数而互生，贴生于花冠筒上；具各式花盘；子房下位，2心皮2室，每室一至多数胚珠。蒴果、浆果或核果。

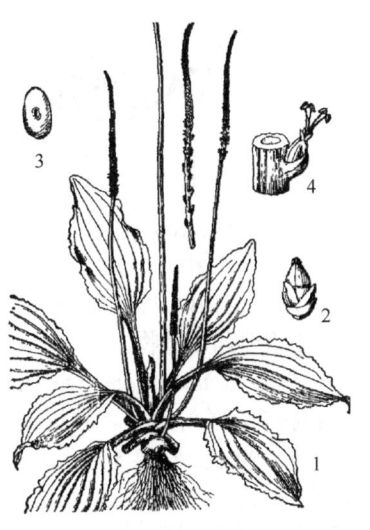

图7-104 车前
1. 植株；2. 蒴果；3. 种子；4. 花

本科约500属，6000余种，广布于热带和亚热带，少数分布于温带地区。我国有98属，676种，主产于西南及东南部。已知药用59属，210余种。

本科植物活性成分主要有生物碱、环烯醚萜苷和蒽醌类。

【重要药用植物】

**茜草** *Rubia cordifolia* L. 多年生攀缘草本。根丛生，橙红色。茎四棱，具倒生小刺。叶常4片轮生，具长柄。聚伞花序排成圆锥状；花黄白色。全国大部分地区有分布，也有栽培。根和根茎（中药"茜草"）能凉血，祛瘀，止血，通经（图7-105）。

**栀子** *Gardenia jasminoides* Ellis 常绿灌木。叶对生或3叶轮生、革质，披针形、椭圆形或广披针形，托叶鞘状。花大，白色，芳香，单生枝顶；花部常5～7数，萼筒有翅状直棱，花冠高脚碟状；子房下位，1室，胚珠多数。果肉质，外果皮略带革质，熟时黄色。分布于中南部地区，各地有栽培。果实（栀子）能泻火除烦，清热利湿，凉血解毒；外用消肿止痛（图7-106）。

**钩藤** *Uncaria rhynchophylla* (Miq.) Miq. ex Havil. 常绿木质大藤木。小枝四棱形，褐色。叶腋有钩状变态枝。头状花序，花5数，花冠黄色。蒴果。产于中南、西南地区。带钩茎枝（中药"钩藤"）能息风定惊，清热平肝。

图7-105 茜草
1. 植株；2. 花

**巴戟天** *Morinda officinalis* How 缠绕性草质藤本。根肉质，有不规则的膨大部分而呈串珠状。小枝及幼叶有短粗毛；叶对生，矩圆形，托叶鞘状。头状花序，花冠肉质，白色。核果红色。产于华南地区，有栽培。根（中药"巴戟天"）能补肾阳，强筋骨，祛风湿。

图 7-106 栀子
1. 植株；2. 果枝

本科较重要的药用植物还有：**白花蛇舌草** *Scleromitrion diffusum* (Willd.) R. J. Wang 具清热解毒作用，用于治疗毒蛇咬伤及癌症。**鸡屎藤** *Paederia foetida* L. 全草能清热解毒，镇痛，止咳。**小粒咖啡** *Coffea arabica* L. 灌木或小乔木。浆果。华南、西南有栽培。果实有兴奋、强心、利尿、健胃作用。

**36. 忍冬科**（Caprifoliaceae, ☿*, ↑K$_{(4)}$ C$_{(4\sim5)}$ A$_{(4\sim5)}$ $\overline{G}_{(2\sim5:1\sim5:1\sim\infty)}$） 木本，稀草木。叶对生，单叶，少为羽状复叶；常无托叶。聚伞花序；花两性，辐射对称或两侧对称；花萼4~5裂；花冠管状，多5裂，有时二唇形；雄蕊和花冠裂片同数而互生，着生于花冠管上；子房下位，2~5心皮合生，常为3室，每室胚珠1枚，有时仅1室发育。浆果、核果或蒴果。

本科共15属，500种，主要分布于温带。我国12属，200余种，全国广布。已知药用的有9属，100余种。

本科植物以含酚性成分和黄酮为特征，还含有三萜类、皂苷类等。

【重要药用植物】

**忍冬** *Lonicera japonica* Thunb. 半常绿缠绕灌木。幼枝密生柔毛和腺毛。单叶对生，卵状椭圆形，幼时两面被短毛。花成对腋生，苞片叶状；花萼5裂，无毛；花冠白色，后转黄色，故称"金银花"，具芳香气味，外面被有柔毛和腺毛，二唇形；雄蕊5枚；子房下位。浆果球形，熟时黑色（图7-107）。

忍冬分布于全国大部分地区。生于山坡、路旁、灌木丛中。花蕾或带初开的花（中药"金银花"）能清热解毒，疏散风热。

同属植物**大花忍冬** *Lonicera macrantha* (D. Don) Spreng.（俗名灰毡毛忍冬）、**菰腺忍冬** *Lonicera hypoglauca* Miq.（俗名山银花）、**华南忍冬** *Lonicera confuse* (Sweet) DC. 的花蕾或带初开的花均作山银花入药，功效同金银花。

本科常用的植物还有：**接骨草** *Sambucus javanica* Blume，全草药用，味甘淡、微苦。性平。能散瘀消肿，祛风活络，续骨止痛。**接骨木** *S. williamsii* Hance，全株能接骨续筋，活血止血，祛风利湿。**荚蒾** *Viburnum dilatatum* Thunb.，根能祛瘀消肿。枝、叶能清热解毒，疏风解表。

图 7-107 忍冬
1. 花枝；2. 花冠纵剖面；3. 浆果

---

**案例 7-39**

药材金银花的基原植物为忍冬科植物忍冬 *Lonicera japonica* Thunb.。"金银花"一名出自《本草纲目》，由于忍冬花初开为白色，后转为黄色，因而得名金银花。又因为一蒂二花，故又称"双花"。金银花自古被誉为清热解毒的良药。

问题：
忍冬的白色花和黄色花都可以作为金银花入药吗？

---

**37. 葫芦科**（Cucurbitaceae, ♂*K$_{(5)}$ C$_{(5)}$ A$_{(5),(3\sim5)}$; ♀*K$_{(5)}$ C$_{(5)}$ $\overline{G}_{(3:1:\infty)}$） 草质藤木，具卷须。叶互生；常为单叶，掌状分裂，有时为鸟趾状复叶。花单生，同株或异株，辐射对称；花萼和花冠裂片5，稀为离瓣花冠；雄蕊3或5枚，分离或合生，花药直或折曲；子房下位，由3心皮组成，1室，侧膜胎座。瓠果，稀蒴果。

本科共 113 属，约 800 种，大多数分布于热带和亚热带地区。我国有 32 属，154 种 35 变种，各地均有分布，以南部和西部最多。已知药用约 25 属，92 余种。

本科植物特征性化学成分为葫芦烷型、达玛烷型四环三萜和齐墩果酸型五环三萜及其糖苷成分，同时个别属含有木脂素和酚类化合物。

**【重要药用植物】**

**栝楼** *Trichosanthes kirilowii* Maxim. 多年生草质藤本。块根肥厚，圆柱状。叶掌状浅裂或中裂，边缘常再浅裂或有齿。雌雄异株，雄花组成总状花序，雌花单生花萼、花冠均 5 裂，花冠白色。雄花有雄蕊 3 枚。瓠果椭圆形，熟时黄褐色。种子椭圆形、扁平，浅棕色。

栝楼分布于长江以北，江苏、浙江亦产。生于山坡、林缘。果实（中药"瓜蒌"）能清热涤痰，宽胸散结，润燥滑肠。果皮（中药"瓜蒌皮"）能清热化痰，利气宽胸。种子（中药"瓜蒌子"）能润肺化痰，滑肠通便。根（中药"天花粉"）能清热泻火，生津止渴，消肿排脓。天花粉蛋白还能用于引产。

同属植物**中华栝楼** *T.rosthornii* Harms（图 7-108）入药部位及功效同栝楼。

**绞股蓝** *Gynostemma pentaphyllum* (Thunb.) Makino 草质藤本。卷须 2 叉，生于叶腋，鸟足状复叶，有 5～7 小叶，具柔毛。雌雄异株；雌雄花序均圆锥状；花小，花萼、花冠均 5 裂；雄蕊 5 枚；子房 2，常 3 室，稀为 2 室。瓠果球形，大如豆，熟时黑色（图 7-109）。分布于陕西南部及长江以南各地区。生于林下、沟旁。全草（中药"绞股蓝"）药用，能益气健脾，清热解毒，止咳祛痰。本种含有多种人参皂苷类成分，具有类似人参的功效。

图 7-108 中华栝楼
1. 具雄花的枝；2. 雌花；3. 果实；4. 雄蕊

图 7-109 绞股蓝
1. 果枝；2. 雄花枝；3. 种子；4 雄蕊；5. 雄花

**罗汉果** *Siraitia grosvenorii* (Swingle) C. Jeffrey ex A. M. Lu & Zhi Y. Zhang 草质藤木，全体被白色或黑色短柔毛。根块状。卷须 2 裂几达基部。叶常心状卵形。雌雄异株；雄花为总状花序；花梗有时在中部以下有微小苞片，萼 5 裂，花瓣 5，黄色雄蕊 3 枚；雌花序总状。子房密被短柔毛。瓠果淡黄色。分布于华南地区。果实（中药"罗汉果"）药用，能清热润肺，利咽开音，滑肠通便。块根能清利湿热，解毒。

本科常用药用植物还有：**木鳖** *Momordica cochinchinensis* (Lour.) Spreng.，种子（中药"木鳖子"）能散结消肿，攻毒疗疮。**丝瓜** *Luffa aegyptiaca* Mill.，干燥成熟果实的维管束（中药"丝瓜络"）能祛风，通络，活血，下乳。根能通络消肿，果能清热化痰，凉血解毒。**冬瓜** *Benincasa hispida* (Thunb.) Cogn.，干燥的外层果皮（中药"冬瓜皮"）能利尿消肿。种子（中药"冬瓜子"）能清热利湿，排脓消肿。**西瓜** *Citrullus lanatus* (Thunb.) Matsum et Nakai，常见的栽培果蔬；成熟新鲜果实与皮硝的加工品（中药"西瓜霜"）能清热泻火、消肿止痛。

**38. 桔梗科**（Campanulaceae，♂*，↑K$_{(5)}$ C$_{(5)}$ A$_{5,(5)}$ $\overline{G}_{(2\sim5;2\sim5;\infty)}$ $\overline{\overline{G}}_{(2\sim5;2\sim5;\infty)}$）草本，常具乳汁。单叶互生，少为对生或轮生，无托叶。花单生或成各种花序；花两性，辐射对称或两侧对称；花萼5裂，宿存；花冠常钟状或管状，5裂；雄蕊5枚，与花冠裂片同数且互生，着生于花冠基部或花盘上，花丝分离，花药聚合成管状或分离；雌蕊由2～5心皮合生，子房常下位或半下位，中轴胎座，2～5室，胚珠多数；花柱圆柱形，柱头2～5裂。蒴果、稀浆果。

本科共60属，2000余种，分布全球，以温带和亚热带为多。我国有16属，大约170种，全国分布，以西南地区为多。已知药用13属，111种。

本科植物常含菊糖，具乳汁管。植物体所含化学成分主要为皂苷和多糖类，有的还含有生物碱、萜类和香豆素类。

【重要药用植物】

**桔梗** *Platycodon grandiflorus* (Jacq.) A. DC. 多年生草本，具白色乳汁。根肉质，长圆锥状。叶对生、轮生或互生。花单生或数朵生于枝顶花萼5裂，宿存；花冠阔钟状，蓝色，5裂；雄蕊5枚；子房半下位，雌蕊5心皮合生，5室，中轴胎座，柱头5裂。蒴果顶部5裂（图7-110）。全国广布，生于山地草坡或林缘。根（中药"桔梗"）能宣肺，利咽，祛痰，排脓。

**沙参** *Adenophora stricta* Miq. 多年生草本，具白色乳汁。根圆锥形，质地较泡松。茎生叶互生，无柄，狭卵形。茎、叶、花萼均被短硬毛。花序狭长；花5出数，花冠钟状，蓝紫色；花丝基部边缘被毛；花盘宽圆筒状；子房下位，花柱与花冠近等长。蒴果。分布于四川、贵州、广西、湖南、湖北、河南、陕西、江西、浙江、安徽、江苏。生于山坡草丛中。根（中药"南沙参"）能养阴清肺，益胃生津，化痰，益气。

同属植物**轮叶沙参** *A. tetraphylla* (Thunb.) Fisch. 的根亦作南沙参入药。

**党参** *Codonopsis pilosula* (Franch.) Nannf. 多年生缠绕草质藤本，具白色乳汁。根圆柱状，具多数瘤状茎痕，常在中部分枝。叶在主茎及侧枝上互生，常卵形，两面被贴伏的长硬毛或柔毛，花萼裂片狭矩圆形；花冠淡绿色，略带紫晕，阔钟状；子房半下位，3室。蒴果3瓣裂（图7-111）。分布于陕西、甘肃、山西、内蒙古、四川、黑龙江、吉林、辽宁，生于林边或灌丛中。全国均有栽培。根（中药"党参"）能健脾益肺，养血生津。

图 7-110 桔梗
1. 植株；2. 根；3. 花；4. 蒴果

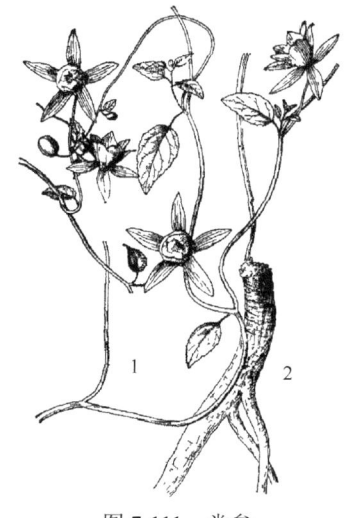

图 7-111 党参
1. 花枝；2. 根

同属植物**管花党参** *C. tubulosa* Kom. 的根同等入药。**羊乳** *C. lanceolata* (Sieb. et Zucc.) Trautv.，根能补虚通乳，排脓解毒。

**案例 7-40**

桔梗花紫中带蓝，蓝中见紫，清心爽目，给人以宁静、幽雅、淡泊、舒适的享受。桔梗的根具有很好的止咳祛痰、宣肺作用，其嫩茎和叶子亦可食用。自古以来，桔梗就以其独特的利咽宣肺、味道鲜美、口感适中等原因，形成了鲜桔梗食用热潮；其次，桔梗对气候的适应性很广，从华南北部至华北南部的广大地区均可种植，且药食兼用，因此历来是药材市场最活跃的品种之一。

问题：
桔梗和沙参均为多年生草本，花均呈蓝色或蓝紫色，该如何区分这两种植物？

**半边莲** *Lobelia chinensis* Lour. 多年生小草本，具白色乳汁。主茎平卧，分枝直立。叶互生，近无柄，狭披针形。花单生于叶腋；花冠粉红色，二唇形，裂片偏向一侧；花丝上部与花药合生，下方的两个花药近端有髯毛；子房下位，2 室。蒴果 2 裂（图 7-112）。

半边莲分布于长江中下游及以南地区。生于水边、沟边或潮湿草地。全草（中药"半边莲"）能清热解毒，利尿消肿。

本科常用药用植物还有：**山梗菜** *Lobelia sessilifolia* Lamb.，根或全草能祛痰止咳，清热解毒。**铜锤玉带草** *Lobelia nummularia* Lam. 全草能祛风利湿，活血，解毒。**蓝花参** *Wahlenbergia marginata* (Thunb.) A. DC.，根及全草能补虚，解表。

图 7-112 半边莲
1. 植株；2. 雄蕊；3. 子房横切面；4. 花

**39. 菊科**（Asteraceae, ♂ *, ↑K$_{0\sim\infty}$C$_{(3\sim5)}$A$_{(4\sim5)}$ $\overline{G}$$_{(2:1:1)}$）草本，稀木本。有的种类具乳汁或树脂道。叶互生，稀对生，无托叶。花小，两性，稀单性或无性，多为头状花序，外有由 1 层或数层总苞所组成的总苞；头状花序单生或再排成总状、聚伞状、伞房状或圆锥状；花序柄顶部平坦或隆起称为花序托，有些花具小苞片称为托片；花萼退化呈冠毛状、鳞片状、刺状；花冠管状、舌状或假舌状（先端 3 齿、单性），少二唇形、漏斗状（无性）。头状花序中的小花有异型（外围舌状、假舌状或漏斗状花，称缘花；中央为管状花，称盘花）或同型（全为管状花或舌状花）。雄蕊 5，稀 4，花丝分离，贴生于花冠管上，花药结合成聚药雄蕊，连成管状包在花柱外面，花药基部钝或有尾状物；子房下位，2 心皮 1 室，1 枚胚珠，基底着生；花柱单一，柱头 2 裂。瘦果，顶端常有刺状、羽状冠毛或鳞片。

本科约 1000 属，25 000~30 000 种，广布全球，主产于温带地区。我国有 200 余属，2000 多种，全国均产。已知药用 155 属，778 种。

**案例 7-41**

在瑞典斯德哥尔摩的卡罗林斯卡学院，当地时间 2015 年 10 月 5 日 11 时 30 分，诺贝尔生理学或医学奖揭晓——中国药学家屠呦呦及另外两位外国科学家获此殊荣。据世界卫生组织（WHO）报道，全世界每年因感染疟疾而死亡的人数多达 100 多万。引起疟疾的寄生虫恶性疟原虫对于传统的抗疟药已经产生了抗药性，而青蒿素及其衍生物被认为是治疗抗药性疟疾的有效药物。屠呦呦与青蒿素的发现，是传统智慧与现代科技结合的范例。青蒿用乙醚提取的中性部分和其稀醇浸膏对鼠疟、猴疟和人疟均呈显著抗疟作用。

问题：
上述案例中，药学家屠呦呦从哪种植物中获得了青蒿素？是其根、茎还是叶中？

菊科植物中常见的活性成分有倍半萜内酯、菊糖、黄酮类、香豆素、生物碱、挥发油、三萜皂苷、倍半萜等，此外尚有多糖、有机酸等。其中最具特征性的成分为倍半萜内酯和菊糖。

本科通常分为两个亚科：①管状花亚科（Tubuliflorae），整个花序全为管状花或中央为管状花，边缘为舌状花。植物体无乳汁，有的含挥发油。②舌状花亚科（Liguliflorae），整个花序全为舌状花，植物体具乳汁。

**【重要药用植物】**

**红花** *Carthamus tinctorius* L. 一年生草本。叶互生，长椭圆形或卵状披针形，缘裂齿具尖刺或无刺。头状花序全为管状花。瘦果无冠毛。全国各地有栽培，有不少栽培品种。不带子房的管状花（中药"红花"）能活血通经，散瘀止痛（图 7-113）。

**菊花** *Chrysanthemum morifolium* Ramat. 多年生草本，基部木质，全体被白色绒毛。叶片卵形至披针形，叶缘有粗大锯齿或羽裂。头状花序具总苞多层，外层绿色，边缘膜质；缘花舌状、雌性、白色或黄色；盘花管状、两性、黄色、具托片。瘦果无冠毛。各地栽培。全国产地不同、加工方式不同以及不同栽培品种等因素，形成了不同药材名称。浙江桐乡等地药材称杭菊，安徽亳州、滁州、歙县等地产者称亳菊、滁菊、贡菊。河北、河南、山东以及四川等地产分别称祁菊、怀菊、济菊和川菊。头状花序（中药"菊花"）能散风清热，平肝明目，清热解毒（图 7-114）。

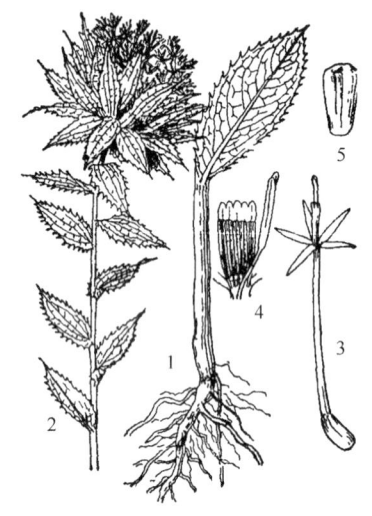

图 7-113 红花
1. 根；2. 花枝；3. 花；4. 聚花雄蕊剖开后，药室及雄蕊的一部分；5. 瘦果

图 7-114 菊花
1. 花枝；2. 管状花；3. 舌状花

**白术** *Atractylodes macrocephala* Koidz. 多年生草本。根茎肥大、块状。叶具长柄，3 深裂，裂片椭圆形至披针形，叶缘有锯齿。头状花序全为管状花。瘦果被柔毛。华东、华中地区有栽培。根茎（中药"白术"）能健脾益气，燥湿利水，止汗，安胎（图 7-115）。

**苍术** *Atractylodes lancea* (Thunb.) DC. 多年生草本，有香气。根茎节状。茎直立，单生或少数茎成簇生，叶硬纸质，两面同色，绿色，无毛，边缘或裂片边缘有针刺状缘毛或三角形刺齿或重刺齿。头状花序单生茎枝顶端，总苞钟状。花冠白色。瘦果具棕色黄毛。分布于黑龙江、辽宁、吉林、内蒙古、河北、山西、甘肃、陕西、河南、江苏、浙江、江西、安徽、四川、湖南、湖北等地。生长于野生山坡草地、林下、灌丛及岩缝隙中。根茎（苍术）能燥湿健脾，祛风散寒，明目（图 7-116）。

**茵陈蒿** *Artemisia capillaris* Thunb. 多年生草本，少分枝。幼苗被白色柔毛。叶一至三回羽状分裂，裂片线形。全国各地均有分布。地上部分（茵陈，春季幼苗高 6~10cm 时采收的习称绵茵陈，秋季花蕾长成至花初开时采割的习称花茵陈）能清利湿热，利胆退黄。本属我国有 180 种，有 74 种在各地作药用。如**猪毛蒿** *Artemisia scoparia* Waldst. & Kit. 在北方作茵陈用。**艾** *Artemisia*

图 7-115　白术
1. 花枝；2. 根状茎；3. 瘦果；4. 管状花；
5. 花冠剖开，示雄蕊；6. 雌蕊

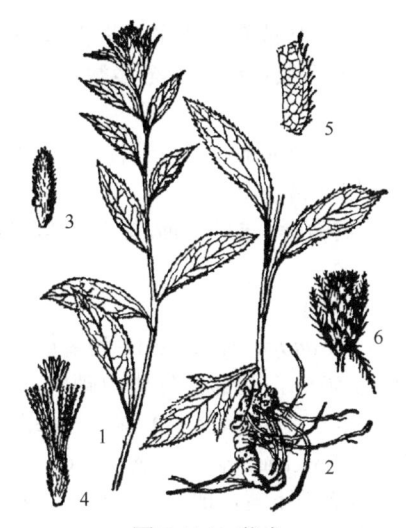

图 7-116　苍术
1. 花枝；2. 根状茎；3. 瘦果；4. 管状花；5. 叶缘；
6. 头状花序，示总苞及羽裂的叶状苞片

argyi H. Lév. & Vaniot 叶（艾叶）能温经止血，散寒止痛；外用祛湿止痒，又常作灸条。

**黄花蒿** *Artemisia annua* L. 一年生草本，全株有强烈气味。叶常三回羽状深裂，裂片及小裂片矩圆形或倒卵形。头状花序，多数，细小，长宽约 1.5mm，排成圆锥状；小花黄色，为管状花；外层雌性，内层两性。全国各地均有。生长于山坡、荒地。地上部分作为"青蒿"入药，能清虚热，除骨蒸，解暑热，截疟，退黄。黄花蒿也是提取青蒿素的原料。

**云木香** *Aucklandia costus* Falc. 多年生高大草本。主根肥大。叶基部下延成翅。花序全为管状花。瘦果具浅棕色冠毛。西藏有分布，云南、四川等地有栽培。根（中药"木香"）能行气止痛，健脾消食。

**川木香** *Dolomiaea souliei* (Franch.) Shih 茎缩短；叶呈莲座状丛生；叶片矩圆状披针形，羽状分裂，叶柄无翅。头状花序 6~8 个密集生长；花冠紫色。瘦果具棱；冠毛刚毛状，淡棕黄色。根（中药"川木香"）能行气止痛。

**蒲公英** *Taraxacum mongolicum* Hand.-Mazz. 多年生草本植物，全体具白色乳汁。叶基生，排成莲座状，狭倒披针形，大头羽裂或倒向羽裂，裂片三角形，全缘或有数齿，先端稍钝或尖，基部渐狭成柄。花茎比叶短或等长，结果时伸长，上部密被白色蛛丝状毛。头状花序单一顶生；总苞草质，绿色，部分淡红色或紫红色，先端有或无小角，有白色蛛丝状毛；舌状花鲜黄色，先端平截，5 齿裂，两性。瘦果倒披针形，黄棕色，有纵棱及横瘤，中部以上的横瘤有刺状突起，先端有喙，顶生白色冠毛。全国广布。全草（中药"蒲公英"）能清热解毒、消肿散结，利尿通淋。同属植物多种亦供药用。

本科较重要的药用植物还有：**蓟** *Cirsium japonicum* Fisch. ex DC. 地上部分（中药"大蓟"）能凉血止血，散瘀解毒消痈。**苍耳** *Xanthium strumarium* L. 带总苞果实（中药"苍耳子"）有毒，能散风寒，通鼻窍，祛风湿。**天名精** *Carpesium abrotanoides* L. 果实（中药"鹤虱"）能杀虫消积。**款冬** *Tussilago farfara* L. 花蕾（中药"款冬花"）能润肺下气，止咳化痰。**千里光** *Senecio scandens* Buch.-Ham. ex D. Don 地上部分能清热解毒，明目，利湿。**水飞蓟** *Silybum marianum* (L.) Gaertn. 果实（中药"水飞蓟"）含水飞蓟素（silybin），能清热解毒，疏肝利胆。

## （四）单子叶植物纲 Monocotyledoneae

**40. 泽泻科**（Alismataceae）, ⚥ *$P_{3+3}A_{6\sim\infty}\underline{G}_{6\sim\infty:1;1}$; ♂ *$P_{3+3}A_{6\sim\infty}$; ♀ *$P_{3+3}\underline{G}_{6\sim\infty}$） 多年水生或沼生草本，有根状茎。单叶常基生，具鞘，叶形变化较大。花两性或单性，辐射对称，有花梗，常轮

生于花葶上成总状花序或圆锥花序，花被6，其中外轮3，绿色，萼片状，宿存；内轮3，花瓣状，易脱落；雄蕊6至多数；心皮6至多数，分离，子房上位，1室，胚珠1或数颗，仅1颗发育。聚合瘦果。

本科有11属，约100种，广布于各地，生于水中或沼泽地。我国有4属，20种，1亚种，1变种，1变型。已知药用2属，12种。

化学成分：含有泽泻醇（alisol）A、泽泻醇B等四环三萜类化合物以及生物碱、挥发油、有机酸等。

【重要药用植物】

**泽泻** *Alisma plantago-aquatica* L. 为多年生沼生植物，高50～100cm。地下有块茎，球形。叶根生；叶柄长达50cm，基部扩延成中鞘状，宽0.5～2cm；叶片宽椭圆形至卵形。主产于福建、四川、江西。块茎（中药"泽泻"）能利水渗湿，泄热，化浊降脂。

**41. 禾本科**（Poaceae, ♀ *P$_{2\sim3}$A$_{3,1\sim6}$G$_{(2\sim3;1;1)}$）一年生、二年生或多年生草本，少数为木本（竹类），有或无地下茎，地上茎习称秆，秆节明显，节间常中空；单叶互生，叶通常由叶片和叶鞘组成，叶鞘抱秆，除少数种类闭合外，通常一侧开裂；叶片扁平，线形、披针形或狭披针形，脉平行；叶片与叶鞘交接处内面常呈膜状或纤毛状称叶舌；有的叶鞘顶端两侧各有1附属物称叶耳；花小，常两性，花序常由小穗集合成穗状、总状、圆锥状花序；每小穗有花1至数朵，排列于小穗轴上，小穗轴基部有2总苞，称为颖片，下面的为外颖，上面的为内颖；花被退化，小花外包2小苞片，分别称为外稃和内稃，外稃厚硬，顶端或背部常生有芒，内稃膜质，外稃与内稃内有2或3小薄片（退化的花被），称鳞被或浆片；雄蕊通常3，有时1、2、4或6，花丝纤细，花药常丁字着生，药2室；雌蕊1枚，由2～3心皮合生，子房上位，1室，1胚珠，花柱2，少有1或3；柱头常为羽毛状。颖果，果皮常与种皮贴生。种子有含丰富淀粉质的胚乳。

本科约有700属，近10 000种，是单子叶植物中仅次于兰科的第二大科，广布于全世界。我国有200余属，1500种以上，全国皆产。通常分2亚科：竹亚科Bambusoideae和禾亚科Agrostidoideae。已知药用84属，174种。

本科化学成分种类丰富。主要含有杂氮噁嗪酮（benzoxazolinon）类，如薏苡素（coixol）具有解热镇痛、降压作用。生物碱类，如芦竹碱（gramine）能升压、收缩子宫；大麦碱（hordenine）能抗霉菌。三萜类，如白茅萜（cylindrin）、芦竹萜（arundoin）具有抗炎镇痛作用。另外，还含有黄酮类、氰苷类、挥发油、淀粉、氨基酸及维生素等。

【重要药用植物】

**薏苡** *Coix lacryma-jobi* L. 为一年生草本。植株高1.5m，茎直立粗壮，花序总状，小穗单性，具骨质总苞，具明显沟状条纹（图7-117）。主产于福建、江苏、河北、辽宁。种仁（中药"薏苡仁"）能利水渗湿，健脾止泻，除痹，排脓，解毒散结。

**白茅** *Imperata cylindrica* (L.) Beauv. 为多年生草本，圆锥花序圆柱状，分枝缩短而密集；小穗披针形或矩圆形，孪生。生于路旁向阳干草地或山坡上。全国均产。根茎（中药"白茅根"）能凉血止血，清热利尿。

图7-117 薏苡
1. 植株；2. 总苞与雄花序

**案例 7-42**

成语"薏苡明珠"是指无端受人诽谤而蒙冤的意思。东汉名将马援领兵到南疆打仗，军中士卒因瘴气病者甚多，于是按当地民间方法采用薏苡进行治疗，用后取得显著疗效。马援平定南疆凯旋时，带回几车薏苡欲种植。谁知马援死后，朝中有人诬告他带回来的几车薏苡是搜刮来的大量明珠。故亦称之为"薏苡之谤"。

**问题：**

诬告薏苡为明珠是因为二者外观具有一定的相似性，请问形似明珠的薏苡是该植物的哪个部位？

**42. 莎草科**（Cyperaceae, ☿ *$P_0A_3\underline{G}_{(2\sim3:1:1)}$; ♂*$P_0A_3$; ♀*$P_0\underline{G}_{(2\sim3:1:1)}$） 多年生或一年生草本；常具根茎。秆多实心，常三棱形；叶通常3列，有时缺，叶片狭长，有封闭的叶鞘；花小，两性或单性，生于小穗鳞片（常称为颖）的腋内，小穗复排成穗状花序、总状花序、圆锥状花序、头状花序或聚伞花序等各式花序；花被缺或退化为下位刚毛状、丝毛状或鳞片状；雄蕊多为3枚；雌蕊1枚，由2～3心皮合生，子房上位，1室，有基生胚珠1枚，花柱单一，细长或基部膨大而宿存，柱头2～3。瘦果或小坚果。

本科约80属，4000余种，广布于全世界。我国有28属，500余种，全国各地均产，多生于潮湿处或沼泽中。已知药用17属，110种。

【重要药用植物】

**香附子** *Cyperus rotundus* L. 为多年生草本植物。茎高15～95cm，锐三棱形，基部呈块茎状。叶窄线形，短于秆。主产于山东、浙江、福建、湖南。根茎（中药"香附"）含挥发油约1%，油中主要含多种单萜、倍半萜及其含氧衍生物，如β-蒎烯、柠檬烯、β-芹子烯（β-selinene）、α-及β-香附酮（α-,β-cyperone）、香附醇（cyperol）、香附烯（cyperene）、广藿香酮（patchoulenone）等，能疏肝解郁，理气宽中，调经止痛。用于肝郁气滞，胸胁胀痛，疝气疼痛，乳房胀痛，脾胃气滞，脘腹痞满，胀满疼痛，月经不调，经闭痛经。

**43. 棕榈科**（Arecaceae, ☿ *$K_3C_3A_{3+3}\underline{G}_{(3:3\sim1:1)}$; ♂*$P_{3+3}A_{3+3}$; ♀*$P_{3+3}\underline{G}_{(3:3\sim1),3}$） 常绿乔木、灌木，有时为藤本，茎通常不分枝。茎中常含许多硬质硅化纤维。叶大型，互生或密集于茎顶部，藤本的叶为散生；羽状分裂或掌状分裂，革质；叶柄基部常膨大成具纤维的鞘，残留茎上。肉穗花序分枝或不分枝，常具佛焰苞1至数枚；花小，两性或单性，同株或异株，辐射对称；花被片6，成二轮排列，离生或合生，常有花被蜜腺；雄蕊常6，花药纵裂。雌蕊子房上位，常3心皮，离生或合生，1或3室，中轴胎座或基生胎座，每室胚珠1枚，花柱短或无，柱头3。浆果、坚果或核果。

本科约有210属，2800种，主要限于热带、亚热带，多分布在美洲和亚洲。我国有28属，100余种，主要分布于南部和东南部地区。已知药用16属，26种。

【重要药用植物】

**槟榔** *Areca catechu* L. 茎直立，乔木状，高10m以上，最高可达30m，有明显的环状叶痕。叶簇生于茎顶，长1.3～2m，羽片多数，两面无毛，狭长披针形，上部的羽片合生，顶端有不规则齿裂。花单性，雌雄同株（图7-118）。主产于海南、福建、云南、广西、台湾等地。种子（中药"槟榔"）主要含生物碱类化合物，如槟榔碱（arecoline）、槟榔次碱（arecaidine）、去甲槟榔碱（guvacoline）、去甲槟榔次碱（guvacine）、异去甲基槟榔次碱（isoguvacine）等，均与鞣酸（tannic acid）结合存在；还含有鞣质、脂肪、氨基酸等，能杀虫，消积，行气，利水，截疟。果皮（中药"大腹皮"）能行气宽中，行水消肿。

图7-118 槟榔

1. 植株；2. 果序一部分，示果穗；3. 果实；
4. 果实横剖面；5. 花序分枝

### 案例 7-43

在中国海南、台湾等地以及南亚等地，人们自古就有咀嚼槟榔的习惯。2011年《中华口腔医学研究杂志》发表研究称，在流行咀嚼槟榔的国家和地区，口腔癌的发病率名列前茅。目前，已发现槟榔与咽癌、喉癌、食管癌等有明显相关性。

问题：
1. 人们咀嚼的槟榔是槟榔植物的哪一个部位？
2. 嚼食的槟榔可能含有哪些化学成分？

**44. 天南星科**（Araceae，♀ $*P_{0, 4\sim6}A_{1\sim6}\underline{G}_{(1\sim\infty;1\sim\infty;1\sim\infty)}$；♂ $*P_0A_{(1\sim\infty)}$；♀ $*P_0\underline{G}_{(1\sim\infty)}$）多年生草本，稀木质藤本；具块茎或伸长的根茎，常有乳状液汁；单叶或复叶，常基生，茎生叶为互生，全缘或各式分裂，叶柄基部常有膜质鞘，叶脉网状。花序为肉穗花序，具佛焰苞；花小，辐射对称，两性或单性，单性同株或异株，同株时雌花群生于花序下部，雄花群生于花序上部，两者间常有无性花相隔；单性花花被缺，雄蕊1～6，常愈合为雄蕊柱，或分离；两性花常具4～6个鳞片状花被；雄蕊与花被片数相同对生，花药2室；雌蕊子房上位，由1至数心皮合生，1至数室，每室具胚珠1至数枚。浆果，密集于肉穗花序上。

本科115属，2000余种，广布于全世界，主要分布于热带、亚热带地区。我国共有35属，205种，西南、华南、东北都有分布，西北较少。已知药用22属，106种。

本科植物所含化学成分主要有脂肪酸、氨基酸、生物碱、挥发油、甾醇、黄酮及多糖等。菖蒲属（Acorus）植物中挥发油含量较高，具解痉、醒神开窍、抗痴呆、抗惊厥等作用；生物碱主要分布在天南星属（Arisaema）、半夏属（Pinellia）、魔芋属（Amorphophallus）及菖蒲属等植物中，具有抗肿瘤、抗菌、抗凝血等作用。多糖多分布在芋属（Colocasia）和魔芋属中，具有免疫增强、抗氧化、抗突变作用。本科绝大多数植物有毒。

【重要药用植物】

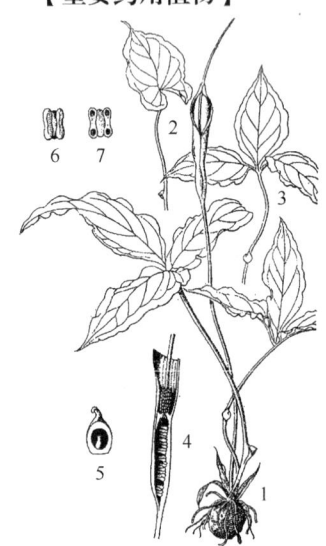

**半夏** Pinellia ternata (Thunb.) Breit. 为多年生草本，高15～30cm。块茎近球形，直径1～2cm，有多数须根。一年生为单叶，卵状心形，第二年后为三出复叶，小叶长椭圆状披针形。花单性同株，肉穗花序，花序柄长于叶柄，佛焰苞绿色（图7-119）。主产于四川、湖北、河南等省。块茎（中药"半夏"）有毒，能燥湿化痰，降逆止呕，消痞散结。

**天南星** Arisaema heterophyllum Blume 为多年生草本。叶一枚基生，叶片放射状分裂，裂片7～20，肉穗花序，佛焰苞绿色和紫色。主产于四川、湖北、河南、贵州、安徽。块茎（中药"天南星"）有毒，能散结消肿。外用治痈肿，蛇虫咬伤；生品内服宜慎。

我国有天南星属植物82种，**东北南星** Arisaema amurense Maxim.（俗名：东北天南星、齿叶东北南星）的干燥块茎亦作为天南星使用。

图 7-119 半夏
1. 全株；2. 幼株叶片；3. 多年生植物叶片；4. 佛焰苞花序纵剖面；5. 子房纵剖面；6～7. 花药

**45. 百合科**（Liliaceae，♀ $*P_{3+3,(3+3)}A_{3+3}\underline{G}_{(3;3;\infty)}$）多数为草本。地下具鳞、块茎或根状茎，茎直立或呈攀缘状，叶基生或茎生，茎生叶常互生，少有对生或轮生。花单生或聚集成各种花序，花常两性，辐射对称，各部为典型的3出数，花被片6枚，呈花瓣状，两轮，离生或合生。雄蕊常6枚，花丝分离或连合。子房上位，常为3室，中轴胎座，胚珠多数。蒴果或浆果。

本科约230属，3500种，但以温带和亚热带最丰富。我国60属，560种，分布遍及全国，以西南地区最盛。已知药用46属，359种。

本科植物所含化学成分十分多样，包括生物碱、蒽醌、强心苷、多糖、含硫化合物、甾体皂苷等。生物碱类，多存在于贝母属（*Fritillaria*）、藜芦属（*Veratrum*）植物中，如贝母碱（peimine），有镇咳、祛痰的作用；多种藜芦生物碱均具有显著的降血压作用。秋水仙和山慈菇中含有的秋水仙碱（colchicine）能抗肿瘤、抗辐射。甾体皂苷类，多分布在沿阶草属（*Ophiopogon*）、菝葜属（*Smilax*）和知母属（*Anemarrhena*）植物中，如麦冬皂苷（ophiopogonin）、知母皂苷（timosaponin）、菝葜皂苷元（sarsasapogenin）等，知母皂苷具有防治老年痴呆和保护脑缺血损伤作用。强心苷类多存在于铃兰属（*Convallaria*）、海葱属（*Urginea*）、万年青属（*Rohdea*）等植物中，如铃兰毒苷（convallatoxin）、万年青苷（rhodexin）、海葱苷A（scillaren A）。多糖类，多分布在黄精属（*Polygonatum*）、沿阶草属、知母属等植物中，多具有免疫调节、抗衰老、降血糖作用。蒽醌类，多存在于芦荟属（*Aloe*）植物中，芦荟苷（aloin）有泻下作用。葱属（*Allium*）植物中含有挥发性含硫化合物，如蒜氨酸（alliin）和蒜辣素（allicin），具辛辣刺激性，有抗菌作用。

### 案例7-44

川贝母播种出苗的第1年，植株纤细，仅1片叶；叶大如针，称针叶。第2年单叶1~3片，叶面展开，称飘带叶。第3年抽茎不开花，称树兜子。第4年抽茎开花，花期称花灯笼，果期称果实为八卦锤。种子繁殖第3~4年采收，此时尚未大量开花结实，质量较好。

**问题：**
川贝母采收的最佳时机是什么时候？

### 【重要药用植物】

**川贝母** *Fritillaria cirrhosa* D. Don 多年生草本。鳞茎白色，粗1~1.5cm，由3~4枚肥厚的鳞茎瓣组成。茎高20~45cm，常中部以上具叶。最下部2叶对生，上部叶多轮生或2枚对生，稀互生。狭披针状条形，渐尖，先端微卷曲。单花顶生，俯垂，钟状；花被片6，基部上方具蜜腺穴（图7-120）。鳞茎含多种生物碱，如川贝碱（fritimine）、西贝碱（imperialine）等。能清热润肺，化痰止咳，散结消痈。用于肺热燥咳，干咳少痰，阴虚劳嗽，痰中带血，瘰疬，乳痈，肺痈。不宜与川乌、制川乌、草乌、制草乌、附子同用。

同属有60多种，其中，**暗紫贝母** *Fritillaria unibracteata* Hsiao et K. C. Hsia、**甘肃贝母** *Fritillaria przewalskii* Maxim.、**梭砂贝母** *Fritillaria delavayi* Franch.、**太白贝母** *Fritillaria taipaiensis* P. Y. Li 的干燥鳞茎亦作为中药"川贝母"使用。

**浙贝母** *Fritillaria thunbergii* Miq. 为多年生草本。鳞茎近球形，由2（~3）枚鳞片组成。叶对生、散生或轮生，近条形至披针形，先端不卷曲或稍弯曲。花大型，淡黄色，有时稍带淡紫色（图7-121）。主产于浙江。鳞茎（中药"浙贝母"）能清热化痰止咳，解毒散结消痈。

图7-120 川贝母
1. 川贝母植株；2. 峨眉贝母植株；3. 太白贝母外花被片；4. 太白贝母内花被片

**黄精** *Polygonatum sibiricum* Red. 为多年生草本。根茎横走，结节膨大。地上茎单一。叶无柄，花乳白色至淡黄色。浆果熟时黑色（图7-122）。主产于河北、内蒙古、陕西等地。根茎（黄精，习称"鸡头黄精"）能补气养阴，健脾，润肺，益肾。

本属（黄精属）植物40种，其中**滇黄精** *P. kingianum* Coll. et Hemsl. 或**多花黄精** *P. cyrtonema* Hua 的根茎也作黄精药用，分别习称"大黄精""姜形黄精"。

图 7-121 浙贝母
1. 植株；2. 果实

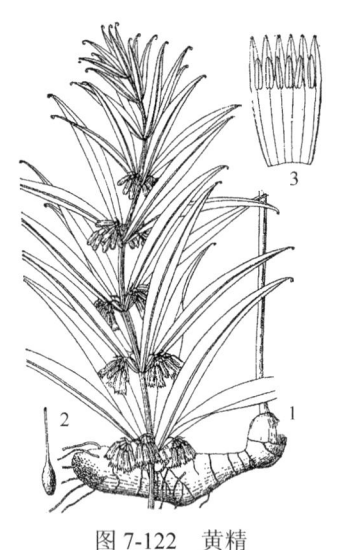

图 7-122 黄精
1. 植株；2. 雌蕊；3. 花被，已剖开

**麦冬** *Ophiopogon japonicus* (L. f.) KerGawl. 为多年生草本，成丛生长，高 30cm 左右。叶丛生，细长，深绿色。花茎自叶丛中生出，花小，淡紫色，形成总状花序。果为浆果，圆球形，成熟后为深绿色或黑蓝色。根茎短，有多数须根，在须根的中部或尖端常膨大成纺锤形的肉质块根（图 7-123）。主产于浙江、四川。多为栽培。块根（中药"麦冬"）能养阴生津，润肺清心。

另外，**短葶山麦冬** *Liriope muscari* (Decne.) L. H. Baily 的块根作"山麦冬"药用，功效与麦冬相近。

**知母** *Anemarrhena asphodeloides* Bge. 为多年生草本。根茎横走，表面具纤维。叶基生，条形。总状花序，花被片淡紫色。主产于河北。根茎（中药"知母"）含知母皂苷（timosaponin）、芒果苷（mangiferin），能清热泻火，滋阴润燥。

**玉竹** *Polygonatum odoratum* (Mill.) Druce 根状茎圆柱形，黄白色，茎上部稍 4 棱形。叶互生，叶片椭圆形，花白色，下垂。主产于黑龙江、吉林、辽宁、河北等省。根茎（中药"玉竹"）含玉竹黏多糖和甾体皂苷类成分，能养阴润燥，生津止渴。

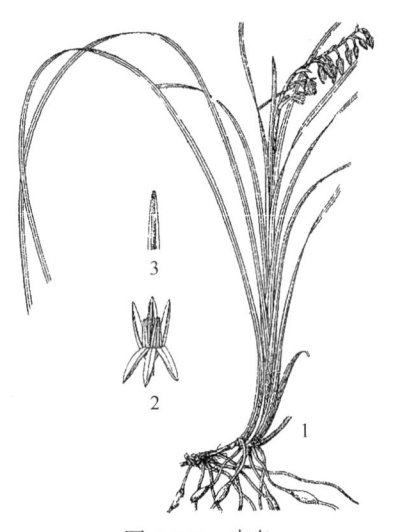

图 7-123 麦冬
1. 植株；2. 花；3. 花柱

**46. 薯蓣科**（Dioscoreaceae，♂*P$_{(3+3)}$ A$_{3+3}$；♀*P$_{(3+3)}$ $\overline{G}_{(3:3:2)}$） 多年生缠绕草质藤本，具根茎或块茎。单叶或掌状复叶，多互生，常具长柄。花单性，同株或异株，呈穗状、总状或圆锥花序，花被片 6，2 轮，基部合生；雄花雄蕊 6，有时 3 枚退化；雌花子房下位，3 心皮 3 室，每室胚珠 2 枚，花柱 3，分离，有时有退化的雄蕊 3～6。蒴果具 3 棱形翅。种子常有翅。

本科约 9 属，650 种，分布于热带或温带。我国仅有 1 属，约 49 种，主要分布于长江以南地区。已知药用 37 种。

本科植物主要活性成分：甾体皂苷类化合物，如薯蓣皂苷（dioscin）、纤细薯蓣皂苷（gracillin）、穗菝葜甾苷（asperin）、薯蓣皂苷元（diosgenin）；生药物碱类化合物，如多巴胺（dopamine）、山药碱（batatasine hydrochloride）。

【重要药用植物】

**薯蓣** *Dioscorea polystachya* Turcz. 为多年生草质藤本，根茎直生。叶腋常有珠芽。花单性异株

（图 7-124）。主产于河南、湖南。根茎（中药"山药"）能补脾养胃，生津益肺，补肾涩精。

**穿龙薯蓣** *Dioscorea nipponica* Makino 为多年生草质藤本，根茎横生。叶宽卵形。主产于辽宁、吉林、黑龙江、河北、内蒙古。根茎（中药"穿山龙"）能祛风除湿，舒筋通络，活血止痛，止咳平喘。

**47. 鸢尾科**（Iridaceae, ⚥ *, ↑P$_{(3+3)}$ A$_3$ $\overline{G}$$_{(3:3:\infty)}$） 多年生或1年生草本。有根状茎、球茎或鳞茎，根为须根。叶条形、剑形或丝状，叶脉平行，基部鞘状，两侧压扁，嵌叠排列；叶常生于茎基部。花单生或为总状花序、穗状花序、聚伞花序或圆锥花序；花两性，色泽鲜艳，辐射对称或两侧对称；花被片6，两轮排列，基部联合成花被管；雄蕊3；花柱1，上部多分为3枝，圆柱状或扁平成花瓣状，柱头3～6，子房绝大多数为下位，3室。胚珠多数。蒴果。

本科约60属，800种，分布于热带、亚热带及温带地区，主要分布于非洲南部及美洲热带地区。我国产11属，71种，13变种及5变型，主要分布于西南、西北及东北各省（自治区、直辖市），其中以鸢尾属占绝大多数。

图 7-124 薯蓣
1.块茎；2～5.叶形变异；6.茎（雄蕊生于叶腋）；7.雄花；8.雌花；9.果序

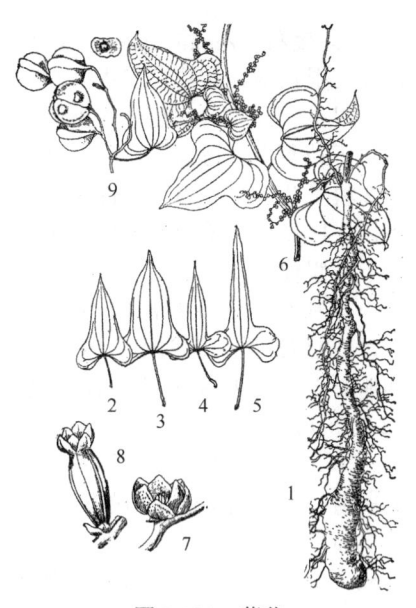

本科植物的化学成分主要有异黄酮类、共轭多烯类、酮类等。异黄酮类，如鸢尾苷（shekanin）、香鸢尾苷（iridin），具有抗病原微生物、抗炎等作用；如芒果苷（mangiferin），有降血糖、抗肿瘤、免疫调节、抗氧化等作用。共轭多烯类，如番红花中的番红花苷（crocin），具有抗凝血、降血脂、抗肿瘤、抗氧化等作用。此外，本科植物所含的蒽醌、氨基酸、皂苷类化合物也有一定药理作用。

【重要药用植物】

**番红花** *Crocus sativus* L. 为多年生草本。球茎扁圆球形，直径约3cm，外有黄褐色的膜质包被。叶基生，9～15枚，条形，灰绿色，长15～20cm，宽2～3mm，边缘反卷；叶丛基部包有4～5片膜质的鞘状叶。花茎甚短，不伸出地面；花1～2朵，淡蓝色、红紫色或白色，有香味，直径2.5～3cm；花被裂片6，2轮排列，内、外轮花被裂片皆为倒卵形，顶端钝，长4～5cm；雄蕊直立，长2.5cm，花药黄色，顶端尖，略弯曲；花柱橙红色，长约4cm，上部3分枝，分枝弯曲而下垂，柱头略扁，顶端楔形，有浅齿，较雄蕊长，子房狭纺锤形。蒴果椭圆形，长约3cm（图7-125）。主产于地中海沿海国家，西班牙、希腊、法国等。我国上海、浙江、江苏、北京有引种。柱头（中药"西红花"）能活血化瘀，凉血解毒，解郁安神。

**射干** *Belamcanda chinensis* (L.) DC. 为多年生草本，根茎断面鲜黄色。叶二列，宽剑形。花橙黄色，散生暗红色斑点（图7-126）。全国大部分地区有分布。根茎（中药"射干"）能清热解毒，消痰，利咽。

图 7-125 番红花　　图 7-126 射干
1.植株下部；2.花枝；3.雌蕊；4.果实；5.开裂的蒴果

**48. 姜科**（Zingiberaceae, ♂↑K$_{(3)}$ C$_{(3)}$ A$_1$$\overline{G}_{(3:3;\infty)}$）　多年生草本，通常芳香。有块茎或匍匐延长的根状茎。叶基生或茎生，2列或有时螺旋状排列，小或大，基部常鞘状；具叶舌；花两性，左右对称，排成穗状花序、头状花序、总状花序或圆锥花序，生于具叶的茎上或单独由根茎发出而生于花葶上；萼管状，一侧开裂，又3齿裂；花冠管长或短，裂片3；退化雄蕊2或4枚，外轮2枚呈花瓣状，内轮2枚联合成唇瓣，显著而艳丽；发育雄蕊1枚，具药隔附属体或无；子房下位，1～3室，有胚珠多颗，生于中轴胎座或侧膜胎座上；果实为蒴果或肉质不开裂而呈浆果状。种子具假种皮。

本科分为2亚科，约49属，1500余种，主要分布于热带、亚热带地区，主产于亚洲热带、亚热带地区。我国产19属，150余种，5变种，分布于东南至西南地区。本科植物含分泌细胞。药用植物主要分布在姜黄属（Curcuma）、山姜属（Alpinia）、豆蔻属（Amomum）、姜属（Zingiber）、闭鞘姜属（Costus）。

本科化学成分主要有挥发油和黄酮类化合物。挥发油，多存在于姜属、姜黄属、豆蔻属、山姜属植物中，结构主要为单萜和倍半萜。莪术中的 $\beta$-榄香烯（$\beta$-elemene）具有抗癌作用；$\alpha$-姜烯，有抗溃疡作用；生姜、豆蔻、砂仁、草果的挥发油多有散寒、健胃的作用。黄酮类，多存在于山柰属（Kaempferia）、山姜属，如山姜素（alpinetin）、高良姜素（galangin）等。酚类，如姜黄中的姜黄素（curcumin），具有抗老年痴呆、抗肿瘤、抗炎等多方面作用；姜酚是生姜中的主要活性成分，有典型的姜辣味，如姜醇（gingerol）、姜酮（zingerone），有抗炎、镇吐、抗病原微生物的作用。

**【重要药用植物】**

**砂仁** *Amomum villosum* Lour.（俗名：阳春砂仁）为多年生草本。根茎圆柱形，匍匐于地面，节上具鞘状膜质鳞片。叶无柄或近无柄。花葶从根茎上抽出，长7～15cm；总花梗长3～10cm，被细柔毛。蒴果椭圆形，棕红色（图7-127）。主产于广东。果实（中药"砂仁"）能化湿开胃，温脾止泻，理气安胎。

本属我国有29种，其中**缩砂密** *Amomum villosum* var. *xanthioides* (Wall. ex Bak.) T. L.Wu & S. J. Chen（俗名：绿壳砂）根茎先端的芽、叶舌多呈绿色，果实成熟时变为绿色；或**海南砂仁** *Amomum longiligulare* T. L. Wu 叶舌极长，长2～4.5cm，果具明显钝3棱，果皮厚硬，被片状、分裂的柔刺。二者的干燥成熟果实亦作砂仁药用。

图 7-127　砂仁
1. 根茎及果序；2. 叶枝；3. 花；4～5. 雄蕊

**姜** *Zingiber officinale* Roscoe. 为多年生草本。根状茎呈块状或不规则指状分枝，断面淡黄色，芳香辛辣。叶片披针形。穗状花序自根状茎抽出；花冠黄绿色，唇瓣中裂片具紫色条纹及淡黄色斑点，与2侧裂片连合成3裂片，药隔附属体延伸成长喙状（图7-128）。原产于太平洋群岛，中国中部、东南部至西南部各省（自治区、直辖市）广为栽培。亚洲热带地区亦常见栽培。新鲜根茎（中药"生姜"）能解表散寒，温中止呕，化痰止咳，解鱼蟹毒。干燥根茎（中药"干姜"）能温中散寒，回阳通脉，温肺化饮。

**姜黄** *Curcuma longa* L. 根状茎断面深黄色至黄红色，具香气。须根先端膨大成淡黄色块根。叶片椭圆形，除上面先端具短柔毛及缘毛外，两面均无毛。秋季，穗状花序自叶鞘内抽出，球果状，苞片内有数花，苞片白色或彩色，每花有1小苞片；花冠裂片白色，侧生退化雄蕊淡黄色，唇瓣长圆形，中部深黄色；花药淡白色，基部两侧有矩（图7-129）。分布于西藏、四川、云南、福建、台湾等地，常栽培。根茎（中药"姜黄"）能破血行气，通经止痛。块根（中药"郁金"，习称"黄丝郁金"）能行气化瘀，清心解郁，利胆退黄。

图 7-128 姜
1. 枝叶；2. 根茎及花序；3. 花；4. 唇瓣；
5. 子房及腺体；6. 柱头

图 7-129 姜黄
1. 花序；2. 叶；3. 花；4. 花冠裂片及发育雄蕊；
5. 侧生退化雄蕊及唇瓣；6. 根茎

同属下列植物的块根亦作中药材郁金使用，**郁金** *C. aromatica* Salisb. 块根习称"白丝郁金"；**莪术** *C. phaeocaulis* Val. 块根习称"绿丝郁金"；**广西莪术** *C. kwangsiensis* S. Lee et C. F. Liang 块根习称"桂郁金"或"绿丝郁金"。莪术、广西莪术、温郁金的根状茎作中药"莪术"，能行气破血，消积止痛。

> **案例 7-45**
> β-榄香烯是我国自主研发的非细胞毒性抗肿瘤新药，是从莪术油中提取的化学成分，属于倍半萜类化合物，化学名称为 1-甲基-1-乙烯基-2,4-异丙基环己烷，分子量为 204。现代临床医学研究表明，β-榄香烯具有广谱抗癌、毒副作用轻微等特点，广泛用于肝癌、肺癌、消化道肿瘤、恶性浆膜腔积液、脑瘤等的治疗，能够很好地改善患者的生存质量。
> **问题：**
> β-榄香烯是从莪术中提取的化学成分，它在莪术等植物的根、根状茎、茎、叶中哪个器官含量高？

**49. 兰科**（Orchidaceae，$☿ ↑P_{3+3}A_{2\sim 1}\overline{G}_{(3:1:\infty)}$）多年生草本，陆生、附生或腐生，通常有根状茎或块茎。茎常于下部膨大成为假鳞茎。单叶互生，基部常有鞘。花常美丽或有香味，花单生或成总状、穗状、伞形或圆锥花序，一般两侧对称，花被片 6，花瓣状，外轮 3 枚称萼片，有中萼片与侧萼片之分，中央花瓣常变态而成唇瓣，唇瓣由于花序的下垂或花梗的扭转而经常处于下方即远轴的位置，基部常有囊或距；雄蕊与花柱（包括柱头）完全愈合而成一柱状体，称合蕊柱，蕊柱顶端通常具 1 枚雄蕊，前方有 1 个柱头凹穴；有些种类的蕊柱基部延伸成足，侧萼片与唇瓣围绕蕊柱足而生，形成囊状物，称**萼囊**；在柱头与雄蕊之间有一个舌状器官，称**蕊喙**，它通常是由柱头上裂片变态而来，能分泌黏液；花粉多半黏合成团块，有时一部分变成柄状物，称花粉块柄；蕊喙上的黏液常常变成固态的黏块，称**黏盘**，有时黏盘还有种柄状或片状的延伸附属物，称**蕊喙柄**；花粉团与花粉块柄是雄蕊来源的，而黏盘与蕊喙柄则是柱头来源的，两者合生在一起称**花粉块**，但花粉块也并非都由这 4 个部分组成，尤其是蕊喙柄，只在很进化的类群中才有。花粉团质地有粒粉质与蜡质之分，数目一般为 2～8 个（图 7-130）。子房下位，3 心皮，1 室，侧膜胎座。蒴果。种子极小而多。

兰科是被子植物中仅次于菊科与豆科的第三大科，本科约有 700 属 20 000 种，主要在热带地

图 7-130 兰科植物花的构造

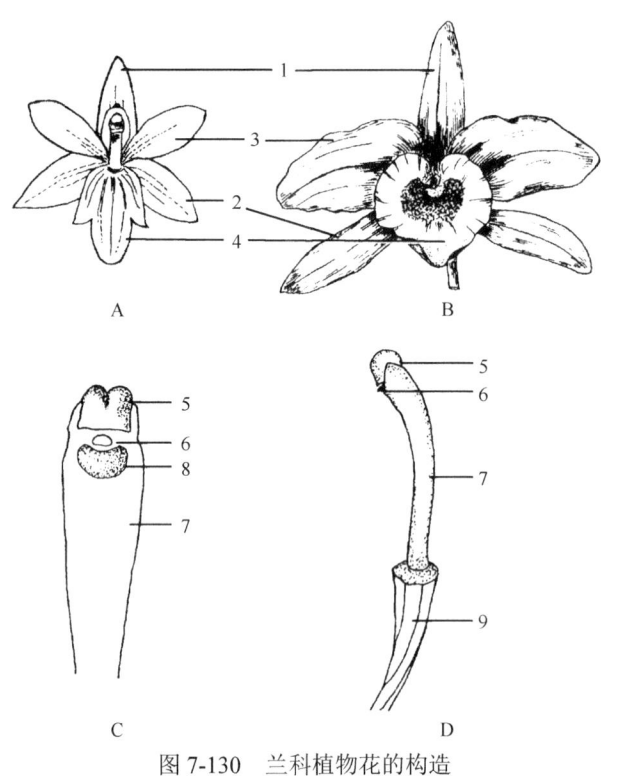

A. 兰科植物花被片；B. 石斛花被片；C. 合蕊柱；D. 子房和合蕊柱
1.中萼片；2.侧萼片；3.花瓣；4.唇瓣；5.花药；6.蕊喙；7.合蕊柱；8.柱头；9.子房

区。我国产171属，1247种以及许多亚种、变种和变型，以云南、台湾、海南、广东、广西等地种类最多。

本科植物所含化学成分有酚苷、生物碱、菲类、黏液质。菲类，主要存在于白及属（*Bletilla*）、独蒜兰属（*Pleione*）、竹叶兰属（*Arundina*）等植物中，多具有抗肿瘤活性。生物碱，如石斛碱（dendrobine）、石斛酮碱（nobilonine），有退热作用。酚苷，在天麻属（*Gastrodia*）和珊瑚兰属（*Galeola*）植物中分布较多，如天麻苷（gastrodin），有抗惊厥、舒张冠脉、镇痛作用。黏液质，如白及胶质有止血和生肌的作用。此外，黄酮、香豆素、木质素类化合物也在本科植物中偶有发现。

【重要药用植物】

**铁皮石斛** *Dendrobium officinale* Kimura et Migo 为附生草本，茎直立，圆柱形，长9～35cm，直径2～4mm，萼片和花瓣黄绿色，近相似，长圆状披针形，长约1.8cm，宽4～5mm（图7-131）。主产于安徽、广西、浙江、云南等地。茎（中药"铁皮石斛"）能益胃生津，滋阴清热。同属植物我国有76种，**石斛** *Dendrobium nobile* Lindl.（俗名金钗石斛）、**鼓槌石斛** *Dendrobium chrysotoxum* Lindl. 或**流苏石斛** *Dendrobium fimbriatum* Hook. 的栽培品及其同属植物近似变种的茎作"石斛"药用。

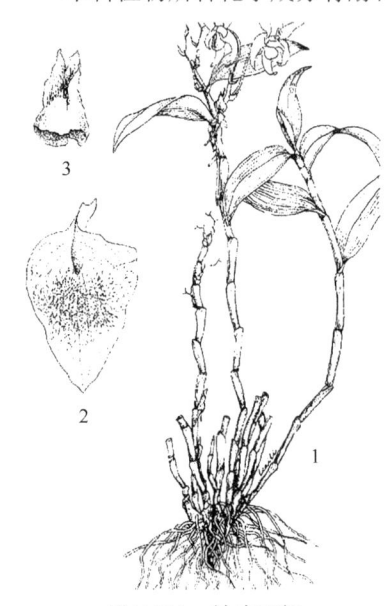

图 7-131 铁皮石斛
1.植株；2.唇瓣正面观；3.药帽正面观

> **案例 7-46**
>
> 据2015年5月13日新华网报道,自2015年以来,我国广西壮族自治区凌云县大力发展铁皮石斛产业,不少山区农民在房前屋后的山间,甚至在屋顶上都种植上了铁皮石斛,成为当地山区各族同胞致富的希望产业。凌云县位于广西西北部,云贵高原东南边缘,气候属南亚热带季风气候。凌云县独特的地理、气候、水文条件及森林效应,形成了特殊的生态条件,为铁皮石斛创造了理想的生态环境。
>
> **问题:**
> 铁皮石斛在形态上与其他石斛有何区别?其生长需要怎样的生态环境条件?

**天麻** *Gastrodia elata* Bl. 为腐生草本。全株不含叶绿素。无根。地下块茎肥厚,长椭圆形、卵状长椭圆形或哑铃形,肉质,常平卧;有均匀的环节,节上轮生多数三角状广卵形的膜质鳞片。茎单一,直立,圆柱形,高30～150cm,黄褐色,叶鳞片状,膜质,互生,下部鞘状抱茎。总状花序顶生,合蕊柱长5～6mm(图7-132)。主产于安徽、陕西、四川、云南、贵州。块茎(中药"天麻")能息风止痉,平抑肝阳,祛风通络。

**白及** *Bletilla striata* (Thunb. ex Murray) Rchb. f. 为多年生草本,块茎肥厚,短三叉状,总状花序(图7-133)。主产于河南、陕西、甘肃、山东、安徽。块茎(中药"白及")能收敛止血,消肿生肌。

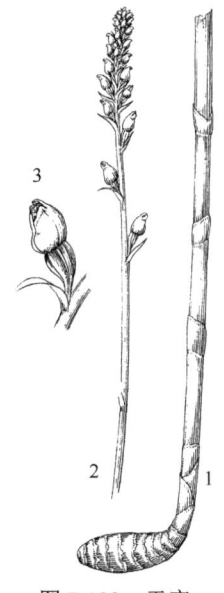

图7-132 天麻
1. 植株下部;2. 花序;3. 花

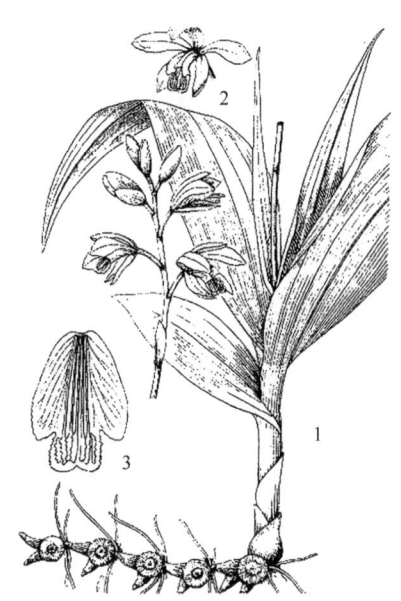

图7-133 白及
1. 植株;2. 花;3. 唇瓣

# 主要参考文献

国家药典委员会, 2020. 中华人民共和国药典 (2020 年版, 一部)[M]. 北京: 中国医药科技出版社.
贾德, 2012. 植物系统学[M]. 3 版. 李德珠等译. 北京: 高等教育出版社.
肖培根, 2022. 中华医学百科全书·药用植物学[M]. 北京: 中国协和医科大学出版社.
中国科学院植物研究所, 1979. 中国高等植物科属检索表[M]. 北京: 科学出版社.
中国科学院植物研究所, 1983. 中国高等植物图鉴[M]. 北京: 科学出版社.
中国科学院中国植物志编辑委员会, 1959~2004. 中国植物志[M]. 北京: 科学出版社.
中国植物志编委会. 中国珍稀濒危植物信息系统[DB/OL]. [2023-4-15]. http://www.iplant.cn/rep.

# 附录一　被子植物门分科检索表

1. 子叶 2 个，极稀为 1 个或较多；茎具中央髓部；在多年生的木本植物有年轮；叶片常具网状脉；花常为 5 出或 4 出数。（次 1 项见 225 页）·················································· **双子叶植物纲 Dicotyledonea**
   2. 花无真正的花冠（花被片逐渐变化，呈覆瓦状排列成 2 至数层的，也可在此检索）；有或无花萼，有时可有类似花冠。（次 2 项见 201 页）
      3. 花单性，雌雄同株或异株，其中雄花，或雌花和雄花均可呈荑花序或类似荑状的花序。（次 3 项见 192 页）
         4. 无花萼，或仅在雄花中存在。
            5. 雌花以花梗着生于椭圆形膜质苞片的中脉上；心皮 1 ·············· **漆树科 Anacardiaceae**
               （九子母属 *Dobinea*）
            5. 雌花情形非如上所述；心皮 2 或更多数。
               6. 多为木质藤本；全缘单叶，具掌状脉；果实为浆果 ·············· **胡椒科 Piperaceae**
               6. 乔木或灌木；叶可呈各种型式，但常为羽状脉；果实不为浆果。
                  7. 旱生性植物，有具节的分枝，和极退化的叶片，后者在每节上且连合成为具齿的鞘状物 ······················································································· **木麻黄科 Casuarinaceae**
                     （木麻黄属 *Casuarina*）
                  7. 植物体为其他情形者。
                     8. 果实为具多数种子的蒴果；种子有丝状毛茸 ·············· **杨柳科 Salicaceae**
                     8. 果实为仅具 1 种子的小坚果、核果或核果状的坚果。
                        9. 叶为羽状复叶；雄花有花被 ·············· **胡桃科 Juglandaceae**
                        9. 叶为单叶（有时在杨梅科中可为羽状分裂）。
                           10. 果实为肉质核果；雄花无花被 ·············· **杨梅科 Myricaceae**
                           10. 果实为小坚果；雄花有花被 ·············· **桦木科 Betulaceae**
         4. 有花萼，或在雄花中不存在。
            11. 子房下位。（次 11 项见 191 页）
               12. 叶对生，叶柄基部互相连合 ·············· **金粟兰科 Chloranthaceae**
               12. 叶互生。
                  13. 叶为羽状复叶 ·············· **胡桃科 Juglandaceae**
                  13. 叶为单叶。
                     14. 果实为蒴果 ·············· **金缕梅科 Hamamelidaceae**
                     14. 果实为坚果。
                        15. 坚果封藏于一变大呈叶状的总苞中 ·············· **桦木科 Betulaceae**
                        15. 坚果有一壳斗下托，或封藏在一多刺的果壳中 ·············· **壳斗科 Fagacea**
            11. 子房上位。
               16. 植物体中具白色乳汁。
                  17. 子房 1 室；桑椹果 ·············· **桑科 Moracea**
                  17. 子房 2~3 室；蒴果 ·············· **大戟科 Euphorbiaceae**
               16. 植物体中无乳汁，或在大戟科的重阳木属 *Bischofia* 中具红色汁液。
                  18. 子房为单心皮所组成；雄蕊的花丝在花蕾中向内屈曲 ·············· **荨麻科 Urticaceae**

18. 子房为 2 枚以上连合心皮所组成；雄蕊的花丝在花蕾中常直立（在大戟科的重阳木属 Bischofia 及巴豆属 croton 中向前屈曲）。

19. 果实为 3 个（稀 2～4 个）离果所构成的蒴果；雄蕊 10 至多数，有时少于 10 ············· 大戟科 Euphorbiaceae

19. 果实为其他情形；雄蕊少数至数个（大戟科的黄桐树属 Endospermum 为 6～10），或和花萼裂片同数且对生。

 20. 雌雄同株的乔木或灌木。

  21. 子房 2 室；蒴果 ·············································· 金缕梅科 Hamamelidaceae

  21. 子房 1 室；坚果或核果 ················································ 榆科 Ulmaceae

 20. 雌雄异株的植物。

  22. 草本或草质藤木；叶为掌状分裂或为掌状复叶 ·················· 桑科 Moraceae

  22. 乔木或灌木；叶全缘，或在重阳木属为 3 小叶所组成的复叶 ·· 大戟科 Euphorbiaceae

3. 花两性或单性，但并不呈葇荑花序。

 23. 子房或子房室内有数个至多数胚珠。（次 23 项见 194 页）

  24. 寄生性草本，无绿色叶片 ·············································· 大花草科 Rafflesiaceae

  24. 非寄生性植物，有正常绿叶，或叶退化而以绿色茎代行叶的功用。

   25. 子房下位或部分下位。

    26. 雌雄同株或异株，如为两性花时，则呈肉质穗状花序。

     27. 草本。

      28. 植物体含多量液汁；单叶常不对称 ······················ 秋海棠科 Begoniaceae

                        （秋海棠属 Begonia）

      28. 植物体不含多量液汁；羽状复叶 ·························· 四数木科 Tetramelaceae

                          （野麻属 Datisca）

     27. 木本。

      29. 花两性，呈肉质穗状花序；叶全缘 ······················ 金缕梅科 Hamamelidaceae

                          （山铜材属 Chunia）

      29. 花单性，呈穗状、总状或头状花序；叶缘有锯齿或具裂片。

       30. 花成穗状或总状花序；子房 1 室 ···················· 四数木科 Tetramelaceae

                          （四数木属 Tetrameles）

       30. 花成头状花序；子房 2 室 ···························· 金缕梅科 Hamamelidaceae

                      （枫香树亚科 Liquidambaroideae）

    26. 花两性，但不呈肉质穗状花序。

     31. 子房 1 室。

      32. 无花被；雄蕊着生在子房上 ································ 三白草科 Saururaceae

      32. 有花被；雄蕊着生在花被上。

       33. 茎肥厚，绿色，常具棘针；叶常退化；花被片和雄蕊都多数；浆果 ············· 仙人掌科 Cactaceae

       33. 茎不呈上述形状；叶正常；花被片和雄蕊皆为五出或四出数，或雄蕊数为前者的 2 倍；蒴果 ·············· 虎耳草科 Saxifragaceae

     31. 子房 4 室或更多室。

      34. 乔木；雄蕊为不定数 ············································ 海桑科 Sonneratiaceae

      34. 草本或灌木。

       35. 雄蕊 4 ······································································ 柳叶菜科 Onagraceae

                          （丁香蓼属 Ludwigia）

35. 雄蕊 6 或 12 ················································································ 马兜铃科 Aristolochiaceae
25. 子房上位。
　36. 雄蕊或子房 2 个，或更多数。
　　37. 草本。
　　　38. 复叶或多少有些分裂，稀可为单叶（如驴蹄草属 Caltha），全缘或具齿裂；心皮多数至
　　　　　少数 ······················································································ 毛茛科 Ranunculaceae
　　　38. 单叶，叶缘有锯齿；心皮和花萼裂片同数 ·············································· 虎耳草科 Saxffragaceae
　　　　　　　　　　　　　　　　　　　　　　　　　　　　　　　　　　　　　（扯根菜属 Penthorum）
　　37. 木本。
　　　39. 花的各部为整齐的三出数 ·································································· 木通科 Lardizabalaceae
　　　39. 花为其他情形。
　　　　40. 雄蕊数个至多数，连合成单体 ···························································· 梧桐科 Sterculiaceae
　　　　　　　　　　　　　　　　　　　　　　　　　　　　　　　　　　　　　（苹婆族 Sterculieae）
　　　　40. 雄蕊多数，离生。
　　　　　41. 花两性；无花被 ·········································································· 昆栏树科 Trochodendraceae
　　　　　　　　　　　　　　　　　　　　　　　　　　　　　　　　　　　　　（昆栏树属 Trochodendron）
　　　　　41. 花雌雄异株，具 4 个小形萼片 ······················································ 连香树科 Cercidiphyllaceae
　　　　　　　　　　　　　　　　　　　　　　　　　　　　　　　　　　　　　（连香树属 Cercidiphyllum）
　36. 雌蕊或子房单独 1 个。
　　42. 雄蕊周位，即着生于萼筒或杯状花托上。
　　　43. 有不育雄蕊；且和 8～12 能育雄蕊互生 ················································ 大风子科 Flacourtiaceae
　　　　　　　　　　　　　　　　　　　　　　　　　　　　　　　　　　　　　（脚骨脆属 Casearia）
　　　43. 无不育雄蕊。
　　　　44. 多汁草本植物；花萼裂片呈覆瓦状排列，成花瓣状，宿存；蒴果盖裂 ················
　　　　　　···················································································································· 番杏科 Aizoaceae
　　　　　　　　　　　　　　　　　　　　　　　　　　　　　　　　　　　　　（海马齿属 Sesuvium）
　　　　44. 植物体为其他情形；花萼裂片不成花瓣状。
　　　　　45. 叶为双数羽状复叶，互生；花萼裂片呈覆瓦状排列；果实为荚果；常绿乔木 ········
　　　　　　·························································································································· 豆科 Fabaceae
　　　　　　　　　　　　　　　　　　　　　　　　　　　　　　　　　　　（云实亚科 Caesalpinioideae）
　　　　　45. 叶为单叶对生或轮生；花萼裂片呈镊合状排列；非荚果。
　　　　　　46. 雄蕊为不定数；子房 10 室或更多室；果实浆果状 ········ 海桑科 Sonneratiaceae
　　　　　　46. 雄蕊 4～12（不超过花萼裂片的 2 倍）；子房 1 室至数室；果实蒴果状。
　　　　　　　47. 花杂性或雌雄异株，微小，成穗状花序，再成总状或圆锥状排列 ·················
　　　　　　　　······························································································ 隐翼科 Crypteroniaceae
　　　　　　　　　　　　　　　　　　　　　　　　　　　　　　　　　　　　　（隐翼属 Crypteronia）
　　　　　　　47. 花两性，中型，单生至排列成圆锥花序 ··············· 千屈菜科 Lythraceae
　　42. 雄蕊下位，即着生于扁平或凸起的花托上。
　　　48. 木本；叶为单叶。
　　　　49. 乔木或灌木；雄蕊常多数，离生；胚珠生于侧膜胎座或隔膜上 ·······················
　　　　　　·············································································································· 大风子科 Flacourtiaceae
　　　　49. 木质藤本；雄蕊 4 或 5，基部连合成杯状或环状；胚珠基生（即位于子房室的基底）
　　　　　　·················································································································· 苋科 Amaranthaceae
　　　48. 草本或亚灌木。

50. 植物体沉没水中，常为一具背腹面呈原叶体状的构造，像苔藓……………………………………
　　…………………………………………………………………………川苔草科 Podostemaceae
50. 植物体非如上述情形。
　　51. 子房 3～5 室。
　　　　52. 食虫植物；叶互生；雌雄异株………………………………猪笼草科 Nepenthaceae
　　　　　　　　　　　　　　　　　　　　　　　　　　　　　　　　（猪笼草属 *Nepenthes*）
　　　　52. 非为食虫植物；叶对生或轮生；花两性………………………………番杏科 Aizoaceae
　　　　　　　　　　　　　　　　　　　　　　　　　　　　　　　　（粟米草属 *Mollugo*）
　　51. 子房 1～2 室。
　　　　53. 叶为复叶或多少有些分裂………………………………………毛茛科 Ranunculaceae
　　　　53. 叶为单叶。
　　　　　　54. 侧膜胎座。
　　　　　　　　55. 花无花被………………………………………………三白草科 Saururaceae
　　　　　　　　55. 花具 4 离生萼片…………………………………………十字花科 Brassicaceae
　　　　　　54. 特立中央胎座。
　　　　　　　　56. 花序呈穗状、头状或圆锥状；萼片多少为干膜质………苋科 Amaranthaceae
　　　　　　　　56. 花序呈聚伞状；萼片草质……………………………石竹科 Caryophyllaceae
23. 子房或其子房室内仅有 1 至数个胚珠。
　57. 叶片中常有透明微点。
　　58. 叶为羽状复叶………………………………………………………………芸香科 Rutaceae
　　58. 叶为单叶，全缘或有锯齿。
　　　　59. 草本植物或有时在金粟兰科为木本植物；花无花被，常成简单或复合的穗状花序，但在胡椒科齐头绒属 *Zippelia* 则呈疏松总状花序。
　　　　　　60. 子房下位，仅 1 室有 1 胚珠；叶对生；叶柄在基部连合………金粟兰科 Chloranthaceae
　　　　　　60. 子房上位；叶为对生时，叶柄也不在基部连合。
　　　　　　　　61. 雌蕊由 3～6 近于离生心皮组成，每心皮各有 2～4 胚珠………三白草科 Saururaceae
　　　　　　　　　　　　　　　　　　　　　　　　　　　　　　　　（三白草属 *Saururus*）
　　　　　　　　61. 雌蕊由 1～4 合生心皮组成，仅 1 室，有 1 胚珠…………胡椒科 Piperaceae
　　　　　　　　　　　　　　　　　　　　　　　　　（齐头绒属 *Zippelia*，草胡椒属 *Peperomia*）
　　　　59. 乔木或灌木；花具一层花被；花序有各种类型，但不为穗状。
　　　　　　62. 花萼裂片常 3 片，呈镊合状排列；子房为 1 心皮所成，成熟时肉质，常以 2 瓣裂开；雌雄异株……………………………………………………………肉豆蔻科 Myristicaceae
　　　　　　62. 花萼裂片 4～6 片，呈覆瓦状排列；子房为 2～4 合生心皮所成。
　　　　　　　　63. 花两性；果实仅 1 室，蒴果状，2～3 瓣裂开…………大风子科 Flacourtiaceae
　　　　　　　　　　　　　　　　　　　　　　　　　　　　　　　　（脚骨脆属 *Casearia*）
　　　　　　　　63. 花单性，雌雄异株；果实 2～3 室，肉质或革质，很晚才裂开…大戟科 Euphorbiaceae
　　　　　　　　　　　　　　　　　　　　　　　　　　　　　　　　（白树属 *Suregada*）
　57. 叶片中无透明微点。
　　64. 雄蕊连为单体，至少在雄花中有此现象，花丝互相连合成筒状或成一中柱。
　　　　65. 肉质寄生草本植物，具退化呈鳞片状的叶片，无叶绿素…………蛇菰科 Balanophoraceae
　　　　65. 植物体非为寄生性，有绿叶。
　　　　　　66. 雌雄同株，雄花成球形头状花序，雌花以 2 个同生于 1 个有 2 室而具钩状芒刺的果壳中
　　　　　　　…………………………………………………………………………菊科 Asteraceae
　　　　　　　　　　　　　　　　　　　　　　　　　　　　　　　　（苍耳属 *Xanthium*）

66. 花两性，如为单性时，雄花及雌花也无上述情形。
  67. 草本植物；花两性。
    68. 叶互生 ································································· 藜科 Chenopodiaceae
    68. 叶对生。
      69. 花显著，有连合呈花萼状的总苞 ························· 紫茉莉科 Nyctaginaceae
      69. 花微小，无上述情形的总苞 ································· 苋科 Amaranthaceae
  67. 乔木或灌木，稀可为草本；花单性或杂性；叶互生。
    70. 萼片呈覆瓦状排列，至少在雄花中如此 ···················· 大戟科 Euphorbiaceae
    70. 萼片呈镊合状排列。
      71. 雌雄异株；花萼常具 3 裂片；雌蕊为 1 心皮所成，成熟时肉质，且常以 2 瓣裂开
        ················································································· 肉豆蔻科 Myristicaceae
      71. 花单性或雄花和两性花同株；花萼具 4～5 裂片或裂齿；雌蕊为 3～6 近于离生心
        皮所成，各心皮于成熟时为革质或木质，呈蓇葖状而不裂开。
        ···································································· 梧桐科 Sterculiaceae
        （苹婆族 Sterculieae）

64. 雄蕊各自分离，有时仅为 1 个，或花丝成为分枝的簇丛（如大戟科的蓖麻属 *Ricinus*）。
  72. 每花有雌蕊 2 个至多数，近于或完全离生；或花的界限不明显时，则雌蕊多数，呈 1 球形头状花序。
    73. 花托下陷，呈杯状或坛状。
      74. 灌木；叶对生；花被片在坛状花托的外侧排列为数层 ·········· 蜡梅科 Calycanthaceae
      74. 草本或灌木；叶互生；花被片在杯或坛状花托的边缘排列为一轮 ······· 蔷薇科 Rosaceae
    73. 花托扁平或隆起，有时可延长。
      75. 乔木、灌木或木质藤本。
        76. 花有花被 ················································· 木兰科 Magnoliaceae
        76. 花无花被。
          77. 落叶灌木或小乔木；叶卵形，具羽状脉和锯齿缘；无托叶；花两性或杂性，在叶
            腋中丛生；翅果无毛，有柄 ····························· 昆栏树科 Trochodendraceae
          77. 落叶乔木，叶广阔，掌状分裂，叶缘有缺刻或大锯齿；有托叶围茎成鞘，易脱落；
            花单性，雌雄同株，分别聚成球形头状花序；小坚果，围以长柔毛 ··········
            ················································································· 悬铃木科 Platanaceae
            （悬铃木属 *Platanus*）
      75. 草本或稀为亚灌木，有时为攀缘性。
        78. 胚珠倒生或直生。
          79. 叶片多少有些分裂或为复叶；无托叶或极微小；有花被（花萼）；胚珠倒生；花单
            生或呈各种类型的花序 ·································· 毛茛科 Ranunculaceae
          79. 叶为全缘单叶；有托叶；无花被；胚珠直生；花呈穗形总状花序 ···············
            ················································································· 三白草科 Saururaceae
        78. 胚珠常弯生；叶为全缘单叶。
          80. 直立草本；叶互生，非肉质 ···························· 商陆科 Phytolaccaceae
          80. 平卧草本；叶对生或近轮生，肉质 ······················· 番杏科 Aizoaceae
          （针晶粟草属 *Gisekia*）
  72. 每花仅有 1 个复合或单雌蕊，心皮有时于成熟后各自分离。
    81. 子房下位或半下位。（次 81 项见 197 页）
      82. 草本。（次 82 项见 196 页）

83. 水生或小型沼泽植物。
　　84. 花柱 2 个或更多；叶片（尤其沉没水中的）常呈羽状细裂或为复叶……………………………………………………………………………………………… 小二仙草科 Haloragaceae
　　84. 花柱 1 个，叶为线形全缘单叶…………………………………… 杉叶藻科 Hippuridaceae
83. 陆生草本。
　　85. 寄生性肉质草本，无绿叶。
　　　　86. 花单性，雌花常无花被；无珠被及种皮……………… 蛇菇科 Balanophoraceae
　　　　86. 花杂性，花被 1 层，两性花，1 雄蕊；有珠被及种皮…… 锁阳科 Cynomoriaceae
　　　　　　　　　　　　　　　　　　　　　　　　　　　　　　　　（锁阳属 *Cynomorium*）
　　85. 非寄生性植物，或于百蕊草属 *Thesium* 为半寄生性，但均有绿叶。
　　　　87. 叶对生，其形宽广而有锯齿缘……………………… 金粟兰科 Chloranthaceae
　　　　87. 叶互生。
　　　　　　88. 平铺草本（限于我国植物），叶片宽，三角形，多少有些肉质 …………………………………………………………………………………………… 番杏科 Aizoaceae
　　　　　　　　　　　　　　　　　　　　　　　　　　　　　　　　（番杏属 *Tetragonia*）
　　　　　　88. 直立草本，叶片窄而细长………………………… 檀香科 Santalaceae
　　　　　　　　　　　　　　　　　　　　　　　　　　　　　　　　（百蕊草属 *Thesium*）
82. 灌木或乔木。
　　89. 子房 3～10 室。
　　　　90. 坚果 1～2 个，同生在一个木质且可裂为 4 瓣的壳斗里…………… 壳斗科 Fagaceae
　　　　　　　　　　　　　　　　　　　　　　　　　　　　　　　　（水青冈属 *Fagus*）
　　　　90. 核果，并不生在壳斗里。
　　　　　　91. 雌雄异株，呈顶生的圆锥花序，后者并不为叶状苞片所托 … 山茱萸科 Cornaceae
　　　　　　　　　　　　　　　　　　　　　　　　　　　　　　　　（鞘柄木属 *Torricellia*）
　　　　　　91. 花杂性，形成球形的头状花序，后者为 2～3 白色叶状苞片所托…………………………………………………………………………………………… 蓝果树科 Nyssaceae
　　　　　　　　　　　　　　　　　　　　　　　　　　　　　　　　（珙桐属 *Davidia*）
89. 子房 1 或 2 室，或在铁青树科的青皮木属 *Schoepfia* 中，子房的基部可为 3 室。
　　92. 花柱 2 个。
　　　　93. 蒴果，2 瓣裂开………………………………………… 金缕梅科 Hamamelidaceae
　　　　93. 果实呈核果状，或为蒴果状的瘦果，不裂开……………… 鼠李科 Rhamnaceae
　　92. 花柱 1 个或无花柱。
　　　　94. 叶片下面多少有些具皮屑状或鳞片状的附属物………… 胡颓子科 Elaeagnaceae
　　　　94. 叶片下面无皮屑状或鳞片状的附属物。
　　　　　　95. 叶缘有锯齿或圆锯齿，在荨麻科的紫麻属 *Oreocnide* 中，稀有全缘者。
　　　　　　　　96. 叶对生，具羽状脉；雄花裸露，有雄蕊 1～3 个… 金粟兰科 Chloranthaceae
　　　　　　　　96. 叶互生，大都于叶基具三出脉；雄花具花被及雄蕊 4 个（稀可 3 或 5 个）…………………………………………………………………………………………… 荨麻科 Urticaceae
　　　　　　95. 叶全缘，互生或对生。
　　　　　　　　97. 植物体寄生在乔木的树干或枝条上；果实呈浆果状…………………………………………………………………………………………… 桑寄生科 Loranthaceae
　　　　　　　　97. 植物体陆生，或有时为寄生性；果实呈坚果状或核果状，胚珠 1～5 个。
　　　　　　　　　　98. 花多为单性；胚珠垂悬于基底胎座上……… 檀香科 Santalaceae
　　　　　　　　　　98. 花两性或单性；胚珠垂悬于子房室的顶端或中央胎座的顶端。

99. 雄蕊 10 个，为花萼裂片的 2 倍数 ············ **使君子科 Combretaceae**
（诃子属 *Terminalia*）

99. 雄蕊 4 或 5 个，和花萼裂片同数且对生 ··········· **铁青树科 Olacaceae**

81. 子房上位，如有花萼时，和它相分离，或在紫茉莉科及胡颓子科中，当果实成熟时，子房为宿存萼筒所包围。

100. 托叶鞘围抱茎的各节；草本，稀可为灌木 ················· **蓼科 Polygonaceae**

100. 无托叶鞘，在悬铃木科有托叶鞘但易脱落。

101. 草本，或有时在藜科及紫茉莉科中为亚灌木。（次 101 项见 198 页）

102. 无花被。

103. 花两性或单性；子房 1 室，内仅有 1 个基生胚珠。

104. 叶基生，由 3 小叶而成；穗状花序在一个细长基生无叶的花梗上 ···············
 ········································· **小檗科 Berberidaceae**
（裸花草属 *Achlys*）

104. 叶茎生，单叶；穗状花序顶生或腋生，但常和叶相对生 ··· **胡椒科 Piperaceae**
（胡椒属 *Piper*）

103. 花单性；子房 3 或 2 室。

105. 水生或微小的沼泽植物，无乳汁；子房 2 室，每室内含 2 个胚珠 ·············
 ········································· **水马齿科 Callitrichaceae**
（水马齿属 *Callitriche*）

105. 陆生植物；有乳汁；子房 3 室，每室内仅含 1 个胚珠 ··· **大戟科 Euphorbiaceae**

102. 有花被，当花为单性时，特别是雄花是如此。

106. 花萼呈花瓣状，且呈管状。

107. 花有总苞，有时总苞类似花萼 ············· **紫茉莉科 Nyctaginaceae**

107. 花无总苞。

108. 胚珠 1 个，在子房的近顶端处 ················· **瑞香科 Thymelaeaceae**

108. 胚珠多数，生在特立中央胎座上 ················ **报春花科 Primulaceae**
（海乳草属 *Glaux*）

106. 花萼非如上述情形。

109. 雄蕊周位，即位于花被上。

110. 叶互生，羽状复叶而有草质的托叶；花无膜质苞片，瘦果 ··················
 ········································· **蔷薇科 Rosaceae**
（地榆族 Sanguisorbieae）

110. 叶对生，或在蓼科的冰岛蓼属 *Koenigia* 为互生，单叶无草质托叶；花有膜质苞片。

111. 花被片和雄蕊各为 5 或 4 个，对生；囊果；托叶膜质 ··················
 ········································· **石竹科 Caryophyllaceae**

111. 花被片和雄蕊各为 3 个，互生；坚果；无托叶 ········ **蓼科 Polygonaceae**
（冰岛蓼属 *Koenigia*）

109. 雄蕊下位，即位于子房下。

112. 花柱或其分枝为 2 或数个，内侧常为柱头面。

113. 子房常为数个至多数心皮连合而成 ················ **商陆科 Phytolaccaceae**

113. 子房常为 2 或 3（或 5）心皮连合而成。

114. 子房 3 室，稀可 2 或 4 室 ························· **大戟科 Euphorbiaceae**

114. 子房 1 或 2 室。

115. 叶为掌状复叶或具掌状脉而有宿存托叶……………桑科 Moraceae

（大麻亚科 Cannabioideae）

115. 叶具羽状脉，或稀可为掌状脉而无托叶，也可在藜科中叶退化成鳞片或为肉质而形如圆筒。

116. 花有草质而带绿色或灰绿色的花被及苞片…藜科 Chenopodiaceae

116. 花有干膜质而常有色泽的花被及苞片………苋科 Amaranthaceae

112. 花柱 1 个，常顶端有柱头，也可无花柱。

117. 花两性。

118. 雌蕊为单心皮；花萼由 2 膜质且宿存的萼片而成；雄蕊 2 个…………

…………………………………………………………毛茛科 Ranunculaceae

（星叶草属 *Circaeaster*）

118. 雌蕊由 2 合生心皮而成。

119. 萼片 2 片；雄蕊多数…………………罂粟科 Papaveraceae

（博落回属 *Macleaya*）

119. 萼片 4 片；雄蕊 2 或 4 …………………十字花科 Brassicaceae

（独行菜属 *Lepidium*）

117. 花单性。

120. 沉没于淡水中的水生植物；叶细裂呈丝状 ………………………………

……………………………………………………金鱼藻科 Ceratophyllaceae

（金鱼藻属 *Ceratophyllum*）

120. 陆生植物；叶为其他情形。

121. 叶含多量水分；托叶连接叶柄的基部；雄花的花被 2 片；雄蕊多数

……………………………………………假牛繁缕科 Theligonaceae

（假牛繁缕属 *Theligonum*）

121. 叶不含多量水分；如有托叶时，也不连接叶柄的基部；雄花的花被片和雄蕊均各为 4 或 5 个，二者相对生 …………荨麻科 Urticaceae

101. 木本植物或亚灌木。

122. 耐寒旱性的灌木，或在藜科的梭梭属 *Haloxylon* 为乔木；叶微小，细长或呈鳞片状，也可有时（如藜科）为肉质而呈圆筒形或半圆筒形。

123. 雌雄异株或花杂性；花萼为三出数，萼片微呈花瓣状，和雄蕊同数且互生；花柱 1，极短，常有 6～9 放射状且有齿裂的柱头；核果；胚体直；常绿而基部偃卧的灌木；叶互生，无托叶 ……………………………岩高兰科 Empetraceae

（岩高兰属 *Empetrum*）

123. 花两性或单性，花萼为五出数，稀可三出或四出数，萼片或花萼裂片草质或革质，和雄蕊同数且对生，或在藜科中雄蕊由于退化而数较少，甚可 1 个；花柱或花柱分枝 2 或 3 个，内侧常为柱头面；胞果或坚果；胚体弯曲如环或弯曲呈螺旋形。

124. 花无膜质苞片；雄蕊下位；叶互生或对生；无托叶；枝条常具关节 …………

………………………………………………………………藜科 Chenopodiaceae

124. 花有膜质苞片；雄蕊周位；叶对生，基部常互相连合；有膜质托叶；枝条不具关节 ……………………………………………………石竹科 Caryophyllaceae

122. 不是上述的植物；叶片矩圆形或披针形，或宽广至圆形。

125. 果实及子房均为 2 至数室，或在大风子科中为不完全的 2 至数室。

126. 花常为两性。

127. 萼片 4 或 5 片，稀可 3 片，呈覆瓦状排列。
  128. 雄蕊 4 个；4 室的蒴果 ·················· 水青树科 **Tetracentraceae**
                 （水青树属 *Tetracentron*）
  128. 雄蕊多数，浆果状的核果 ················ 大风子科 **Flacouritiaceae**
127. 萼片多 5 片，呈镊合状排列。
  129. 雄蕊为不定数；具刺的蒴果 ················ 杜英科 **Elaeocarpaceae**
                 （猴欢喜属 *Sloanea*）
  129. 雄蕊和萼片同数；核果或坚果。
    130. 雄蕊和萼片对生，各为 3~6 ·············· 铁青树科 **Olacaceae**
    130. 雄蕊和萼片互生，各为 4 或 5 ············ 鼠李科 **Rhamnaceae**
126. 花单性（雌雄同株或异株）或杂性。
  131. 果实各种；种子无胚乳或有少量胚乳。
    132. 雄蕊常 8 个；果实坚果状或为有翅的蒴果；羽状复叶或单叶 ···········
      ···················································· 无患子科 **Sapindaceae**
    132. 雄蕊 5 或 4 个，且和萼片互生；核果有 2~4 个小核；单叶 ··········
      ····················································· 鼠李科 **Rhamnaceae**
                  （鼠李属 *Rhamnus*）
  131. 果实多呈蒴果状，无翅；种子常有胚乳。
    133. 果实为具 2 室的蒴果，有木质或革质的外种皮及角质的内果皮 ·········
      ···················································· 金缕梅科 **Hamamelidaceae**
    133. 果实纵为蒴果时，也不像上述情形。
      134. 胚珠具腹脊；果实有各种类型，但多为胞间裂开的蒴果 ············
        ·············································· 大戟科 **Euphorbiaceae**
      134. 胚珠具背脊；果实为室背裂开的蒴果，或有时呈核果状 ···········
        ··············································· 黄杨科 **Buxaceae**
125. 果实及子房均为 1 或 2 室，稀可在无患子科的荔枝属 *Litchi* 及韶子属 *Nephelium* 中为 3 室，或在卫矛科的十齿花属 *Dipentodon* 及铁青树科的铁青树属 *Olax* 中，子房的下部为 3 室，而上部为 1 室。
  135. 花萼具显著的萼筒，且常呈花瓣状。
    136. 叶无毛或下面有柔毛；萼筒整个脱落 ············ 瑞香科 **Thymelaeaceae**
    136. 叶下面具银白色或棕色的鳞片；萼筒或其下部永久宿存，当果实成熟时，变为肉质而紧密包着子房 ·················· 胡颓子科 **Elaeagnaceae**
  135. 花萼不是像上述情形，或无花被。
    137. 花药以 2 或 4 舌瓣裂开 ························ 樟科 **Lauraceae**
    137. 花药不以舌瓣裂开。
      138. 叶对生。
        139. 果实为有双翅或呈圆形的翅果 ············ 槭树科 **Aceraceae**
        139. 果实为有单翅而呈细长形兼矩圆形的翅果 ······ 木犀科 **Oleaceae**
      138. 叶互生。
        140. 叶为羽状复叶。
         141. 叶为二回羽状复叶，或退化仅具叶状柄（特称为叶状叶柄 phylodia）
           ·············································· 豆科 **Fabaceae**
                    （金合欢属 *Acacia*）
        141. 叶为一回羽状复叶。

142. 小叶边缘有锯齿；果实有翅 ……………… 马尾树科 Rhoipteleaceae
（马尾树属 *Rhoiptelea*）
142. 小叶全缘；果实无翅。
　143 花两性或杂性 ……………………………… 无患子科 Sapindaceae
　143 雌雄异株 ……………………………………… 漆树科 Anacardiaceae
（黄连木属 *Pistacia*）
140. 叶为单叶。
　144. 花均无花被。
　　145. 多木质藤本；叶全缘；花两性或杂性，呈紧密的穗状花序 ………
………………………………………………………… 胡椒科 Piperaceae
（胡椒属 *Piper*）
　　145. 乔木；叶缘有锯齿或缺刻；花单性。
　　　146. 叶宽广，具掌状脉及掌状分裂，叶缘具缺刻或大锯齿；有托叶，围茎成鞘，但易脱落；雌雄同株，雌花和雄花分别呈球形的头状花序；雌蕊为单心皮而成；小坚果为倒圆锥形而有棱角，无翅也无梗，但围以长柔毛 ……………… 悬铃木科 Platanaceae
（悬铃木属 *Platanus*）
　　　146. 叶椭圆形至卵形，具羽状脉及锯齿缘；无托叶；雌雄异株，雄花聚成疏松有苞片的簇丛，雌花单生于苞片的腋内；雌蕊为2心皮而成；小坚果扁平，具翅且有柄，但无毛 ………………………
………………………………………………… 杜仲科 Eucommiaceae
（杜仲属 *Eucommia*）
　144. 花常有花萼，尤其在雄花。
　　147. 植物体内有乳汁 …………………………… 桑科 Moraceae
　　147. 植物体内无乳汁。
　　　148. 花柱或其分枝2或数个，但在大戟科的核实树属 *Drypetes* 中则柱头几无柄，呈盾状或肾脏形。
　　　　149. 雌雄异株或有时为同株；叶全缘或具波状齿。
　　　　　150. 矮小灌木或亚灌木；果实干燥，包藏于具有长柔毛而互相连合成双角状的2苞片中；胚体弯曲如环 ……………
……………………………………………………… 藜科 Chenopodiaceae
　　　　　150. 乔木或灌木；果实核果状，常为1室含1种子，不包藏于苞片内；胚体直 ……………… 大戟科 Euphorbiaceae
　　　　149. 花两性或单性；叶缘多有锯齿或具齿裂，稀可全缘。
　　　　　151. 雄蕊多数 ……………… 大风子科 Flacouriaceae
　　　　　151. 雄蕊10个或较少。
　　　　　　152. 子房2室，每室有1个至数个胚珠；果实为木质蒴果
……………………………………………… 金缕梅科 Hamamelidaceae
　　　　　　152. 子房1室，仅含1胚珠；果实不是木质蒴果 ………
………………………………………………………… 榆科 Ulmaceae
　　　148. 花柱1个，也可有时（如荨麻属）不存，而柱头呈画笔状。
　　　　153. 叶缘有锯齿；子房为1心皮而成。
　　　　　154. 花两性 ……………………… 山龙眼科 Proteaceae
　　　　　154. 雌雄异株或同株。

155. 花生于当年新枝上；雄蕊多数 ·················· **蔷薇科 Rosaceae**
（臭樱属 *Maddenia*）
155. 花生于老枝上；雄蕊和萼片同数 ·········································
································································· **荨麻科 Urticaceae**
153. 叶全缘或边缘有锯齿；子房为 2 个以上连合心皮所成。
156. 果实呈核果状或坚果状，内有 1 种子；无托叶。
157. 子房具 2 或 2 个胚珠；果实于成熟后由萼筒包围 ········
······························································ **铁青树科 Olacaceae**
157. 子房仅具 1 个胚珠；果实和花萼相分离，或仅果实基部
由花萼衬托之 ························· **山柚仔科 Opiliaceae**
156. 果实呈蒴果状或浆果状，内含 1 个至数个种子。
158. 花下位，雌雄异株，稀可杂性，雄蕊多数；果实呈果状；
无托叶 ·········································· **大风子科 Flacourtiaceae**
（柞木属 *Xylosma*）
158. 花周位，两性；雄蕊 5~12 个；果实呈蒴果状；有托叶，
但易脱落。
159. 花为腋生的簇丛或头状花序；萼片 4~6 片 ············
······················································ **大风子科 Flacourtiaceae**
（脚骨脆属 *Casearia*）
159. 花为腋生的伞形花序；萼片 10~14 片 ·····················
······················································· **卫矛科 Celastraceae**
（十齿花属 *Dipentodon*）
2. 花具花萼也具花冠，或有两层以上的花被片，有时花冠可为蜜腺叶所代替。
160. 花冠常为离生的花瓣所组成。（次 160 项见 218 页）
161. 成熟雄蕊（或单体雄蕊的花药）多在 10 个以上，通常多数，或其数超过花瓣的 2 倍。（次 161 项
见 206 页）
162. 花萼和 1 个或更多的雌蕊多少有些互相愈合，即子房下位或半下位。（次 162 项见 202 页）
163. 水生草本植物；子房多室 ··································· **睡莲科 Nymphaeaceae**
163. 陆生植物；子房 1 至数室，也可心皮为 1 至数个，或在海桑科中为多室。
164. 植物体具肥厚的肉质茎，多有刺，常无真正叶片 ···················· **仙人掌科 Cactaceae**
164. 植物体为普通形态，不呈仙人掌状，有真正的叶片。
165. 草本植物或稀可为亚灌木。
166. 花单性。
167. 雌雄同株；花鲜艳，多呈腋生聚伞花序；子房 2~4 室 ········ **秋海棠科 Begoniaceae**
（秋海棠属 *Begonia*）
167. 雌雄异株；花小而不显著，呈腋生穗状或总状花序 ········· **四数木科 Tetramelaceae**
166. 花常两性。
168. 叶基生或茎生，呈心形，或在阿柏麻属 *Apama* 为长形，不为肉质；花为三出数 ····
························································· **马兜铃科 Aristolochiaceae**
（细辛族 Asareae）
168. 叶茎生，不呈心形，多少有些肉质，或为圆柱形；花不是三出数。
169. 花萼裂片常为 5，叶状；蒴果 5 室或更多室，在顶端呈放射状裂开 ··················
································································· **番杏科 Aizoaceae**
169. 花萼裂片 2；蒴果 1 室，盖裂 ······················· **马齿苋科 Portulacaceae**
（马齿苋属 *Portulaca*）

165. 乔木或灌木（但在虎耳草科的银梅草属 *Deinanthe* 及草绣球属 *Cardiandra* 为亚灌木，黄山梅属 *Kirengeshoma* 为多年生高大草本），有时以气生小根而攀缘。
  170. 叶通常对生（虎耳草科的草绣球属 *Cardiandra* 为例外），或在石榴科的石榴属 *Punica* 中有时可互生。
    171. 叶缘常有锯齿或全缘；花序（除山梅花族 Philadelpheae 外）常有不孕的边缘花 ·················································································· 虎耳草科 **Saxifragaceae**
    171. 叶全缘；花序无不孕花。
      172. 叶为脱落性；花萼呈朱红色 ················ 石榴科 **Punicaceae**
                                 （石榴属 *Punica*）
      172. 叶为常绿性；花萼不呈朱红色。
        173. 叶片中有腺体微点；胚珠常多数 ············ 桃金娘科 **Myrtaceae**
        173. 叶片中无微点。
          174. 胚珠在每子房室中为多数 ············ 海桑科 **Sonneratiaceae**
          174. 胚珠在每子房室中仅 2 个 ············ 红树科 **Rhizophoraceae**
  170. 叶互生。
    175. 花瓣细长形兼长方形，最后向外翻转 ············ 八角枫科 **Alangiaceae**
                               （八角枫属 *Alangium*）
    175. 花瓣不呈细长形，且纵为细长形时，也不向外翻转。
      176. 叶无托叶。
        177. 叶全缘；果实肉质或木质 ············ 玉蕊科 **Lecythidaceae**
                           （玉蕊属 *Barringtonia*）
        177. 叶缘多少有些锯齿或齿裂；果实呈核果状，其形歪斜 ···· 山矾科 **Symplocaceae**
                           （山矾属 *Symplocos*）
      176. 叶有托叶。
        178. 花瓣呈旋转状排列；花药隔向上延伸；花萼裂片中 2 个或更多个在果实上变大而呈翅状 ·················· 龙脑香科 **Dipterocarpaceae**
        178. 花瓣呈覆瓦状或旋转状排列（如蔷薇科的火棘属 *Pyracantha*）；花药隔并不向上延伸；花萼裂片也无上述变大情形。
          179. 子房 1 室，内具 2~6 侧膜胎座，各有 1 个至多数胚珠；果实为革质蒴果，自顶端以 2~6 片裂开 ·················· 大风子科 **Flacourtiaceae**
                             （天料木属 *Homalium*）
          179. 子房 2~5 室，内具中轴胎座，或其心皮在腹面互相分离而具边缘胎座。
            180. 花呈伞房、圆锥、伞形或总状等花序，稀可单生；子房 2~5 室，或心皮 2~5 个，下位，每室或每心皮有胚珠 1~2 个，稀可有时为 3~10 个，或为多数；果实为肉质或木质假果；种子无翅 ············ 蔷薇科 **Rosaceae**
                              （梨亚科 *Pomoideae*）
            180. 花呈头状或肉穗花序；子房 2 室，半下位，每室有胚珠 2~6 个；果为木质蒴果；种子有或无翅 ·················· 金缕梅科 **Hamamelidaceae**
                              （马蹄荷亚科 *Exbucklandioideae*）
162. 花萼和 1 个或更多的雌蕊互相分离，即子房上位。
  181. 花为周位花。（次 181 项见 203 页）
    182. 萼片和花瓣相似，覆瓦状排列为数层，着生于坛状花托的外侧 ······ 蜡梅科 **Calycanthaceae**
                               （夏蜡梅属 *Calycanthus*）
    182. 萼片和花瓣有分化，在萼筒或花托的边缘排列为 2 层。

183. 叶对生或轮生，有时上部者可互生，但均为全缘单叶；花瓣常于蕾中呈皱折状。
 184. 花瓣无爪，形小，或细长；浆果 ………………………………… 海桑科 Sonneratiaceae
 184. 花瓣有细爪，边缘具腐蚀状的波纹或具流苏；蒴果 ……………… 千屈菜科 Lythraceae
183. 叶互生，单叶或复叶；花瓣不呈皱折状。
 185. 花瓣宿存；雄蕊的下部连成一管 ……………………………………… 亚麻科 Linaceae
                  （黏木属 *Lxonanthes*）
 185. 花瓣脱落性；雄蕊互相分离。
  186. 草本，具二出数的花朵；萼片 2 片，早落；花瓣 4 个 ………… 罂粟科 Papaveraceae
                 （花菱草属 *Eschscholzia*）
  186. 木本或草本植物，具五出或四出数的花朵。
   187. 花瓣镊合状排列；果实为荚果；叶多为二回羽状复叶；有时叶片退化，而叶柄发育为叶状柄；心皮 1 个 ……………………………………………………… 豆科 Fabaceae
                （含羞草亚科 *Mimosoideae*）
   187. 花瓣覆瓦状排列；果实为核果、蓇葖果或瘦果；叶为单叶或复叶；心皮 1 个至多数 …………………………………………………………………… 蔷薇科 Rosaceae
181. 花为下位花，或至少在果实时花托扁平或隆起。
 188. 雌蕊少数至多数，互相分离或微有连合。（次 188 项见 204 页）
  189. 水生植物。
   190. 叶片呈盾状，全缘 ……………………………………………… 睡莲科 Nymphaeaceae
   190. 叶片不呈盾状，多少有些分裂或为复叶 ……………………… 毛茛科 Ranunculaceae
  189. 陆生植物。
   191. 茎为攀缘性。
    192. 草质藤本。
     193. 花显著，为两性花 ……………………………………… 毛茛科 Ranunculaceae
     193. 花小型，为单性，雌雄异株 …………………………… 防己科 Menispermaceae
    192. 木质藤本或为蔓生灌木。
     194. 叶对生，复叶由 3 小叶所成，或顶端小叶形成卷须 ……… 毛茛科 Ranunculaceae
                 （锡兰莲属 *Naravelia*）
     194. 叶互生，单叶。
      195. 花单性。
       196. 心皮多数，结果时聚生成一球状的肉质体或散布于极延长的花托上 …………………………………………………………………… 木兰科 Magnoliaceae
               （五味子亚科 *Schisandroideae*）
       196. 心皮 3~6，果为核果或核果状 ……………………… 防己科 Menispermaceae
      195. 花两性或杂性；心皮数个，果为蓇葖果 ……………… 五桠果科 Dilleniaceae
                （锡叶藤属 *Tetracera*）
   191. 茎直立，不为攀缘性。
    197. 雄蕊的花丝连成单体 …………………………………………… 锦葵科 Malvaceae
    197. 雄蕊的花丝互相分离。
     198. 草本植物，稀为亚灌木；叶片多少有些分裂或为复叶。
      199. 叶无托叶；种子有胚乳 …………………………… 毛茛科 Ranunculaceae
      199. 叶多有托叶；种子无胚乳 ……………………………………… 蔷薇科 Rosaceae
     198. 木本植物；叶片全缘或边缘有锯齿；也稀有分裂者。
      200. 萼片及花瓣均为镊合状排列；胚乳具嚼痕 ………… 番荔枝科 Annonaceae

200. 萼片及花瓣均为覆瓦状排列；胚乳无嚼痕。
　　201. 萼片及花瓣相同，三出数，排列为 3 层或多层，均可脱落 ………………
　　　　………………………………………………………… **木兰科 Magnoliaceae**
　　201. 萼片及花瓣甚有分化，多为五出数，排列为 2 层，萼片宿存。
　　　　202. 心皮 3 个至多数；花柱互相分离；胚珠为不定数 …… **五桠果科 Dilleniaceae**
　　　　202. 心皮 3~10 个；花柱完全合生；胚珠单生 ………………… **金莲木科 Ochnaceae**
　　　　　　　　　　　　　　　　　　　　　　　　　　　　　　（金莲木属 *Ochna*）
188. 雌蕊 1 个，但花柱或柱头为 1 至多数。
203. 叶片中无透明微点。
　　204. 叶互生，羽状复叶或退化为仅有 1 顶生小叶 ……………… **芸香科 Rutaceae**
　　204. 叶对生，单叶 ………………………………………………… **藤黄科 Clusiaceae**
203. 叶片中具透明微点。
　　205. 子房单纯，具 1 子房室。
　　　　206. 乔木或灌木；花瓣呈镊合状排列；果实为荚果 ……………… **豆科 Fabaceae**
　　　　　　　　　　　　　　　　　　　　　　　　　　　　　（含羞草亚科 *Mimosoideae*）
　　　　206. 草本植物；花瓣呈覆瓦状排列；果实不是荚果。
　　　　　　207. 花为五出数；蓇葖果 ………………………………… **毛茛科 Ranunculaceae**
　　　　　　207. 花为三出数；浆果 ……………………………………… **小檗科 Berberidaceae**
　　205. 子房为复合性。
208. 子房 1 室，或在马齿苋科土人参属 *Talinum* 中子房基部为 3 室。
　　209. 特立中央胎座。
　　　　210. 草本；叶互生或对生；子房基部 3 室，有多数胚珠 …… **马齿苋科 Poaulacaceae**
　　　　　　　　　　　　　　　　　　　　　　　　　　　　　　（土人参属 *Talinum*）
　　　　210. 灌木；叶对生；子房 1 室，内有 3 对的 6 个胚珠 ……… **红树科 Rhizophoraceae**
　　　　　　　　　　　　　　　　　　　　　　　　　　　　　　（秋茄树属 *Kandelia*）
　　209. 侧膜胎座。
　　　　211. 灌木或小乔木（在半日花科中常为亚灌木或草本植物），子房柄不存在或极短；
　　　　　　果实为蒴果或浆果。
　　　　　　212. 叶对生；萼片不相等，外面 2 片较小，或有时退化，内面 3 片呈旋转状排列
　　　　　　　　………………………………………………………… **半日花科 Cistaceae**
　　　　　　　　　　　　　　　　　　　　　　　　　　　　　　（半日花属 *Helianthemum*）
　　　　　　212. 叶常互生，萼片相等，呈覆瓦状或镊合状排列。
　　　　　　　　213. 植物体内含有色泽的汁液；叶具掌状脉，全缘；萼片 5 片，互相分离，基
　　　　　　　　　　部有腺体；种皮肉质，红色 …………………… **红木科 Bixaceae**
　　　　　　　　　　　　　　　　　　　　　　　　　　　　　　（红木属 *Bixa*）
　　　　　　　　213. 植物体内不含有色泽的汁液；叶具羽状脉或掌状脉；叶缘有锯齿或全缘；
　　　　　　　　　　萼片 3~8 片，离生或合生；种皮坚硬，干燥…… **大风子科 Flacourtiaceae**
　　　　211. 草本植物，如为木本植物时，则具有显著的子房柄；果实为浆果或核果。
　　　　　　214. 植物体内含乳汁；萼片 2~3 …………………………… **罂粟科 Papaveraceae**
　　　　　　214. 植物体内不含乳汁；萼片 4~8。
　　　　　　　　215. 叶为单叶或掌状复叶；花瓣完整，长角果 …… **白花菜科 Capparidaceae**
　　　　　　　　215. 叶为单叶，或为羽状复叶或分裂；花瓣具缺刻或细裂；蒴果仅于顶端裂开
　　　　　　　　　　………………………………………………………… **木犀草科 Resedaceae**
208. 子房 2 室至多室，或为不完全的 2 至多室。

216. 草本植物，具多少有些呈花瓣状的萼片。
    217. 水生植物；花瓣为多数雄蕊或鳞片状蜜腺叶所代替 …… **睡莲科 Nymphaeaceae**
        （萍蓬草属 *Nuphar*）
    217. 陆生植物；花瓣不为蜜腺叶所代替。
        218. 一年生草本植物；叶呈羽状细裂；花两性 ………… **毛茛科 Ranunculaceae**
        （黑种草属 *Nigella*）
        218. 多年生草本植物；叶全缘呈掌状分裂；雌雄同株 …… **大戟科 Euphorbiaceae**
        （麻风树属 *Jatropha*）
216. 木本植物，或陆生草本植物，常不具呈花瓣状的萼片。
  219. 萼片于蕾内呈镊合状排列。
    220. 雄蕊互相分离或连为数束。
      221. 花药 1 室或数室；叶为掌状复叶或单叶，全缘，具羽状脉 …………
        **木棉科 Bombacaceae**
      221. 花药 2 室；叶为单叶，叶缘有锯齿或全缘。
        222. 花药以顶端 2 孔裂开 ………………………… **杜英科 Elaeocarpaceae**
        222. 花药纵长裂开 ……………………………………… **椴树科 Tiliaceae**
    220. 雄蕊连为单体，至少内层者如此，并且多少有些连成管状。
      223. 花单性；萼片 2 或 3 片 ……………………… **大戟科 Euphorbiaceae**
        （石栗属 *Aleurites*）
      223. 花常两性；萼片多 5 片，稀可较少。
        224. 花药 2 室或更多室。
          225. 无副萼；多有不育雄蕊；花药 2 室；叶为单叶或掌状分裂 …………
            **梧桐科 Sterculiaceae**
          225. 有副萼；无不育雄蕊；花药数室；叶为单叶，全缘且具羽状脉 ………
            ………………………………………………… **木棉科 Bombacaceae**
            （榴梿属 *Durio*）
        224. 花药 1 室。
          226. 花粉粒表面平滑；叶为掌状复叶 ………… **木棉科 Bombacaceae**
            （木棉属 *Bombax*）
          226. 花粉粒表面有刺；叶有各种情形 ………………… **锦葵科 Malvaceae**
  219. 萼片于蕾内呈覆瓦状或旋转状排列，或有时（如大戟科的巴豆属 *Croton*）近于呈镊合状排列。
    227. 雌雄同株或稀可异株；果实为蒴果，由 2~4 个各自裂为 2 片的离果所成……
        **大戟科 Euphorbiaceae**
    227. 花常两性，或在猕猴桃科的猕猴桃属 *Actinidia* 为杂性或雌雄异株；果实为其他情形。
      228. 萼片在果实时增大且呈翅状；雄蕊具伸长的花药隔 …………………
        ………………………………………………… **龙脑香科 Dipterocarpaceae**
      228. 萼片及雄蕊二者不为上述情形。
        229. 雄蕊排列为 2 层，外层 10 个和花瓣对生，内层 5 个和萼片对生 ………
        ………………………………………………… **蒺藜科 Zygophyllaceae**
        （骆驼蓬属 *Peganum*）
        229. 雄蕊的排列为其他情形。

230. 食虫的草本植物；叶基生，呈管状，其上再具有小叶片 ················
·································································· 瓶子草科 Sarraceniaceae
230. 不是食虫植物；叶茎生或基生，但不呈管状。
  231. 植物体呈耐寒耐旱状；叶为全缘单叶。
    232. 叶对生或上部者互生；萼片 5 片，互不相等，外面 2 片较小或有
        时退化，内面 3 片较大，呈旋转状排列，宿存；花瓣早落 ········
        ································································· 半日花科 Cistaceae
    232. 叶互生；萼片 5 片，大小相等；花瓣宿存；在内侧基部各有 2 舌
        状物 ·········································· 柽柳科 Tamaricaceae
                                         （红砂属 *Reaumuria*）
  231. 植物体不是耐寒耐旱状；叶常互生；萼片 2～5 片，彼此相等；呈
      覆瓦状或稀可呈镊合状排列。
    233. 草本或木本植物；花为四出数，或其萼片多为 2 片且早落。
      234. 植物体内含乳汁；无或有极短子房柄；种子有丰富胚乳 ········
      ·································································罂粟科 Papaveraceae
      234. 植物体内不含乳汁；有细长的子房柄；种子无或有少量胚乳 ·
      ·································································白花菜科 Capparidaceae
    233. 木本植物；花常为五出数，萼片宿存或脱落。
      235. 果实为具 5 个棱角的蒴果，分为 5 个骨质各含 1 或 2 种子的心
        皮后，再各沿其缝线而 2 瓣裂开 ············· 蔷薇科 Rosaceae
                                      （白鹃梅属 *Exochorda*）
      235. 果实不为蒴果，如为蒴果时则为室背裂开。
        236. 蔓生或攀缘的灌木；雄蕊互相分离；子房 5 室或更多室；浆
          果，常可食 ································ 猕猴桃科 Actinidiaceae
        236. 直立乔木或灌木；雄蕊至少在外层者连为单体，或连成 3～5
          束而着生于花瓣的基部；子房 3～5 室。
          237. 花药能转动，以顶端孔裂开；浆果；胚乳颇丰富 ···········
          ·································································猕猴桃科 Actinidiaceae
                                        （水冬哥属 *Saurauia*）
          237. 花药能或不能转动，常纵长裂开；果实有各种情形；胚乳
            通常量微小 ·································· 山茶科 Theaceae
161. 成熟雄蕊 10 个或较少，如多于 10 个时，其数并不超过花瓣的 2 倍。
  238. 成熟雄蕊和花瓣同数，且和它对生。（次 238 项见 208 页）
    239. 雌蕊 3 个至多数，离生。
      240. 直立草本或亚灌木；花两性，五出数 ············· 蔷薇科 Rosaceae
                                        （地蔷薇属 *Chamaerhodos*）
      240. 木质或草质藤本；花单性，常为三出数。
        241. 叶常为单叶；花小型；核果；心皮 3～6 个，呈星状排列，各含 1 胚珠 ·······
        ·································································防己科 Menispermaceae
        241. 叶为掌状复叶或由 3 小叶组成；花中型；浆果；心皮 3 个至多数，轮状或螺旋状排列，
          各含 1 个或多数胚珠 ····························· 木通科 Lardizabalaceae
    239. 雌蕊 1 个。
      242. 子房 2 至数室。
        243. 花萼裂齿不明显或微小；以卷须缠绕他物的灌木或草本植物 ············ 葡萄科 Vitaceae

243. 花萼具 4～5 裂片；乔木、灌木或草本植物，有时虽也可为缠绕性，但无卷须。
  244. 雄蕊连成单体。
    245. 叶为单叶；每子房室内胚珠 2～6 个（或在可可树亚族 Theobromineae 中为多数）………………………………………………………………… 梧桐科 Sterculiaceae
    245. 叶为掌状复叶；每子房室内含胚珠多数 ………… 木棉科 Bombacaeae
（吉贝属 *Ceiba*）
  244. 雄蕊互相分离，或稀可在其下部连成一管。
    246. 叶无托叶；萼片各不相等；呈覆瓦状排列；花瓣不相等，在内层的 2 片常很小 ………………………………………………………………… 清风藤科 Sabiaceae
    246. 叶常有托叶；萼片同大，呈镊合状排列；花瓣均大小同形。
      247. 叶为单叶 …………………………………………… 鼠李科 Rhamnaceae
      247. 叶为 1～3 回羽状复叶 ………………………………… 葡萄科 Vitaceae
（火筒树属 *Leea*）

242. 子房 1 室（在马齿苋科的土人参属 *Talinum* 及铁青树科的铁青树属 *Olax* 中则子房的下部多少有些成为 3 室）。
  248. 子房下位或半下位。
    249. 叶互生，边缘常有锯齿；蒴果 ………………… 大风子科 Flacourtiaceae
（天料木属 *Homalium*）
    249. 叶多对生或轮生，全缘；浆果或核果 ………… 桑寄生科 Loranthaceae
  248. 子房上位。
    250. 花药以舌瓣裂开 ………………………………… 小檗科 Berberidaceae
    250. 花药不以舌瓣裂开。
      251. 缠绕草本；胚珠 1 个；叶肥厚，肉质 ……………… 落葵科 Basellaceae
（落葵属 *Basella*）
      251. 直立草本，或有时为木本；胚珠 1 个至多数。
        252. 雄蕊连成单体；胚珠 2 个 ………………… 梧桐科 Sterculiaceae
（蛇婆子属 *Waltheria*）
        252. 雄蕊互相分离，胚珠 1 个至多数。
          253. 花瓣 6～9 片；雌蕊单纯 ……………… 小檗科 Berberidaceae
          253. 花瓣 4～8 片；雌蕊复合。
            254. 常为草本；花萼有 2 个分离萼片。
              255. 花瓣 4 片；侧膜胎座 ……………… 罂粟科 Papaveraceae
（角茴香属 *Hypecoum*）
              255. 花瓣常 5 片；基底胎座 ……………… 马齿苋科 Portulacaceae
            254. 乔木或灌木，常蔓生；花萼呈倒圆锥形或杯状。
              256. 通常雌雄同株；花萼裂片 4～5；花瓣呈覆瓦状排列；无不育雄蕊；胚珠有 2 层珠被 ……………………………………… 紫金牛科 Myrsinaceae
（信筒子属 *Embelia*）
              256. 花两性；花萼于开花时微小，而具不明显的齿裂；花瓣多为镊合状排列；有不育雄蕊（有时代以蜜腺）；胚珠无珠被。
                257. 花萼于果时增大；子房的下部为 3 室，上部为 1 室，内含 3 个胚珠 ………………………………………………………………… 铁青树科 Olacaceae
（铁青树属 *Olax*）
                257. 花萼于果时不增大；子房 1 室，内仅含 1 个胚珠 … 山柚子科 Opiliaceae

238. 成熟雄蕊和花瓣不同数，如同数时则雄蕊和它互生。
　258. 雌雄异株；雄蕊 8 个，不相同，其中 5 个较长，有伸出花外的花丝，且和花瓣相互生，另 3 个则较短而藏于花内；灌木或灌木状草本；互生或对生单叶；心皮单生；雌花无花被，无梗，贴生于宽圆形的叶状苞片上 …………………………………………… 漆树科 Anacardiaceae
（九子母属 Dobinea）
　258. 花两性或单性，纵为雌雄异株时，其雄花中也无上述情形的雄蕊。
　　259. 花萼或其筒部和子房多少有些相连合。（次 259 项见 209 页）
　　　260. 每子房室内含胚珠或种子 2 个至多数。
　　　　261. 花药以顶端孔裂开；草本或木本植物；叶对生或轮生，大都于叶片基部具 3~9 脉 …… …………………………………………………………………… 野牡丹科 Melastomaceae
　　　　261. 花药纵长裂开。
　　　　　262. 草本或亚灌木；有时为攀缘性。
　　　　　　263. 具卷须的攀缘草本；花单性 ………………………… 葫芦科 Cucurbitaceae
　　　　　　263. 无卷须的植物；花常两性。
　　　　　　　264. 萼片或花萼裂片 2 片；植物体多少肉质而多水分 ……… 马齿苋科 Poaulacaceae
（马齿苋属 Portulaca）
　　　　　　　264. 萼片或花萼裂片 4~5 片；植物体常不为肉质。
　　　　　　　　265. 花萼裂片呈覆瓦状或镊合状排列；花柱 2 个或更多；种子具胚乳 ………… …………………………………………………………… 虎耳草科 Saxifragacea
　　　　　　　　265. 花萼裂片呈镊合状排列；花柱 1 个，具 2~4 裂，或为 1 呈头状的柱头；种子无胚乳 ……………………………………………………… 柳叶菜科 Onagraceae
　　　　　262. 乔木或灌木，有时为攀缘性。
　　　　　　266. 叶互生。
　　　　　　　267. 花数朵至多数呈头状花序；常绿乔木；叶革质，全缘或具浅裂 …………… …………………………………………………………… 金缕梅科 Hamamelidaceae
　　　　　　　267. 花呈总状或圆锥花序。
　　　　　　　　268. 灌木；叶为掌状分裂，基部具 3~5 脉；子房 1 室，有多数胚珠；浆果……  …………………………………………………………… 虎耳草科 Saxikagaceae
（茶藨子属 Ribes）
　　　　　　　　268. 乔木或灌木；叶缘有锯齿或细锯齿，有时全缘，具羽状脉；子房 3~5 室，每室内含 2 至数个胚珠，或在山茉莉属 Huodendron 为多数；干燥或木质核果，或蒴果，有时具棱角或有翅 ………………………… 野茉莉科 Styracaceae
　　　　　　266. 叶常对生（使君子科的榄李树属 Lumnitzera 例外，同科的风车子属 Corabretum 也可有时为互生，或互生和对生共存于一枝上）
　　　　　　　269. 胚珠多数，除冠盖藤属 Pileostegia 自子房室顶端垂悬外，均位于侧膜或中轴胎座上；浆果或蒴果；叶缘有锯齿或为全缘，但均无托叶；种子含胚乳 ………… …………………………………………………………… 虎耳草科 Saxikagaceae
　　　　　　　269. 胚珠 2 个至数个，近于自房室顶端垂悬；叶全缘或有圆锯齿；果实多不裂开，内有种子 1 至数个。
　　　　　　　　270. 乔木或灌木，常为蔓生，无托叶，不为形成海岸林的组成分子（榄李树属 Lumnitzera 例外）；种子无胚乳，落地后始萌芽…… 使君子科 Combretaceae
　　　　　　　　270. 常绿灌木或小乔木，具托叶；多为形成海岸林的主要组成分子，种子常有胚乳，在落地前即萌芽（胎生）…………………… 红树科 Rhizophoraceae
　　　260. 每子房室内仅含胚珠或种子 1 个。

271. 果实裂开为 2 个干燥的离果，并共同悬于一果梗上；花序常为伞形花序（在变豆菜属 *Sanicula* 及鸭儿芹属 *Cryptotaenia* 中为不规则的花序，在刺芹菱属 *Eryngium* 中，则为头状花序）·············································································· 伞形科 **Apiaceae**
271. 果实不裂开或裂开而不是上述情形的；花序可为各种类型。
    272. 草本植物。
        273. 花柱或柱头 2～4 个；种子具胚乳；果实为小坚果或核果，具棱角或有翅·············································································· 小二仙草科 **Haloragidaceae**
        273. 花柱 1 个，具有 2 头状或呈 2 裂的柱头；种子无胚乳。
            274. 陆生草本植物，具对生叶；花为二出数；果实为一具钩状刺毛的坚果········ 柳叶菜科 **Onagraceae**
（露珠草属 *Circaea*）
            274. 水生草本植物，有聚生而漂浮水面的叶片；花为四出数；果实为具 2～4 刺的坚果（栽培种果实可无显著的刺）·············································· 菱科 **Trapaceae**
（菱属 *Trapa*）
    272. 木本植物。
        275. 果实干燥或为蒴果状。
            276. 子房 2 室；花柱 2 个 ········································· 金缕梅科 **Hamamelidaceae**
            276. 子房 1 室；花柱 1 个。
                277. 花序伞房状或圆锥状 ····································· 莲叶桐科 **Hernandiaceae**
                277. 花序头状 ······················································ 蓝果树科 **Nyssaceae**
（喜树属 *Camptotheca*）
        275. 果实核果状或浆果状。
            278. 叶互生或对生；花瓣镊合状排列；花序有各种型式，但稀为伞形或头状，有时可生于叶片上。
                279. 花瓣 3～5 片，卵形至披针形；花药短················· 山茱萸科 **Cornaceae**
                279. 花瓣 4～10 片，狭窄形并向外翻转；花药细长········· 八角枫科 **Alangiaceae**
（八角枫属 *Alangium*）
            278. 叶互生；花瓣呈覆瓦状或镊合状排列；花序常为伞形或呈头状。
                280. 子房 1 室；花柱 1 个；花杂性兼雌雄异株，雌花单生或以少数朵至数朵聚生，雌花多数，腋生为有花梗的簇丛 ·············· 蓝果树科 **Nyssaceae**
（蓝果树属 *Nyssa*）
                280. 子房 2 室或更多室；花柱 2～5 个；如子房为 1 室而具 1 花柱时（如马蹄参属 *Diplopanax*），则花两性，形成顶生类似穗状花序 ······ 五加科 **Araliaceae**
259. 花萼和子房相分离。
    281. 叶片中有透明微点。
        282. 花整齐，稀可两侧对称；果实不为荚果 ······································ 芸香科 **Rutaceae**
        282. 花整齐或不整齐；果实为荚果 ················································ 豆科 **Fabaceae**
    281. 叶片中无透明微点。
        283. 雌蕊 2 个或更多，互相分离或仅有局部的连合；也可子房分离而花柱连合成 1 个。（次 283 项见 211 页）
            284. 多水分的草本，具肉质的茎及叶 ········································· 景天科 **Crassulaceae**
            284. 植物体为其他情形。
                285. 花为周位花。

286. 花的各部分呈螺旋状排列，萼片逐渐变为花瓣；雄蕊 5 或 6 个；雌蕊多数 ································································· **蜡梅科 Calycanthaceae**

（蜡梅属 *Chimenanthus*）

286. 花的各部分呈轮状排列，萼片和花瓣甚有分化。

  287. 雌蕊 2～4 个，各有多数胚珠；种子有胚乳；无托叶········**虎耳草科 Saxifragaceae**

  287. 雌蕊 2 个至多数，各有 1 至数个胚珠；种子无胚乳；有或无托叶 ················································································· **蔷薇科 Rosaceae**

285. 花为下位花，或在悬铃木科中微呈周位。

  288. 草本或亚灌木。

    289. 各子房的花柱互相分离。

      290. 叶常互生或基生，多少有些分裂；花瓣脱落性，较萼片为大，或于天葵属 *Semiaquilegia* 稍小于成花瓣状的萼片···············**毛茛科 Ranunculaceae**

      290. 叶对生或轮生，全缘单叶；花瓣宿存性，较萼片小 ···**马桑科 Coriariaceae**

（马桑属 *Coriaria*）

    289. 各子房合具 1 共同的花柱或柱头；叶为羽状复叶；花为五出数；花萼宿存；花中有和花瓣互生的腺体；雄蕊 10 个 ···············**牻牛儿苗科 Geraniaceae**

（熏倒牛属 *Biebersteinia*）

  288. 乔木；灌木或木本的攀缘植物。

    291. 叶为单叶。

      292. 叶对生或轮生 ····························································**马桑科 Coriariaceae**

（马桑属 *Coriaria*）

      292. 叶互生。

        293. 叶为脱落性，具掌状脉；叶柄基部扩张呈帽状以覆盖腋芽 ···············································································**悬铃木科 Platanaceae**

（悬铃木属 *Platanus*）

        293. 叶为常绿性或脱落性，具羽状脉。

          294. 雌蕊 7 个至多数（稀可少至 5 个）；直立或缠绕性灌木；花两性或单性 ·····································································**木兰科 Magnoliaceae**

          294. 雌蕊 4～6 个；乔木或灌木；花两性。

            295. 子房 5 或 6 个，以 1 共同的花柱而连合，各子房均可成熟为核果····················································································**金莲木科 Ochnaceae**

（赛金莲木属 *Campylospermum*）

            295. 子房 4～6 个，各具 1 花柱，仅有 1 子房可成熟为核果 ················································································**漆树科 Anacardiaceae**

（山楝子属 *Buchanania*）

    291. 叶为复叶。

      296. 叶对生 ···································································**省沽油科 Staphyleaceae**

      296. 叶互生。

        297. 木质藤本；叶为掌状复叶或三出复叶 ·············**木通科 Lardizabalaceae**

        297. 乔木或灌木（有时在牛栓藤科中有缠绕性者）；叶为羽状复叶。

          298. 果实为肉质蓇葖浆果，内含数种子似猫屎 ···**木通科 Lardizabalaceae**

（猫儿屎属 *Decaisnea*）

          298. 果实为其他情形。

            299. 果实为蓇葖果 ················································**牛栓藤科 Connaraceae**

299. 果实为离果,在臭椿属 *Ailanthus* 中为翅果 ············ **苦木科 Simaroubaceae**
283. 雌蕊 1 个,或至少其子房为 1 个。
　300. 雌蕊或子房确是单纯的,仅 1 室。
　　301. 果实为核果或浆果。
　　　302. 花为三出数,稀可二出数;花药以舌瓣裂开 ················· **樟科 Lauraceae**
　　　302. 花为五出或四出数;花药纵长裂开。
　　　　303. 落叶具刺灌木;雄蕊 10 个,周位,均可发育 ············ **蔷薇科 Rosaceae**
　　　　　　　　　　　　　　　　　　　　　　　　　　　（扁核木属 *Prinsepia*）
　　　　303. 常绿乔木;雄蕊 1～5 个,下位,常仅其中 1 或 2 个可发育················
　　　　　　　　　　　　　　　　　　　　　　　　········ **漆树科 Anacardiaceae**
　　　　　　　　　　　　　　　　　　　　　　　　　　　（杧果属 *Mangifera*）
　　301. 果实为蓇葖果或荚果。
　　　304. 果实为蓇葖果。
　　　　305. 落叶灌木;叶为单叶;蓇葖果内含 2 至数个种子 ········· **蔷薇科 Rosaceae**
　　　　　　　　　　　　　　　　　　　　　　　　　　（绣线菊亚科 *Spiraeoideae*）
　　　　305. 常为木质藤本;叶多为单数复叶或具 3 小叶;有时因退化而只有 1 小叶;
　　　　　　 蓇葖果内仅含 1 个种子 ·························· **牛栓藤科 Connaraceae**
　　　304. 果实为荚果 ·············································· **豆科 Fabaceae**
　300. 雌蕊或子房并非单纯者,有 1 个以上的子房室或花柱、柱头、胎座等部分。
　　306. 子房 1 室或因有 1 假隔膜的发育而成 2 室,有时下部 2～5 室,上部 1 室。
　　　（次 306 项见 213 页）
　　　307. 花下位,花瓣 4 片,稀可更多。
　　　　308. 萼片 2 片 ··············································· **罂粟科 Papaveraceae**
　　　　308. 萼片 4～8 片。
　　　　　309. 子房柄常细长,呈线状 ··················· **白花菜科 Capparidaceae**
　　　　　309. 子房柄极短或不存在。
　　　　　　310. 子房为 2 心皮连合组成,常具 2 子房室及 1 假隔膜 ···············
　　　　　　　　　　　　　　　　　　　　　　　　　········ **十字花科 Brassicaceae**
　　　　　　310. 子房 3～6 个心皮连合组成,仅 1 子房室。
　　　　　　　311. 叶对生,微小,为耐寒旱性;花为辐射对称;花瓣完整,具
　　　　　　　　　 瓣爪,其内侧有舌状的鳞片附属物·································
　　　　　　　　　　　　　　　　　　　　　　　　········ **瓣鳞花科 Frankeniaceae**
　　　　　　　　　　　　　　　　　　　　　　　　　　　（瓣鳞花属 *Frankenia*）
　　　　　　　311. 叶互生,显著,非为耐寒旱性;花为两侧对称;花瓣常分裂,
　　　　　　　　　 但其内侧并无鳞片状的附属物·································
　　　　　　　　　　　　　　　　　　　　　　　　········ **木犀草科 Resedaceae**
　　　307. 花周位或下位,花瓣 3～5 片,稀可 2 片或更多。
　　　　312. 每子房室内仅有胚珠 1 个。
　　　　　313. 乔木,或稀为灌木;叶常为羽状复叶。
　　　　　　314. 叶常为羽状复叶,具托叶及小托叶 ···· **省沽油科 Staphyleaceae**
　　　　　　　　　　　　　　　　　　　　　　　　　　（银鹊树属 *Tapiscia*）
　　　　　　314. 叶为羽状复叶或单叶,无托叶及小托叶 ···**漆树科 Anacardiaceae**
　　　　　313. 木本或草本;叶为单叶。
　　　　　　315. 通常均为木本,稀可在樟科的无根藤属 *Cassytha* 则为缠绕性寄

生草本；叶常互生，无膜质托叶。
  316. 乔木或灌木；无托叶；花为三出或二出数，萼片和花瓣同形，稀可花瓣较大；花药以舌瓣裂开；浆果或核果 ············································································ **樟科 Lauraceae**
  316. 蔓生性的灌木，茎为合轴型，具钩状的分枝；托叶小而早落；花为五出数，萼片和花瓣不同形，前者且于结实时增大呈翅状；花药纵长裂开；坚果 ········ **钩枝藤科 Ancistrocladaceae**（钩枝藤属 *Ancistrocladus*）
 315. 草本或亚灌木；叶互生或对生，具膜质托叶 ························································· **蓼科 Polygonaceae**
312. 每子房室内有胚珠2个至多数。
 317. 乔木、灌木或木质藤本。
  318. 花瓣及雄蕊均着生于花萼上 ················ **千屈菜科 Lythraceae**
  318. 花瓣及雄蕊均着生于花托上（或于西番莲科中雄蕊着生于子房柄上）。
   319. 核果或翅果，仅有1种子。
    320. 花萼具显著的4或5裂片或裂齿，微小而不能长大 ········································································· **茶茱萸科 Icacinaceae**
    320. 花萼呈截平头或具不明显的萼齿，微小，但能在果实上增大 ············································································ **铁青树科 Olacaceae**（铁青树属 *Olax*）
   319. 蒴果或浆果，内有2个至多数种子。
    321. 花两侧对称。
     322. 叶为二至三回羽状复叶；雄蕊5个 ············································································ **辣木科 Moringaceae**（辣木属 *Moringa*）
     322. 叶为全缘的单叶；雄蕊8个 ········ **远志科 Polygalaceae**
    321. 花辐射对称；叶为单叶或掌状分裂。
     323. 花瓣具有直立而常彼此衔接的瓣爪 ············································································ **海桐花科 Pittosporaceae**（海桐花属 *Pittosporum*）
     323. 花瓣不具细长的瓣爪。
      324. 植物体为耐寒旱性，有鳞片状或细长形的叶片；花无小苞片 ················ **柽柳科 Tamaricaceae**
      324. 植物体非为耐寒旱性，具有较宽大的叶片。
       325. 花两性。
        326. 花萼和花瓣不甚分化，且前者较大 ············································································ **大风子科 Flacourtiaceae**（红子木簇 *Erythrospermeae*）
        326. 花萼和花瓣很有分化，前者很小 ············································································ **堇菜科 Violaceae**（雷诺木属 *Rinorea*）
       325. 雌雄异株或花杂性。
        327. 乔木；花的每一花瓣基部各具位于内方的一鳞

片；无子房柄 ·············· **大风子科 Flacourtiaceae**

（大风子属 *Hydnocarpus*）

327. 多为具卷须而攀缘的灌木；花常具一5鳞片所成的副冠，各鳞片和萼片对生；有子房柄 ··········

·················· **西番莲科 Passifloraceae**

（蒴莲属 *Adenia*）

317. 草本或亚灌木。

328. 胎座位于子房室的中央或基底。

329. 花瓣着生于花萼的喉部 ················ **千屈菜科 Lythraceae**

329. 花瓣着生于花托上。

330. 萼片2片；叶互生，稀可对生 ······ **马齿苋科 Portulacaceae**

330. 萼片5或4片；叶对生 ············ **石竹科 Caryophyllaceae**

328. 胎座为侧膜胎座。

331. 食虫植物，具生有腺体刚毛的叶片 ··· **茅膏菜科 Droseraceae**

331. 非为食虫植物，也无生有腺体毛茸的叶片。

332. 花两侧对称。

333. 花有一位于前方的距状物；蒴果3瓣裂开 ···············

·················· **堇菜科 Violaceae**

333. 花有一位于后方的大型花盘；蒴果仅于顶端裂开 ········

·················· **木犀草科 Resedaceae**

332. 花整齐或近于整齐。

334. 植物体为耐寒旱性；花瓣内侧各有1舌状的鳞片 ········

·················· **瓣鳞花科 Frankeniaceae**

（瓣鳞花属 *Frankenia*）

334. 植物体非为耐寒旱性；花瓣内侧无鳞片的舌状附属物。

335. 花中有副冠及子房柄 ········ **西番莲科 Passifloraceae**

（西番莲属 *Passiflora*）

335. 花中无副冠及子房柄 ·········· **虎耳草科 Saxifragaceae**

306. 子房2室或更多室。

336. 花瓣形状彼此极不相等。

337. 每子房室内有数个至多数胚珠。

338. 子房2室 ················ **虎耳草科 Saxifragaceae**

338. 子房5室 ················ **凤仙花科 Balsaminaceae**

337. 每子房室内仅有1个胚珠。

339. 子房3室；雄蕊离生；叶盾状，叶缘具棱角或波纹 ···············

·················· **旱金莲科 Tropaeolaceae**

（旱金莲属 *Tropaeolum*）

339. 子房2室（稀可1或3室）；雄蕊连合为一单体；叶不呈盾状，全缘 ·················· **远志科 Polygalaceae**

336. 花瓣形状彼此相等或微有不等，且有时花也可为两侧对称。

340. 雄蕊数和花瓣数既不相等，也不是它的倍数。

341. 叶对生。

342. 雄蕊4～10个，常8个。

343. 蒴果 ·················· **七叶树科 Hippocastanaceae**

343. 翅果 ······································ 槭树科 Aceraceae
342. 雄蕊 2 或 3 个，也稀可 4 或 5 个。
　　344. 萼片及花瓣均为五出数；雄蕊多为 3 个 ······················
　　　　　　　　　　　　　　　　　　 翅子藤科 Hippocrateaceae
　　344. 萼片及花瓣常均为四出数；雄蕊 2 个，稀可 3 个 ············
　　　　　　　　　　　　　　　　　　　　　　　 木犀科 Oleaceae
341. 叶互生。
　　345. 叶为单叶，多全缘，或在油桐属 *Vernicia* 中可具 3～7 裂片；
　　　　 花单性 ······································· 大戟科 Euphorbiaceae
　　345. 叶为单叶或复叶；花两性或杂性。
　　　　346. 萼片为镊合状排列；雄蕊连成单体 ······ 梧桐科 Sterculiaceae
　　　　346. 萼片为覆瓦状排列；雄蕊离生。
　　　　　　347. 子房 4 或 5 室，每子房室内有 8～12 胚珠；种子具翅 ······
　　　　　　　　　　　　　　　　　　　　　　　　　 楝科 Meliaceae
　　　　　　　　　　　　　　　　　　　　　　　（香椿属 *Toona*）
　　　　　　347. 子房常 3 室，每子房室内有 1 至数个胚珠；种子无翅。
　　　　　　　　348. 花小型或中型，下位，萼片互相分离或微有连合 ········
　　　　　　　　　　　　　　　　　　　　　　　 无患子科 Sapindaceae
　　　　　　　　348. 花大型，美丽，周位，萼片互相连合呈一钟形的花萼 ··
　　　　　　　　　　　　　　　　　　　　 钟萼木科 Bretschneideraceae
　　　　　　　　　　　　　　　　　　　　（钟萼木属 *Bretschneidera*）
340. 雄蕊数和花瓣数相等，或是它的倍数。
　　349. 每子房室内有胚珠或种子 3 个至多数。（次 349 项见 215 页）
　　　　350. 叶为复叶。
　　　　　　351. 雄蕊连合为单体 ························· 酢浆草科 Oxalidaceae
　　　　　　351. 雄蕊彼此相互分离。
　　　　　　　　352. 叶互生。
　　　　　　　　　　353. 叶为二至三回的三出叶，或为掌状叶 ···············
　　　　　　　　　　　　　　　　　　　　　　　 虎耳草科 Saxifragaceae
　　　　　　　　　　　　　　　　　　　　　（落新妇亚族 Astilbinae）
　　　　　　　　　　353. 叶为一回羽状复叶 ···············棟科 Meliaceae
　　　　　　　　　　　　　　　　　　　　　　　（香椿属 *Toona*）
　　　　　　　　352. 叶对生。
　　　　　　　　　　354. 叶为双数羽状复叶 ············ 蒺藜科 Zygophyllaceae
　　　　　　　　　　354. 叶为单数羽状复叶 ············ 省沽油科 Staphyleaceae
　　　　350. 叶为单叶。
　　　　　　355. 草本或亚灌木。
　　　　　　　　356. 花周位；花托多少有些中空。
　　　　　　　　　　357. 雄蕊着生于杯状花托的边缘 ······ 虎耳草科 Saxifragaceae
　　　　　　　　　　357. 雄蕊着生于杯状或管状花萼（或花托）的内侧 ···········
　　　　　　　　　　　　　　　　　　　　　　　　 千屈菜科 Lythraceae
　　　　　　　　356. 花下位；花托常扁平。
　　　　　　　　　　358. 叶对生或轮生，常全缘。
　　　　　　　　　　　　359. 水生或沼泽草本，有时（如田繁缕属 *Bergia*）为亚灌木；有托叶 ································· 沟繁缕科 **Elatinaceae**

359. 陆生草本；无托叶 ············ 石竹科 **Caryophyllaceae**

358. 叶互生或基生；稀可对生，边缘有锯齿，或叶退化为无绿色组织的鳞片。

360. 草本或亚灌木；有托叶；萼片呈镊合状排列，脱落性 ················································· 椴树科 **Tiliaceae**

（黄麻属 *Corchorus*，田麻属 *Corchoropsis*）

360. 多年生常绿草本，或为寄生植物而无绿色组织；无托叶；萼片呈覆瓦状排列，宿存性 ························ ························································· 鹿蹄草科 **Pyrolaceae**

355. 木本植物。

361. 花瓣常有彼此衔接或其边缘互相依附的柄状瓣爪 ········· ·········································· 海桐花科 **Pittosporaceae**

（海桐花属 *Pittosporum*）

361. 花瓣无瓣爪，或仅具互相分离的细长柄状瓣爪。

362. 花托空凹；萼片呈镊合状或覆瓦状排列。

363. 叶互生，边缘有锯齿，常绿性 ························ ·········································· 虎耳草科 **Saxifragaceae**

（鼠刺属 *Itea*）

363. 叶对生或互生，全缘，脱落性。

364. 子房2～6室，仅具1花柱；胚珠多数，着生于中轴胎座上 ················ 千屈菜科 **Lythraceae**

364. 子房2室，具2花柱；胚珠数个，垂悬于中轴胎座上 ·············· 金缕梅科 **Hamamelidaceae**

（双花木属 *Disanthus*）

362. 花托扁平或微凸起；萼片呈覆瓦状或于杜英科中呈镊合状排列。

365. 花四出数；果实浆果状或核果状；花药纵长裂开或顶端舌瓣裂开。

366. 穗状花序腋生于当年新枝上；花瓣先端具齿裂 ····· ············································ 杜英科 **Elaeocarpaceae**

（杜英属 *Elaeocarpus*）

366. 穗状花序腋生于昔年老枝上；花瓣完整 ·············· ············································ 旌节花科 **Stachyuraceae**

（旌节花属 *Stachyurus*）

365. 花为五出数；果实呈蒴果状；花药顶端孔裂。

367. 花粉粒单纯；子房3室 ······· 桤叶树科 **Clethraceae**

（桤叶树属 *Clethra*）

367. 花粉粒复合，成为四合体；子房5室 ················· ·················································· 杜鹃花科 **Ericaceae**

349. 每子房室内有胚珠或种子1或2个。

368. 草本植物，有时基部呈灌木状。

369. 花单性、杂性，或雌雄异株。

370. 具卷须的藤本；叶为二回三出复叶 … 无患子科 Sapindaceae
(倒地铃属 *Cardiosperrman*)
370. 直立草本或亚灌木；叶为单叶 …… 大戟科 Euphorbiaceae
369. 花两性。
371. 萼片呈镊合状排列；果实有刺 ………… 椴树科 Tiliaceae
(刺蒴麻属 *Triumfetta*)
371. 萼片呈覆瓦状排列；果实无刺。
372. 雄蕊彼此分离；花柱互相连合 …………………………………………………………… 牻牛儿苗科 Geraniaceae
372. 雄蕊互相连合；花柱彼此分离 ………… 亚麻科 Linaceae
368. 木本植物。
373. 叶肉质，通常仅为 1 对小叶所组成的复叶 ……………………………………………………… 蒺藜科 Zygophyllaceae
373. 叶为其他情形。
374. 叶对生；果实为 1、2 或 3 个翅果所组成。
375. 花瓣细裂或具齿裂；每果实有 3 个翅果 ……………………………………………………………… 金虎尾科 Malpighiaceae
375. 花瓣全缘；每果实具 2 个或连合为 1 个的翅果 ……………………………………………………… 槭树科 Aceraceae
374. 叶互生，如为对生时，则果实不为翅果。
376. 叶为复叶，或稀可为单叶而有具翅的果实。
377. 雄蕊连为单体。
378. 萼片及花瓣均为三出数；花药 6 个，花丝生于雄蕊管的口部 ……… 橄榄科 Burseraceae
378. 萼片及花瓣均为四出至六出数；花药 8～12 个，无花丝，直接着生于雄蕊管的喉部或裂齿之间 ……………………………………………………………… 楝科 Mehaceae
377. 雄蕊各自分离。
379. 叶为单叶；果实为一具 3 翅而其内仅有 1 个种子的小坚果 …………… 卫矛科 Celastraceae
(雷公藤属 *Tripterygium*)
379. 叶为复叶；果实无翅。
380. 花柱 3～5 个；叶常互生，脱落性……………………………………………………… 漆树科 Anacardiaceae
380. 花柱 1 个；叶互生或对生。
381. 叶为羽状复叶，互生，常绿或脱落性；果实有各种类型 ……… 无患子科 Sapindaceae
381. 叶为掌状复叶，对生，脱落性；果实为蒴果 ……………………………………………………… 七叶树科 Hippocastanaceae
376. 叶为单叶；果实无翅。
382. 雄蕊连成单体，或如为 2 轮时，至少其内轮者如此，有时其花药无花丝（如大戟科的三宝木属 *Trigonastemon*）。
383. 花单性；萼片或花萼裂片 2～6 片，呈镊合状或覆

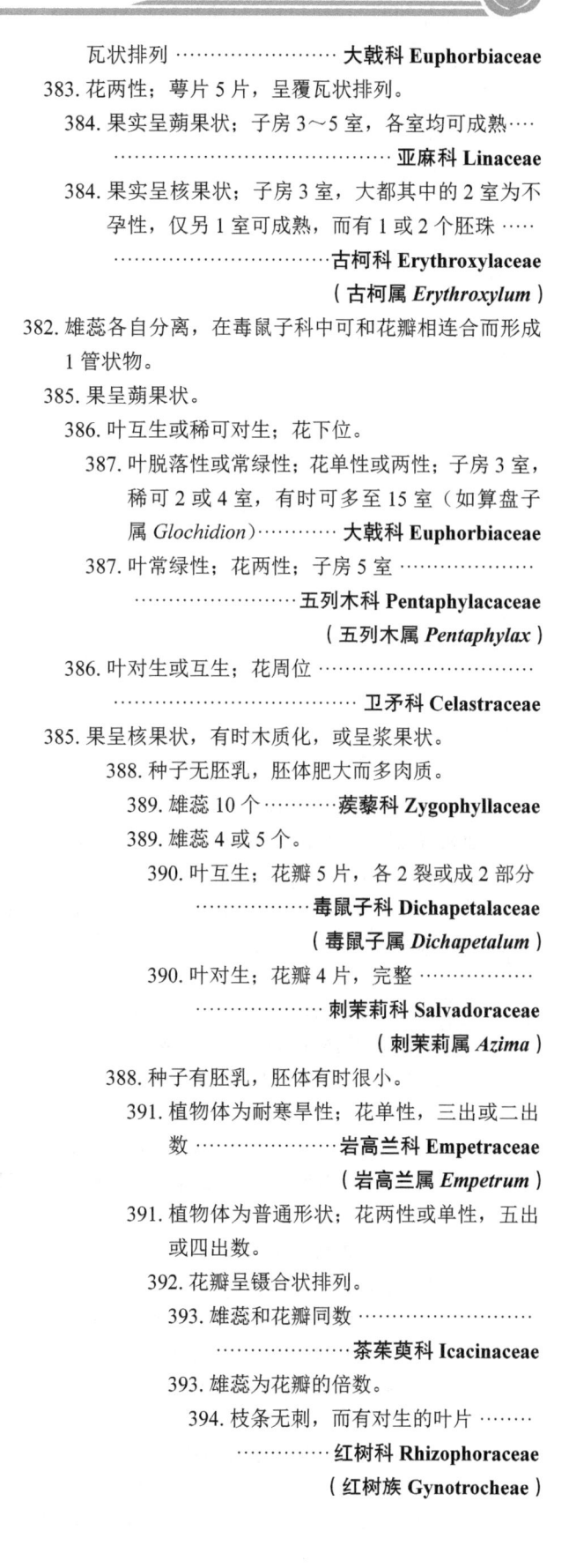

瓦状排列 …………… **大戟科 Euphorbiaceae**
383. 花两性；萼片5片，呈覆瓦状排列。
　　384. 果实呈蒴果状；子房3～5室，各室均可成熟……
　　　……………………………… **亚麻科 Linaceae**
　　384. 果实呈核果状；子房3室，大都其中的2室为不孕性，仅另1室可成熟，而有1或2个胚珠……
　　　…………………… **古柯科 Erythroxylaceae**
　　　（古柯属 *Erythroxylum*）
382. 雄蕊各自分离，在毒鼠子科中可和花瓣相连合而形成1管状物。
　　385. 果呈蒴果状。
　　　386. 叶互生或稀可对生；花下位。
　　　　387. 叶脱落性或常绿性；花单性或两性；子房3室，稀可2或4室，有时可多至15室（如算盘子属 *Glochidion*）………… **大戟科 Euphorbiaceae**
　　　　387. 叶常绿性；花两性；子房5室 ………
　　　　……………… **五列木科 Pentaphylacaceae**
　　　　　（五列木属 *Pentaphylax*）
　　　386. 叶对生或互生；花周位 ……………………
　　　……………………… **卫矛科 Celastraceae**
　　385. 果呈核果状，有时木质化，或呈浆果状。
　　　388. 种子无胚乳，胚体肥大而多肉质。
　　　　389. 雄蕊10个 ……… **蒺藜科 Zygophyllaceae**
　　　　389. 雄蕊4或5个。
　　　　　390. 叶互生；花瓣5片，各2裂或成2部分
　　　　　………………… **毒鼠子科 Dichapetalaceae**
　　　　　　（毒鼠子属 *Dichapetalum*）
　　　　　390. 叶对生；花瓣4片，完整 ………
　　　　　…………………… **刺茉莉科 Salvadoraceae**
　　　　　　（刺茉莉属 *Azima*）
　　　388. 种子有胚乳，胚体有时很小。
　　　　391. 植物体为耐寒旱性；花单性，三出或二出数 ………… **岩高兰科 Empetraceae**
　　　　　（岩高兰属 *Empetrum*）
　　　　391. 植物体为普通形状；花两性或单性，五出或四出数。
　　　　　392. 花瓣呈镊合状排列。
　　　　　　393. 雄蕊和花瓣同数 ……………………
　　　　　　………………… **茶茱萸科 Icacinaceae**
　　　　　　393. 雄蕊为花瓣的倍数。
　　　　　　　394. 枝条无刺，而有对生的叶片 ………
　　　　　　　…………………… **红树科 Rhizophoraceae**
　　　　　　　　（红树族 **Gynotrocheae**）

394. 枝条有刺，而有互生叶片 ……………
………… **铁青树科 Olacaceae**
（海檀木属 *Ximenia*）
392. 花瓣呈覆瓦状排列，或在大戟科的小束花属 Microdesmis 中为扭转兼覆瓦状排列。
395. 花单性，雌雄异株；花瓣较小于萼片 ……………… **攀打科 Pandaceae**
（小盘木属 *Microdesmis*）
395. 花两性或单性；花瓣常较大于萼片。
396. 落叶攀缘灌木；雄蕊 10 个；子房 5 室，每室内有胚珠 2 个 …………
………… **猕猴桃科 Actinidiaceae**
（藤山柳属 *Clematoclethra*）
396. 多为常绿乔木或灌木；雄蕊 4 或 5 个。
397. 花下位，雌雄异株或杂性；无花盘 ………… **冬青科 Aquifoliaceae**
（冬青属 *Ilex*）
397. 花周位，两性或杂性；有花盘 ……
………… **卫矛科 Celastraceae**
（异卫矛亚科 Cassinioideae）

160. 花冠为多少有些连合的花瓣所组成。
398. 成熟雄蕊或单体雄蕊的花药数多于花冠裂片。（次 398 项见 219 页）
399. 心皮 1 个至数个，互相分离或大致分离。
400. 叶为单叶或有时可为羽状分裂，对生，肉质 ………… **景天科 Crassulaceae**
400. 叶为二回羽状复叶，互生，不呈肉质 ………… **豆科 Fabaceae**
（含羞草亚科 Mimosoideae）
399. 心皮 2 个或更多，连合成一复合性子房。
401. 雌雄同株或异株，有时为杂性。
402. 子房 1 室；无分枝而呈棕榈状的小乔木 ………… **番木瓜科 Caricaceae**
（番木瓜属 *Carica*）
402. 子房 2 室至多室；具分枝的乔木或灌木。
403. 雄蕊连成单体，或至少内层者如此；蒴果 ………… **大戟科 Euphorbiaceae**
（麻风树属 *Jatropha*）
403. 雄蕊各自分离；浆果 ………… **柿树科 Ebenaceae**
401. 花两性。
404. 花瓣连成一盖状物，或花萼裂片及花瓣均可合成为 1 或 2 层的盖状物。
405. 叶为单叶，具有透明微点 ………… **桃金娘科 Myrtaceae**
405. 叶为掌状复叶，无透明微点 ………… **五加科 Araliaceae**
（多蕊木属 *Tupidanthus*）
404. 花瓣及花萼裂片均不连成盖状物。
406. 每子房室中有 3 个至多数胚珠。
407. 雄蕊 5～10 个或其数不超过花冠裂片的 2 倍，稀可在野茉莉科的银钟花属 *Halesia* 其数可达 16 个，而为花冠裂片的 4 倍。
408. 雄蕊连成单体或其花丝于基部互相连合；花药纵裂；花粉粒单生。
409. 叶为复叶；子房上位；花柱 5 个 ·················· 酢浆草科 **Oxalidaceae**
409. 叶为单叶；子房下位或半下位；花柱 1 个；乔木或灌木，常有星状毛 ············
·························································· 野茉莉科 **Styracaceae**
408. 雄蕊各自分离；花药顶端孔裂；花粉粒为四合型 ········ 杜鹃花科 **Ericaceae**
407. 雄蕊为不定数。
410. 萼片和花瓣常各为多数，而无显著的区分；子房下位；植物体肉质；绿色，常具棘针，而其叶退化 ························································· 仙人掌科 **Cactaceae**
410. 萼片和花瓣常各为 5 片，而有显著的区分；子房上位。
411. 萼片呈镊合状排列；雄蕊连成单体 ·················· 锦葵科 **Malvaceae**
411. 萼片呈显著的覆瓦状排列。
412. 雄蕊连成 5 束，且每束着生于一花瓣的基部；花药顶端孔裂开；浆果 ········
··················································· 猕猴桃科 **Actinidiaceae**
（水东哥属 *Saurauia*）
412. 雄蕊的基部连成单体；花药纵长裂开；蒴果 ········ 山茶科 **Theaceae**
（紫茎木属 *Stewartia*）
406. 每子房室中常仅有 1 或 2 个胚珠。
413. 花萼中的 2 片或更多片于结实时能长大呈翅状 ········ 龙脑香科 **Dipterocarpaceae**
413. 花萼裂片无上述变大的情形。
414. 植物体常有星状毛茸 ····································· 野茉莉科 **Styracaceae**
414. 植物体无星状毛茸。
415. 子房下位或半下位；果实歪斜 ··················· 山矾科 **Symplocaceae**
（山矾属 *Symplocos*）
415. 子房上位。
416. 雄蕊相互连合为单体；果实成熟时分裂为离果 ········ 锦葵科 **Malvaceae**
416. 雄蕊各自分离；果实不是离果。
417. 子房 1 或 2 室；蒴果 ······················· 瑞香科 **Thymelaeaceae**
（沉香属 *Aquilaria*）
417. 子房 6～8 室；浆果 ························· 山榄科 **Sapotaceae**
（紫荆木属 *Madhuca*）
398. 成熟雄蕊并不多于花冠裂片或有时因花丝的分裂则可过之。
418. 雄蕊和花冠裂片为同数且对生。（次 418 项见 220 页）
419. 植物体内有乳汁 ··············································· 山榄科 **Sapotaceae**
419. 植物体内不含乳汁。
420. 果实内有数个至多数种子。
421. 乔木或灌木；果实呈浆果状或核果状 ·············· 紫金牛科 **Myrsinaceae**
421. 草本；果实呈蒴果状 ···································· 报春花科 **Primulaceae**
420. 果实内仅有 1 个种子。
422. 子房下位或半下位。
423. 乔木或攀缘性灌木；叶互生 ····················· 铁青树科 **Olacaceae**
423. 常为半寄生性灌木；叶对生 ····················· 桑寄生科 **Loranthaceae**
422. 子房上位。
424. 花两性。

425. 攀缘性草本；萼片 2；果为肉质宿存花萼所包围 ·················· 落葵科 Basellaceae

（落葵属 Basella）

425. 直立草本或亚灌木，有时为攀缘性；萼片或萼裂片 5；果为蒴果或瘦果，不为花萼所包围 ······················································· 白花丹科 Plmnbaginaceae

424. 花单性，雌雄异株；攀缘性灌木。

426. 雄蕊连合成单体；雌蕊单纯性 ··························· 防己科 Menispermaceae

（锡生藤亚族 Cissampelinae）

426. 雄蕊各自分离；雌蕊复合性 ······························ 茶茱萸科 Icacinaceae

（微花藤属 Iodes）

418. 雄蕊和花冠裂片为同数且互生，或雄蕊数较花冠裂片为少。

427. 子房下位。（次 427 项见 221 页）

428. 植物体常以卷须而攀缘或蔓生；胚珠及种子皆为水平生长于侧膜胎座上 ···············

·································································· 葫芦科 Cucurbitaceae

428. 植物体直立，如为攀缘时也无卷须；胚珠及种子并不为水平生长。

429. 雄蕊互相连合。

430. 花整齐或两侧对称，呈头状花序，或在苍耳属 Xanthium 中，雌花序为一仅含 2 花的果壳，其外生有钩状刺毛；子房 1 室，内仅有 1 个胚珠 ·················· 菊科 Asteraceae

430. 花多两侧对称，单生或呈总状或伞房花序；子房 2 或 3 室，内有多数胚珠。

431. 花冠裂片呈镊合状排列；雄蕊 5 个，具分离的花丝及连合的花药 ·················

·································································· 桔梗科 Campanulaceae

（半边莲亚科 Lobelioideae）

431. 花冠裂片呈覆瓦状排列；雄蕊 2 个，具连合的花丝及分离的花药 ·················

·································································· 花柱草科 Stylidiaceae

（花柱草属 Stylidium）

429. 雄蕊各自分离。

432. 雄蕊和花冠相分离或近于分离。

433. 花药顶端孔裂开；花粉粒连合成四合体；灌木或亚灌木 ·········· 杜鹃花科 Ericaceae

（乌饭树亚科 Vaccinioideae）

433. 花药纵长裂开，花粉粒单纯；多为草本。

434. 花冠整齐；子房 2~5 室，内有多数胚珠 ················ 桔梗科 Campanulaceae

434. 花冠不整齐；子房 1~2 室，每子房室内有 1 或 2 个胚珠 ·······················

·································································· 草海桐科 Goodeniaceae

432. 雄蕊着生于花冠上。

435. 雄蕊 4 或 5 个，和花冠裂片同数。

436. 叶互生；每子房室内有多数胚珠 ····················· 桔梗科 Campanulaceae

436. 叶对生或轮生；每子房室内有 1 个至多数胚珠。

437. 叶轮生，如为对生时，则有托叶存在 ··················· 茜草科 Rubiaceae

437. 叶对生，无托叶或稀可有明显的托叶。

438. 花序多为聚伞花序 ······························· 忍冬科 Caprifoliaceae

438. 花序为头状花序 ································· 川续断科 Dipsacaceae

435. 雄蕊 1~4 个，其数较花冠裂片为少。

439. 子房 1 室。

440. 胚珠多数，生于侧膜胎座上 ······················· 苦苣苔科 Gesnefiaceae

440. 胚珠 1 个，垂悬于子房的顶端 ······················ 川续断科 Dipsacaceae

439. 子房 2 室或更多室，具中轴胎座。
  441. 子房 2～4 室，所有的子房室均可成熟；水生草本…………**胡麻科 Pedaliaceae**
                          （茶菱属 *Trapella*）
  441. 子房 3 或 4 室，仅其中 1 或 2 室可成熟。
    442. 落叶或常绿的灌木；叶片常全缘或边缘有锯齿………**忍冬科 Caprifoliaceae**
    442. 陆生草本；叶片常有很多的分裂………………………**败酱科 Valerianaceae**
427. 子房上位。
 443. 子房深裂为 2～4 部分；花柱或数花柱均自子房裂片之间伸出。
  444. 花冠两侧对称或稀可整齐；叶对生 ……………………………**唇形科 Lamiaceae**
  444. 花冠整齐；叶互生。
    445. 花柱 2 个；多年生匍匐性小草本；叶片呈圆肾形………**旋花科 Convolvulaceae**
                        （马蹄金属 *Dichondra*）
    445. 花柱 1 个 ………………………………………………**紫草科 Boraginaceae**
 443. 子房完整或微有分割，或为 2 个分离的心皮所组成；花柱自子房的顶端伸出。
  446. 雄蕊的花丝分裂。
    447. 雄蕊 2 个，各分为 3 裂 ……………………………………**罂粟科 Papaveraceae**
                        （紫堇亚科 Fumarioideae）
    447. 雄蕊 5 个，各分为 2 裂 ………………………………**五福花科 Adoxaceae**
                        （五福花属 *Adoxa*）
  446. 雄蕊的花丝单纯。
    448. 花冠不整齐，常多少有些呈二唇状。（次 448 项见 222 页）。
    449. 成熟雄蕊 5 个。
      450. 雄蕊和花冠离生 ………………………………………**杜鹃花科 Ericaceae**
      450. 雄蕊着生于花冠上 ……………………………………**紫草科 Boraginaceae**
    449. 成熟雄蕊 2 或 4 个，退化雄蕊有时也可存在。
      451. 每子房室内仅含 1 或 2 个胚珠（如为后一情形时，也可在次 451 项检索之）。
        452. 叶对生或轮生；雄蕊 4 个，稀可 2 个；胚珠直立，稀可垂悬。
          453. 子房 2～4 室，共有 2 个或更多的胚珠…………**马鞭草科 Verbenaceae**
          453. 子房 1 室，仅含 1 个胚珠 ……………………**透骨草科 Phrymataceae**
                        （透骨草属 *Phryma*）
        452. 叶互生或基生；雄蕊 2 或 4 个，胚珠垂悬；子房 2 室，每子房室内仅有 1 个胚珠 ………………………………………………………**玄参科 Scrophulariaceae**
      451. 每子房室内有 2 个至多数胚珠。
        454. 子房 1 室具侧膜胎座或中央胎座（有时可因侧膜胎座的深入而为 2 室）。
          455. 草本或木本植物，不为寄生性，也非食虫性。
            456. 多为乔木或木质藤本；叶为单叶或复叶，对生或轮生，稀可互生，种子有翅，但无胚乳 ……………………………………………**紫葳科 Bignoniaceae**
            456. 多为草本；叶为单叶，基生或对生；种子无翅，有或无胚乳 …………
………………………………………………………………**苦苣苔科 Gesneriaceae**
          455. 草本植物，为寄生性或食虫性。
            457. 植物体寄生于其他植物的根部，而无绿叶存在；雄蕊 4 个；侧膜胎座 ……
………………………………………………………………**列当科 Orobanchaceae**
            457. 植物体为食虫性，有绿叶存在；雄蕊 2 个；特立中央胎座；多为水生或沼泽植物，且有具距的花冠 ………………………**狸藻科 Lentibulariaceae**

454. 子房 2～4 室，具中轴胎座，或于角胡麻科中为子房 1 室而具侧膜胎座。
　　458. 植物体常具分泌黏液的腺体毛茸；种子无胚乳或具一薄层胚乳。
　　　　459. 子房最后成为 4 室；蒴果的果皮质薄而不延伸为长喙；油料植物 ………
　　　　………………………………………………………… 胡麻科 Pedaliaceae
　　　　　　　　　　　　　　　　　　　　　　　　　　　（胡麻属 Sesamum）
　　　　459. 子房 1 室，蒴果的内皮坚硬而呈木质，延伸为钩状长喙；栽培花卉 ………
　　　　………………………………………………………… 角胡麻科 Martyniaceae
　　　　　　　　　　　　　　　　　　　　　　　　　　　（角胡麻属 Martynia）
　　458. 植物体不具上述的毛茸；子房 2 室。
　　　　460. 叶对生；种子无胚乳，位于胎座的钩状突起上 ……… 爵床科 Acanthaceae
　　　　460. 叶互生或对生；种子有胚乳，位于中轴胎座上。
　　　　　　461. 花冠裂片具深缺刻；成熟雄蕊 2 个 ………………… 茄科 Solanaceae
　　　　　　　　　　　　　　　　　　　　　　　　　　　（蛾蝶花属 Schizanthus）
　　　　　　461. 花冠裂片全缘或仅其先端具一凹陷；成熟雄蕊 2 或 4 个 ……………
　　　　　　…………………………………………………… 玄参科 Scrophulariaceae
448. 花冠整齐，或近于整齐。
　　462. 雄蕊数较花冠裂片为少。
　　　　463. 子房 2～4 室，每室内仅含 1 或 2 个胚珠。
　　　　　　464. 雄蕊 2 个 ………………………………………… 木犀科 Oleaceae
　　　　　　464. 雄蕊 4 个。
　　　　　　　　465. 叶互生，有透明腺体微点存在 …………… 苦槛蓝科 Myoporaceae
　　　　　　　　465. 叶对生，无透明微点 …………………… 马鞭草科 Verbenaceae
　　　　463. 子房 1 或 2 室，每室内有数个至多数胚珠。
　　　　　　466. 雄蕊 2 个；每子房室内有 4～10 个胚珠垂悬于室的顶端 ……… 木犀科 Oleaceae
　　　　　　　　　　　　　　　　　　　　　　　　　　　　　（连翘属 Forsythia）
　　　　　　466. 雄蕊 4 或 2 个；每子房室内有多数胚珠着生于中轴或侧膜胎座上。
　　　　　　　　467. 子房 1 室，内具分歧的侧膜胎座，或因胎座深入而使子房成 2 室 ………
　　　　　　　　……………………………………………………… 苦苣苔科 Gesneriaceae
　　　　　　　　467. 子房为完全的 2 室，内具中轴胎座。
　　　　　　　　　　468. 花冠于蕾中常折叠；子房 2 心皮的位置偏斜 ……… 茄科 Solanaceae
　　　　　　　　　　468. 花冠于蕾中不折叠，而呈覆瓦状排列；子房的 2 心皮位于前后方 ………
　　　　　　　　　　……………………………………………… 玄参科 Scrophulariaceae
　　462. 雄蕊和花冠裂片同数。
　　　　469. 子房 2 个，或为 1 个而成熟后呈双角状。
　　　　　　470. 雄蕊各自分离；花粉粒也彼此分离 ……………… 夹竹桃科 Apocynaceae
　　　　　　470. 雄蕊互相连合；花粉粒连成花粉块 …………… 萝藦科 Asclepiadaceae
　　　　469. 子房 1 个，不呈双角状。
　　　　　　471. 子房 1 室或因 2 侧膜胎座的深入而成 2 室。
　　　　　　　　472. 子房为 1 心皮所成。
　　　　　　　　　　473. 花显著，呈漏斗形而簇生；果实为 1 瘦果，有棱或有翅 …………
　　　　　　　　　　…………………………………………………… 紫茉莉科 Nyctaginaceae
　　　　　　　　　　　　　　　　　　　　　　　　　　　　（紫茉莉属 Mirabilis）
　　　　　　　　　　473. 花小型而呈球形的头状花序；果实为 1 荚果，成熟后则裂为仅含 1 种子的节荚 ………………………………………………………… 豆科 Fabaceae
　　　　　　　　　　　　　　　　　　　　　　　　　　　　（含羞草属 Mimosa）

472. 子房为 2 个以上连合心皮所成。
    474. 乔木或攀缘性灌木，稀可为一攀缘性草木，而体内具有乳汁（如心翼果属 *Cardiopteris*）；果实呈核果状（但心翼果属则为干燥的翅果），内有 1 个种子 ·················································· **茶茱萸科 Icacinaceae**
    474. 草本或亚灌木，或于旋花科的丁公藤属 *Erycibe* 中为攀缘灌木；果实呈蒴果状（或于丁公藤属中呈浆果状），内有 2 个或更多的种子。
      475. 花冠裂片呈覆瓦状排列。
        476. 叶茎生，羽状分裂或为羽状复叶 ············ **田基麻科 Hydrophyllaceae**（水叶族 *Hydrophylleae*）
        476. 叶基生，单叶，边缘具齿裂 ··············· **苦苣苔科 Gesneriaceae**（苦苣苔属 *Conandron*，黔苣苔属 *Tengia*）
      475. 花冠裂片常呈旋转状或内折的镊合状排列。
        477. 攀缘性灌木；果实浆果状，内有少数种子 ····· **旋花科 Convolvulaceae**（丁公藤属 *Erycibe*）
        477. 直立陆生或漂浮水面的草本；果实呈蒴果状，内有少数至多数种子 ·················································· **龙胆科 Gentianaceae**
471. 子房 2～10 室。
    478. 无绿叶而为缠绕性的寄生植物 ············· **旋花科 Convolvulaceae**（菟丝子亚科 *Cuscutoideae*）
    478. 不是上述的无叶寄生植物。
      479. 叶常对生，在两叶之间有托叶所成的连接线或附属物 ························· **马钱科 Loganiaceae**
      479. 叶常互生，或有时基生，如为对生时，其两叶之间也无托叶所成的连系物，有时其叶也可轮生。
        480. 雄蕊和花冠离生或近于离生。
          481. 灌木或亚灌木；花药顶端孔裂；花粉粒为四合体；子房常 5 室 ····················································· **杜鹃花科 Ericaceae**
          481. 一年或多年生草本，常为缠绕性；花药纵长裂开；花粉粒单纯；子房常 3～5 室 ············· **桔梗科 Campanulaceae**
        480. 雄蕊着生于花冠的筒部。
          482. 雄蕊 4 个，稀可在冬青科为 5 个或更多。
            483. 无主茎的草本，具由少数至多数花朵所呈的穗状花序生于一基生花葶上 ······················ **车前科 Plantaginaceae**（车前属 *Plantago*）
            483. 乔木、灌木，或具有主茎的草本。
              484. 叶互生，多常绿 ················· **冬青科 Aquifoliaceae**（冬青属 *Ilex*）
              484. 叶对生或轮生。
                485. 子房 2 室，每室内有多数胚珠 ········ **玄参科 Scrophulariaceae**
                485. 子房 2 室至多室，每室内有 1 或 2 个胚珠 ····················································· **马鞭草科 Verbenaceae**
          482. 雄蕊常 5 个，稀可更多。
            486. 每子房室内仅有 1 或 2 个胚珠。
              487. 子房 2 或 3 室；胚珠自子房室近顶端垂悬；木本植物；叶全缘。

488. 每花瓣 2 裂或 2 分；花柱 1 个；子房无柄，2 或 3 室，每室内各有 2 个胚珠；核果；有托叶 ……… **毒鼠子科 Dichapetalaceae**
（**毒鼠子属** *Dichapetalum*）
488. 每花瓣均完整；花柱 2 个；子房具柄，2 室，每室内仅有 1 个胚珠；翅果；无托叶 ………………… **茶茱萸科 Icacinaceae**
487. 子房 1~4 室；胚珠在子房室基底或中轴的基部直立或上举；无托叶；花柱 1 个，稀可 2 个，有时在紫草科的破布木属 *Cordia* 中其先端可两次分裂。
489. 果实为核果；花冠有明显的裂片，并在蕾中呈覆瓦状或旋转状排列；叶全缘或有锯齿；通常均为直立木本或草本，多粗壮或具刺毛 ………………………………… **紫草科 Boraginaceae**
489. 果实为蒴果；花瓣完整或具裂片；叶全缘或具裂片，但无锯齿缘。
490. 通常为缠绕性，稀可为直立草本，或为半木质的攀缘植物至大型木质藤本（如盾苞藤属 *Neuropeltis*）；萼片多互相分离；花冠常完整而几无裂片，于蕾中呈旋转状排列，也可有时深裂而其裂片呈内折的镊合状排列（如盾苞藤属）…………
………………………………… **旋花科 Convolvulaceae**
490. 通常均为直立草木；萼片连合呈钟形或筒状；花冠有明显裂片，于蕾中也呈旋转状排列 ………… **花葱科 Polemoniaceae**
486. 每子房室内有多数胚珠，或在花葱科中为 1 至数个；多无托叶。
491. 低矮多年生草本或丛生亚灌木；叶多小型，常绿，紧密排列呈覆瓦状或莲座式；花无花盘；花单生至聚集呈头状花序；花冠裂片呈覆瓦状排列；子房 3 室；花柱 1 个；柱头 3 裂；蒴果室背开裂
………………………………… **岩梅科 Diapensiaceae**
491. 草本或木本，不为耐寒旱性；叶常为大型或中型，脱落性，疏松排列而各自展开；花多有位于子房下方的花盘。
492. 花冠不于花蕾中折叠，其裂片呈旋转状排列，或在田基麻科中为覆瓦状排列。
493. 叶为单叶，或在花葱属 *Polemonium* 为羽状分裂或为羽状复叶；子房 3 室（稀可 2 室）；花柱 1 个；柱头 3 裂；蒴果多室背开裂 ……………………… **花葱科 Polemoniaceae**
493. 单叶，在田基麻属 *Hydrolea* 为全缘；子房 2 室；花柱 2 个；柱头头状；蒴果室间开裂 ……… **田基麻科 Hydrophyllaceae**
（**田基麻族 Hydroleeae**）
492. 花冠裂片呈镊合状或覆瓦状排列，或其花冠于蕾中折叠，且呈旋转状排列；花萼常宿存；子房 2 室；或在茄科中为假 3 室至假 5 室；花柱 1 个；柱头完整或 2 裂。
494. 花冠多于蕾中折叠，其裂片呈覆瓦状排列；或在曼陀罗属 *Datura* 呈旋转状排列，稀可在枸杞属 *Lycium* 和颠茄属 *Atrope* 等属中，并不于蕾中折叠，而呈覆瓦状排列，雄蕊的花丝无毛；浆果，或为纵裂或横裂的蒴果 …………… **茄科 Solanaceae**
494. 花冠不于蕾中折叠，其裂片呈覆瓦状排列；雄蕊的花丝具毛茸（尤以后方的 3 个如此）。

495. 室间开裂的蒴果 ····················· **玄参科 Scrophulariaceae**
（毛蕊花属 *Verbascum*）
495. 浆果，有刺灌木 ····················· **茄科 Solanaceae**
（枸杞属 *Lycium*）

1. 子叶1个；茎无中央髓部，也无呈年轮状的生长；叶多具平行叶脉；花为三出数，有时为四出数，但极少为五出数················· **单子叶植物纲 Monocotyledoneae**
 496. 木本植物，或其叶于芽中呈折叠状。
  497. 灌木或乔木；叶细长或呈剑状，在芽中不呈折叠状 ············ **露兜树科 Pandanaceae**
  497. 木本或草本；叶甚宽，常为羽状或扇形的分裂，在芽中呈折叠状而有强韧的平行脉或射出。
   498. 植物体多甚高大，呈棕榈状，具简单或分枝少的主干；花为圆锥或穗状花序，托以佛焰状苞片··············· **棕榈科 Palmae**
   498. 植物体常为无主茎的多年生草木，具常深裂为2片的叶片；花为紧密的穗状花序 ··············· **环花草科 Cyclanthaceae**
（巴拿马草属 *Carludovica*）
 496. 草本植物或稀可为本质茎，但其叶于芽中从不呈折叠状。
  499. 无花被或在眼子菜科中很小。（次499项见226页）
  500. 花包藏于或附托以呈覆瓦状排列的壳状鳞片（特称为颖）中，由多花至1花形成小穗（自形态学观点而言，此小穗实即简单的穗状花序）。
   501. 秆多少有些呈三棱形，实心；茎生叶呈三行排列；叶鞘封闭；花药以基底附着花丝；果实为瘦果或囊果················· **莎草科 Cyperaceae**
   501. 秆常呈圆筒形；中空；茎生叶呈二行排列；叶鞘常在一侧纵裂开；花药以其中部附着花丝；果实通常为颖果 ··············· **禾本科 Poaceae**
  500. 花虽有时排列为具总苞的头状花序，但并不包藏于呈壳状的鳞片中。
   502. 植物体微小，无真正的叶片，仅具无茎而漂浮水面或沉没水中的叶状体 ······ **浮萍科 Lemnaceae**
   502. 植物体常具茎，也具叶，其叶有时可呈鳞片状。
    503. 水生植物，具沉没水中或漂浮水面的叶片。（次503项见226页）
     504. 花单性，不排列成穗状花序。
      505. 叶互生；花呈球形的头状花序 ················ **黑三棱科 Sparganiaceae**
（黑三棱属 *Sparganium*）
      505. 叶多对生或轮生；花单生，或在叶腋间形成聚伞花序。
       506. 多年生草本；雌蕊为1个或更多互相分离的心皮所构成；胚珠自子房室顶端垂悬 ······ **眼子菜科 Potamogetonaceae**
       506. 一年生草本；雌蕊1个，具2~4柱头；胚珠直立于子房室的基底··················· **茨藻科 Najadaceae**
（茨藻属 *Najas*）
     504. 花两性或单性，排列成简单或分歧的穗状花序。
      507. 花排列于1扁平穗轴的一侧。
       508. 海水植物；穗状花序不分歧，但具雌雄同株或异株的单性花；雄蕊1个，具无花丝而为1室的花药；雌蕊1个，具2柱头；胚珠1个，垂悬于子房室的顶端 ············ **眼子菜科 Potamogetonaceae**
（大叶藻属 *Zostera*）
       508. 淡水植物；穗状花序常分为二歧而具两性花；雄蕊6个或更多，具极细长的花丝和2室的花药；雌蕊为3~6个离生心皮所构成；胚珠在每室内2个或更多，基生············ **水蕹科 Aponogetonaceae**

（水蕹属 *Aponogeton*）

507. 花排列于穗轴的周围，多为两性花；胚珠常仅 1 个 ………… **眼子菜科 Potamogetonaceae**

503. 陆生或沼泽植物，常有位于空气中的叶片。

 509. 叶有柄，全缘或有各种形状的分裂，具网状脉；花形成一肉穗花序，后者常有一大型而常具色彩的佛焰苞片 …………………………………………………………… **天南星科 Araceae**

 509. 叶无柄，细长形、剑形，或退化为鳞片状，其叶片常具平行脉。

  510. 花形成紧密的穗状花序，或在帚灯草科为疏松的圆锥花序。

   511. 陆生或沼泽植物；花序为由位于苞腋间的小穗所组成的疏散圆锥花序；雌雄异株；叶多呈鞘状 ………………………………………………………… **帚灯草科 Restionaceae**

（薄果草属 *Leptocarpus*）

   511. 水生或沼泽植物；花序为紧密的穗状花序。

    512. 穗状花序位于一呈二棱形的基生花葶的一侧，而另一侧则延伸为叶状的佛焰苞片；花两性 ………………………………………………………… **天南星科 Araceae**

（菖蒲属 *Acorus*）

    512. 穗状花序位于一圆柱形花梗的顶端，形如蜡烛而无佛焰苞；雌雄同株 …………
    ………………………………………………………………… **香蒲科 Typhaceae**

  510. 花序有各种型式。

   513. 花单性，呈头状花序。

    514. 头状花序单生于基生无叶的花葶顶端；叶狭窄，呈禾草状，有时叶为膜质 …………
    ………………………………………………………………… **谷精草科 Eriocaulaceae**

（谷精草属 *Eriocaulon*）

    514. 头状花序散生于具叶的主茎或枝条的上部，雄性者在上，雌性者在下；叶细长，呈扁三棱形，直立或漂浮水面，基部呈鞘状 ……………………… **黑三棱科 Sparganiaceae**

（黑三棱属 *Sparganium*）

   513. 花常两性。

    515. 花序呈穗状或头状，包藏于 2 个互生的叶状苞片中；无花被；叶小，细长形或呈丝状；雄蕊 1 或 2 个；子房上位，1～3 室，每子房室内仅有 1 个垂悬胚珠 …………
    ………………………………………………………………… **刺鳞草科 Centrolepidaceae**

    515. 花序不包藏于叶状的苞片中；有花被。

     516. 子房 3～6 个，至少在成熟时互相分离 …………………… **水麦冬科 Juncaginaceae**

（水麦冬属 *Triglochin*）

     516. 子房 1 个，由 3 心皮连合所组成 …………………………… **灯心草科 Juncaceae**

499. 有花被，常显著，且呈花瓣状。

 517. 雌蕊 3 个至多数，互相分离。

  518. 死物寄生性植物，具呈鳞片状而无绿色叶片。

   519. 花两性，具 2 层花被片；心皮 3 个，各有多数胚珠 ……………… **百合科 Liliaceae**

（无叶莲属 *Petrosavia*）

   519. 花单性或稀可杂性，具一层花被片；心皮数个，各仅有 1 个胚珠 ……… **霉草科 Triuridaceae**

（喜荫草属 *Sciaphila*）

  518. 不是死物寄生性植物，常为水生或沼泽植物，具有发育正常的绿叶。

   520. 花被裂片彼此相同；叶细长，基部具鞘 …………………… **水麦冬科 Juncaginaceae**

（芝菜属 *Scheuchzeria*）

   520. 花被裂片分化为萼片和花瓣 2 轮。

    521. 叶呈细长形，直立；花单生或呈伞形花序；骨葖果 ………… **花蔺科 Butomaceae**

（花蔺属 *Butomus*）

521. 叶呈细长兼披针形至卵圆形，常为箭镞状而具长柄；花常轮生，呈总状或圆锥花序；瘦果 ································ 泽泻科 **Alismataceae**

517. 雌蕊 1 个，复合性或于百合科的岩菖蒲属 *Tofieldia* 中其心皮近于分离。

  522. 子房上位，或花被和子房相分离。

    523. 花两侧对称；雄蕊 1 个，位于前方，即着生于远轴的 1 个花被片的基部 ································ 田葱科 **Philydraceae**

（田葱属 *Philydrum*）

    523. 花辐射对称，稀可两侧对称；雄蕊 3 个或更多。

      524. 花被分化为花萼和花冠 2 轮，后者于百合科的重楼族中，有时为细长形或线形的花瓣所组成，稀可缺如。

        525. 花形成紧密而具鳞片的头状花序；雄蕊 3；子房 1 室 ················ 黄眼草科 **Xyridaceae**

（黄眼草属 *Xyris*）

        525. 花不形成头状花序；雄蕊数在 3 个以上。

          526. 叶互生，基部具鞘，平行脉；花为腋生或顶生的聚伞花序；雄蕊 6 个，或因退化而数较少 ································ 鸭跖草科 **Commelinaceae**

          526. 叶以 3 个或更多个生于茎的顶端而成一轮，网状脉而于基部具 3～5 脉；花单独顶生；雄蕊 6 个、8 个或 10 个 ································ 百合科 **Liliaceae**

（重楼族 *Parideae*）

      524. 花被裂片彼此相同或近于相同，或于百合科的白丝草属 *Chinographis* 中则极不相同，又在同科的油点草属 *Tricynis* 中其外层 3 个花被裂片的基部呈囊状。

        527. 花小型，花被裂片绿色或棕色。

          528. 花位于一穗形总状花序上；蒴果自一宿存的中轴上裂为 3～6 瓣，每果瓣内仅有 1 个种子 ································ 水麦冬科 **Juncaginaceae**

（水麦冬属 *Triglochin*）

          528. 花位于各种型式的花序上；蒴果室背开裂为 3 瓣，内有 3 个至多数种子 ································ 灯心草科 **Juncaceae**

        527. 花大型或中型，或有时为小型，花被裂片多少有些具鲜明的色彩。

          529. 叶（限于我国植物）的顶端变为卷须，并有闭合的叶鞘；胚珠在每室内仅为 1 个；花排列为顶生的圆锥花序 ························ 须叶藤科 **Flagellariaceae**

（须叶藤属 *Flagellaria*）

          529. 叶的顶端不变为卷须；胚珠在每子房室内为多数，稀可仅为 1 个或 2 个。

            530. 直立或漂浮的水生植物；雄蕊 6 个，彼此不相同，或有时有不育者 ································ 雨久花科 **Pontederiaceae**

            530. 陆生植物；雄蕊 6 个、4 个或 2 个，彼此相同。

              531. 花为四出数，叶（限于我国植物）对生或轮生，具有显著纵脉及密生的横脉 ······ 百部科 **Stemonaceae**

（百部属 *Stemona*）

              531. 花为三出或四出数；叶常基生或互生 ························ 百合科 **Liliaceae**

  522. 子房下位，或花被多少有些和子房相愈合。

    532. 花两侧对称或为不对称形。（次 532 项见 228 页）

      533. 花被片均呈花瓣状；雄蕊和花柱多少有些互相连合 ················ 兰科 **Orchidaceae**

      533. 花被片并不是均呈花瓣状，其外层者形如萼片；雄蕊和花柱相分离。

        534. 后方的 1 个雄蕊常为不育性，其余 5 个则均发育而具有花药。

535. 叶和苞片排列呈螺旋状；花常因退化而为单性；浆果；花管呈管状，其一侧不久即裂开 ·············································································· 芭蕉科 Musaceae
（芭蕉属 Musa）
535. 叶和苞片排列为 2 行；花两性，蒴果。
　　536. 萼片互相分离或至多可和花冠相连合；居中的 1 花瓣并不成为唇瓣 ············
　　　　 ································································································· 芭蕉科 Musaceae
（鹤望兰属 Strelitzia）
　　536. 萼片互相连合呈管状；居中（位于远轴方向）的 1 花瓣为大形而成唇瓣 ············
　　　　 ································································································· 芭蕉科 Musaceae
（兰花蕉属 Orchidantha）
534. 后方的 1 个雄蕊发育而具有花药，其余 5 个则退化，或变形为花瓣状。
　　537. 花药 2 室；萼片互相连合为一萼筒，有时呈佛焰苞状 ············· 姜科 Zingiberaceae
　　537. 花药 1 室；萼片互相分离或至多彼此相衔接。
　　　　538. 子房 3 室，每子房室内有多数胚珠位于中轴胎座上；各不育雄蕊呈花瓣状，互相于基部简短连合 ······································································ 美人蕉科 Cannaceae
（美人蕉属 Canna）
　　　　538. 子房 3 室或因退化而成 1 室，每子房室内仅含 1 个基生胚珠；各不育雄蕊也呈花瓣状，唯多少有些互相连合 ························································· 竹芋科 Marantaceae
532. 花常辐射对称，也即花整齐或近于整齐。
539. 水生草本，植物体部分或全部沉没水中 ··························· 水鳖科 Hydrocharitaceae
539. 陆生草木。
　　540. 植物体为攀缘性；叶片宽广，具网状脉（还有数主脉）和叶柄 ····· 薯蓣科 Dioscoreaceae
　　540. 植物体不为攀缘性；叶具平行脉。
　　　　541. 雄蕊 3 个。
　　　　　　542. 叶 2 行排列，两侧扁平而无背腹面之分，由下向上重叠跨覆；雄蕊和花被的外层裂片相对生 ············································································· 鸢尾科 Iridaceae
　　　　　　542. 叶不为 2 行排列；茎生叶呈鳞片状；雄蕊和花被的内层裂片相对生 ············
　　　　　　　 ···················································································· 水玉簪科 Burmanniaceae
　　　　541. 雄蕊 6 个。
　　　　　　543. 果实为浆果或蒴果，而花被残留物多少和它相合生，或果实为 1 聚花果；花被的内层裂片各于其基部有 2 舌状物；叶呈带形，边缘有刺齿或全缘 ············
　　　　　　　 ······················································································· 凤梨科 Bromeliaceae
　　　　　　543. 果实为蒴果或浆果，仅为 1 花所成；花被裂片无附属物。
　　　　　　　　544. 子房 1 室，内有多数胚珠位于侧膜胎座上；花序为伞形，具长丝状的总苞 ········
　　　　　　　　　 ······················································································ 蒟蒻薯科 Taccaceae
　　　　　　　　544. 子房 3 室，内有多数至少数胚珠位于中轴胎座上。
　　　　　　　　　　545. 子房部分下位 ············································· 百合科 Liliaceae
（粉条儿菜属 Aletris，沿阶草属 Ophiopogon，球子草属 Peliosanthes）
　　　　　　　　　　545. 子房完全下位 ······································· 石蒜科 Amaryllidaceae

# 附录二 药用植物拉丁学名索引及种加词释义

| 拉丁名 | 中文名 | 种加词释义 | 页码 |
| --- | --- | --- | --- |
| *Achyranthes aspera* L. | 土牛膝 |  | 128 |
| *Achyranthes bidentata* Bl. | 牛膝 | 二齿的 | 127 |
| *Aconitum carmichaelii* Debx. | 乌头 | 人名 | 129 |
| *Aconitum coreanum* (H. Lév.) Rapaics | 黄花乌头 | 高丽的 | 129 |
| *Aconitum kusnezoffii* Reichb. | 北乌头 | 人名 | 129 |
| *Adenophora stricta* Miq. | 沙参 | 直立的 | 176 |
| *Adenophora tetraphylla* (Thunb.) Fisch. | 轮叶沙参 | 四叶的 | 176 |
| *Agrimonia pilosa* Ledeb. | 龙牙草 | 具疏软毛的 | 141 |
| *Ajuga nipponensis* Makino | 紫背金盘（白毛夏枯草） | 日本的 | 1 |
| *Albizia julibrissin* Durazz. | 合欢 | 人名 | 144 |
| *Alisma plantago-aquatica* L. | 泽泻 | 如车前属的，水生的 | 180 |
| *Alkekengi officinarum* Moench | 酸浆 | 药用的 | 170 |
| *Amomum longiligulare* T. L. Wu | 海南砂仁 | 长舌 | 186 |
| *Amomum villosum* Lour. | 砂仁 | 具长软毛的 | 186 |
| *Amomum villosum* var. *xanthioides* (Wall. ex Baker) T. L. Wu & S. J. Chen | 缩砂密 | 具长软毛的 | 186 |
| *Andrographis paniculata* (Burm. f.) Nees | 穿心莲 | 圆锥花序的 | 172 |
| *Anemarrhena asphodeloides* Bge. | 知母 | 像百合科中一属 | 184 |
| *Anemone altaica* Fisch. ex C. A. Mey. in Ledebour | 阿尔泰银莲花 | 阿尔泰山脉的（中亚细亚的） | 130 |
| *Angelica biserrata* (Shan et Yuan) Yuan et Shan | 重齿当归 | 有重齿的 | 155 |
| *Angelica dahurica* (Fisch. ex Hoffm.) Benth. et Hook. f. | 白芷 | 达呼里的 | 154 |
| *Angelica dahurica* 'Hangbaizhi' Yuan et Shan | 杭白芷 | 达呼里的；杭白芷 | 155 |
| *Angelica sinensis* (Oliv.) Diels | 当归 | 中国的 | 155 |
| *Angelica decursiva* (Miquel) Franchet & Savatier | 紫花前胡 | 下延的 | 156 |
| *Anisodus acutangulus* C. Y. Wu et C. Chen | 三分三 | 锐棱的 | 170 |
| *Antiaris toxicaria* Lesch. | 见血封喉 | 有毒的 | 122 |
| *Apocynum venetum* L. | 罗布麻 | 蓝色的 | 160 |
| *Areca catechu* L. | 槟榔 | 土名（加当的） | 181 |
| *Arisaema amurense* Maxim. | 东北南星 | 黑龙江流域的 | 182 |
| *Arisaema heterophyllum* Blume | 天南星 | 异叶的 | 182 |
| *Aristolochia contorta* Bunge | 北马兜铃 | 旋转的 | 124 |
| *Aristolochia debilis* Sieb. et Zucc. | 马兜铃 | 柔弱的 | 123 |

续表

| 拉丁名 | 中文名 | 种加词释义 | 页码 |
|---|---|---|---|
| *Arnebia euchroma* (Royle) Johnst. | 软紫草 | 常染色的,美色的 | 165 |
| *Arnebia guttata* Bge. | 黄花软紫草 | 有滴状斑点的 | 165 |
| *Artemisia annua* L. | 黄花蒿 | 一年生的 | 179 |
| *Artemisia argyi* H. Lév. & Vaniot | 艾 | 人名 | 178 |
| *Artemisia capillaris* Thunb. | 茵陈蒿 | 微毛状的 | 178 |
| *Artemisia scoparia* Waldst. & Kit. | 猪毛蒿 | | 178 |
| *Asarum heterotropoides* Fr. Schmidt | 细辛 | 似 *Hetertrop* 属的 | 124 |
| *Asarum sieboldii* Miq. | 汉城细辛 | | 124 |
| *Asclepias curassavica* L. | 马利筋 | 地名 | 162 |
| *Astragalus membranaceus* (Fisch.) Bunge | 黄芪 | 膜质的 | 145 |
| *Astragalus menbranaceus* var. *mongholicus* (Bunge) P. K. Hsiao | 蒙古黄芪 | 蒙古的 | 145 |
| *Asystasiella neesiana* (Wall.) Lindau | 白接骨 | 中国的 | 172 |
| *Atractylodes macrocephala* Koidz. | 白术 | 大头的 | 178 |
| *Atractylodes lancea* (Thunb.) DC. | 苍术 | 披针形的 | 178 |
| *Atropa belladonna* L. | 颠茄 | 美的 | 169 |
| *Aucklandia costus* Falc | 云木香 | 如闭鞘姜属的 | 179 |
| *Belamcanda chinensis* (L.) DC. | 射干 | 中国的 | 185 |
| *Benincasa hispida* (Thunb.) Cogn. | 冬瓜 | 具硬毛的 | 175 |
| *Berberis amurensis* Rupr. | 黄芦木 | 黑龙江流域的 | 131 |
| *Berberis poiretii* Schneid. | 细叶小檗 | | 131 |
| *Berberis soulieana* Schneid. | 假豪猪刺 | | 131 |
| *Berberis vernae* C. K. Schneid. in C. S. Sargent | 匙叶小檗 | | 131 |
| *Berberis wilsoniae* Hemsl. | 金花小檗 | | 131 |
| *Biancaea sappan* (L.) Tod. | 苏木 | 苏木的 | 146 |
| *Bistorta officinalis* Raf. | 拳参 | 药用的 | 126 |
| *Bletilla striata* (Thunb. ex A. Murray) Rchb. f. | 白及 | 具条纹的 | 189 |
| *Brassica rapa* var. *oleifera* de Candolle | 芸薹 | 萝卜的;含油的 | 138 |
| *Buddleja officinalis* Maxim. | 密蒙花 | 药用的 | 159 |
| *Bupleurum chinense* DC. | 北柴胡 | 中国的 | 156 |
| *Bupleurum longiradiatum* Turcz. | 大叶柴胡 | 长突的 | 156 |
| *Bupleurum scorzonerifolium* Willd. | 红柴胡 | 像鸦葱叶的 | 156 |
| *Callicarpa pedunculata* R. Br. | 杜虹花 | 有花序梗的 | 164 |
| *Cannabis sativa* L. | 大麻 | 栽培的 | 122 |
| *Capsella bursa-pastoris* (L.) Medik. | 荠 | 牧人的钱包 | 138 |

| 拉丁名 | 中文名 | 种加词释义 | 页码 |
| --- | --- | --- | --- |
| *Capsicum annuum* L. | 辣椒 | 一年生的 | 170 |
| *Carpesium abrotanoides* L. | 天名精 | | 179 |
| *Catharanthus roseus* (L.) G. Don | 长春花 | 玫瑰红的 | 159 |
| *Carthamus tinctorius* L. | 红花 | 染料用的 | 178 |
| *Caryopteris incana* (Thunb.) Miq. | 兰香草 | 被灰白色毛的 | 164 |
| *Celosia argentea* L. | 青葙 | 银色的 | 128 |
| *Celosia cristata* L. | 鸡冠花 | 鸡冠状 | 128 |
| *Cephalotaxus fortunei* Hook. | 三尖杉 | 人名 | 113 |
| *Cephalotaxus hainanensis* H. L. Li. | 海南粗榧 | 海南的 | 113 |
| *Cephalotaxus sinensis* (Rehd. et Wils) Li | 粗榧 | 中国的 | 113 |
| *Centella asiatica* (L.) Urb. | 积雪草 | 亚洲的 | 157 |
| *Cercis chinensis* Bunge | 紫荆 | 中国的 | 144 |
| *Chaenomeles speciosa* (Sweet) Nakai | 贴梗海棠 | 美丽的 | 142 |
| *Changium smyrnioides* Wolff | 明党参 | 像伞形科属的 | 157 |
| *Chelidonium majus* L. | 白屈菜 | 大的 | 137 |
| *Cladonia rangiferina* (L.) Web. | 石蕊 | 铺展的 | 93 |
| *Chloranthus henryi* Hemsl. | 宽叶金粟兰 | 人名 | 122 |
| *Chloranthus serratus* (Thnub.) Roem. et Schult. | 及已 | 有锯齿的 | 121 |
| *Chlorella pyrenoidosa* Chick | 蛋白核小球藻 | 似梨气味的 | 85 |
| *Chrysanthemum morifolium* Ramat. | 菊花 | 如桑叶的 | 178 |
| *Cibotium barometz* (L.) J. Sm. | 金毛狗脊 | 土名（多塔儿）| 104 |
| *Cicuta virosa* L. | 毒芹 | 有毒的 | 154 |
| *Cinnamomum cassia* (L.) D. Don | 肉桂 | 剥皮入药的 | 135 |
| *Cinnamomum camphora* (L.) Presl. | 樟 | 樟脑 | 135 |
| *Citrullus lanatus* (Thunb.) Matsum et Nakai | 西瓜 | 被绵毛的 | 176 |
| *Cirsium japonicum* Fisch. ex DC. | 蓟 | 日本的 | 179 |
| *Citrus aurantium* Siebold & Zucc. ex Engl. | 酸橙 | 橙黄色的 | 148 |
| *Citrus grandis junos* | 香圆 | 大角的 | 148 |
| *Citrus maxima* (Burm.) Merr. | 柚 | 最大的 | 148 |
| *Citrus grandis* 'Tomentosa' | 橘红（化州柚）| 大角的，被绒毛的 | 148 |
| *Citrus medica* L. | 香橼 | 药用的，治疗 | 148 |
| *Citrus medica* 'Fingered' | 佛手 | 药用的，指状的 | 148 |
| *Citrus reticulata* Blanco | 柑橘 | 网状的 | 77, 148 |
| *Citrus reticulata* 'Chachiensis' | 茶枝柑（广陈皮）| 网状的 | 77, 148 |

续表

| 拉丁名 | 中文名 | 种加词释义 | 页码 |
|---|---|---|---|
| *Citrus reticulata* 'Unshiu' | 温州蜜柑 | 网状的 | 148 |
| *Citrus sinensis* Osbeck | 甜橙 | 中国的 | 148 |
| *Cissampelos pareira* L. var. *hirsuta* (Buch. ex DC.) Forman | 锡生藤 | 人名、有硬毛的 | 133 |
| *Claviceps purpurea* (Fr.) Tul. | 麦角菌 | 紫色的 | 88 |
| *Clematis chinensis* Osbeck | 威灵仙 | 中国的 | 130 |
| *Clematis hexapetala* Pall. | 棉团铁线莲 | 六瓣的 | 130 |
| *Clerodendrum cyrtophyllum* Turcz. | 大青（路边青） | 弯叶的 | 164 |
| *Clerodendrum trichotomum* Thunb. | 海州常山 | 三出的 | 164 |
| *Cnidium monnieri* (L.) Cuss. | 蛇床 | 人名 | 157 |
| *Cocculus orbiculatus* (L.) DC. | 木防己 | 环状的，球形的 | 133 |
| *Codonopsis lanceolata* (Sieb. et Zucc.) Trautv. | 羊乳 | 披针形的 | 176 |
| *Codonopsis pilosula* (Franch.) Nannf. | 党参 | 具疏长毛的 | 176 |
| *Codonopsis tubulosa* Kom. | 管花党参 | 管花的 | 176 |
| *Coffea arabica* L. | 小粒咖啡 | 阿拉伯的 | 174 |
| *Coix lacryma-jobi* L. | 薏苡 | 泪滴 | 180 |
| *Conioselinum anthriscoides* (H. Boissieu) Pimenov & Kljuykov | 藁本 |  | 155 |
| *Conioselinum smithii* (H. Wolff) Pimenov & Kljuykov | 辽藁本 | 人名 | 155 |
| *Conocephalum conicum* (L.) Dumort. | 蛇苔 | 圆锥形的 | 95 |
| *Coptis chinensis* Franch. | 黄连 | 中国的 | 128 |
| *Coptis deltoidea* C. Y. Cheng et Hsiao | 三角叶黄连 | 三角形的 | 129 |
| *Coptis omeiensis* (Chen) C. Y. Cheng | 峨眉黄连 | 峨眉 | 129 |
| *Coptis teeta* Wall. | 云南黄连 | 裂齿的 | 129 |
| *Cordyceps sinensis* (Berk.) Sacc. | 冬虫夏草 | 中国的 | 88 |
| *Corydalis decumbens* (Thunb.) Pers. | 夏天无 | 伏生的 | 137 |
| *Corydalis turtschaninovii* Bess. | 齿瓣延胡索 |  | 137 |
| *Corydalis yanhusuo* (Y. H. Chou & C. C. Hsu) W. T. Wang ex Z. Y. Su & C. Y. Wu | 延胡索 | 延胡索 | 77，137 |
| *Crataegus cuneata* Sieb. et Zucc. | 野山楂 | 楔形的 | 142 |
| *Crataegus pinnatifida* Bunge | 山楂 | 浅裂的 | 77，142 |
| *Crataegus pinnatifida* Bge. var. *major* N. E. Br. | 山里红 | 浅裂的；大的 | 77，142 |
| *Crocus sativus* L. | 番红花 | 栽培的 | 185 |
| *Croton tiglium* L. | 巴豆 | 凶猛的 | 149 |
| *Cullen corylifolium* (L.) Medikus | 补骨脂 | 似榛叶的 | 145 |
| *Curcuma aromatica* Salisb. | 郁金 | 芳香的，有香味的 | 187 |
| *Curcuma kwangsiensis* S. Lee et C. F. Liang | 广西莪术 | 广西的 | 187 |

续表

| 拉丁名 | 中文名 | 种加词释义 | 页码 |
|---|---|---|---|
| *Curcuma longa* L. | 姜黄 | 长的 | 186 |
| *Curcuma phaeocaulis* val. | 莪术 | 绿青色的 | 187 |
| *Cuscuta australis* R. Br. | 南方菟丝子 | 南方的 | 163 |
| *Cuscuta chinensis* Lam. | 菟丝子 | 中国的 | 163 |
| *Cuscuta japonica* Choisy | 金灯藤 | 日本的 | 163 |
| *Cyathula officinalis* Kuan | 川牛膝 | 药用的 | 127 |
| *Cycas revoluta* Thunb. | 苏铁（铁树） | 反卷的 | 109 |
| *Cynanchum bungei* Decne. | 白首乌 | 人名 | 162 |
| *Cynanchum rostellatum* (Turcz.) Liede & Khanum | 萝藦 | 有蕊喙的 | 162 |
| *Cynanchum auriculatum* Royle ex Wight | 牛皮消 | 耳状的 | 162 |
| *Cyperus rotundus* L. | 香附子 | 圆形的 | 181 |
| *Cyrtomium fortunei* J. Sm. | 贯众 | 人名 | 105 |
| *Datura metel*/L. | 洋金花 |  | 169 |
| *Daucus carota* L. | 野胡萝卜 | 拉丁名（胡萝卜） | 157 |
| *Dendrobium chrysotoxum* Lindl. | 鼓槌石斛 | 石斛 | 188 |
| *Dendrobium fimbriatum* Hook. | 流苏石斛 | 流苏状的 | 188 |
| *Dendrobium nobile* Lindl. | 石斛（金钗石斛） | 高贵的 | 188 |
| *Dendrobium officinale* Kimura et Migo | 铁皮石斛 | 药用的 | 188 |
| *Descurainia sophia* (L.) Webb ex Prantl | 播娘蒿 | 智慧的 | 138 |
| *Dichondra micrantha* Urban | 马蹄金 | 匍匐的 | 163 |
| *Dicliptera chinensis* (L.) Juss. | 狗肝菜 | 中国的 | 172 |
| *Digitalis purpurea* L. | 毛地黄 | 红紫花的 | 171 |
| *Digitalis lanata* Ehrh. | 狭叶洋地黄 | 具毛的 | 171 |
| *Dimocarpus longan* Lour. | 龙眼 | 龙眼 | 151 |
| *Dioscorea nipponica* Makino | 穿龙薯蓣 | 日本的 | 185 |
| *Dioscorea polystachya* Turc. | 薯蓣 | 多穗的 | 184 |
| *Dolomiaea souliei* (Franch.) Shih | 川木香 | 人名 | 179 |
| *Dryopteris crassirhizoma* Nakai | 粗茎鳞毛蕨（东北贯众） | 粗大根茎的 | 105 |
| *Drynaria baronii* (Christ) Diels | 中华槲蕨 | 人名 | 106 |
| *Drynaria fortunei* (Kze.) J. Sm. | 槲蕨 | 人名 | 106 |
| *Dysosma versipellis* (Hance) M. Cheng ex Ying . | 八角莲 |  | 132 |
| *Ecklnolia kurome* Okam. | 昆布（鹅掌菜） | 黑的 | 86 |
| *Eleutherococcus nodiflorus* (Dunn) S. Y. Hu | 细柱五加 |  | 154 |
| *Eleutherococcus senticosus* (Rup. & Max.) Max. | 刺五加 | 多刺的 | 154 |

续表

| 拉丁名 | 中文名 | 种加词释义 | 页码 |
| --- | --- | --- | --- |
| *Ephedra equisetina* Bge. | 木贼麻黄 | 像木贼的 | 114 |
| *Ephedra Sinica* Stapf | 草麻黄 | 中国的 | 114 |
| *Ephedra intermedia* Schrenk ex C. A. Mey. | 中麻黄 | 中间型的 | 114 |
| *Epimedium brevicornum* Maxim. | 淫羊藿 | 短角的 | 131 |
| *Epimedium koreanum* Nakai. | 朝鲜淫羊藿 | 朝鲜的 | 131 |
| *Epimedium pubescens* Maxim. | 柔毛淫羊藿 | 有柔毛的 | 131 |
| *Epimedium sagittatum* (Sieb. et Zucc.) Maxim. | 三枝九叶草 | 箭叶的 | 131 |
| *Equisetum arvense* L. | 问荆 | 野生的 | 102 |
| *Equisetum hyemale* L. | 木贼（笔头草） | 属于冬天的 | 102 |
| *Equisetum ramosissimum* Desf. | 节节草 | 极多分枝的 | 102 |
| *Eriobotrya japonica* (Thunb.) Lindl. | 枇杷 | 日本的 | 142 |
| *Eucalyptus globulus* Labill. | 蓝桉 | 小球的 | 152 |
| *Eugenia caryophyllata* Thunb. | 丁香 | 像石竹的 | 152 |
| *Eucheuma gelatinae* (Esp.) J. Ag. | 琼枝 | 胶质的 | 85 |
| *Euonymus alatus* (Thunb.) Sieb. | 卫矛 | 翅状 | 150 |
| *Erycibe obtusifolia* Benth. | 丁公藤 | 钝叶的 | 163 |
| *Erycibe schmidtii* Graib | 光叶丁公藤 |  | 163 |
| *Euphorbia fischeriana* Steud. | 狼毒大戟 | 人名 | 150 |
| *Euphorbia hirta* L. | 飞扬草 | 有毛的 | 150 |
| *Euphorbia maculata* L. | 斑地锦草 | 斑点的 | 150 |
| *Euphorbia kansui* T. N. Liou ex T. P. Wang | 甘遂 | 甘遂 | 149 |
| *Euphorbia lathyris* L. | 续随子 | 像山藜豆叶的 | 149 |
| *Euphorbia pekinensis* Rupr. | 大戟 | 北京的 | 149 |
| *Fagopyrum dibotrys* (D. Don) Hara | 金荞麦 | 聚伞花序的 | 127 |
| *Ferula sinkiangensis* K. M. Shen | 新疆阿魏 | 新疆的 | 157 |
| *Ferula fukanensis* K. M. Shen | 阜康阿魏 | 阜康的 | 157 |
| *Ficus carica* L. | 无花果 | 番木瓜的 | 123 |
| *Ficus pumila* L. | 薜荔 | 矮小的 | 123 |
| *Foeniculum vulgare* Mill. | 茴香 | 普通的 | 157 |
| *Forsythia suspense* (Thunb.) Vahl. | 连翘 | 悬垂的 | 157 |
| *Fraxinus stylosa* Lingelsh. | 宿柱梣 | 有花柱的 | 158 |
| *Fraxinus chinensis* Roxb. | 白蜡树 | 中国的 | 158 |
| *Fraxinus chinensis* Roxb. subsp. *rhynchophylla* (Hance). E. Murray | 花曲柳 | 中国的；尖叶的 | 158 |
| *Fritillaria cirrhosa* D. Don | 川贝母 | 有卷须的 | 183 |

续表

| 拉丁名 | 中文名 | 种加词释义 | 页码 |
| --- | --- | --- | --- |
| *Fritillaria delavayi* Franch. | 梭砂贝母 | 人名 | 183 |
| *Fritillaria przewalskii* Maxim. | 甘肃贝母 | 人名 | 183 |
| *Fritillaria taipaiensis* P. Y. Li | 太白贝母 | 太白山的 | 183 |
| *Fritillaria thunbergii* Miq. | 浙贝母 | 人名 | 183 |
| *Fritillaria unibracteata* Hsiao et K. C. Hsia | 暗紫贝母 | 单苞的 | 183 |
| *Funaria hygrometrica* Hedw. | 葫芦藓 | 湿生的 | 96 |
| *Ganoderma lucidum* (Leyss. Ex Fr.) Karst. | 赤芝（灵芝） | 光泽的 | 90 |
| *Gardenia jasminoides* Ellis | 栀子（山栀子） | 像素馨的 | 173 |
| *Gastrodia elata* Bl. | 天麻 | 高的 | 188 |
| *Gelsemium elegans* (Gardn. et Champ.) Benth. | 钩吻 | 像线虫的 | 159 |
| *Gerbera piloselloides* (L.) Cass. | 兔耳一支箭 | 毛多的 | 1 |
| *Ginkgo biloba* L. | 银杏 | 二裂的 | 110 |
| *Glechoma longituba* (Nakai) Kupr. | 活血丹 | 长管形的 | 168 |
| *Gleditsia sinensis* Lam. | 皂荚 | 中国的 | 144 |
| *Glehnia littoralis* F. Schmidt ex Miq. | 珊瑚菜 | 沿海生的 | 157 |
| *Gynostemma pentaphyllum* (Thunb.) Makino | 绞股蓝 | 五叶的 | 175 |
| *Glycyrrhiza glabra* L. | 洋甘草（光果甘草） | 光滑的 | 144 |
| *Glycyrrhiza uralensis* Fisch. | 甘草 | 乌拉尔山的 | 144 |
| *Glycyrrhiza inflata* Bat. | 胀果甘草 | 膨胀的 | 144 |
| *Grona styracifolia* (Osbeck) H. Ohashi & K. Ohashi | 广东金钱草 | 丝形叶的 | 146 |
| *Hansenia forbesii* (H. Boissieu) Pimenov & Kljuykov | 宽叶羌活 | 人名 | 157 |
| *Hansenia weberbaueriana* (Fedde ex H. Wolff) Pimenov & Kljuykov | 羌活 |  | 157 |
| *Houpoea officinalis* (Rehder & E. H. Wilson) N. H. Xia & C. Y. Wu | 厚朴 | 药用的 | 133 |
| *Hyoscyamus niger* L. | 天仙子 | 黑色的 | 169 |
| *Hypericum ascyron* L. | 黄海棠 |  | 152 |
| *Hypericum erectum* Thunb. ex Murray | 小连翘 | 直立的 | 152 |
| *Hypericum japonicum* Thunb. ex Murray | 地耳草 | 日本的 | 152 |
| *Hypericum perforatum* L. | 贯叶连翘 | 贯穿的 | 152 |
| *Hypericum sampsonii* Hance | 元宝草 | 人名 | 152 |
| *Humulus Scandens* (Lour.) Merr. | 葎草 | 攀援的 | 123 |
| *Huperzia selago* (L.) Bench. ex Shrank et Mart. | 小杉兰 |  | 100 |
| *Huperzia serratum* (Thunb.) Trev. | 蛇足石杉 | 有锯齿的 | 100 |
| *Illicium difengpi* K. L. B. & K. I. M. ex B. N. Chang | 地枫皮 | 地枫皮 | 134 |

续表

| 拉丁名 | 中文名 | 种加词释义 | 页码 |
|---|---|---|---|
| *Illicium lanceolatum* A. C. Smith | 红毒茴 | 披针形的 | 134 |
| *Illicium verum* Hook. f. | 八角 |  | 134 |
| *Imperata cylindrica* (L.) Beauv. | 白茅 | 圆柱状的、较大的 | 180 |
| *Ipomoea batatas* (L.) Lam. | 甘薯（番薯） | 块状的 | 163 |
| *Ipomoea nil* (L.) Roth | 牵牛（裂叶牵牛） | 蓝色的 | 162 |
| *Ipomoea purpurea* (L.) Roth | 圆叶牵牛 | 紫色的 | 162 |
| *Isatis tinctoria* L. | 菘蓝 | 染色的，色泽的 | 137 |
| *Isotrema fangchi* (Y. C. Wu ex L. D. Chow & S. M. Hwang) X. X. Zhu, S. Liao & J. S. Ma | 广防己 | 防己 | 124 |
| *Justicia procumbens* L. | 爵床 | 匍匐的 | 172 |
| *Lablab purpureus* (L.) Sweet | 扁豆 | 紫色的 | 146 |
| *Laminaria japonica* Aresch | 海带 | 日本的 | 86 |
| *Lantana camara* L. | 马缨丹 | 南美地名 | 164 |
| *Leonurus japonicus* Houtt. | 益母草 | 日本的 | 167 |
| *Lepidium apetalum* Willd. | 独行菜 | 无瓣的 | 138 |
| *Ligusticum sinense* 'Chuanxiong' | 川芎 | 中国的；川芎 | 155 |
| *Ligustrum lucidum* Ait. | 女贞 | 光泽的 | 158 |
| *Lindera aggregata* (Sims.) Kosterm. | 乌药 | 聚集的 | 135 |
| *Liriope muscari* (Decne) Bailey | 短葶山麦冬 | 蝇状的 | 184 |
| *Litchi chinensis* Sonn. | 荔枝 | 中国的 | 151 |
| *Lithospermum erythrorhizon* Sieb. et Zucc. | 紫草 | 红根的 | 77，165 |
| *Litsea cubeba* (Lour.) Pers. | 山鸡椒 | 荜澄茄（阿拉伯语） | 135 |
| *Lobaria pulmonaria* Hoffm. | 肺衣 | 似肺的、肺草的 | 93 |
| *Lobelia chinensis* Lour. | 半边莲 | 中国的 | 177 |
| *Lobelia nummularia* Lam. | 铜锤玉带草 | 钱币形的、圆板状的 | 177 |
| *Lobelia sessilifolia* Lamb. | 山梗菜 | 具无柄叶的 | 177 |
| *Lonicera confusa* (Sweet) DC. | 华南忍冬 | 混淆的 | 174 |
| *Lonicera hypoglauca* Miq. | 菰腺忍冬 | 下面灰白色的 | 174 |
| *Lonicera japonica* Thunb. | 忍冬 | 日本的 | 174 |
| *Lonicera macrantha* (D. Don) Spreng | 大花忍冬 |  | 174 |
| *Lycium barbarum* L. | 宁夏枸杞 | 异域的、外国的 | 169 |
| *Lycium chinense* Mill. | 枸杞 | 中国的 | 169 |
| *Lycopodium japonicum* Thunb. | 石松（伸筋草） | 日本的 | 101 |
| *Lygodium japonicum* (Thunb.) Sw. | 海金沙 | 日本的 | 103 |

续表

| 拉丁名 | 中文名 | 种加词释义 | 页码 |
| --- | --- | --- | --- |
| *Luffa aegyptiaca* Mill. | 丝瓜 | 埃及的 | 175 |
| *Mahonia bealei* (Fort.) Carr. | 阔叶十大功劳 | 人名 | 131 |
| *Mahonia fortunei* (Lindl.) Fedde | 十大功劳 | 人名 | 131 |
| *Marchantia polymorpha* L. | 地钱 | 多形的 | 95 |
| *Menispermum dauricum* DC. | 蝙蝠葛 | 达呼里的 | 133 |
| *Mentha canadensis* L. | 薄荷 | 加拿大的 | 167 |
| *Momordica cochinchinensis* (Lour.) Spreng. | 木鳖子 | 印度的 | 175 |
| *Morinda officinalis* How | 巴戟天 | 药用的 | 173 |
| *Morus alba* L. | 桑 | 白色的 | 122 |
| *Mosla chinensis* Maxim. | 石香薷 | 中国的 | 168 |
| *Nandina domestica* Thunb. | 南天竹 | 国产的、家种的 | 132 |
| *Neopicrorhiza scrophulariiflora* (Pennell) D. Y. Hong | 胡黄连 | 玄参叶的 | 171 |
| *Nostoc commune* Vaucher ex Bornet et Flahault | 葛仙米（地木耳） | 普通的 | 84 |
| *Oenanthe javanica* (Bl.) DC. | 水芹 | 爪哇的 | 154 |
| *Onosma paniculatum* Bur. et Franch | 滇紫草 | 果穗 | 165 |
| *Ophioglossum vulgatum* L. | 瓶尔小草 | | 103 |
| *Ophiopogon japonicus* (L. f.) KerGawl. | 麦冬 | 日本的 | 184 |
| *Oreas martiana* (Hopp. et Hornsch.) Brid. | 山毛藓 | | 96 |
| *Osmunda japonica* Thunb. | 紫萁 | 日本的 | 103 |
| *Paeonia lactiflora* Pall. | 芍药 | 大花的 | 130 |
| *Paeonia* × *suffruticosa* Andr. | 牡丹 | 亚灌木 | 130 |
| *Paeonia veitchii* Lynch | 川芍药 | 人名 | 130 |
| *Paederia foetida* L. | 鸡屎藤 | 臭味的 | 174 |
| *Panax ginseng* C. A. Mey. | 人参 | 人参 | 153 |
| *Panax japonicus* C. A. Mey. | 竹节参 | 日本的 | 154 |
| *Panax notoginseng* (Burkill.) F. H. Chen ex C. H. Chow | 三七 | 南方人参 | 153 |
| *Panax quinquefolium* L. | 西洋参 | 五叶的 | 153 |
| *Papaver rhoeas* L. | 虞美人 | 希腊原植物名虞美人 | 136 |
| *Papaver somniferum* L. | 罂粟 | 催眠的 | 136 |
| *Parmelia saxatilis* Ach. | 石梅衣 | | 93 |
| *Parthenocissus tricuspidate* (Siebold & Zucc.) Planch. | 地锦 | 三尖头的 | 150 |
| *Perilla frutescens* (L.) Britt. | 紫苏 | 变灌木状的、锐锯齿的 | 167 |
| *Periploca sepium* Bunge | 杠柳 | 篱笆的 | 161 |
| *Peristrophe japonica* (Thunb.) Bremek. | 九头狮子草 | 日本的 | 172 |

续表

| 拉丁名 | 中文名 | 种加词释义 | 页码 |
| --- | --- | --- | --- |
| *Peucedanum praeruptorum* Dunn | 前胡 | 急披的 | 156 |
| *Phedimus aizoon* (L.)'t Hart | 费菜（景天三七） | 长生草的 | 139 |
| *Phellodendron amurense* Rupr. | 黄檗 | 黑龙江流域 | 146 |
| *Phellodendron chinense* Schneid. | 川黄檗 | 中国的 | 146 |
| *Phyanthus emblica* L. | 余甘子 | | 150 |
| *Pinellia ternata* (Thunb.) Breit. | 半夏 | 三出的 | 182 |
| *Pinus koraieensis* Sieb. et Zucc. | 红松 | 朝鲜的 | 111 |
| *Pinus massoniana* Lamb. | 马尾松 | 人名 | 111 |
| *Pinus thunbergii* Parl. | 黑松 | 人名 | 111 |
| *Pinus yunnanensis* Franch. | 云南松 | 云南的 | 111 |
| *Plagiopus oederi* (Gunn.) Limpr. | 平珠藓 | | 96 |
| *Plantago asiatica* L. | 车前 | 亚洲的 | 173 |
| *Plantago depressa* Willd. | 平车前 | 上面平面中央略凹陷的 | 173 |
| *Plantago major* L. | 大车前 | 较大的 | 173 |
| *Platycodon grandiflorum* (Jacq.) A. DC. | 桔梗 | 大花的 | 176 |
| *Platycladus orientalis* (L.) Franco | 侧柏（扁柏） | 东方的 | 112 |
| *Pogostemon cablin* (Blanco) Benth. | 广藿香 | 异形叶的 | 168 |
| *Polygonatum cyrtonema* Hua | 多花黄精 | 弯丝的 | 183 |
| *Polygonatum kingianum* Coll. et Hemsl. | 滇黄精 | 人名 | 183 |
| *Polygonatum odoratum* (Mill.) Druce | 玉竹 | 有味的 | 184 |
| *Polygonatum sibiricum* Red. | 黄精 | 西伯利亚的 | 183 |
| *Polygonum aviculare* L. | 萹蓄 | 鸟喜欢的 | 126 |
| *Polygonum multiflora* (Thunb.) | 何首乌 | 多花的 | 126 |
| *Polypodium nipponicum* Mett. | 水龙骨 | 日本的 | 106 |
| *Polyporus umbellatus* (Pers.) Fr. | 猪苓 | 伞状花序的 | 90 |
| *Polytrichum commune* L. ex Hedw. | 大金发藓 | 普通的 | 95 |
| *Poria cocos* (Schw.) Wolf. | 茯苓 | 椰子样的 | 90 |
| *Porphyra tenera* Kjellm. | 甘紫菜 | 柔弱的 | 85 |
| *Potentilla chinensis* Ser. | 萎陵菜 | 中国的 | 1 |
| *Prunella vulgaris* L. | 夏枯草 | 普通的 | 168 |
| *Prunus armeniaca* L. | 杏 | 杏的 | 141 |
| *Prunus mandshurica* (Maxim.) Koehne | 东北杏 | 东北的 | 141 |
| *Prunus persica* L. | 桃 | 波斯的 | 142 |
| *Prunus mume* Siebold & Zucc. | 梅 | 梅（日本土名） | 141 |

续表

| 拉丁名 | 中文名 | 种加词释义 | 页码 |
| --- | --- | --- | --- |
| *Prunus sibirica* L. | 山杏 | 西伯利亚的 | 141 |
| *Przewalskia tangutica* Maxim. | 马尿脬 | 唐古特 | 170 |
| *Pseudolarix amabilis* (J. Nelson) Rehder | 金钱松 | 可爱的、娇美的 | 111 |
| *Pueraria montana* (Loureiro) Merrill | 山葛 | 山地的 | 145 |
| *Pulsatilla chinensis* (Bge.) Regel | 白头翁 | 中国的 | 1，130 |
| *Pyrola rotundifolia* L. | 圆叶鹿蹄草 | 圆叶的 | 77 |
| *Pyrola rotundifolia* L. subsp. *chinensis* H. Andr. | 鹿蹄草 | 圆叶的；中国的 | 77 |
| *Pyrrosia lingua* (Thunb.) Farwell | 石韦 | 像舌的 | 105 |
| *Ranunculus japonicus* Thunb. | 毛茛 | 日本的 | 130 |
| *Ranunculus ternatus* Thunb. | 猫爪草 | 三出的 | 130 |
| *Raphanus sativus* L. | 萝卜 | 栽培的 | 138 |
| *Rauvolfia serpentine* (L.) Benth. ex Kurz. | 蛇根木 | 蜿蜒的，蛇形的 | 1，160 |
| *Rauvolfia verticillata* (Lour.) Baill. | 萝芙木 | 轮生的 | 1，159 |
| *Rehmannia glutinosa* Libosch. | 地黄 | 黏性的 | 170 |
| *Rumex japonicus* Houtt. | 羊蹄 | 日本的 | 127 |
| *Rheum australe* D. Don | 藏边大黄 | | 125 |
| *Rheum hotaoense* C. Y. Cheng et T. C. Kao | 河套大黄 | 河套的 | 125 |
| *Rheum officinale* Baill. | 药用大黄 | 药用的 | 125 |
| *Rheum palmatum* L. | 掌叶大黄 | 掌状的 | 125 |
| *Rheum rhabarbarum* L. | 波叶大黄 | | 125 |
| *Rheum tanguticum* Maxim. ex Regel | 鸡爪大黄（唐古特大黄） | 唐古特的 | 125 |
| *Reynoutria japonica* Houtt. | 虎杖 | 日本的 | 126 |
| *Rhodiola crenulata* (Hook. f. et Thoms.) H. Ohba | 大花红景天 | 具细圆齿的 | 138 |
| *Rhodobryum giganteum* (Sch.) Par. | 暖地大叶藓 | 巨大的 | 95 |
| *Rhodomyrtus tomentosa* (Ait.) Hassk. | 桃金娘 | 被茸毛的 | 152 |
| *Ricinus communis* L. | 蓖麻 | 普通的 | 149 |
| *Rosa chinensis* Jacq. | 月季 | 中国的 | 141 |
| *Rosa laevigata* Michx. | 金樱子 | 平滑的 | 140 |
| *Rosa rugosa* Thunb. | 玫瑰 | 有皱的 | 141 |
| *Rubia cordifolia* L. | 茜草 | 心形叶的 | 173 |
| *Rubus chingii* Hu | 掌叶覆盆子 | 人名 | 141 |
| *Salvia miltiorrhiza* Bunge | 丹参 | 有赭红色根的 | 166 |
| *Saccharomyces cerevisiae* Han. | 啤酒酵母菌 | 啤酒的 | 89 |
| *Sambucus javanica* Blume | 接骨草 | 爪哇的 | 174 |

续表

| 拉丁名 | 中文名 | 种加词释义 | 页码 |
| --- | --- | --- | --- |
| *Sambucus williamsii* Hance | 接骨木 | 人名 | 174 |
| *Sanguisorba officinalis* L. | 地榆 | 药用的 | 141 |
| *Sanguisorba officinalis* L. var. *longifolia* (Bertol.) T. T. Yu & C. L. Li | 长叶地榆 | 药用的，有长叶形的 | 141 |
| *Sapindus saponaria* L. | 无患子 | 像肥皂草属的 | 152 |
| *Saposhnikovia divaricata* (Turcz.) Schischk. | 防风 | 极叉开的 | 157 |
| *Sarcandra glabra* (Thunb.) Nakai | 草珊瑚 | 光净的 | 121 |
| *Sarcandra hainanensis* (Pei) Swamy et Bailey | 海南草珊瑚 | 海南的 | 121 |
| *Sargassum pallidum* (Turn.) C. Ag. | 海蒿子 | 淡白色的 | 86 |
| *Scleromitrion diffusum* (Willd.) R. J. Wang | 白花蛇舌草 | 披散的 | 174 |
| *Schisandra chinensis* (Turcz.) Baill. | 五味子 | 中国的 | 134 |
| *Schisandra sphenanthera* Rehd. et Wils. | 华中五味子 | 楔形花药的 | 134 |
| *Schizonepeta tenuifolia* (Benth.) Briq. | 裂叶荆芥（荆芥） | 细叶的 | 167 |
| *Scrophularia ningpoensis* Hemsl. | 玄参 | 宁波的 | 170 |
| *Scutellaria baicalensis* Georgi | 黄芩 | 贝加尔湖的 | 166 |
| *Scutellaria barbata* D. Don | 半枝莲 | 具髯毛的（指花） | 168 |
| *Sedum sarmentosum* Bunge | 垂盆草 | 下垂的、蔓生茎的 | 139 |
| *Selaginella deoderleinii* Hieron. | 深绿卷柏 | 人名 | 102 |
| *Selaginella moellendorfii* Hieron. | 江南卷柏 | 人名 | 102 |
| *Selaginella pulvinata* (Hook. & Grev.) Maxim. | 垫状卷柏 | 坐垫形的 | 102 |
| *Selaginella tamariscina* (Beauv.) Spring | 卷柏（还魂草） | 像柽柳的 | 101 |
| *Selaginella uncinata* (Desv.) Spring | 翠云草 | 具钩的 | 102 |
| *Semiaquilegia adoxoides* (DC.) Makino. | 天葵 | 像五福花的 | 130 |
| *Senna alexandrina* Mill. | 番泻叶 | 亚历山大的 | 144 |
| *Senna obtusifolia* (L.) H. S. Irwin & Barneb | 钝叶决明 | 钝叶的 | 144 |
| *Senna tora* (L.) Roxburgh | 决明 | 地名（东印度的） | 144 |
| *Senecio scandens* Buch.-Ham. ex D. Don | 千里光 | 攀援的 | 179 |
| *Silybum marianum* (L.) Gaertn. | 水飞蓟 |  | 179 |
| *Sinapis alba* L. | 白芥 | 白色的 | 138 |
| *Sinomenium acutum* (Thunb.) Rehd. et Wils. | 风龙 | 尖锐的 | 133 |
| *Sinopodophyllum hexandrum* (Royle) Ying | 桃儿七 | 六个雄蕊的 | 132 |
| *Siphonostegia chinensis* Benth. | 阴行草 | 中国的 | 171 |
| *Siraitia grosvenorii* (Swingle) C. Jeffrey ex A. M. Lu & Zhi. Y. Zhang | 罗汉果 | 人名 | 175 |
| *Solanum nigrum* L. | 龙葵 | 黑色的 | 170 |
| *Sophora flavescens* Ait. | 苦参 | 淡黄色的 | 145 |

续表

| 拉丁名 | 中文名 | 种加词释义 | 页码 |
| --- | --- | --- | --- |
| *Spatholobus suberectus* Dunn | 密花豆 | 略直立的 | 146 |
| *Spiraea japonica* L. f. | 粉花绣线菊 | 日本的 | 140 |
| *Spirulina platensis* (Nordst.) Geitl. | 螺旋藻 | 平状的 | 84 |
| *Stephania cephalantha* Hayata | 金线吊乌龟 | 头花的，头蕊的 | 132 |
| *Stephania japonica* (Thunb.) Miers | 千金藤 | 日本的 | 132 |
| *Stephania delavayi* Diels | 一文钱 | 出土的、在土面上的 | 132 |
| *Stephania tetrangra* S. Moore | 粉防己 | 四雄蕊 | 132 |
| *Strobilanthes cusia* (Nees) Kuntze | 板蓝 |  | 172 |
| *Strophanthus divaricatus* (Lour.) Hook. et Arn. | 羊角拗 | 极叉开的 | 162 |
| *Strychnos nux-vomica* L. | 马钱子 | 呕吐的 | 158 |
| *Strychnos wallichiana* Steud. ex DC. | 长籽马钱 |  | 158 |
| *Styphnolobium japonicum* (L.) Schott | 槐 | 日本的 | 145 |
| *Syringa reticulate* (Blume) H. Hara subsp *amurensis* (Rupr.) P. S. Green et M. C. Chang | 暴马丁香 | 网状的 | 158 |
| *Taraxacum mongolicum* Hand.-Mazz. | 蒲公英 | 蒙古的 | 179 |
| *Taxus chinensis* (Pilger) Rehd. | 红豆杉 | 中国的 | 113 |
| *Taxus wallichiana* var. *mairei* (Lemée & H. Lév.) L. K. Fu & Nan Li | 南方红豆杉（美丽红豆杉） | 中国的 | 113 |
| *Taxus wallichiana* Zucc. | 西藏红豆杉 |  | 113 |
| *Taxus yunnanesis* Cheng et L. K. Fu | 云南红豆杉 | 云南的 | 113 |
| *Tetradium ruticarpum* (A. Jussieu) T. G. Hartley | 吴茱萸 | 芸香果的 | 146 |
| *Tetrapanax papyrifera* (Hook.) K. Koch | 通脱木 | 可制纸的 | 154 |
| *Thamnolia vermicularis* (Sw.) Ach. ex Schaer. | 地茶 | 蠕虫状的 | 93 |
| *Thevetia peruviana* (Pers.) K. Schum. | 黄花夹竹桃 | 秘鲁的 | 162 |
| *Thlaspi arvense* L. | 菥蓂 | 田野生的 | 138 |
| *Tinospora sagittata* (Oliv.) Gagnep. | 青牛胆 | 箭形的 | 133 |
| *Torreya grandis* Fort. ex Lindl. | 榧树 | 大的、高大的 | 113 |
| *Trachelospermum jasminoides* (Lindl.) Lem. | 络石 | 如素馨的、素馨状的 | 162 |
| *Trichosanthes kirilowii* Maxim. | 栝楼 | 人名 | 175 |
| *Trichosanthes rosthornii* Harms | 中华栝楼 | 人名 | 175 |
| *Trigonella foenum-graecum* L. | 胡卢巴 | 希腊秣刍（一种含有强烈挥发油的草本植物） | 146 |
| *Trigonotis peduncularis* (Trev.) Benth. ex Baker et S. Moore | 附地菜 | 具花柄的 | 165 |
| *Tripterygium wilfordii* Hook. f. | 雷公藤 | 人名 | 150 |
| *Trollius chinensis* Bunge | 金莲花 | 中国的 | 130 |

续表

| 拉丁名 | 中文名 | 种加词释义 | 页码 |
| --- | --- | --- | --- |
| *Tylophora ovata* (Lindl.) Hook. ex Steud. | 娃儿藤 | 卵形的 | 162 |
| *Ulva lactuca* L. | 石莼 | 如莴苣叶的 | 85 |
| *Umbilicaria esculenta* (Miyoshi) Minks | 石耳 | 可食用的 | 93 |
| *Uncaria rhynchophylla* (Miq.) Miq. ex Havil. | 钩藤 | 尖叶的、嘴状叶的 | 173 |
| *Urceola micrantha* (Wall. ex G. Don) D. J. Middleton | 杜仲藤 | 小花的 | 162 |
| *Usnea diffracta* Vain. | 松萝 | 裂成孔隙的（破裂的） | 93 |
| *Usnea longissima* Ach. | 长松萝（蜈蚣松萝） | 极长的 | 93 |
| *Vincetoxicum atratum* (Bunge) Morren et Decne | 白薇 | 变黑的 | 161 |
| *Vincetoxicum glaucescens* (Decne.) C. Y. Wu et D. Z. Li | 白前 | 变粉绿色的 | 161 |
| *Vincetoxicum pycnostelma* Kitag. | 徐长卿 |  | 162 |
| *Vincetoxicum stauntonii* (Decne.) C. Y. Wu et D. Z. Li | 柳叶白前 | 人名 | 161 |
| *Vincetoxicum versicolor* (Bunge) Decne | 变色白前 | 变色的（异色的） | 161 |
| *Verbena officinalis* L. | 马鞭草 | 药用的 | 163 |
| *Viburnum dilatatum* Thunb. | 荚蒾 | 宽大的、膨大的 | 174 |
| *Vigna umbellata* (Thunb.) Ohwi et Ohashi | 赤小豆 | 伞形花序的 | 146 |
| *Vitex trifolia* L. | 蔓荆 | 三叶生的 | 163 |
| *Vitex rotundifolia* Linnaeus f. | 单叶蔓荆 | 圆叶的 | 164 |
| *Vitex negundo* L. var. *cannabifolia* (Sieb. et Zucc.) Hand.-Mazz. | 牡荆 | 地名 | 164 |
| *Wahlenbergia marginata* (Thunb.) A. DC. | 蓝花参 | 具边缘的 | 177 |
| *Xanthium strumarium* L. | 苍耳 |  | 179 |
| *Yulania biondii* (Pamp.) D. L. Fu | 望春玉兰 |  | 134 |
| *Yulania denudate* (Desr.) D. L. Fu | 玉兰 | 裸露的 | 134 |
| *Zanthoxylum ailanthoides* Sied. et. Zucc. | 椿叶花椒 |  | 147 |
| *Zanthoxylum bungeanum* Maxim. | 花椒 | 人名 | 147 |
| *Zanthoxylum schinifolium* Sieb. et Zucc | 青花椒 |  | 147 |
| *Zingiber officinale* Roscoe. | 姜 | 药用的 | 186 |